EDIUS Pro 9视频处理实用教程

软件界面（常用部分）

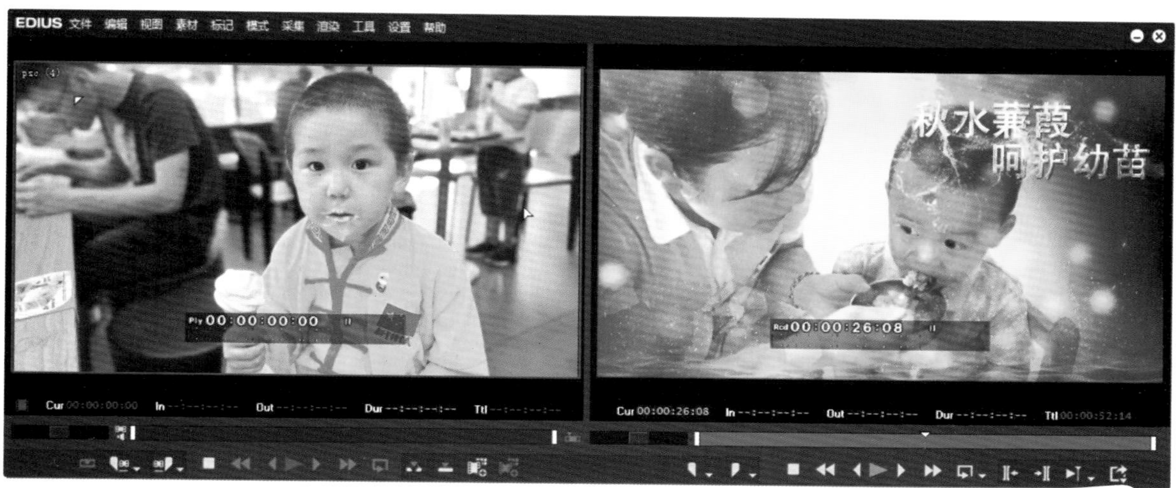

播放窗口和录制窗口

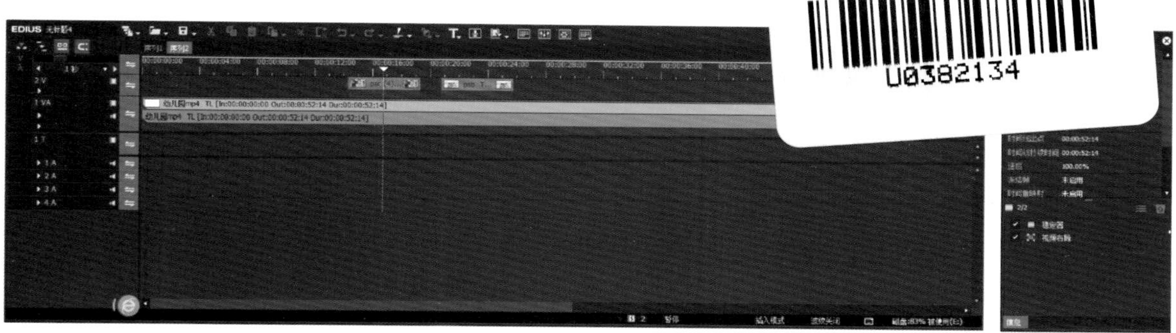

时间线窗口和信息面板

特效和素材库面板

编辑视频

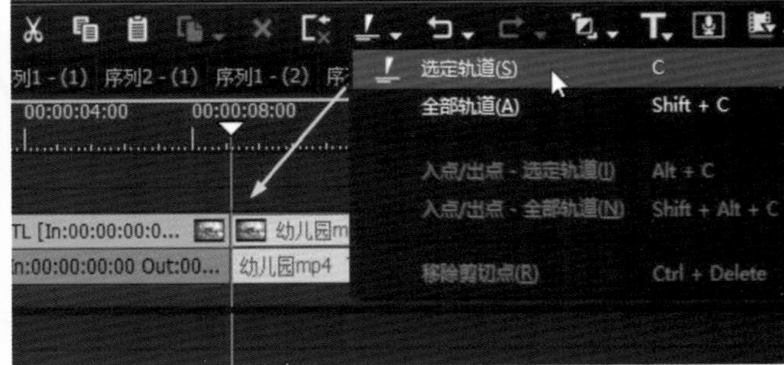

添加素材进行分割

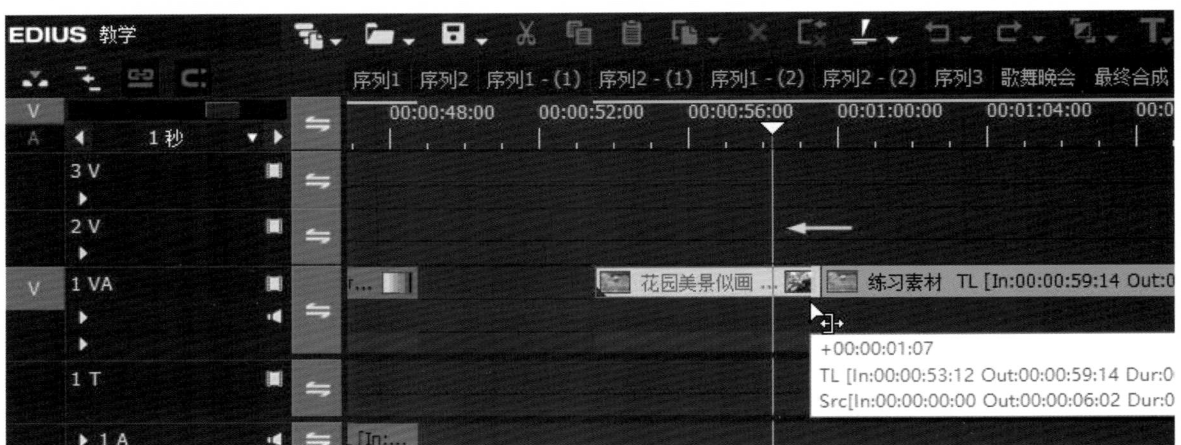

剪辑练习

多机位剪辑　　添加视频转场

本书案例制作

更换人物衣服颜色

卡拉OK字幕制作

滚屏字幕制作

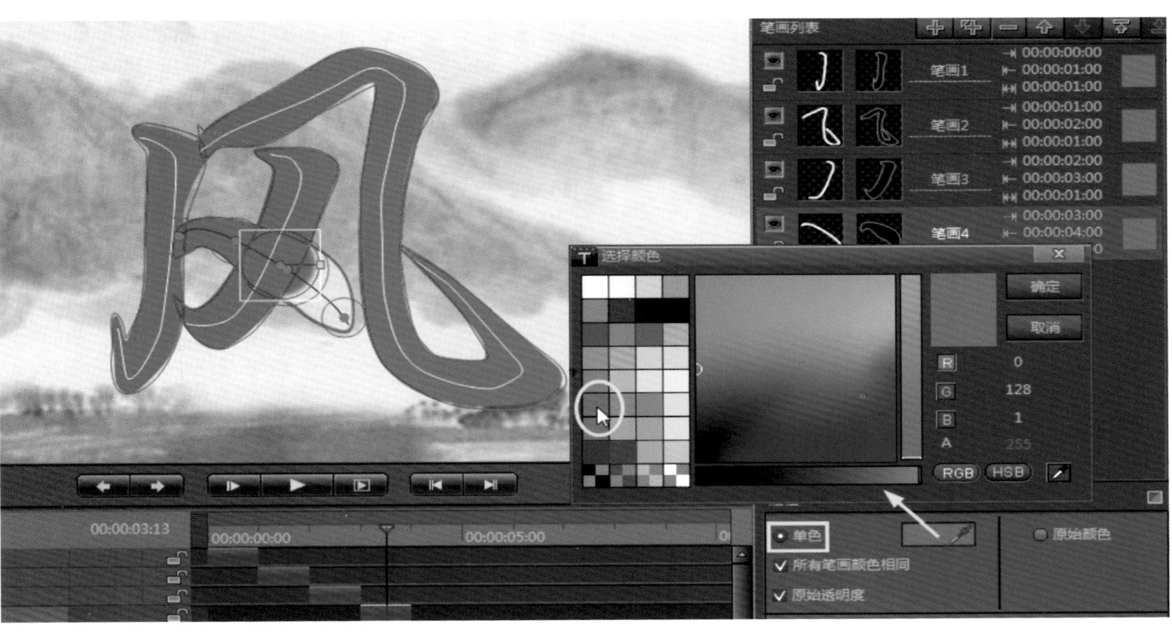

手写文字的制作

本书案例制作

制作动态电子相册

应用字幕模板

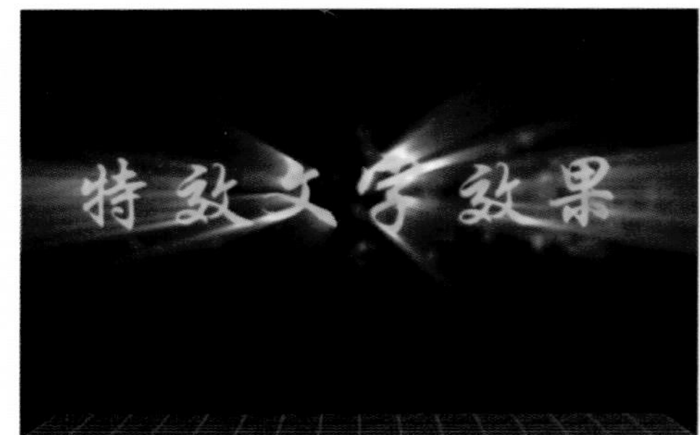

制作特效文字

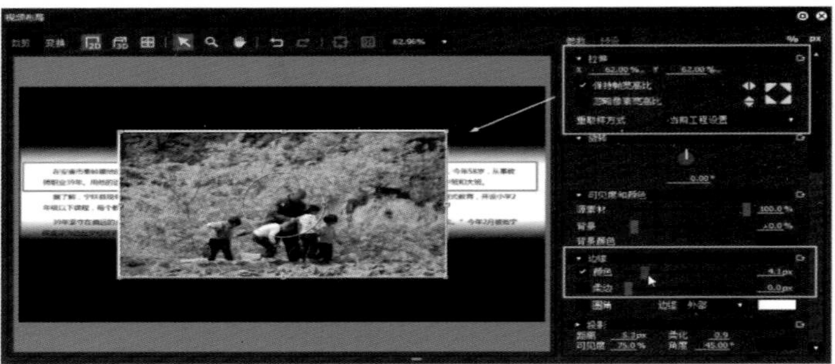

制作画中画效果

制作《快乐童年》片头

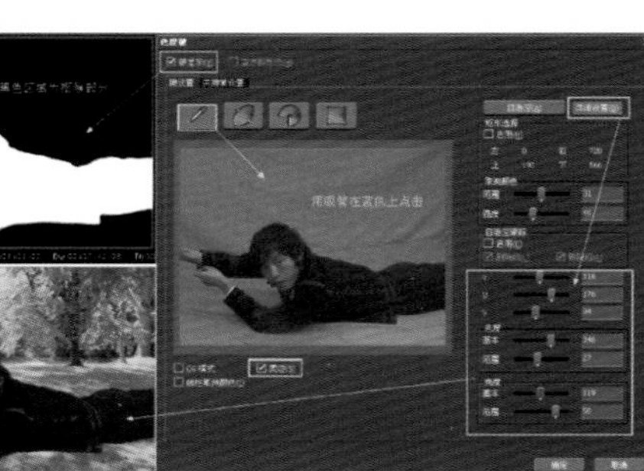

蓝屏抠像

片尾制作

EDIUS Pro 9视频处理实用教程

马建党　编著

西北工业大学出版社

西　安

【内容简介】本书主要内容包括 EDIUS Pro 9 的基础知识和软件的基本操作、EDIUS 硬件系列产品推荐等。各章附有操作练习，使读者在学习时更加得心应手，学以致用。

本书结构合理，内容系统全面，循序渐进，理论与实践相结合。本书既可作为各高等学校 EDIUS 基础课程的教材，也可作为各类高校、社会培训班影视专业的教材，同时还可供广大视频处理、影视制作爱好者以及电视台、婚庆公司等影视后期制作人员自学参考。

图书在版编目（CIP）数据

EDIUS Pro 9 视频处理实用教程/马建党编著. —西安：西北工业大学出版社，2021.4

ISBN 978-7-5612-7656-3

Ⅰ. ①E… Ⅱ. ①马… Ⅲ. ①视频编辑软件-教材 Ⅳ. ①TN94

中国版本图书馆 CIP 数据核字（2021）第 043187 号

EDIUS Pro 9 Shipin Chuli Shiyong Jiaocheng

EDIUS Pro 9 视频处理实用教程

责任编辑： 查秀婷　朱忩军　　**策划编辑：** 杨　睿
责任校对： 张　友　　**装帧设计：** 李　飞
出版发行： 西北工业大学出版社
通信地址： 西安市友谊西路 127 号　　**邮　　编：** 710072
电　　话：（029）88493844　88491757
网　　址： www.nwpup.com
印 刷 者： 兴平市博闻印务有限公司
开　　本： 787 mm×1 092 mm　1/16
印　　张： 19.75
字　　数： 557 千字　　**彩　　插：** 2
版　　次： 2021 年 4 月第 1 版　2021 年 4 月第 1 次印刷
定　　价： 58.00 元

前　言

EDIUS 是为广大影视后期制作人员提供的一款专业的非线性编辑软件。用过该软件的人士都知道它的优势就是实时性强、操作简单、界面布局合理，更具人性化。

本书是根据笔者多年丰富的影视工作经验和教学经验编写的。本书系统地介绍了 EDIUS Pro 9 软件及应用技巧，使广大影像爱好者和专业制作人员全面了解 EDIUS Pro 9 软件的每项功能。

本书内容

本书内容丰富，循序渐进，理论与实践相结合，共分 10 个章节，具体内容包括软件简介、软件的基本操作、软件的功能、应用实例和上机实验等。

读者定位

本书结构合理，内容系统全面，循序渐进，理论与实践相结合。本书既可作为各高等学校 EDIUS 基础课程的教材，也可作为各类高校、社会培训班影视专业的教材，同时还可供广大视频处理、影视制作爱好者以及电视台、婚庆公司等影视后期制作人员自学参考。

非常感谢 grass valley 草谷产品工程师肖一峰、雷特世创科技有限公司黄光华和西安诺创电子科技有限公司（EDIUS 系列西安经销）刘兵先生的大力支持和帮助，感谢陕西电视台原高级摄像师金顺顺、王珍妮提供的素材。给予本书帮助和支持的还有胡凤莲、申玉玲、马琰菊、马乐岩、胡海森、胡世权、申崇录、赵蕊、张先睿、张靖、郭蕊、罗传庆等，感谢大家！

本书在编写过程中力求严谨细致，但由于水平有限，书中难免出现疏漏与不妥之处，敬请广大读者批评指正。

编著者

2020年10月

目　录

第 1 章　认识 EDIUS Pro 9

EDIUS Pro 9 不仅有实时色彩、实时视频滤镜、转场等功能，而且操作简单，界面布局更具人性化，是一款具有高性能的非线性编辑软件。本章主要介绍 EDIUS Pro 9 的基本功能和新增功能以及软件的界面、基本设置和视频的基础知识等内容。

知识要点

- EDIUS Pro 9 的基本功能和新增功能
- EDIUS 的硬件产品
- 软件的启动和退出
- 软件的界面介绍
- 软件的基本设置和个人设置
- 视频的基础知识

1.1　软 件 简 介

从好莱坞大片所创造的幻想世界，到电视新闻所关注的现实生活，再到铺天盖地的电视广告，影视节目深刻地影响着我们的生活。影视节目制作的专业硬件设备逐渐向计算机软件转移。

1.1.1　EDIUS Pro 9 的应用

EDIUS Pro 9 是由 Grass Valley 公司推出的专为影视后期制作人员提供的一款当前性价比最高的 3D 立体、高标清多格式视音频非线性编辑软件。

该软件界面布局合理，操作简单，更具有人性化，且具有可靠的稳定性、丰富而绚丽的视频滤镜和转场特效，专业的广播级色彩校正，拥有先进的基于文件的工作流程，具备多轨道、混合格式、混合制式、混合帧尺寸实时编辑、合成、色键、字幕以及时间线输出功能。因此，EDIUS Pro 9 将广大影视制作者和电视制作人员从传统的视频编辑软件中彻底解放出来，极大地提高了工作效率和节目制作水平，以高画质、高实时性的特点应用于电视台、影视制作单位、影视教育机构等。EDIUS Pro 9 的全部展示如图 1.1.1 所示。

图 1.1.1　EDIUS Pro 9 全部展示

1.1.2　EDIUS Pro 9 的特点

EDIUS Pro 9 是专为广播电视及后期制作，尤其是那些使用新式、无带化视频记录和存储设备的制作环境而设计的，除了支持实时编辑当下流行的所有标清和高清视频格式等功能，还具有以下特点。

◆ 原码编辑各种视频格式，如：Sony XDCAM、Panasonic P2、Ikegami GF、Canon XF、数码单反 RAW 影片和原码 RED 格式。

◆ 高效灵活的使用界面，包括无限制的视频、音频、字幕和图形轨道。

◆ 实时编辑和转换不同的分辨率，支持的分辨率高至 4K/2K，低至 24 像素×24 像素。

◆ 实时编辑和转换不同的帧速率，如 60p/50p、60i/50i 和 24p。

◆ 时间线序列嵌套及丰富的实时特效、键、转场和字幕效果。

◆ 支持在时间线上进行代理模式和高分辨率格式之间切换。

◆ 同时支持高达 16 个不同源素材的多机位编辑，并可从时间线直接导出蓝光盘和 DVD。

◆ 多层 AVCHD 源码格式实时编辑，支持将 AVCHD 格式导出到媒体卡。

◆ 支持 Windows 7(32 位/64 位)。

1.1.3　EDIUS Pro 9 的新增功能

EDIUS Pro 9 除了继承其一贯的实时多格式、顺畅混合编辑等优点之外，还新增了立体 3D 编辑、更多源码支持、全新的镜头稳定器、导出 Flash F4V 等诸多新特性，可满足越来越多用户对立体 3D、多格式、高清、实时编辑的各种全新需要。

（1）一站式立体 3D 编辑流程。

◆ 源码支持当前流行的 Panasonic、Sony 和 JVC 等各种专业、家用立体摄像机拍摄格式。

◆ 方便的立体素材成组设置。

◆ 方便的立体效果校正，包括自动画面校正、汇聚面调整、水平/垂直翻转等，如图 1.1.2 所示。

◆ 方便的立体多机位编辑，并可对左右眼素材进行视频效果的分别指定。

◆ 提供各种立体预览方式，如左—右、上—下、互补色等，可输出 EDIUS 支持的所有输出文件格式，并指定立体输出方式。

（2）全新的抖动稳定器及新增响度计工具。使用全新的抖动稳定器工具，可以快速地对晃动镜头进行稳定处理，并可以通过“转换”“缩放”“2D 旋转”等参数对大幅度的晃动画面进行手动调整，以便达到理想的防抖稳定效果，如图 1.1.3 所示。

图 1.1.2　立体 3D 编辑效果

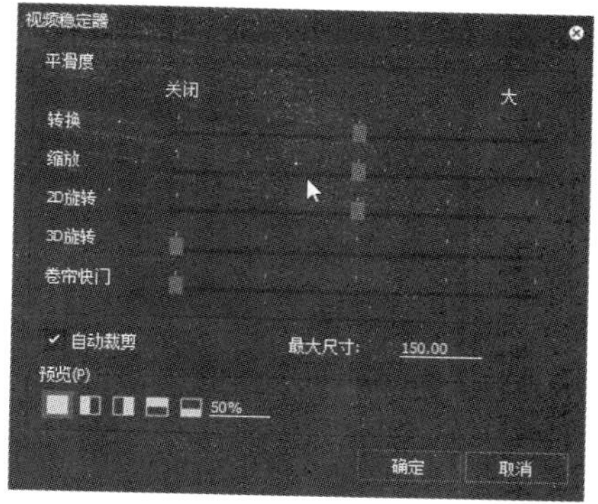

图 1.1.3　全新的视频稳定器

新增的响度计工具可以按“ITU-R BS，1770-2”和“EBUR 128”对音频响度进行测量，并以波形曲线方式实时呈现“瞬时值”“综合值”和“短期值”的变化过程，为后期制作中响度的监测和调整提供翔实的依据，如图 1.1.4 所示。

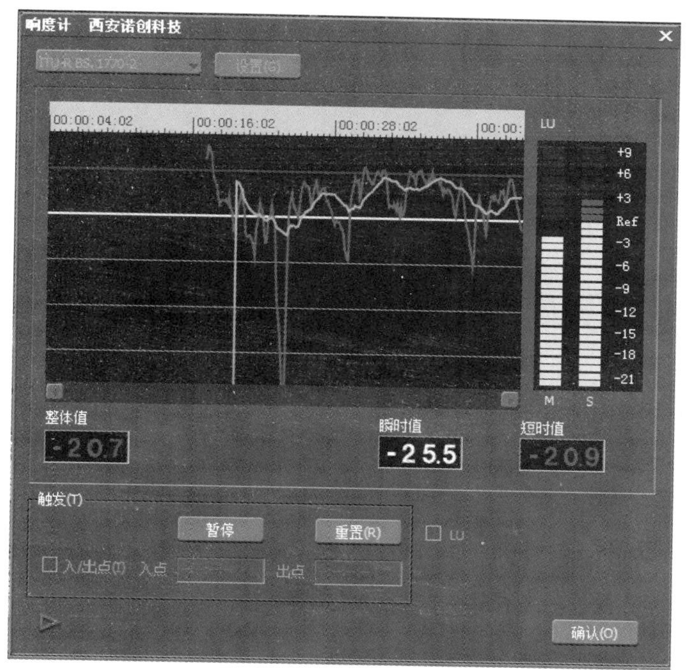

图 1.1.4　响度计

（3）在时间线上支持全部帧缩略图预览功能。EDIUS Pro 9 改进了素材在时间线上缩略图的显示方式，用户可以通过预览素材在时间线上的全部帧缩略图快速查找所需剪辑的场景，使后期编辑更加便捷，如图 1.1.5 所示。

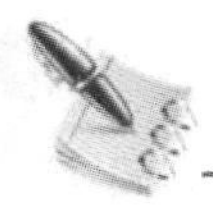

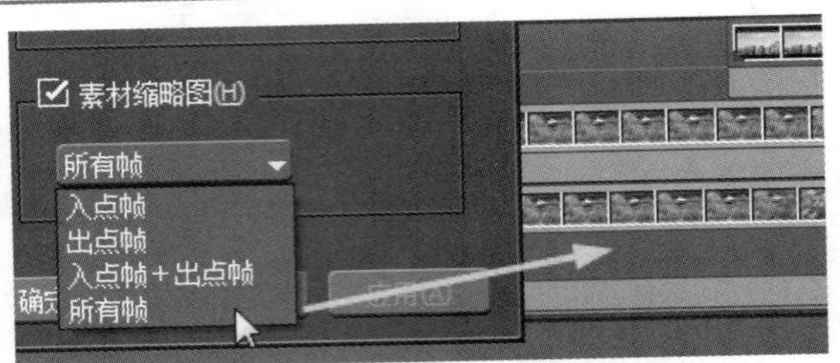

图 1.1.5 时间线素材以缩略图显示

（4）时间线序列嵌套支持 Alpha 通道。更新的时间线序列功能支持在序列嵌套时保留序列素材的 Alpha 通道信息，并可将时间线序列输出成带 Alpha 通道的 HQ 或 HQX AVI 文件，用于复杂效果的合成制作。

（5）支持从时间线直接刻录 720p 蓝光及导出 Flash F4V 文件。EDIUS Pro 9 进一步扩展了文件发布功能，不但支持从时间线直接刻录 720p 的蓝光光盘（Blu-ray），而且支持最新的 Flash F4V 文件输出，更好地满足了多种音视频发布方式的需要。

1.2 EDIUS Pro 9 预备知识

1.2.1 软件的启动和退出

（1）安装 EDIUS Pro 9 后，在电脑桌面上显示软件的启动快捷方式图标。启动 EDIUS Pro 9 应用程序的方法和传统软件完全相同，有以下两种：

1）执行“开始”→“所有程序”→“Grass Valley”→“EDIUS”命令，如图 1.2.1 所示。

2）直接在桌面上双击快捷方式图标，如图 1.2.2 所示。

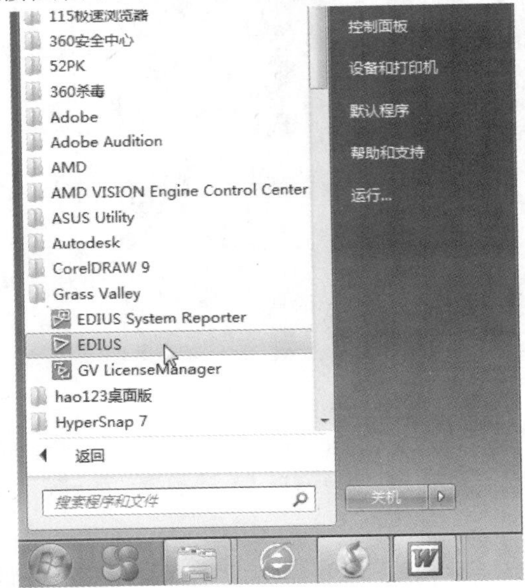

图 1.2.1 启动 EDIUS Pro 9 软件

图 1.2.2 软件快捷方式图标

接下来系统自动加载运行 EDIUS Pro 9 软件，如图 1.2.3 所示。

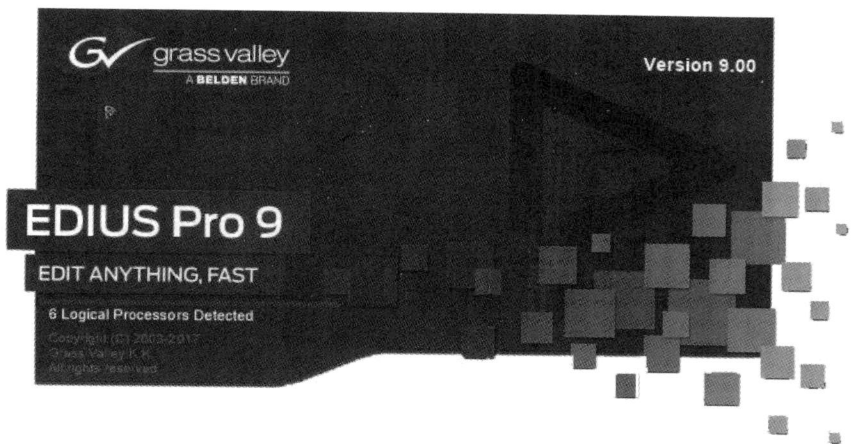

图 1.2.3　加载运行 EDIUS Pro 9 软件

首次启动 EDIUS Pro 9 软件会自动弹出一个“文件夹设置”对话框，如图 1.2.4 所示。

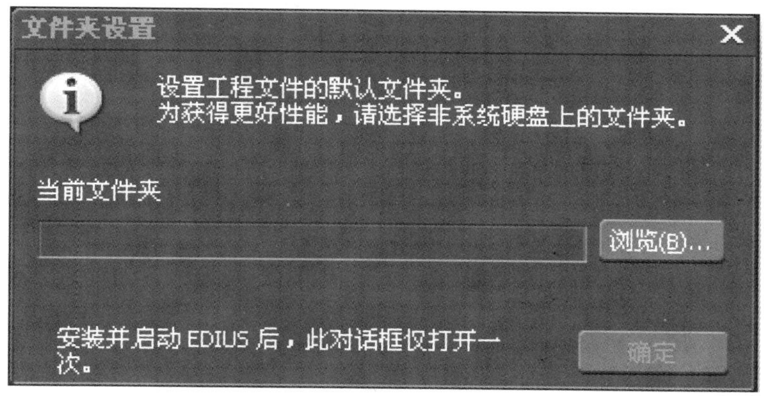

图 1.2.4　“文件夹设置”对话框

用鼠标单击 浏览(B)... 按钮，为 EDIUS 的编辑操作指定一个文件夹，这个文件夹将被用于保存软件编辑和输出过程中的源文件。

提示：使用 EDIUS Pro 9 时，为了保证软件在编辑时具有更好的实时性能，建议把素材和工程文件放在独立的高性能的电脑硬盘上，如图 1.2.5 所示。

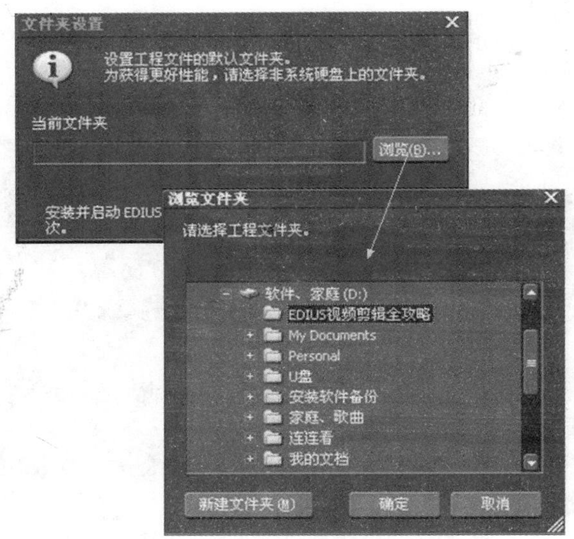

图 1.2.5　工程文件保存选项

在电脑上选择一个空间较大的盘符，单击 确定 按钮，如图 1.2.6 所示。

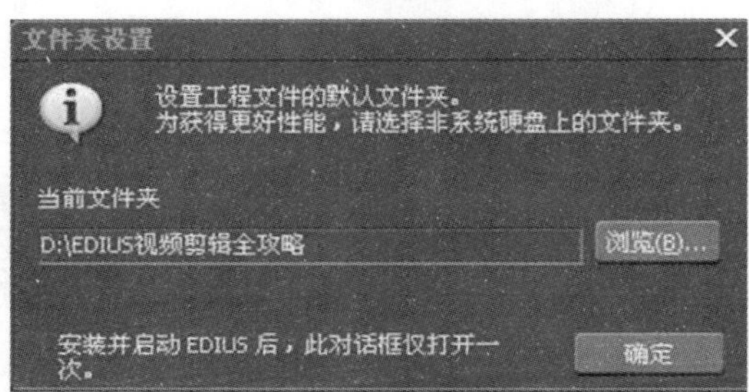

图 1.2.6　“工程文件夹设置”对话框

软件进入开始页，弹出“初始化工程”对话框，如图 1.2.7 所示。

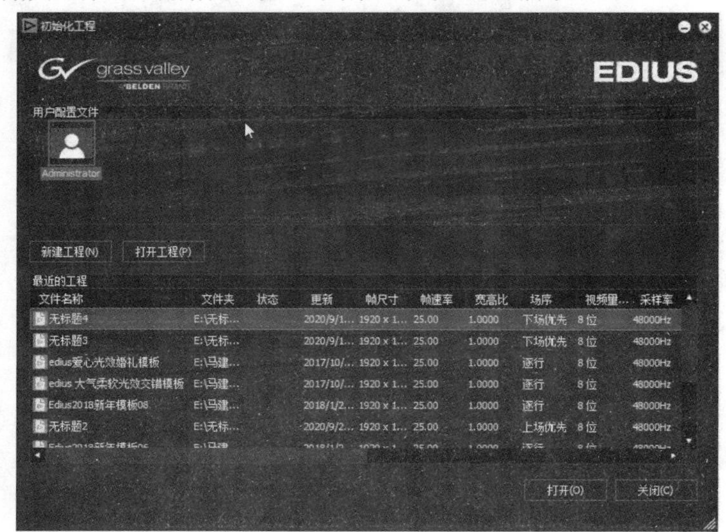

图 1.2.7　“初始化工程”对话框

1）用户配置文件：用于管理软件窗口布局、应用设置、自定义设置等的配置文件。

2）新建工程：建立一个新的工程文件，单击后弹出一个“工程设置”对话框，如图 1.2.8 所示。

3）打开工程：打开以前编辑过的工程文件，单击“确定”按钮后弹出一个“打开”对话框，在这个对话框里找到以前编辑过的工程文件，双击鼠标即可打开，如图 1.2.9 所示。

4）最近的工程：显示最近编辑过的工程文件，选择后双击鼠标即可打开该工程文件。

5）关闭：关闭对话框。

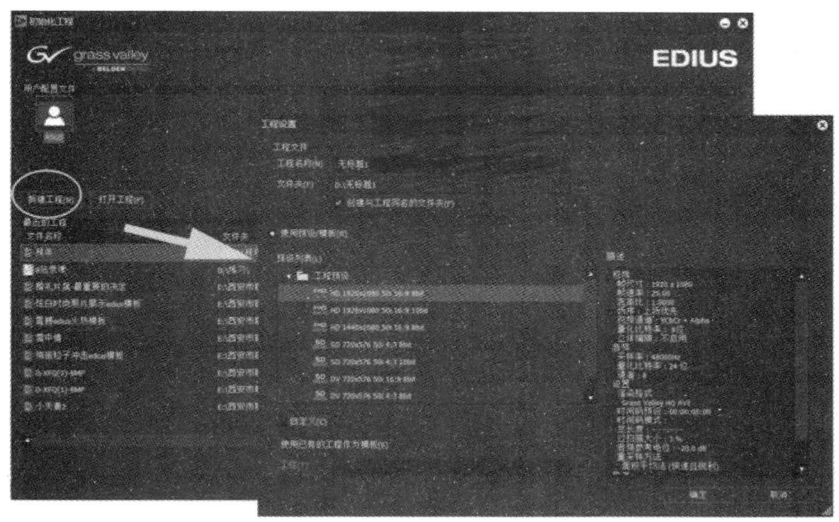

图 1.2.8　“工程设置”对话框

图 1.2.9　打开工程文件设置

（2）退出 EDIUS Pro 9 的方法有以下两种：

1）单击软件监视器窗口右上角的 ✕ 按钮。

2）单击鼠标执行菜单“文件”→“退出”命令。

1.2.2　EDIUS Pro 9 界面介绍

如图 1.2.8 所示，新建一个“练习作业”的工程文件，然后单击 确定 按钮即可进入 EDIUS Pro 9 软件的界面，如图 1.2.10 所示。

（a）

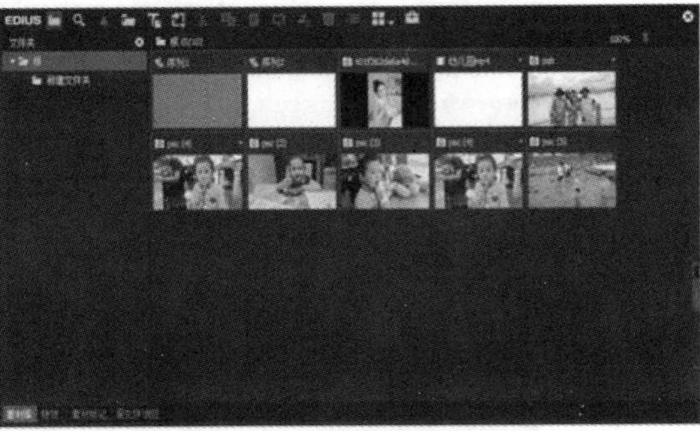

（b）

（c）　（d）　（e）

图 1.2.10　EDIUS Pro 9 软件界面

（a）播放 / 录制窗口；（b）素材库窗口；（c）时间线窗口；（d）信息面板；（e）特效面板

1）播放窗口：图 1.2.10（a）左面为播放窗口（PLR），主要用于采集素材和单独显示选定素材，对素材进行预览。

2）录制窗口：图 1.2.10（a）右面为录制窗口（REC），主要是观看同步时间线上编辑的内容。

3）素材库窗口：素材库窗口主要用于导入和管理素材，相当于一个强大的演员库，见图 1.2.10（b）。

4）时间线窗口：时间线窗口是后期工作的核心部分，主要放置素材进行编辑，设置动画关键帧等，见图 1.2.10（c）。

5）信息面板：通过信息面板可以查看放置在时间线上素材的基本信息和特效设定等情况，见图 1.2.10（d）。

6）特效面板：特效面板里存放了所有的视频和音频滤镜、转场等，见图 1.2.10（e）。

打开 EDIUS Pro 9 常用的全部面板，如图 1.2.11 所示。打开全部面板后，很多面板都重叠了起来，操作不是很方便，因此要对软件的窗口进行布局。

图 1.2.11　展开软件全部面板

1.2.3　工作区窗口的自定义布局

当软件监视器窗口为双窗口模式时左边的窗口为播放窗口，右边的窗口为录制窗口，如图 1.2.12 所示。

图 1.2.12　播放和录制窗口

通过单击菜单“视图”→“单窗口模式”，可以将监视器窗口设置为单窗口模式，如图 1.2.13 所示。

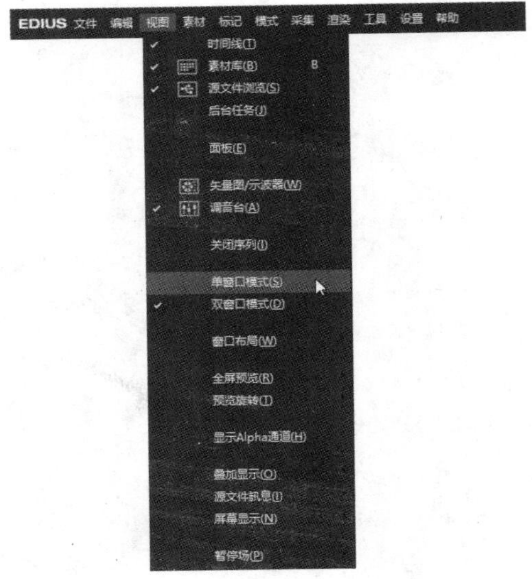

图 1.2.13　视图菜单

选择“单窗口模式”后，从表面来看窗口变成了单窗口，但是实质上还是双窗口。通过鼠标单击PLR为播放窗口，单击REC为录制窗口，也可以按快捷键“Ctrl+Alt+P”和“Ctrl+Alt+R”或者直接按键盘 Tab 键来切换播放和录制窗口，如图 1.2.14 所示。

图 1.2.14　用鼠标单击相互切换窗口

将鼠标放置到窗口边缘处，当鼠标变成左右箭头时，拖曳可以改变窗口大小，将鼠标放到菜单栏后面可以移动窗口的位置，如图 1.2.15 所示。

图 1.2.15　鼠标拖曳窗口

单击菜单“视图”→“双窗口模式”可以返回双窗口模式，单击菜单“视图”→“时间线”可以调出时间线窗口，如图 1.2.16 所示。

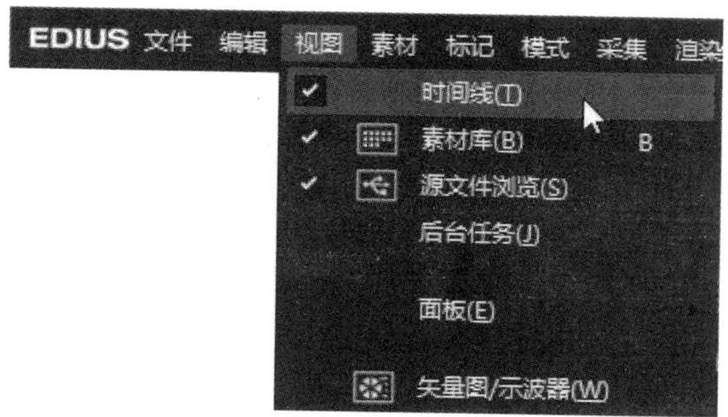

图 1.2.16　打开时间线菜单

打开软件素材库的方式有以下两种：

（1）单击菜单执行“视图”→“素材库”命令或者按键盘 B 键，即可打开素材库面板,如图 1.2.17 所示。

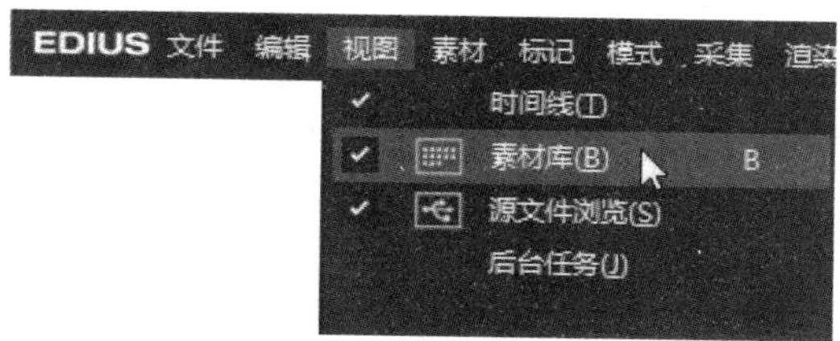

图 1.2.17　视图菜单

（2）在时间线窗口上单击素材库按钮，如图 1.2.18 所示。

图 1.2.18　素材库按钮

调音台、特效面板、信息面板、标记面板和素材库的打开方式相同。单击菜单“视图”→“面板”，或在时间线窗口上单击按钮，或按快捷键 H 可以显示或隐藏面板，如图 1.2.19 所示。

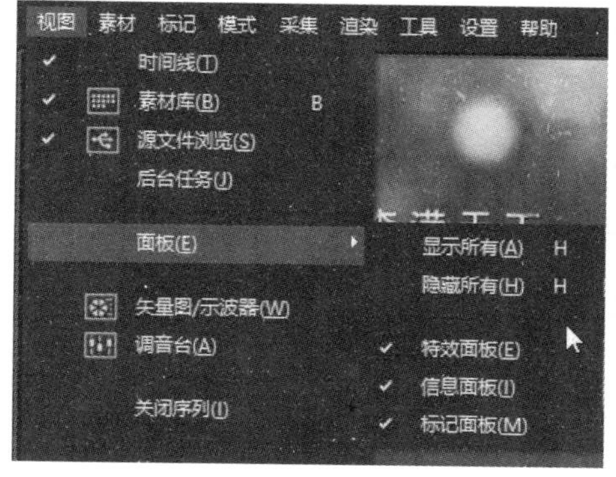

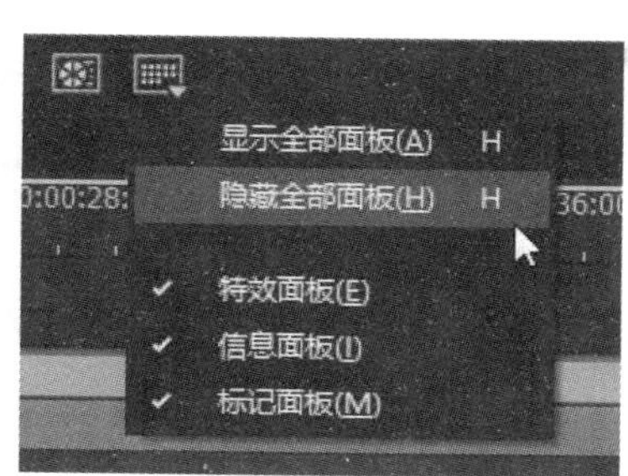

图 1.2.19　显示或隐藏面板

提示：当显示所有面板后发现许多面板都重叠了起来，可以把面板和面板嵌套在一起，用鼠标在面板标签处单击左键拖曳至要嵌套的位置释放鼠标，如图 1.2.20 所示。

图 1.2.20　布局界面

最后通过单击菜单“视图”→“窗口布局”→“保存当前布局”→“新建”命令选项，把布局好的窗口进行保存，如图 1.2.21 所示。

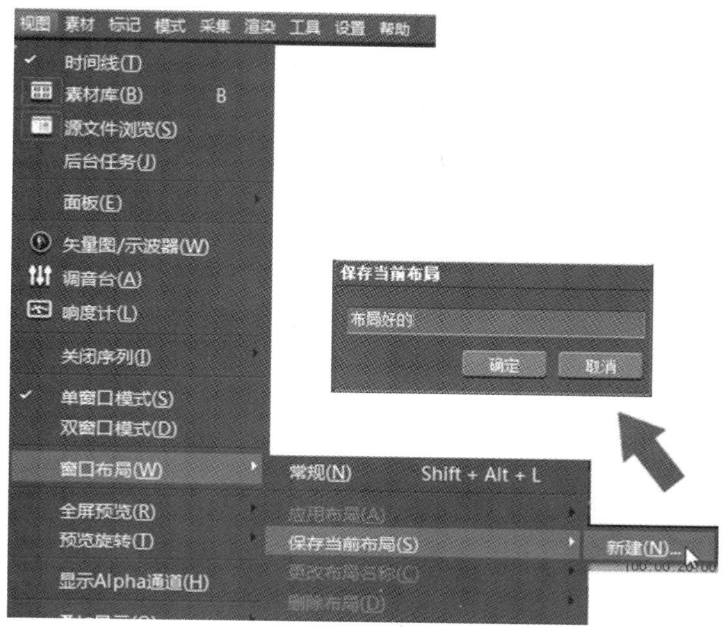

图 1.2.21　保存当前布局

单击菜单“视图”→“窗口布局”→“应用布局”→“布局好的”命令选项，即可调用已保存好的窗口布局，如图 1.2.22 所示。

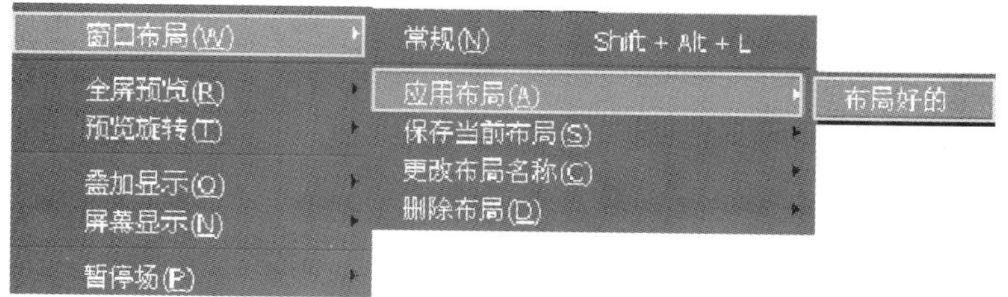

图 1.2.22 调用已保存好的布局

窗口布局类型有以下几种：

1）常规：返回 EDIUS Pro 9 默认窗口布局。

2）应用布局：应用以前保存好的布局。

3）保存当前布局：对当前设置好的窗口布局进行保存。

4）更改布局名称：对已经设置好的布局进行重命名。

5）删除布局：对应用布局里不需要的布局进行删除。

1.2.4　打开、关闭和保存工程文件

单击菜单执行“文件”→“打开工程”命令，或者按键盘“Ctrl+O”键可以打开工程文件。另外，单击菜单执行“文件”→“退出”命令可以退出该工程，如图 1.2.23 所示。

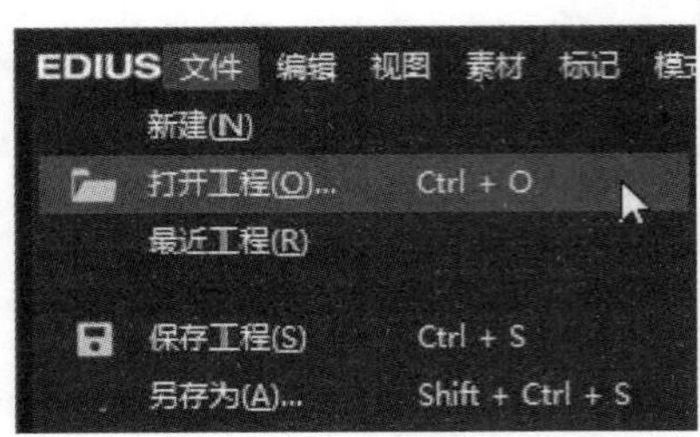

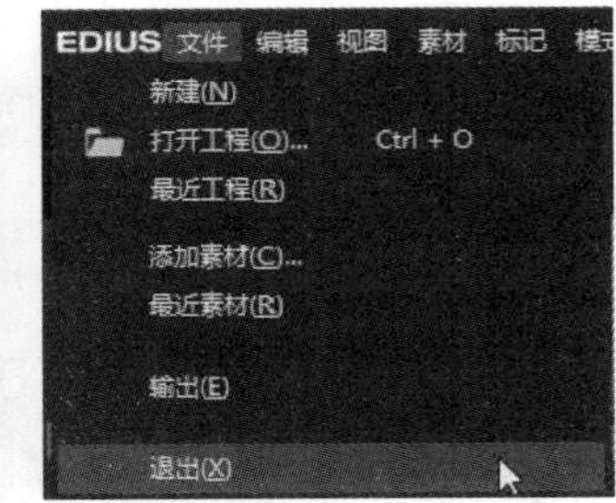

图 1.2.23　打开和退出工程文件

提示：（1）在时间线窗口单击打开按钮（ ），可以打开工程文件和导入序列，并且还能显示最近编辑的 10 个工程文件。

（2）在时间线窗口的左上角显示工程文件的名称，把鼠标放在工程文件名称上，可以显示出工程文件在电脑上保存的路径位置，如图 1.2.24 所示。

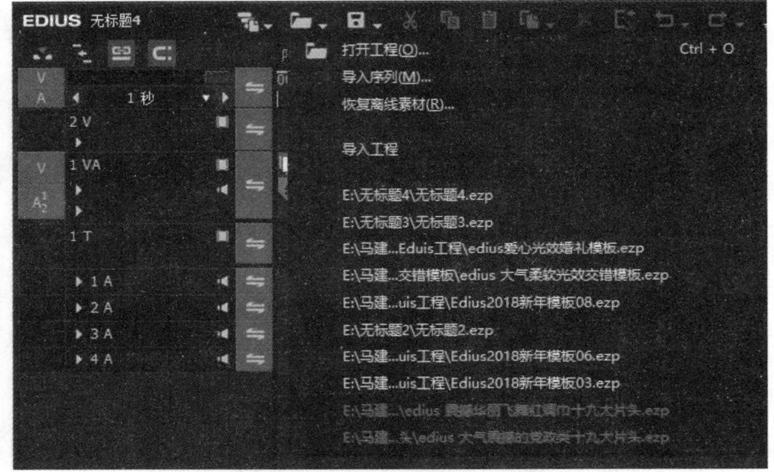

图 1.2.24　工程文件保存的路径位置

EDIUS Pro 9 还有自动存盘功能，比如正在编辑视频时突然断电或者遇到突发事件未能保存工程文件，第二次打开 EDIUS Pro 9 时会自动弹出一个“是否载入上一个保存的文件”对话框，如图 1.2.25 所示。单击“是”就会自动载入上次未保存的文件。

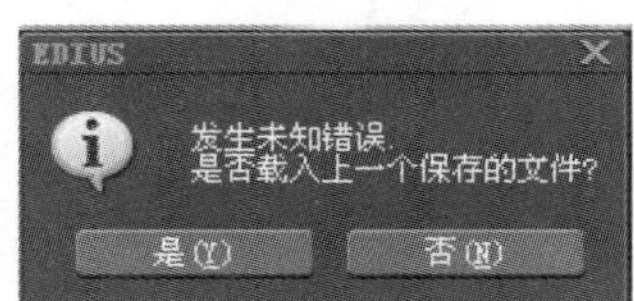

图 1.2.25　自动加载对话框

可以在文件保存的路径下找到“Project\AutoSave”的自动保存文件。将鼠标放在图标上就会自动弹出工程文件的属性，包括文件的大小、上次修改年月日期等信息，选择一个离关闭电脑时间最近的一个图标双击就可以打开文件了，如图 1.2.26 所示。

图 1.2.26　自动保存文件

通过鼠标单击菜单“设置”→“用户设置”→“工程文件”→“自动保存”命令可以详细设置自动存盘，如图 1.2.27 所示。

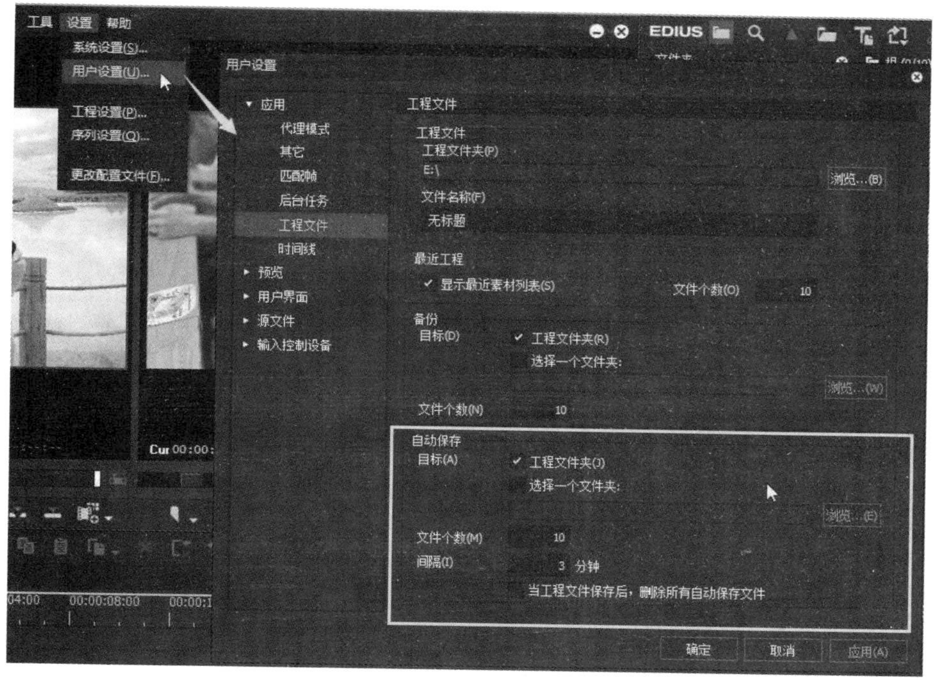

图 1.2.27　自动保存设置

1.2.5　软件的基本设置

为了保证回放时的流畅性，应对软件的“回放”进行设置。单击打开菜单，执行“设置”→“系统设置”→“回放”命令，将“回放缓冲大小”设置为 512MB，设置“在回放前缓冲”为 15 帧，而且回放缓冲和回放前缓冲在时间线的右下角有显示，值越大相应的播放就越流畅，设置如图 1.2.28 所示。

继续对“用户配置文件”进行设置，用户配置文件可以管理窗口布局、应用设置和自定义每个配置文件的设置。

（1）单击菜单“设置”→“系统设置”→“用户配置文件”选项，如图 1.2.29 所示。

（2）单击 新建配置文件... 按钮建立一个新的配置文件，输入配置文件名称，如图 1.2.30 所示。

（3）单击 更改图标(C)... 按钮选择一个图标，如图 1.2.31 所示。

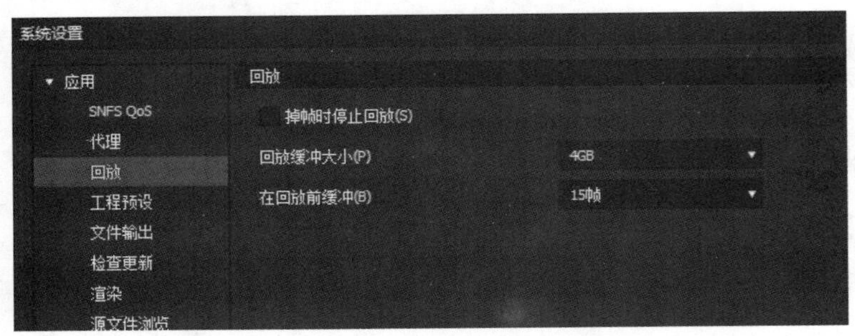

图 1.2.28 “回放缓冲大小”的设置

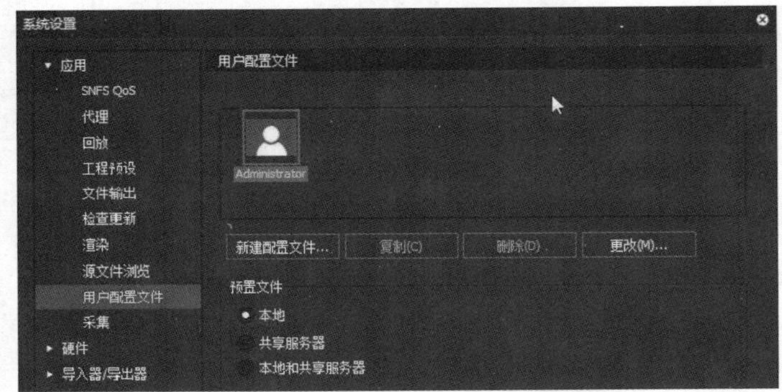

图 1.2.29 “用户配置文件”的设置

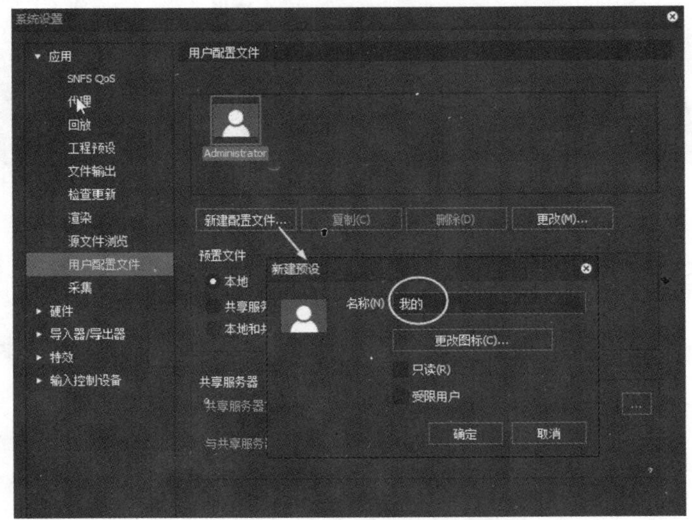

图 1.2.30 “新建配置文件”的设置

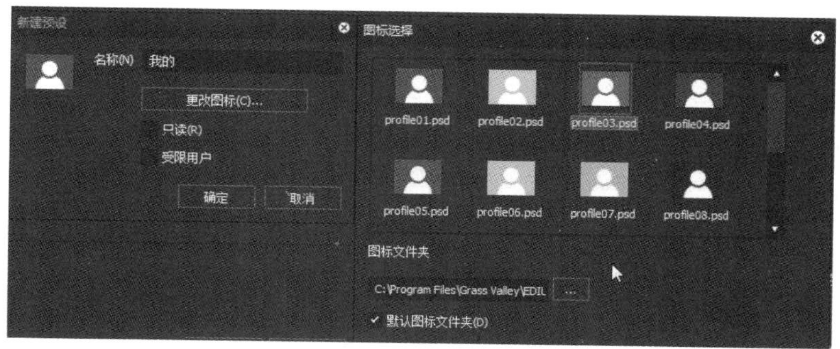

图 1.2.31　更改与预设图标

（4）通过单击菜单“设置”→“更改配置文件”命令，选择“我的预设”配置文件图标，如图 1.2.32 所示。

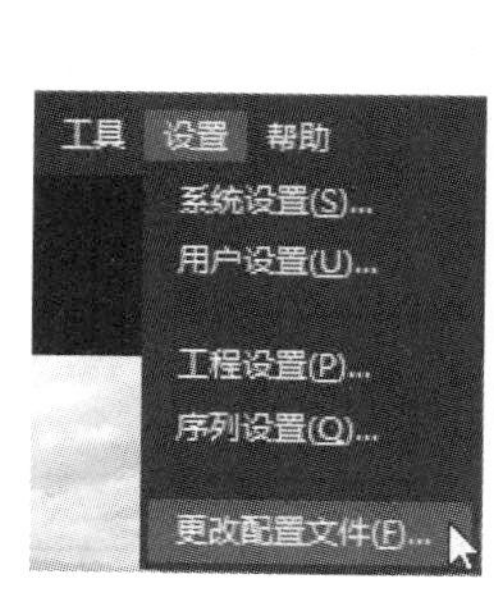

图 1.2.32　更改“配置文件”

最后，设置“工程预设”，步骤如下：

（1）单击菜单“设置”→“系统设置”→“工程预设”命令，再单击 新建预设(N)... 按钮，如图 1.2.33 所示。

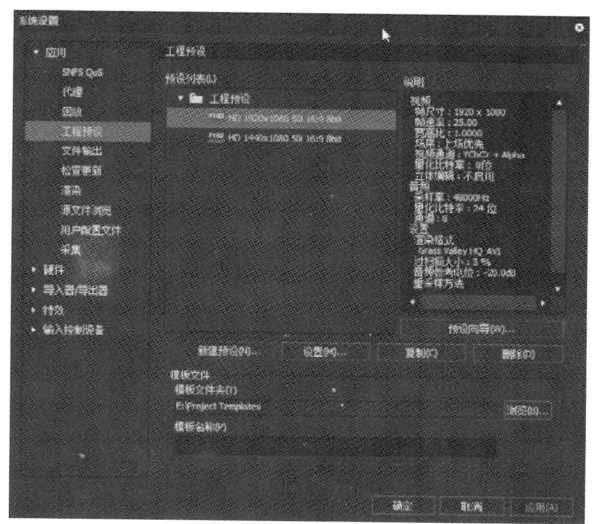

图 1.2.33　“新建工程预设”对话框

（2）在“名称”栏输入视频，选择视频和音频预设，还可以打开“高级”选项，自定义帧的大小尺寸，并且选择“MPEG2 程序流”渲染格式，如图 1.2.34 所示。

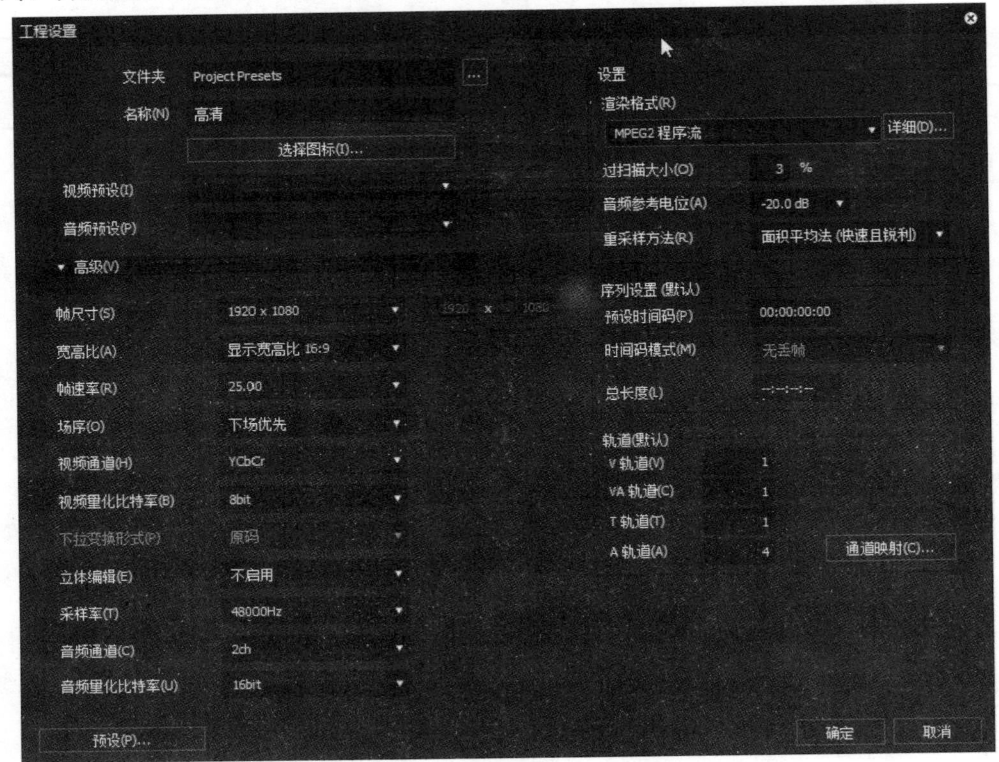

图 1.2.34　自定义帧尺寸大小

（3）单击 选择图标(I)... 按钮选择一个图标，如图 1.2.35 所示。

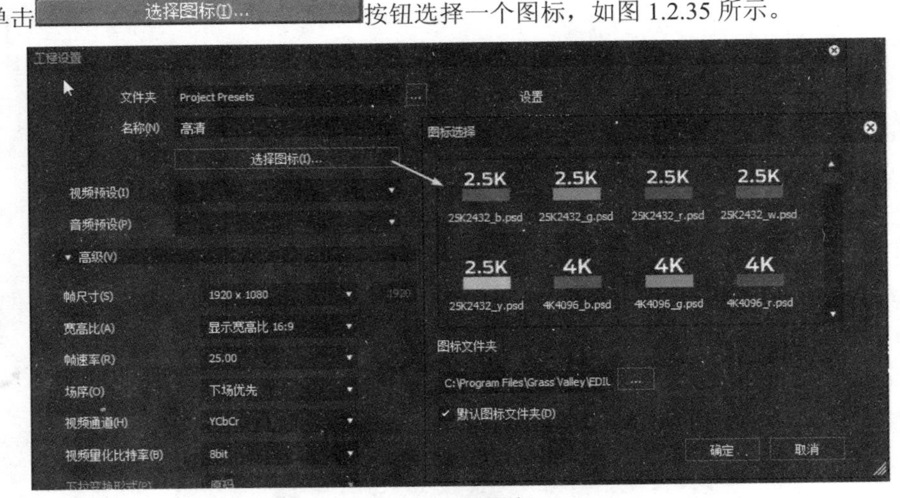

图 1.2.35　选择图标

（4）单击 确定 按钮完成设置，如图 1.2.36 所示。

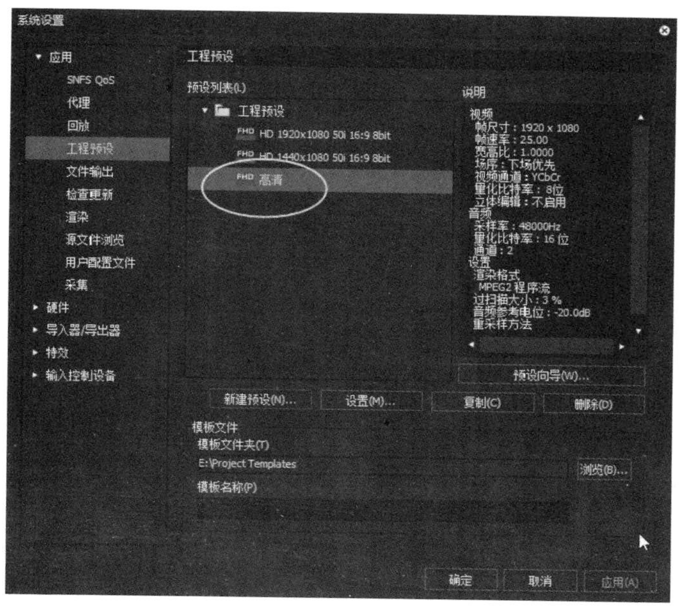

图 1.2.36　完成“工程预设”

提示：在 EDIUS Pro 9 里帧尺寸可以自定义大小，视频预设里有高清、标清、PAL、NTSC 和 24 Hz 电影帧频等，几乎包括所有播出级视频预设。

选择画面尺寸的大小时，字母 i 代表隔行扫描，字母 p 代表逐行扫描。

视频轨道类型：V 表示视频轨道；A 表示音频轨道；VA 表示音视频轨道；T 表示字幕轨道。

注意：将静态图像的设置改为“下场”，过滤改为“仅动态”，文件类型根据个人需要而定，改成 JPG 或者 PSD 都可以，如图 1.2.37 所示。

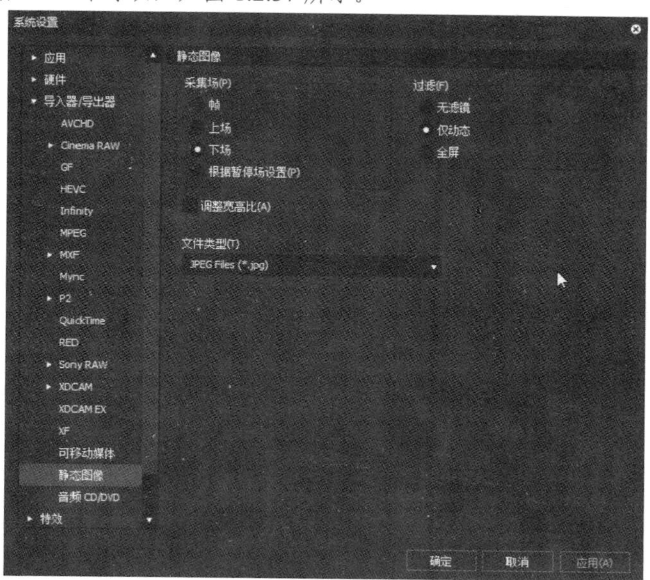

图 1.2.37　“静态图像”的设置

1.2.6 软件的用户设置

软件用户设置的操作步骤如下：

（1）单击菜单执行“设置”→“用户设置”→“应用”→“其他”命令，可以对软件应用的其他项进行设置，如图 1.2.38 所示。

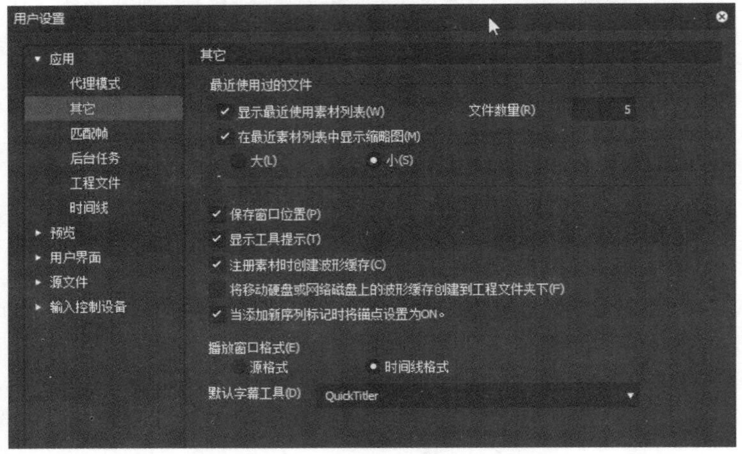

图 1.2.38 “应用其他项”的设置

（2）单击菜单执行“设置”→“用户设置”→“用户界面”→“窗口颜色”命令，可以对软件界面的颜色进行设置，如图 1.2.39 所示。

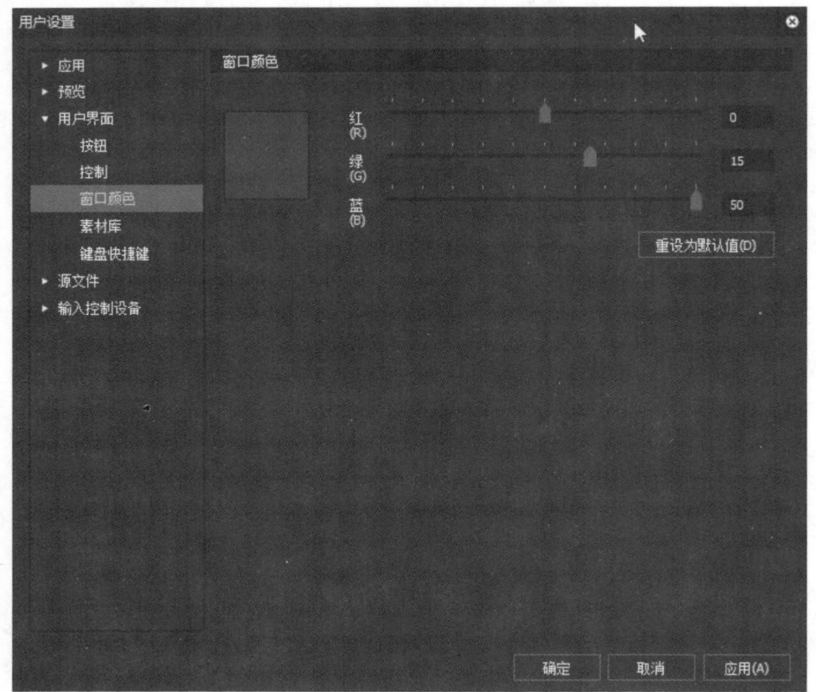

图 1.2.39 “界面窗口颜色”的设置

（3）单击“确定”按钮完成用户设置。

1.3　视频的基础知识

要真正掌握并使用一款视频特效软件，不仅要掌握软件的基本操作，还要掌握视频的基础知识，如数字视频的概念、电视制式、帧与场的扫描方式和常用视频格式等。

1.3.1　数字视频的概念

众所周知，电影是以 24 帧/s 的速度放映的，而电视由于制式不同而且帧速率也各不相同，且人眼视觉分辨力的局限性，那些具有连贯性静态画面的播放瞬间展现在眼前就宛如真实运动了。

视频是指由一系列静止图像所组成的，但能够通过快速播放使其“运动”起来的影像动画记录技术。也就是说，视频实质上就是一系列连贯动作的静止图像所组合而成的动态画面。

1. 模拟信号

模拟信号其实就是由连续并且不断变化的物理量来表示的信息，当中电信号的幅度、频率或相位都会随着时间和数值的变化而连续变化。模拟信号的这一特性，使得信号所受到的所有干扰都会造成信号的失真。长期以来的实践应用证明，模拟信号会在复制或传输过程中不断发生衰减，并混入噪波，从而使其保真度大幅度降低。

提示：在模拟信号的通信应用中，为了提高其信噪比，通常会在信号传输过程中及时对衰减的信号进行放大，这就使得信号在传输的过程中所叠加的噪声也会同时被放大。随着传输距离的增加，噪声也会越积越多，导致传输质量的严重恶化。

2. 数字信号

与模拟信号不同的是，数字信号的波形与幅值被限制在有限的数值范围内，因此其中的抗干扰能力相当强。除此之外，数字信号还具有便于存储、处理和交换以及安全性高的众多特点，其相对应的设备容易实现集成化、微型化等。

1.3.2　帧与场的介绍

在电视系统中，将图像转换成顺序传送的电信号的过程称为扫描。在摄像管或显像管中，电子束的扫描运动是依靠偏转线圈中流过锯齿波电流产生磁场来完成的。电子束自左至右水平方向的扫描称为行扫描，自上而下垂直方向的扫描称为帧扫描。

1. 帧

视频是由一幅一幅静态画面所组成的图像序列，而组成视频的每一幅静态图像被称为“帧”。也就是说，帧是视频（包含动画）内的单幅影像画面，相当于电影胶片上的每一格影像。

2. 场

在采用隔行扫描方式进行播放的显示设备中，每一帧画面都会被拆分进行显示，而拆分后得到的残缺画面被称为“场”。也就是说，视频画面播放为 30 帧/s 的显示设备，实质上每秒需要播放 60 场画面；而对于 25 帧/s 的显示设备来说，其每秒需要播放 50 场画面。

电视机的显像原理是通过电子枪发射高速电子来扫描显像管，最终使显像管上的荧光粉发光成像的，电子枪扫描图像的方式有以下两种。

逐行扫描：它是电子束在屏幕上一行接一行的扫描方式。

隔行扫描：它是一幅（帧）画面分成两场进行扫描，一场扫描奇数行，另一场扫描偶数行。

提示：为了实现准确隔行，要求每场扫描的行数加半行。一幅完整的画面是由奇数场和偶数场叠加后形成的，组成一帧两场的行扫描线。

1.3.3 电视的制式

在电视系统中，发送端将视频信息以电信号形式进行发送，电视制式便是在其间实现图像、伴音及其他信号正常传输与重现的方法与技术标准，因此也称为电视标准。目前，应用最为广泛的彩色电视制式主要有三种类型。

1. NTSC 制式

NTSC 制式由美国国家电视标准委员会（National Television System Committee）制定，主要应用于美国、加拿大、日本、韩国、菲律宾等国家以及中国台湾地区。

2. PAL 制式

PAL 制式也采用了隔行扫描的方式进行播放，共有 625 行扫描线，分辨率为 720 像素×576 像素，帧速率为 25 帧/s。目前，PAL 彩色电视制式广泛应用于德国、英国、意大利等国家和中国大陆。

3. SECAM 制式

SECAM 制式同样采用了隔行扫描的方式进行播放，共有 625 行扫描线，分辨率为 720 像素×576 像素，帧速率则与 PAL 制式相同。目前。该制式主要应用于俄罗斯、法国、埃及等国家。

1.3.4 常用视频格式

经常在电脑上看到各种各样的视频格式，视频格式可以分为适合本地播放的本地影像视频和适合在网络中播放的网络流媒体影像视频两大类。

1. AVI

AVI 是音频视频交错(Audio Video Interleaved)的英文缩写。AVI 这个由微软公司开发的视频格式在视频领域可以说是应用时间较长的格式之一。AVI 格式调用方便，图像质量好，压缩标准可任意选择，是应用最广泛的格式。

2. MPEG

MPEG（Motion Picture Experts Group）包括了 MPEG-1，MPEG-2 和 MPEG-4 在内的多种视频格式。大部分的 VCD 都是用 MPEG-1 格式压缩的，MPEG-2 则主要应用于 DVD 的制作。

3. MOV

使用过 Mac 机的朋友应该都接触过 QuickTime。QuickTime 原本是苹果公司用于 Mac 计算机上的一种图像视频处理软件。QuickTime 提供了两种标准图像和两种数字视频格式，即可以支持静态的 PIC 和 JPG 图像格式，动态的基于 Indeo 压缩法的 MOV 视频格式和基于 MPEG 压缩法的 MPG 视频格式。

4. WMV

WMV 是一种独立于编码方式的、在互联网上实时传播多媒体的技术标准，微软公司希望用其

取代 QuickTime 之类的技术标准以及 WAV，AVI 之类的文件扩展名。WMV 的主要优点在于可扩充的媒体类型、本地或网络回放、可伸缩的媒体类型、流的优先级化、多语言支持以及扩展性好等。

5. 3GP

3GP 是一种 3G 流媒体的视频编码格式，主要是为了配合 3G 网络的高传输速度而开发的，也是目前手机中最为常见的一种视频格式。

6. FLV

FLV（FLASH VIDEO）流媒体格式是一种新的视频格式。由于它形成的文件极小，加载速度极快，主要用于网络视频文件。它的出现有效地解决了视频文件导入 Flash 后，使导出的 SWF 文件体积庞大，不能在网络上很好地使用等问题。

本 章 小 结

本章主要介绍了 EDIUS Pro 9 的特点、应用、新增功能、软件基本的设置等知识。通过对本章的学习，读者可以了解 EDIUS Pro 9 的强大功能和应用，能够对软件进行最基本的设置，对软件窗口进行自定义布局，为以后的学习打下坚实的基础。

操 作 练 习

一、填空题

1. EDIUS Pro 9 为了保证软件在编辑时具有更好的_________，建议把素材和工程文件放在独立的高性能的电脑硬盘上。

2. _________窗口（PLR）主要用于采集素材和单独显示选定素材，并对素材进行预览。

3. _________窗口主要用于导入和管理素材，相当于一个强大的演员库。

4. 显示和隐藏全部面板的快捷键是_________。

5. 应用最为广泛的彩色电视制式主要有_________、_________和_________ 三种类型。

二、选择题

1. 按快捷键（　）可以打开素材库。

（A）C　　（B）E

（C）R　　（D）B

2. 在时间线面板中的 VA 轨表示的是（　）。

（A）音频轨道　　（B）视频轨道

（C）音视频轨道　　（D）字幕轨道

3. 可以相互切换录制窗口和播放窗口的快捷键是（　）。

（A）Ctrl　　（B）Tab

（C）Shift　　（D）Delete

4. 单击▦按钮可以打开（　）。

（A）素材库窗口　　（B）时间线窗口

（C）信息面板　　（D）特效面板

5．我国大陆的电视制式为（　）制式。

（A）SECAM　　（B）NTSC

（C）PAL　　（D）MPEG

三、简答题

1．EDIUS Pro 9 和传统非线性编辑软件最大的区别有哪些？

2．EDIUS Pro 9 具有哪些新增功能？

3．EDIUS Pro 9 的特点有哪些？

4．EDIUS Pro 9 的界面有哪些组成部分？

四、上机操作题

安装 EDIUS Pro 9 软件后，新建一个工程文件，并练习保存文件、关闭工程文件，根据自己的需要进行软件的系统设置和个人设置。

第 2 章　软件基本操作

EDIUS Pro 9 采集视频比以前的版本方便了很多，并可以进行光盘采集和视频批量采集等操作。本章主要介绍 EDIUS Pro 9 视频的采集、素材的导入和管理，并且对软件的播放窗口和录制窗口进行详细的介绍，使读者能够对软件进行最基本的操作。

知识要点

- 视频采集
- 素材的导入和管理
- 软件的播放窗口和录制窗口
- 屏幕安全框的介绍

2.1　视频的采集

视频采集是每个剪辑软件必备的功能，在拍摄完一段精彩的视频以后，把摄像机里拍摄的影像信息通过采集，成为系统可识别的文件。EDIUS Pro 9 比以前版本在采集功能上做了很大的改进，使用起来更加方便。

2.1.1　采集前的准备

在采集前应该做好如下五个步骤。

（1）取出以前录制好的 DV 磁带，并检查是否完好或者受潮，如图 2.1.1 所示。

（2）将磁带放入 DV 摄像机，如图 2.1.2 所示。

（3）将数据线正确连接 DV 摄像机，如图 2.1.3 所示。

（4）将数据线的另外一头连接至电脑 IEEE1394 插口，如图 2.1.4 所示。

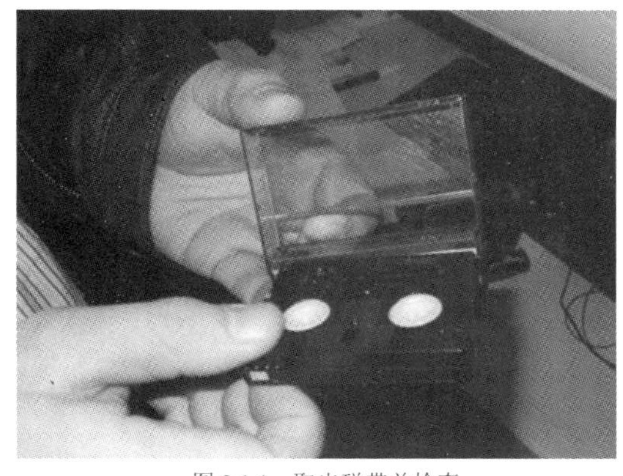

图 2.1.1　取出磁带并检查

图 2.1.2　将磁带放入 DV 摄像机

图 2.1.3　正确连接 DV 摄像机

图 2.1.4　正确连接电脑插口

（5）打开 DV 摄像机调整至“播放”状态，如图 2.1.5 所示。

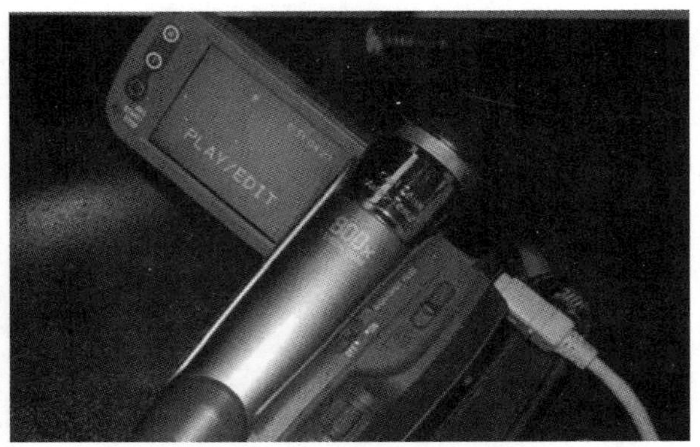

图 2.1.5　将 DV 摄像机调整至“播放”状态

2.1.2　采集前软件的设置

将摄像机和电脑正确连接，打开摄像机以后，电脑的任务栏就会弹出一个 DV 图标，由此证明电脑已经识别到了摄像机，如图 2.1.6 所示。

图 2.1.6　显示 DV 图标

具体操作步骤如下：

（1）启动 EDIUS Pro 9，新建一个“我们学生联欢采集”的工程文件，设置帧尺寸为 1920 像素×1080 像素，宽高比为 16∶9，音频采样率为 48 kHz，双通道，将渲染格式设置为 MPEG2 程序流，如图 2.1.7 所示。

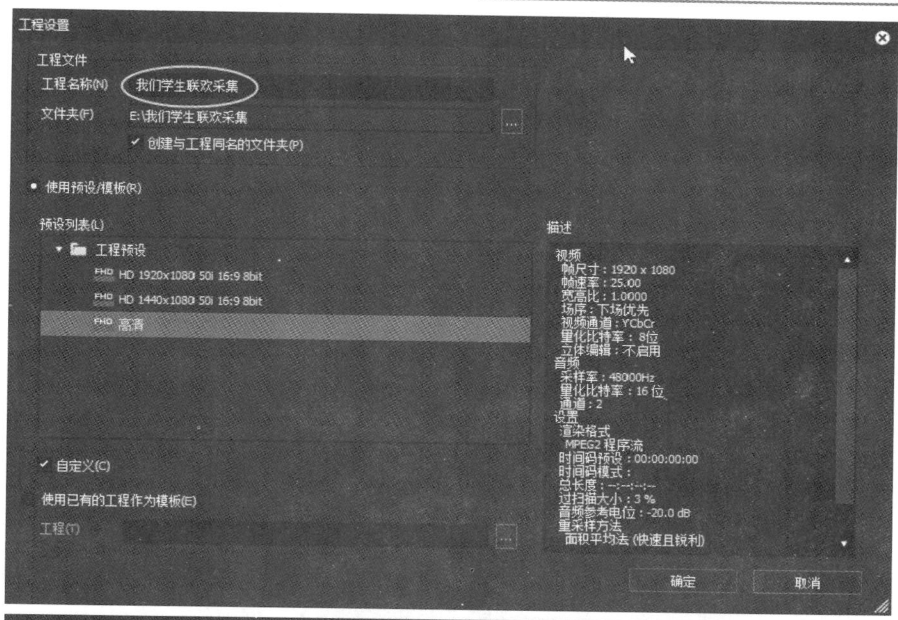

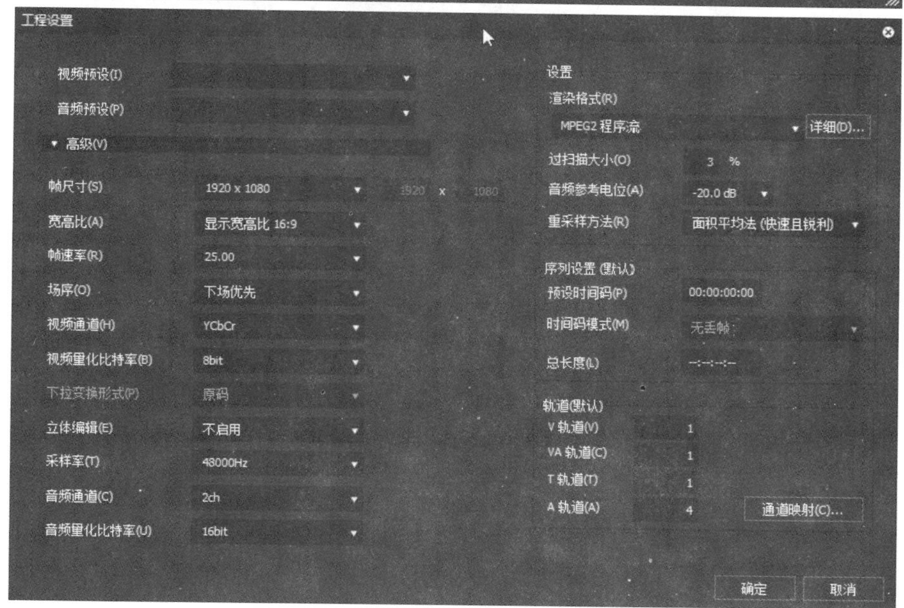

图 2.1.7　新建工程文件

（2）单击菜单执行“设置”→“系统设置”→“应用”→“采集”命令。在采集时，软件根据设置自动分割视频，如图 2.1.8 所示。

注意：EDIUS Pro 9 采集时可以根据用户的设置自动分割视频，如果在采集前取消了“采集自动侦测项目”设置，则软件将采集成一段完整的视频。如果在采集前设置了“采集自动侦测项目”，则软件会按照用户的设置在采集时自动分割视频。

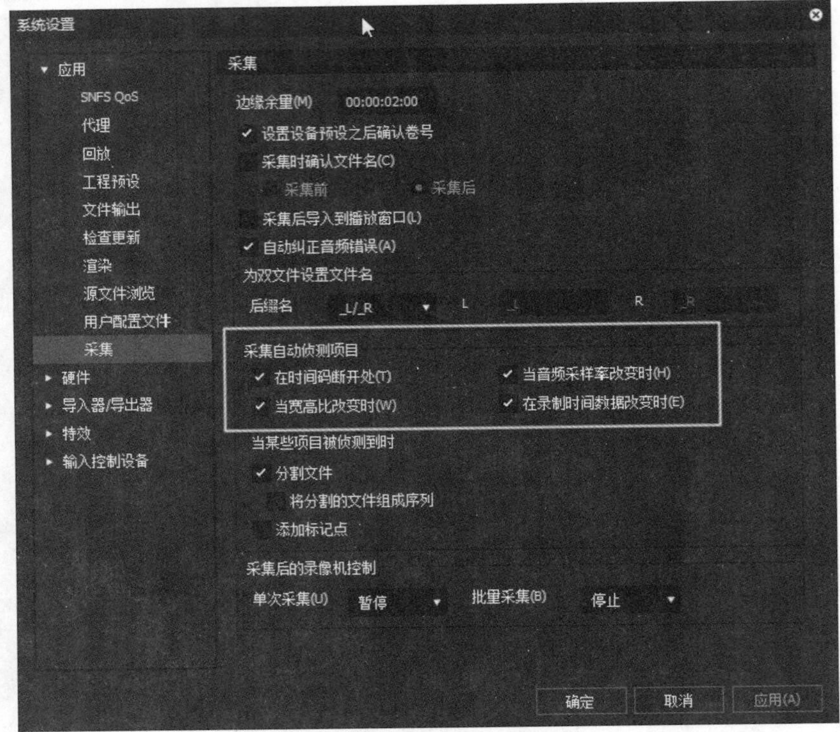

图 2.1.8 “采集自动侦测项目”的设置

（3）单击菜单执行“设置”→“系统设置”→“硬件”→“设备预设”命令，重新建立一个“我们班学生联欢”的设备预设，输入名称并选择一个图标，如图 2.1.9 所示。

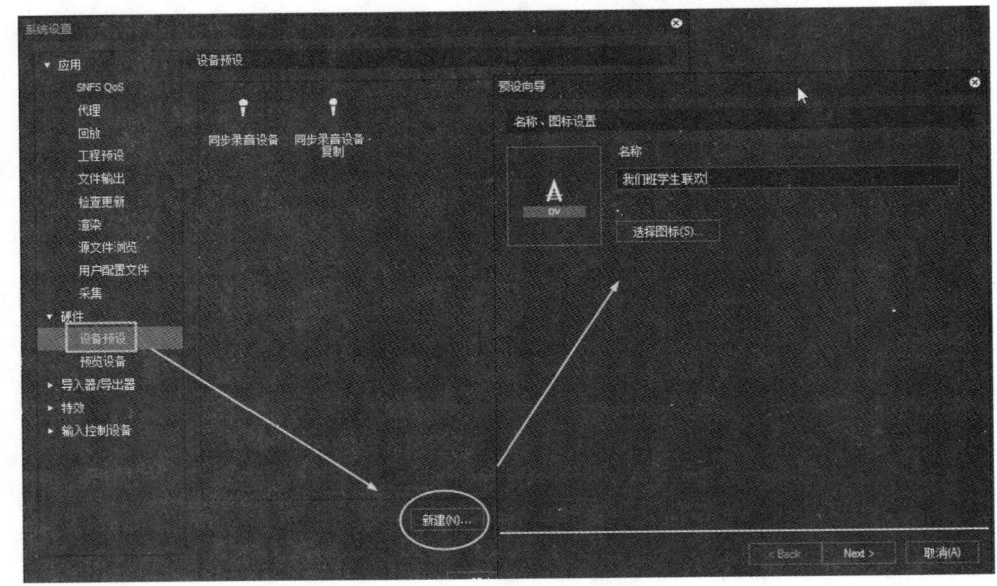

图 2.1.9 硬件预设

（4）单击“Next”按钮以后设置硬件接口为 Generic HDV，视频格式为 1920×1080 50i，文件格式为 AVI，单击“Next”按钮，在弹出的界面中单击“完成”按钮，完成采集设置，如图 2.1.10 所示。

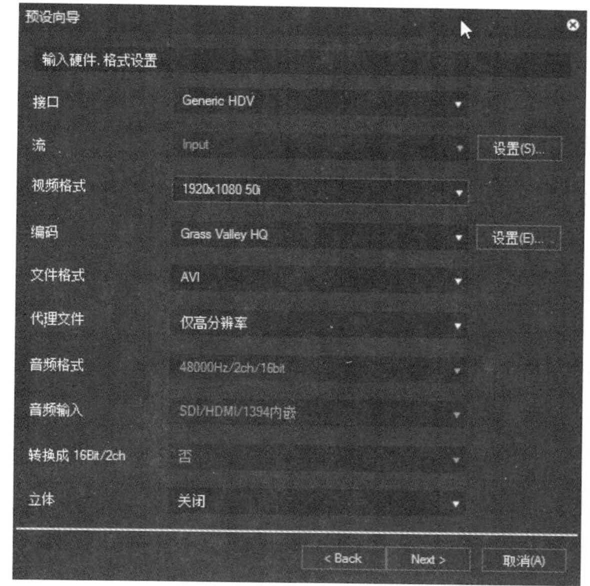

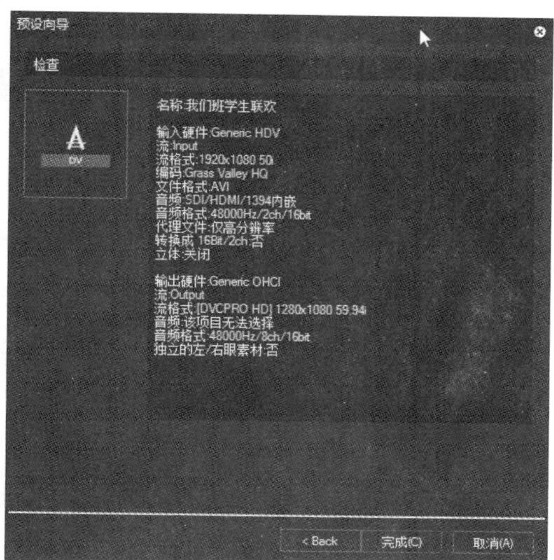

图 2.1.10　完成硬件预设

2.1.3　采集视频

采集视频的具体操作步骤如下：

（1）单击菜单“采集”→“选择输入设备”命令，选择在前面采集设置里的“我们班学生联欢”，如图 2.1.11 所示。以后每次打开软件就没必要重新设置了，直接选择该“预设”即可。

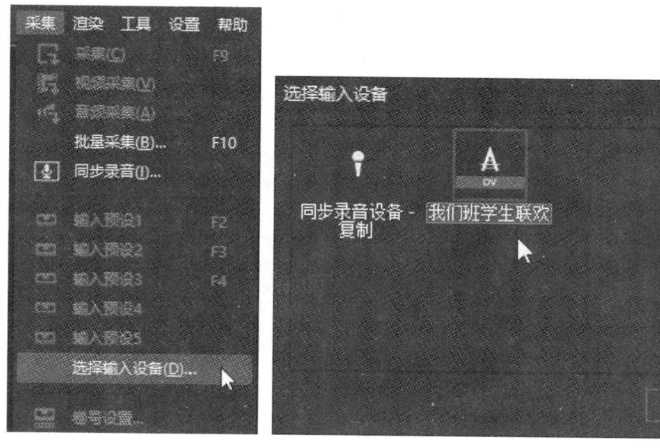

图 2.1.11　输入预设设置

（2）在输入素材卷号确定后，软件的 PLR 播放窗口就有了视频，而且和摄像机视频同步，如图 2.1.12 所示。在 PLR 播放窗口或者在 DV 摄像机上将磁带倒回要采集的地方“暂停”。

图 2.1.12　软件播放窗口和 DV 摄像机画面同步

（3）在“采集”菜单下根据个人需要而选择采集类别，可分为采集、视频采集、音频采集和批量采集，如图 2.1.13 所示。

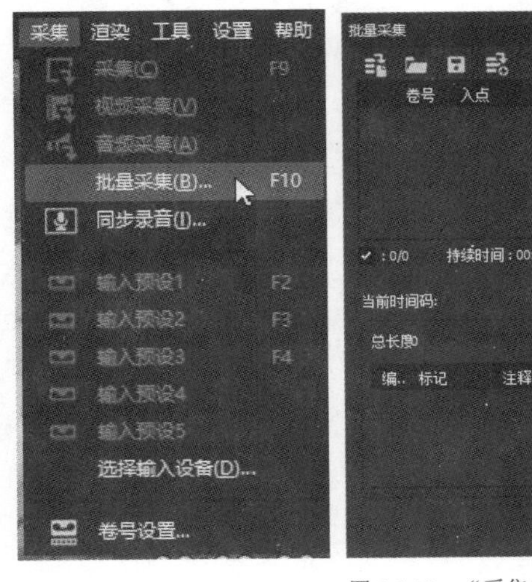

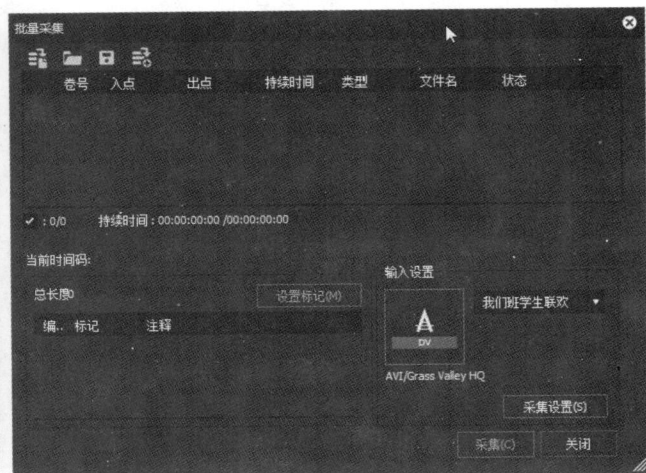

图 2.1.13　“采集”菜单和批量采集选项

（4）单击“采集”按钮以后开始采集，如图 2.1.14 所示。

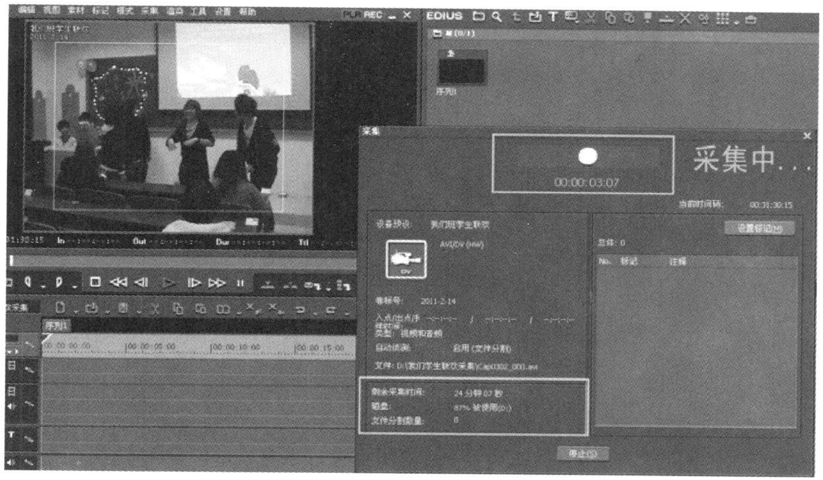

图 2.1.14　视频采集进行中

（5）采集完成后，采集素材自动添加到软件素材库，也可以在工程文件保存目录下找到被采集的视频，如图 2.1.15 所示。

注意：在采集时一定要取消掉电脑的“显示屏幕保护”，否则电脑自动启用“显示屏幕保护”会中断采集。

图 2.1.15　采集视频存储的位置

2.1.4　批量采集

批量采集可以对多段视频同时进行采集，步骤如下：

（1）用鼠标单击菜单“采集”→“选择输入设备”命令，打开“选择输入设备”面板，选择以前设置好的“我们班学生联欢”图标，如图 2.1.16 所示。

图 2.1.16 选择输入设备

（2）设置好以后单击播放按钮回放要采集的视频，同时可以看到素材画面。在需要采集的素材上添加入点和出点，也可以利用快进和快退模式来观察素材。单击窗口下面的“加入批量采集列表”选项，如图 2.1.17 所示。

图 2.1.17 添加到“批量采集列表”

（3）给所有要采集的素材设置好入点和出点以后，选择“采集”菜单下的“批量采集”选项，单击采集(C)按钮开始采集，如图 2.1.18 所示。

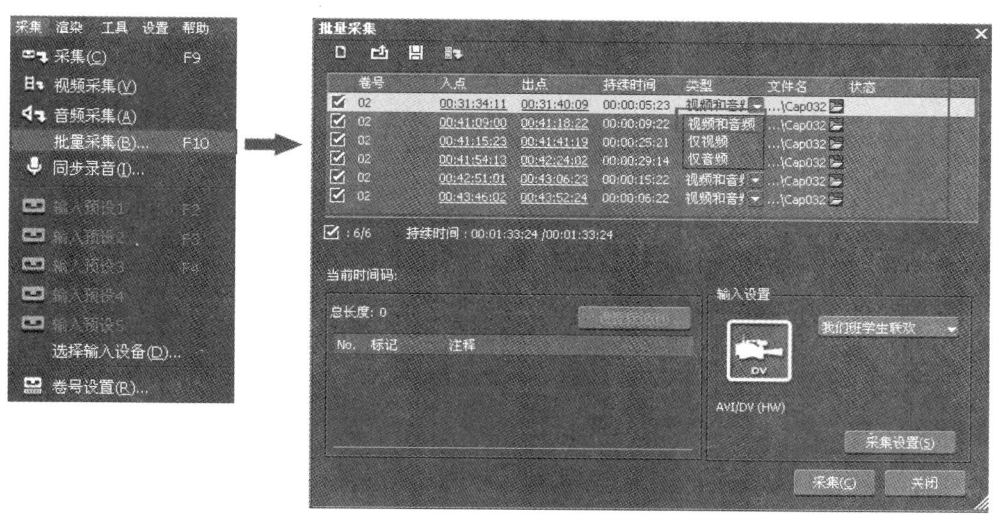

图 2.1.18　“批量采集”设置

（4）在工程文件夹下可以找到批量采集到的素材，如图 2.1.19 所示。

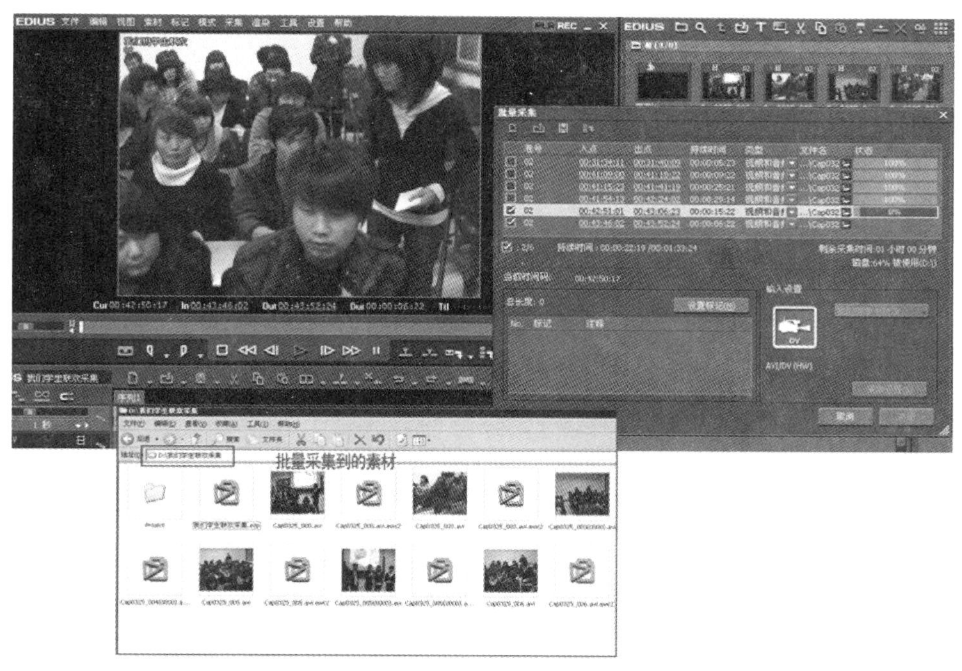

图 2.1.19　批量采集视频素材存储的位置

2.1.5　光盘采集

EDIUS Pro 9 可以将 DVD 光盘上的视频采集到软件素材库中，步骤如下：

（1）将 DVD 光盘放入电脑光驱中，用鼠标单击“源文件浏览”面板，并单击光盘所在的光驱，光盘上所有的章节素材都会显示在面板上，如图 2.1.20 所示。

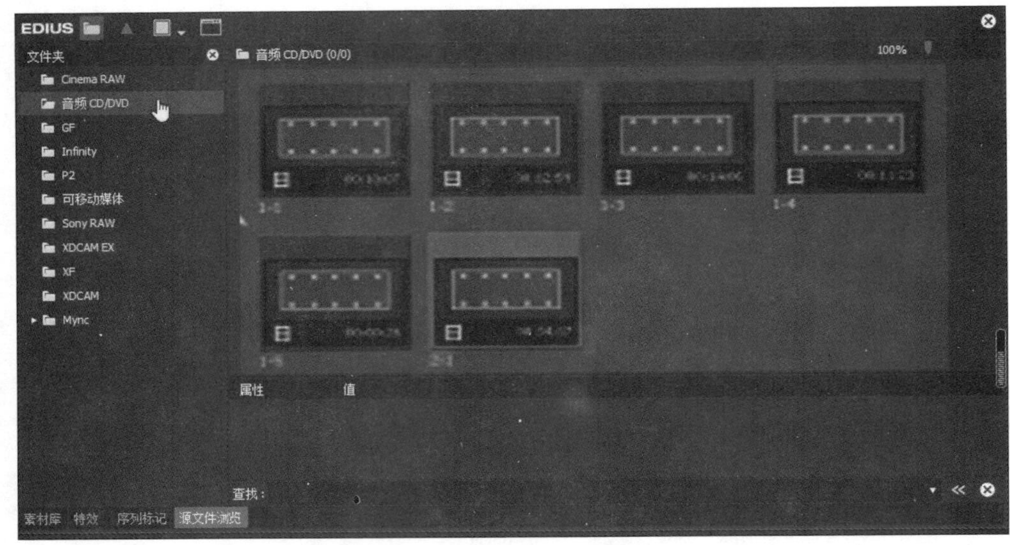

图 2.1.20 “源文件浏览”面板

（2）选择要采集的素材，单击按钮进行传送，传送完以后就可以在“素材库”里看到被添加进来的视频了，如图 2.1.21 所示。EDIUS Pro 9 除了可以采集光盘以外，还可以将移动媒体和外部的视频添加传送到素材库，方法和采集光盘相似，就不详细介绍了。

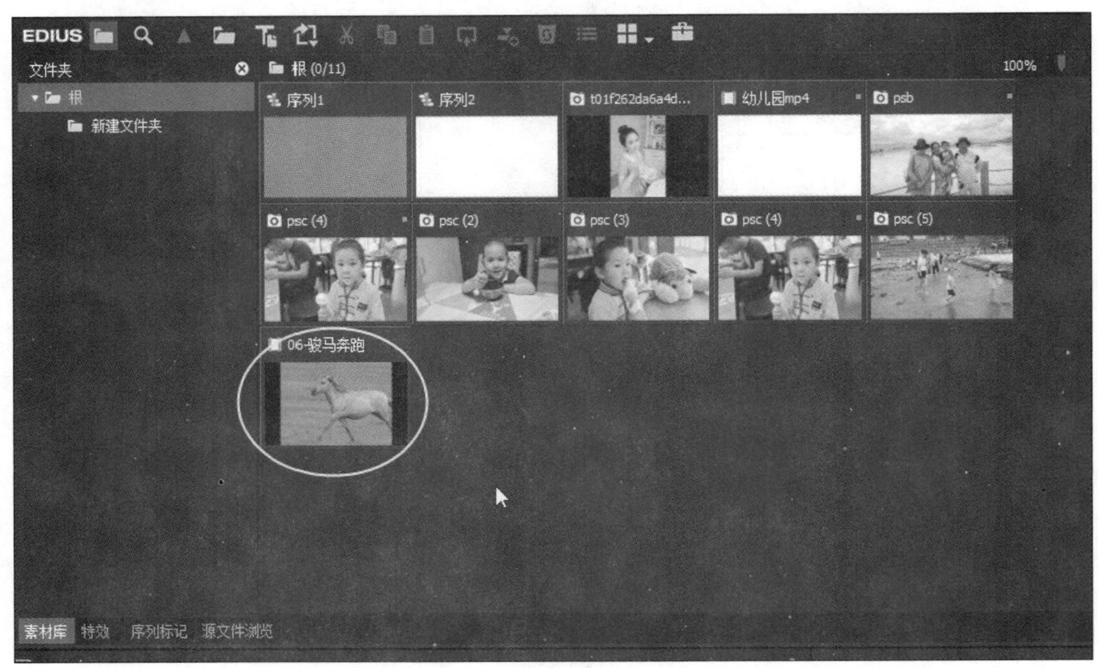

图 2.1.21 将光盘上的素材添加到素材库

2.2　素材的导入和管理

2.2.1　素材库的介绍

软件素材库主要是导入、存放和管理素材的，相当于一个庞大的演员库。素材库的打开和关闭在前面已经介绍过了，即通过时间线工具栏的素材库快捷图标（　）或者键盘 B 键。

提示：素材库窗口显示了存放素材和素材缩略图的文件夹视图按钮　。可以根据个人需要通过隐藏素材库左边的文件夹，单击素材库工具栏上的“文件夹”按钮，如图 2.2.1 所示。

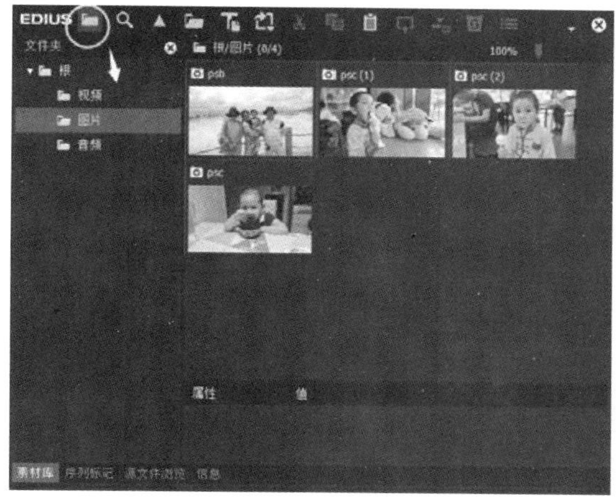

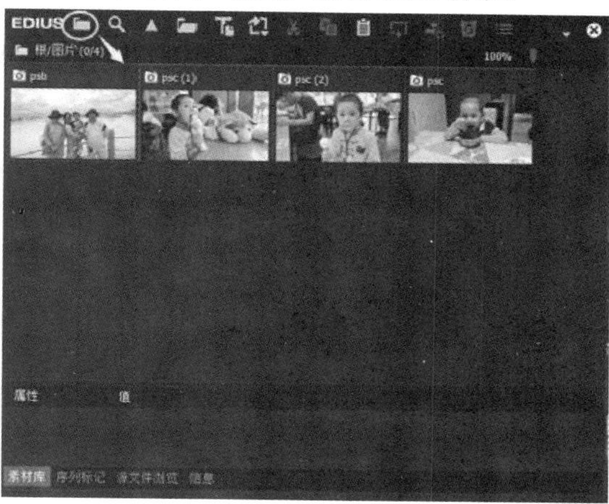

图 2.2.1　显示和隐藏素材库文件夹

将鼠标放在文件夹的根目录上单击右键，选择“新建文件夹”命令就可以在根目录下建立一个新的文件夹，可以方便管理素材。选择“打开文件夹”命令会将整个文件夹连同文件夹里的所有素材导入，如图 2.2.2 所示。

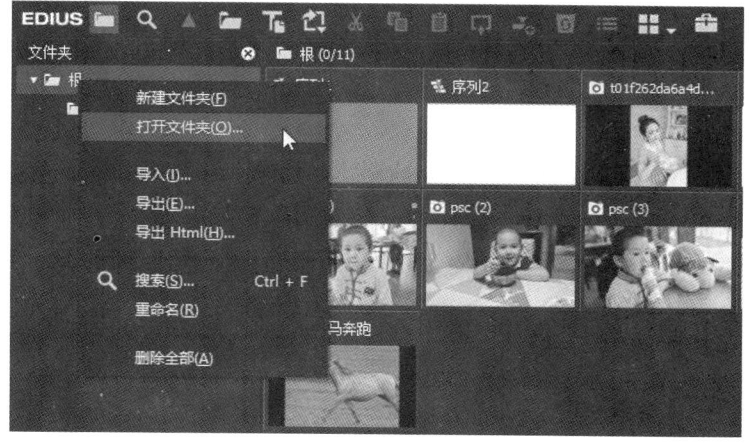

图 2.2.2　导入整个文件夹

选择文件夹并单击鼠标右键可以选择“重命名”和“删除全部”选项，分别对文件夹重新命名或将素材全部删除。

选择“搜索”选项可以在素材库众多的素材中查找某一个素材，输入素材名称的关键词就可以直接搜索到该素材，还可以在素材库工具栏上单击图标进行查找，如图 2.2.3 所示。

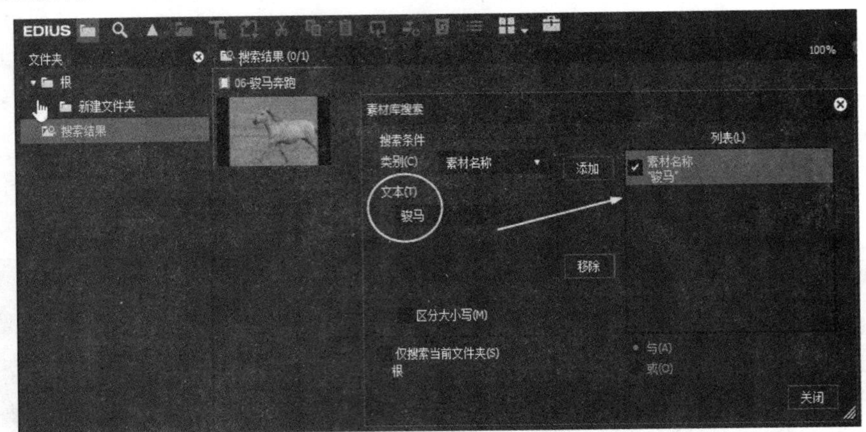

图 2.2.3　查找素材

在素材库工具栏上单击按钮将素材导入素材库的该文件夹下，在素材库的空白处双击鼠标。快捷键“Ctrl+O”同样也能导入素材，如图 2.2.4 所示。

提示：在“Open”面板里的素材预览区域，选择要导入的素材后可以拖动滑块来预览素材动画效果，双击该素材即可导入素材库，可以给素材选择一种颜色区别于其他的素材。

图 2.2.4　“Open”对话框

注意： 导入动画序列素材时一定要勾选“序列素材”选项，这样才能将整个序列动画导入，不勾选此项只能导入其中的一帧，如图 2.2.5 所示。

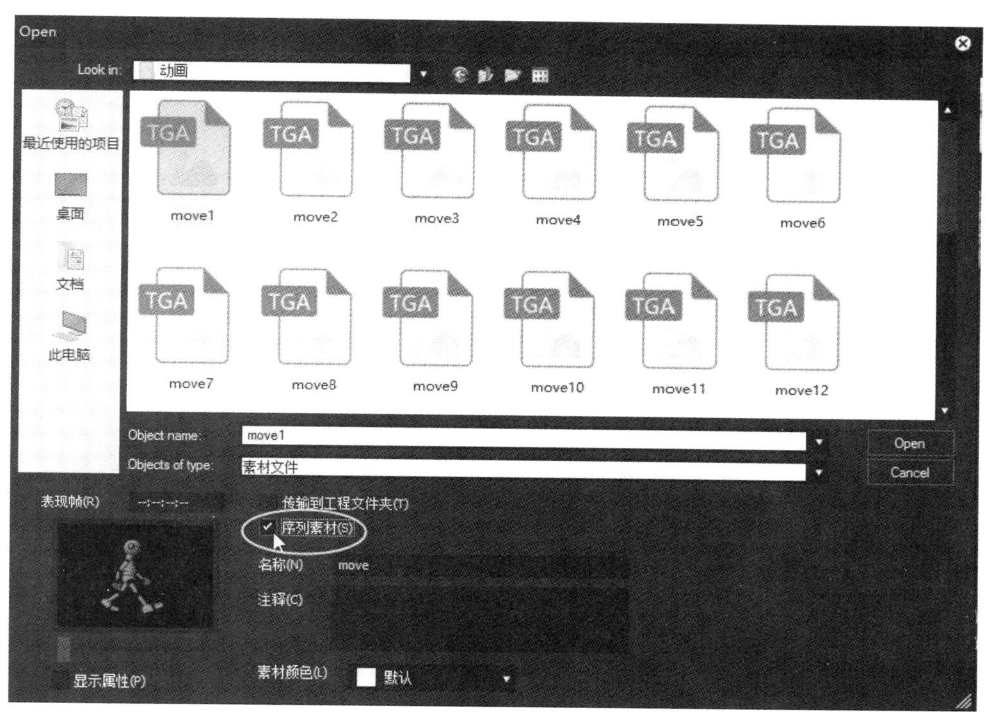

图 2.2.5　导入“序列串”素材

2.2.2　管理素材

可以导入的素材分为视频素材、音频素材、音视频素材、动画序列素材、时间线序列、彩色条、色块和字幕，根据图标可以识别不同类别的素材，方便我们对素材的管理，如图 2.2.6 所示。

相机图标表示静态素材

胶片图标表示视频素材

喇叭图标表示音频素材

表示彩色条

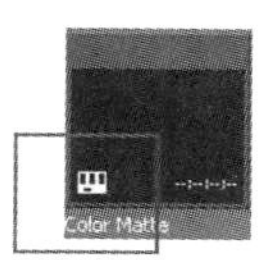

表示色块

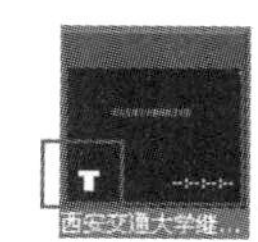
T图标表示字幕

时间线图标表示时间线序列

两页图标表示动画序列素材

图 2.2.6　素材的分类

有些素材可以通过外部导入，有些素材要通过素材库工具栏里的按钮建立，比如色块、字幕和时间线序列，如图 2.2.7 所示。

图 2.2.7　素材库工具栏

此外，也可以在素材库的空白处单击鼠标右键新建序列、彩条、色块和字幕，如图 2.2.8 所示。

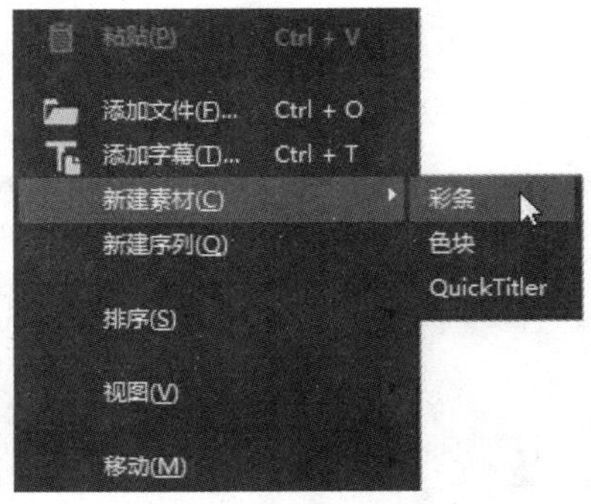

图 2.2.8　单击“鼠标右键”菜单各选项

1. 新建“彩条”

（1）在素材库空白处单击鼠标右键后选择“新建素材”→“彩条”命令，即可创建“彩条”，如图 2.2.9 所示。

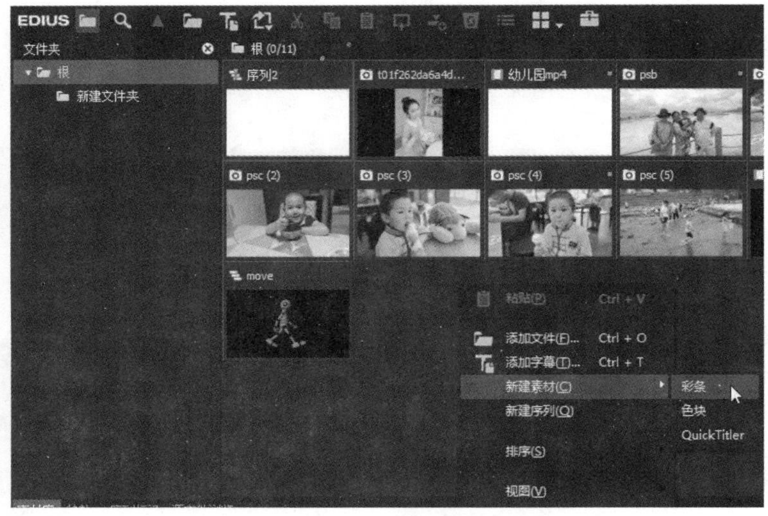

图 2.2.9　新建“彩条”对话框

（2）选择“彩条”的类型，对话框如图 2.2.10 所示。

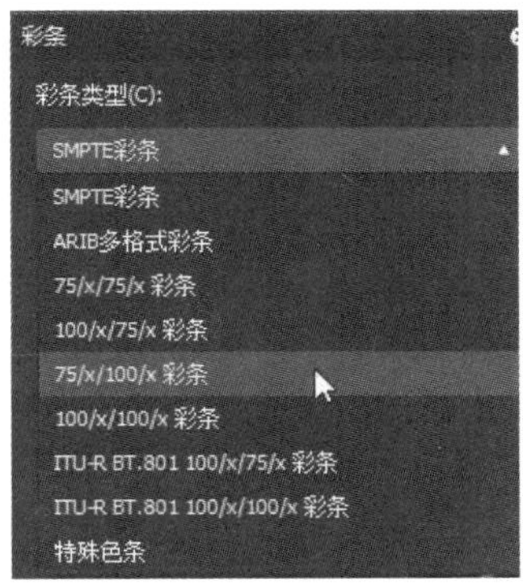

图 2.2.10　选择“彩条”对话框

（3）将新建的“彩条”添加到播放窗口，如图 2.2.11 所示。

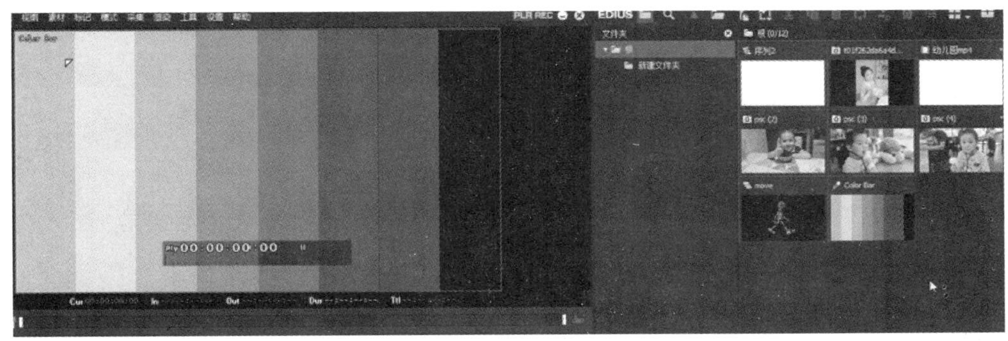

图 2.2.11　将彩条添加到播放窗口

2. 新建“色块”

（1）在素材库空白处单击鼠标右键，在弹出的菜单中执行“新建素材”→“色块”命令即可创建色块，如图 2.2.12 所示。

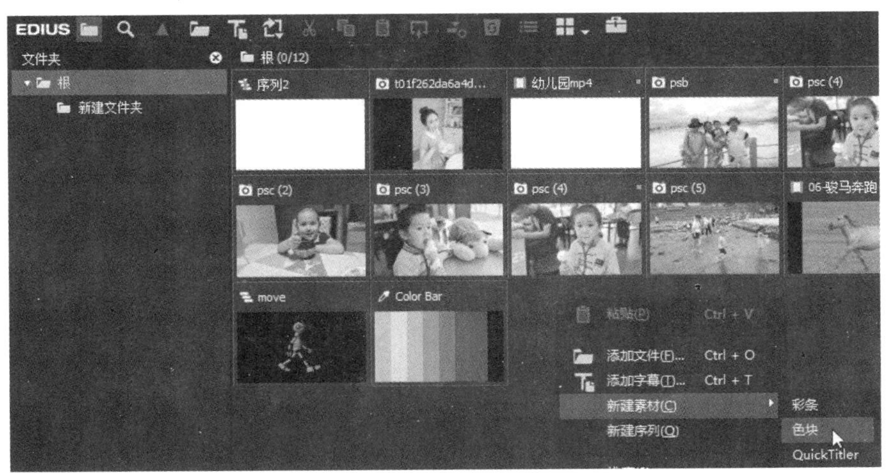

图 2.2.12　新建“色块”对话框

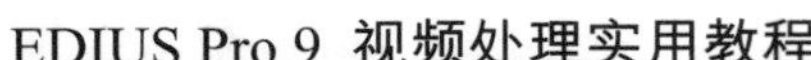

（2）在“色块”面板里设置颜色数量为 2，单击下面的“颜色块”后在“色彩选择”里设置渐变的颜色，如图 2.2.13 所示。

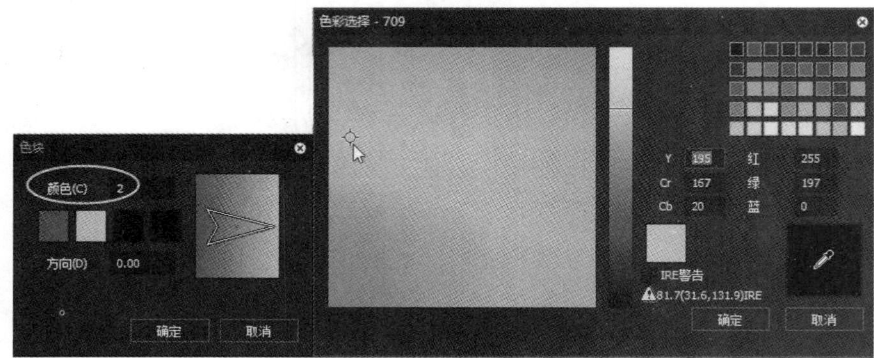

图 2.2.13　设置“色块”颜色

（3）将“色块”添加到播放窗口，如图 2.2.14 所示。

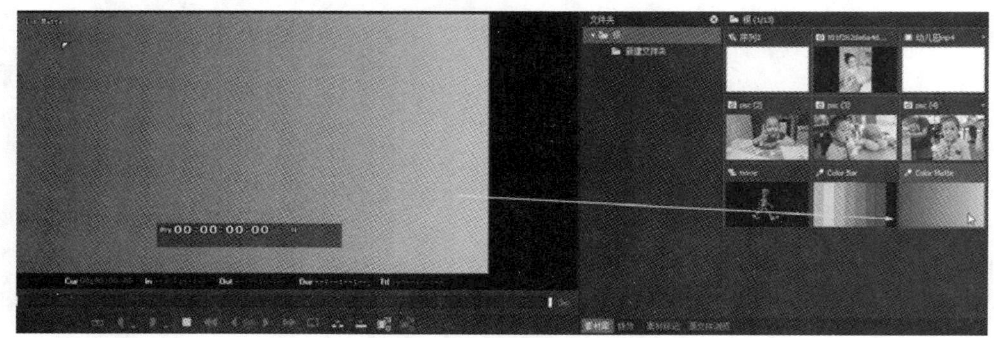

图 2.2.14　将“色块”添加到播放窗口

提示：选择右键菜单里的“视图”选项，可以改变素材的显示方式。还可以在素材库工具栏里连续单击按钮来改变素材的显示方式，点开按钮右下角的三角符号，根据需要选择不同的显示方式，如图 2.2.15 所示。

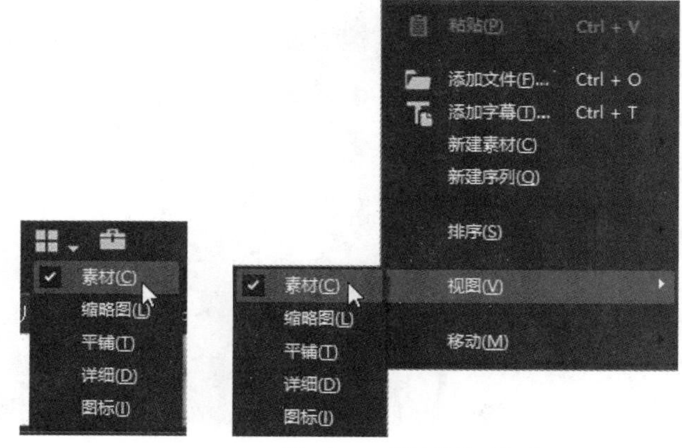

图 2.2.15　素材的显示方式

2.2.3　将素材添加到监视器和时间线

选择一个素材，在素材库的属性区可以显示出素材的信息，将鼠标放在界面分界处变成双向箭头后，可以将属性区拖曳下去，如图 2.2.16 所示。反之，如果再次需要属性区，将鼠标放在界面分界处变成双向箭头后，可以将属性区拖曳回来。

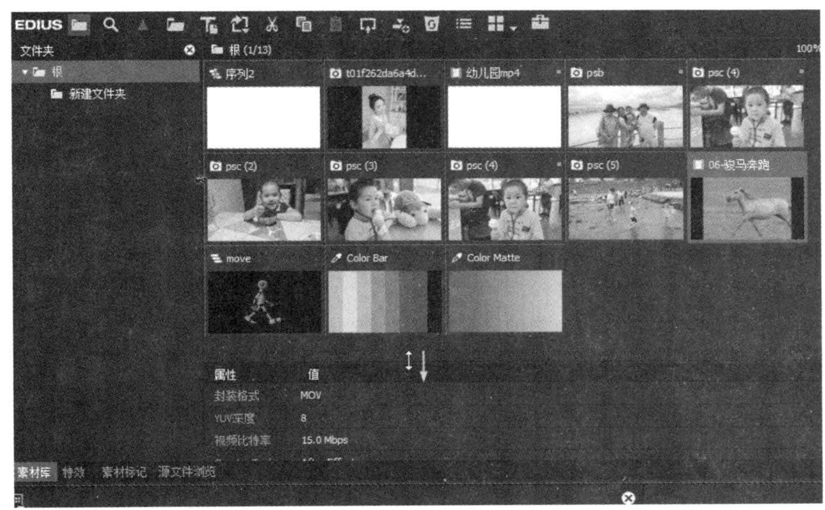

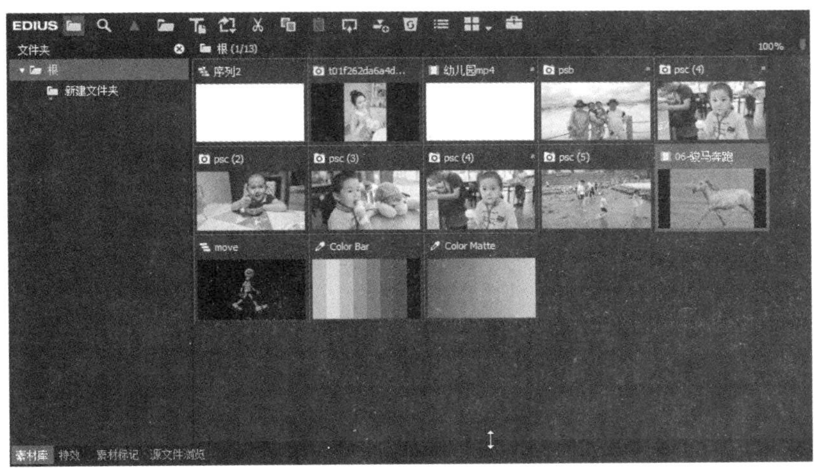

图 2.2.16　素材库面板

选择一个素材，在素材库工具栏单击按钮，显示素材的属性。还可以在右键菜单中选择“属性”选项或按快捷键“Alt+Enter”打开“素材属性”对话框，如图 2.2.17 所示。

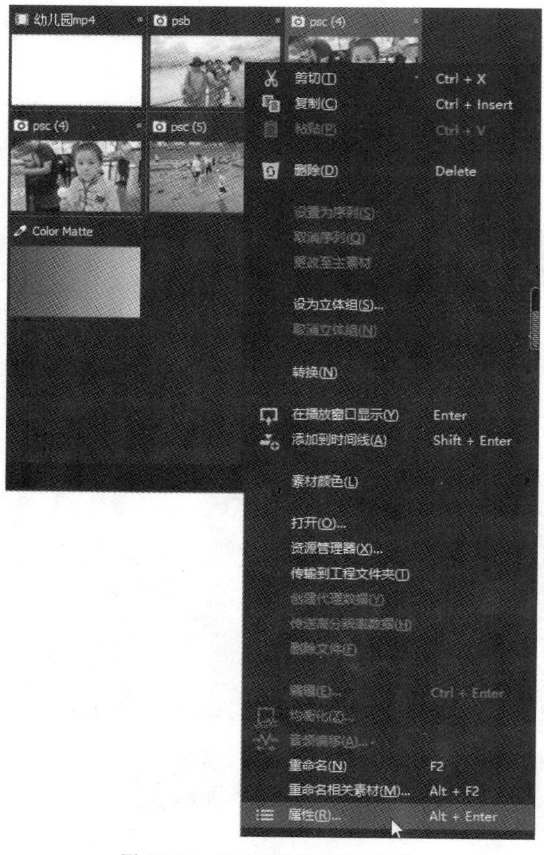

图 2.2.17 显示“素材属性”菜单

在“素材属性”对话框中显示出素材的文件信息、视频信息、立体信息和扩展信息，如图 2.2.18 所示。

图 2.2.18 “素材属性”对话框

在文件信息里描述了文件的名称、存储路径、文件格式、文件大小、创建和修改时间等信息，可以更改素材名称，给素材指定视图外观颜色。指定颜色后，在素材库里被指定的素材缩略图自动变成指定的颜色，添加到时间线上以后，该素材也会显示成指定的颜色，如图 2.2.19 所示。

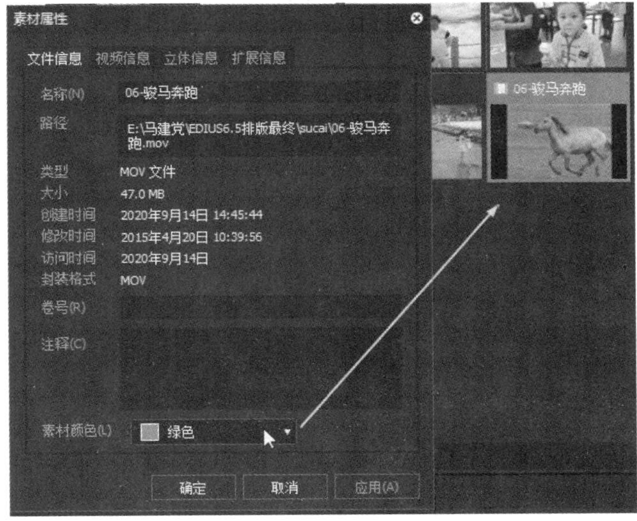

图 2.2.19　素材文件信息

在素材库工具栏单击素材属性按钮，或按键盘快捷键“Alt+Enter”键即可显示素材的属性，

在视频信息里描述了视频的录制时间、持续时间、帧尺寸等信息，可以根据需要设置视频的宽高比、场序和帧速率。用鼠标拖动素材预览滑杆可以观看素材动画效果，如图 2.2.20 所示。

在音频信息里描述了持续时间、音频采样率、音频通道等信息，根据需要可以设置音频的声道类型、音频增益等。将音频添加到时间线后有的音频波形不会显示出来，单击“刷新波形数据”就会自动刷新音频波形，如图 2.2.21 所示。

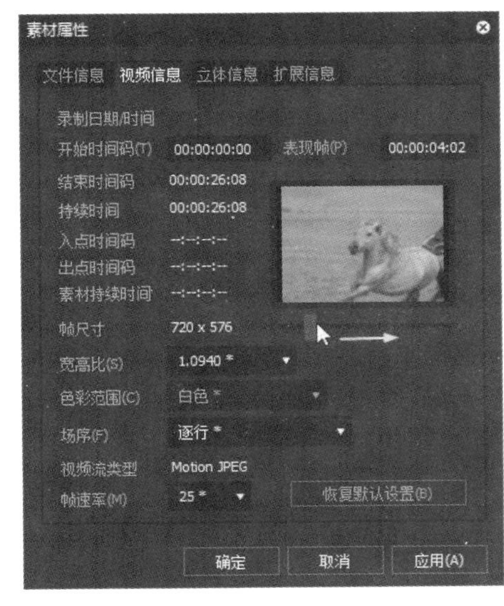

图 2.2.20　素材视频信息

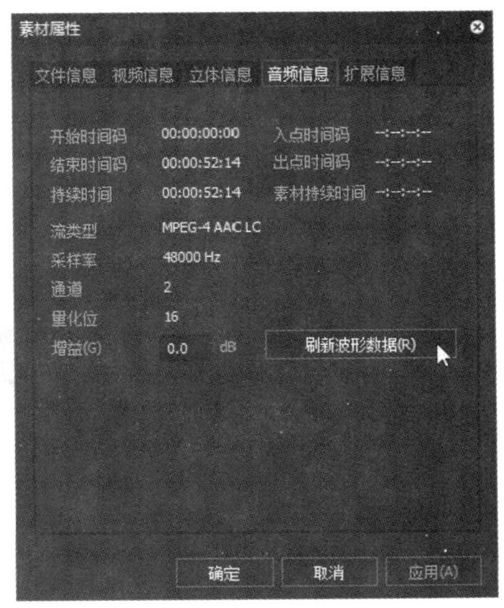

图 2.2.21　素材音频信息

提示：选定要添加的素材后单击图标将素材添加到时间线，或单击鼠标右键选择“添加到时间线”，也可以按快捷键“Shift+Enter”，同样可以将素材直接拖曳到时间线，如图 2.2.22 所示。

图 2.2.22　将素材添加到时间线

在素材库里选定一个素材后，在工具栏里单击图标，将素材在播放窗口显示。选定素材后按“Enter”键或者双击该素材，也可以将素材拖曳到播放窗口。

如果要删除素材库里不需要的素材，选择要删除的素材并直接在键盘上按“Del”键，也可在素材库工具栏里单击图标，或者单击鼠标右键选择“删除”选项都可以删除素材。

2.2.4　工具栏按钮的添加/删除

在操作界面中可以添加需要的按钮，删除不需要的按钮，或者改变它们的显示顺序，具体方法如下：

（1）用鼠标单击菜单“设置”→“用户设置”→“用户界面”→“按钮”选项，如图 2.2.23 所示。

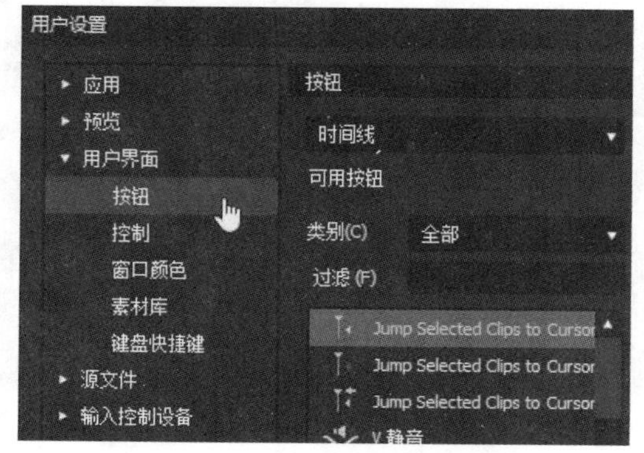

图 2.2.23　打开“用户设置”

（2）在按钮类型里选择“素材库”选项，根据需要选择要添加的按钮，单击»图标，被选择的按钮就会添加到“当前按钮”里。在“当前按钮”里选择要删除的按钮，单击«图标就可以删除了，如图 2.2.24 所示。

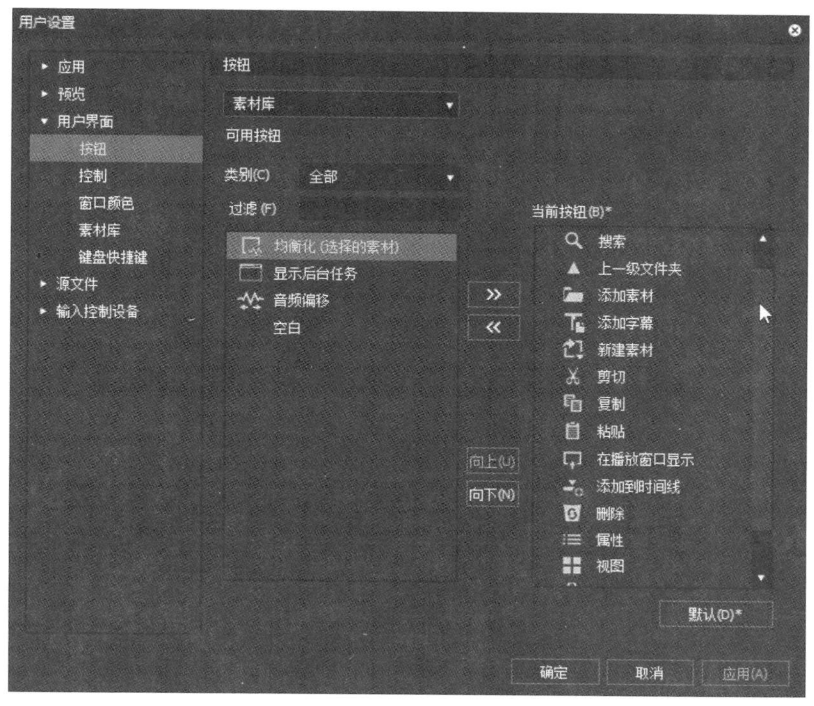

图 2.2.24　“用户设置”对话框

（3）选择要移动的按钮，单击向上(U)按钮和向下(N)按钮可以对按钮进行排列。“当前按钮”就是我们素材库工具栏里最终显示的按钮。

在素材库将素材视图缩略图改成“详细文本”选项，可以看到素材上面有一行列表，包括素材名称、素材颜色和素材类型等信息。当鼠标放在两个信息中间变成双向箭头时，可以左右移动来改变当前信息的位置大小，如图 2.2.25 所示。

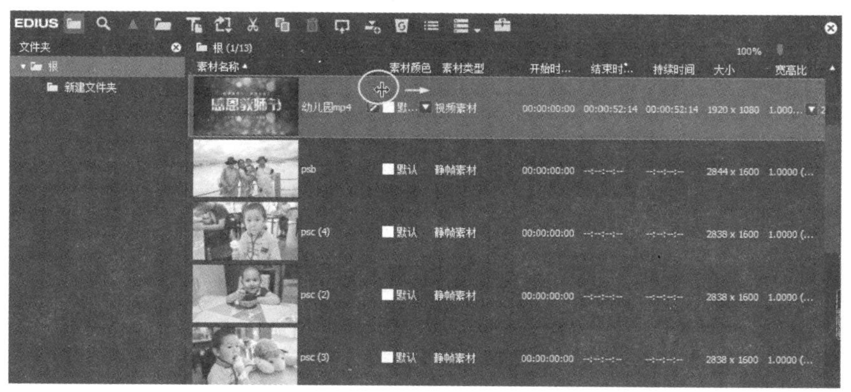

图 2.2.25　素材库面板

提示：单击“素材颜色”标签的图标可以对素材“重命名”，单击素材类型前面的符号可以更改素材的外观颜色，如图 2.2.26 所示。

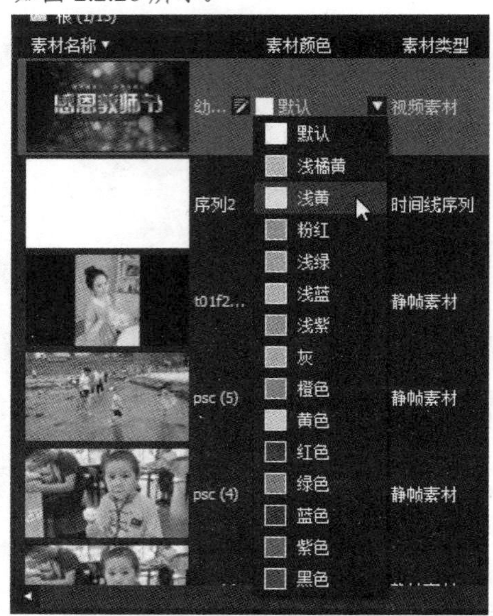

图 2.2.26　指定素材外观颜色

2.3　监视器的使用

2.3.1　监视器简介

EDIUS 的监视器的主要作用是预览素材和播放素材，主要由两个窗口组成，左边为播放窗口，右边为录制窗口。

将素材从素材库分别添加到播放窗口和时间线，播放窗口和录制窗口的素材明显不一样，左边的播放窗口主要预览素材库素材，右边录制窗口实时播放时间线素材画面，如图 2.3.1 所示。

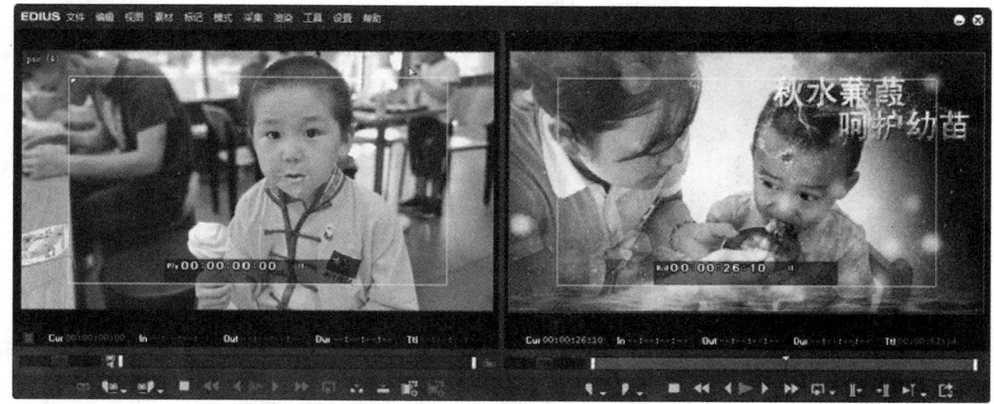

图 2.3.1　监视器窗口

导入要添加的素材后用鼠标在窗口上单击，窗口周围有个蓝色的线框证明已经选择该窗口，在播放控制区单击按钮即可播放该素材。播放控制区各按钮如图 2.3.2 所示。

图 2.3.2　播放控制区按钮

各类按钮的主要功能如下：

播放按钮：单击该按钮正常速度播放素材，再次单击暂停播放，快捷键为空格键。

停止按钮：单击该按钮停止播放素材。

前进一帧：单击一次该按钮播放头向前进一帧，快捷键为键盘上的右方向键“→”。按住右方向键为播放状态。

后退一帧：单击该按钮后退一帧，快捷键为键盘上的左方向键“←”。按住左方向键为倒退状态。

快速前进：单击该按钮快速前进，快捷键为 L 键。每单击一次则快进一倍，依次为 1，2，4，8，16，…倍，按空格返回到正常播放速度。

快速倒退：单击该按钮快速倒退，快捷键为 J 键。每单击一次则倒退一倍，依次为 1，2，4，8，16，…倍，按空格返回到正常播放速度。

入点：单击该按钮为素材设定入点，快捷键为 I 键，清除入点快捷键为“Alt+I”，转到入点快捷键为 Q 键。

出点：单击该按钮为素材设定出点，快捷键为 O 键，清除出点快捷键为“Alt+O”，转到入点快捷键为 W 键。

上一个标记点：播放头返回到上一个编辑点，快捷键为 A 键。

下一个标记点：播放头返回到下一个编辑点，快捷键为 S 键。

循环播放：单击该按钮为循环播放，重复回放素材，按快捷键“Ctrl+Space”从出入点间循环播放。

搜索滑块：在窗口中拖曳搜索滑块，会以不同的速度回放。按住鼠标左键不放并且把滑块拖曳到左边，回放速度为 1/20，1/10，1/2，…显示为。按住鼠标左键不放并且把滑块拖曳到右边，回放速度为 1，2，4，8，16，…倍，显示为。松开鼠标左键，搜索滑块将自动回到中间位置并且停止搜索，显示为。

播放控制区分为左边、左中部分、右中部分和右边四个部分，根据需要也可以添加或者删除按钮。假如想要把录制窗口的按钮删掉，首先确认快退按钮在录制窗口的左中部分的位置（见图 2.3.2）。

单击菜单“设置”→“用户设置”→“按钮”命令选项，如图 2.3.3 所示，要删除的按钮位于录制窗口的左中部分，所以选择“录制窗口—文件（中央-左）”位置，方法基本上和以前的素材库工具栏按钮添加与删除相同。

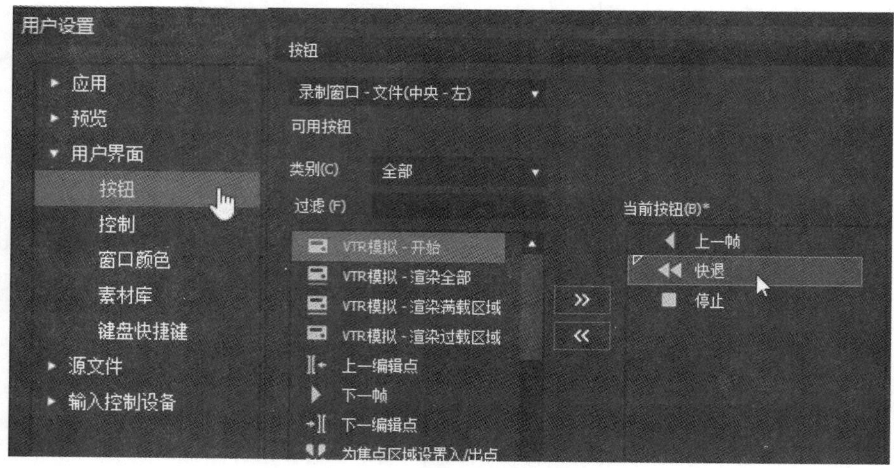

图 2.3.3 “用户设置”对话框

在当前按钮处选择要删除的⏪按钮，单击«图标，快退按钮就被删除了，如图 2.3.4 和图 2.3.5 所示。

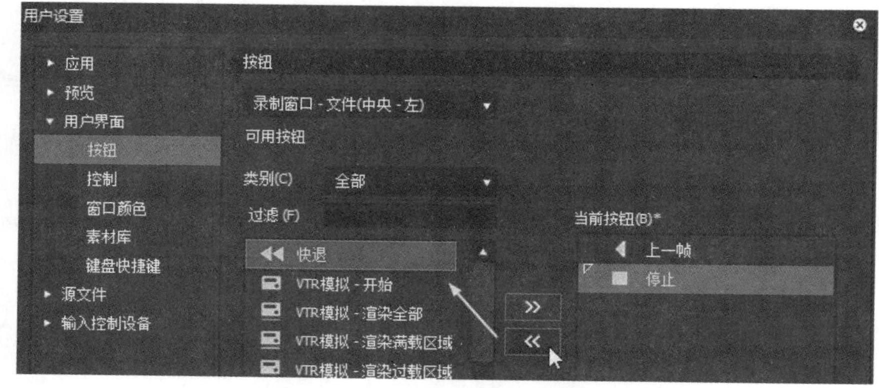

图 2.3.4 “添加和删除按钮”对话框

图 2.3.5 “播放控制区”按钮

现在录制窗口的左中部分就剩下◀按钮和■按钮了，⏪按钮已经被删除，如果需要添加进来，再选择⏪按钮并单击»按钮，⏪按钮就会添加进来了。

如果要把■按钮和◀按钮调换位置的话，可以单击向上(U)按钮或者向下(N)按钮排序，调整按钮的顺序，如图 2.3.6 所示。

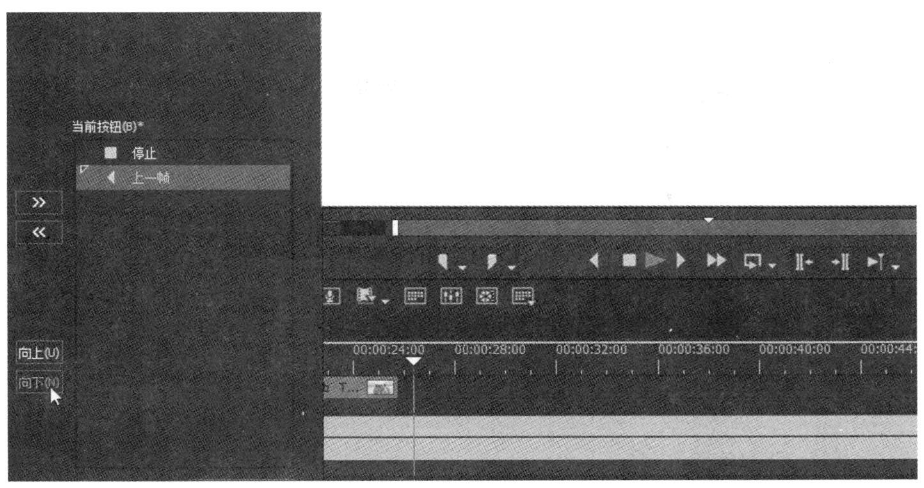

图 2.3.6　调换按钮位置

如果将按钮调乱了，可以单击默认(D)*按钮重置到软件默认状态，如图 2.3.7 所示。播放窗口和录制窗口按钮的添加、删除方法相同，这里就不详细介绍了。

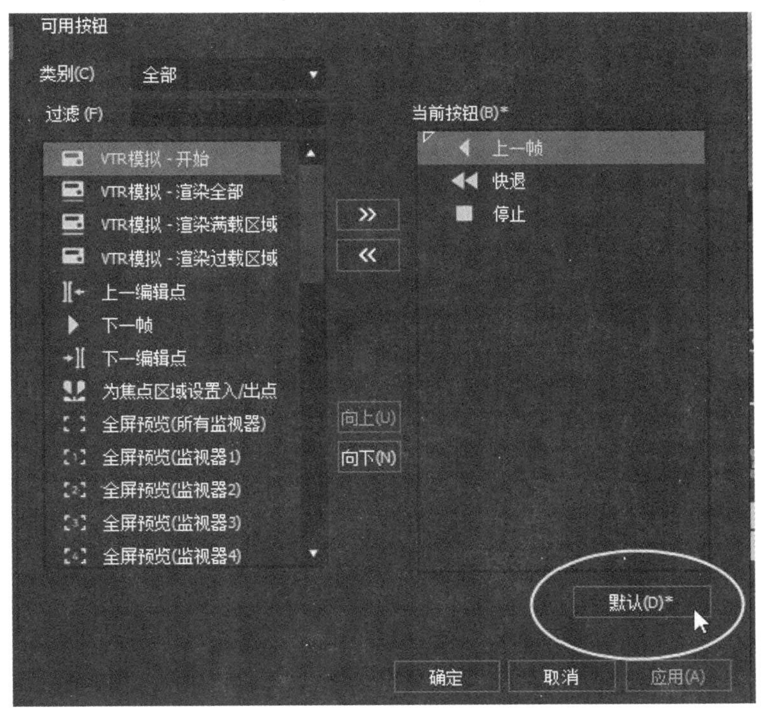

图 2.3.7　重置按钮位置

2.3.2　监视器窗口的设置

在播放窗口和录制窗口下面都有一个“时间码”信息，最左边向右依次为当前时间码 Cur、入点时间码 In、出点时间码 Out 和持续时间 Dur。当前时间码和时间线同步显示，同时状态信息栏也显

示当前时间码信息，如图 2.3.8 所示。

状态信息：

时间码：

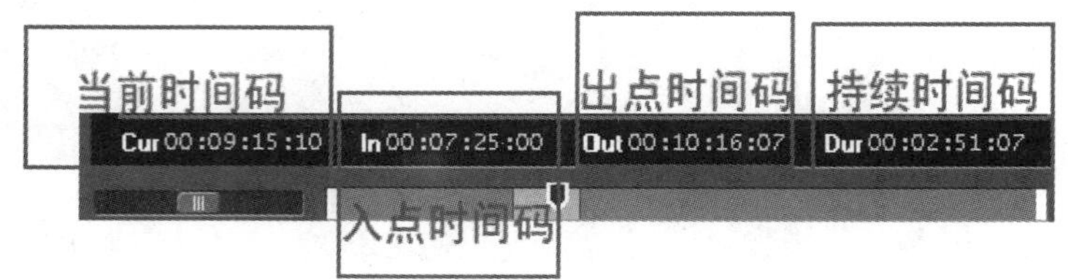

图 2.3.8 时间码信息

通过鼠标单击菜单“设置”→“用户设置”→“用户界面”→“控制”命令来设置“时间码”，将面板里的“入点”和“出点”前面的对钩去掉，如图 2.3.9 所示。

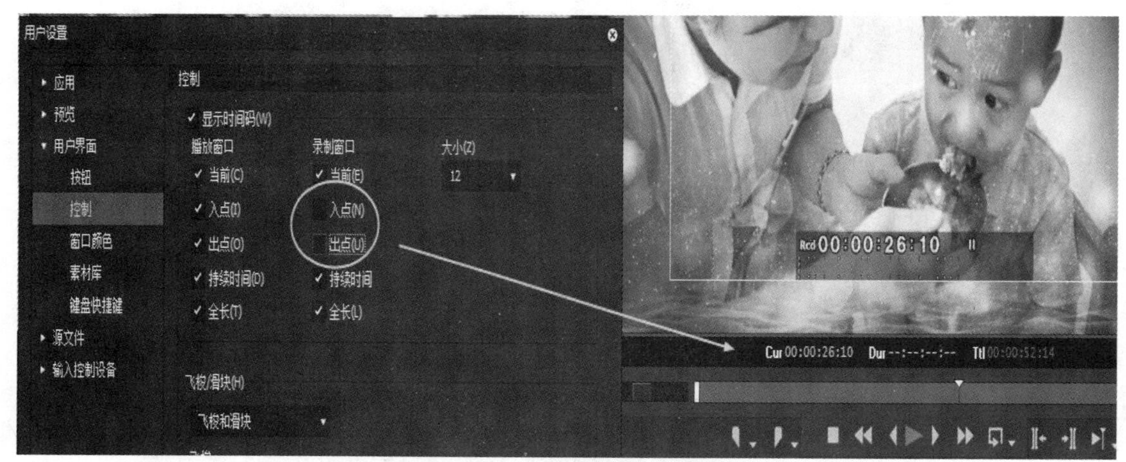

图 2.3.9 “显示时间码”的设置

通过设置“大小”来设置时间码的文字大小，时间码文字的初始大小为 12，我们将它的大小设置为 24，如图 2.3.10 所示。

注意：一般不要将时间码的文字设置得太大，否则后面的参数将挤出屏幕无法显示。

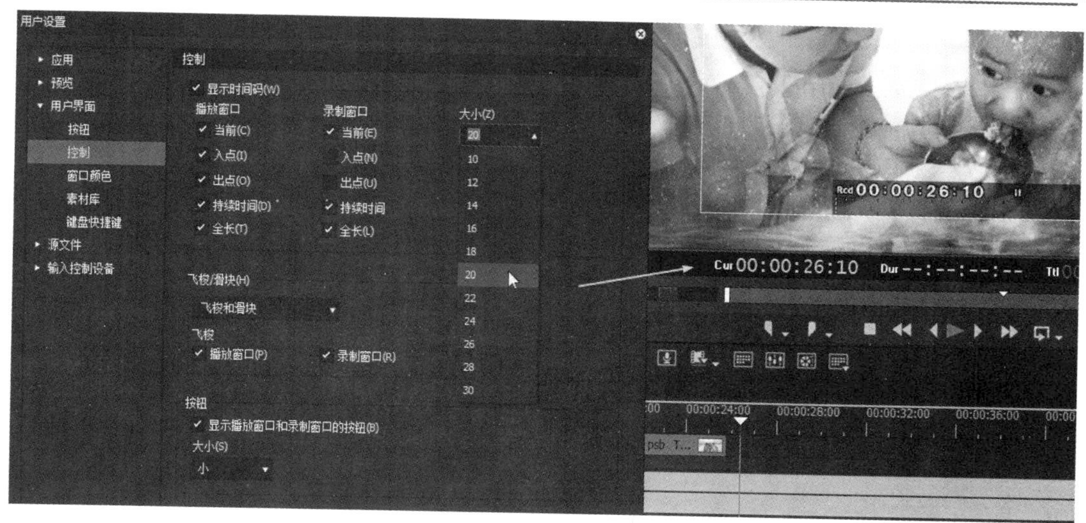

图 2.3.10　时间码文字大小的设置

通过设置“飞梭/滑块”可以设置飞梭和滑块的显示方式，如图 2.3.11 所示。

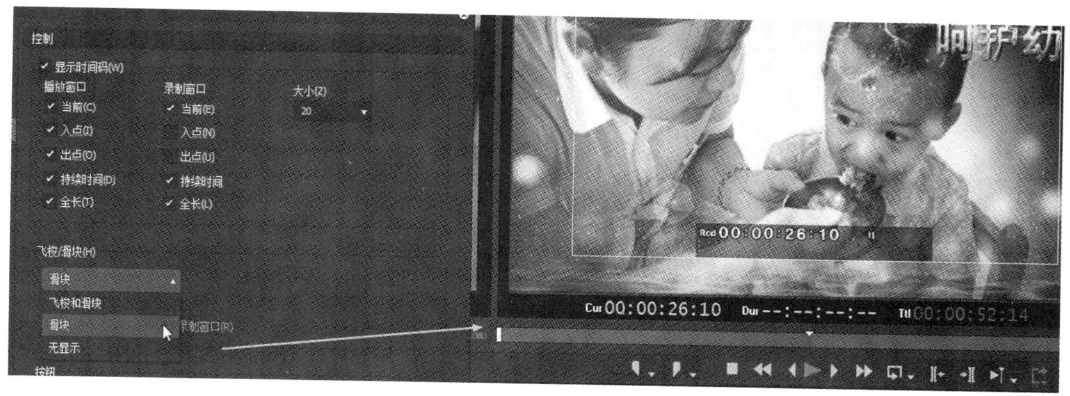

图 2.3.11　“飞梭和滑块”的显示

通过设置“控制”选项里的“按钮”可以显示/隐藏播放窗口和录制窗口的按钮，也可以设置按钮的大小，如图 2.3.12 所示。

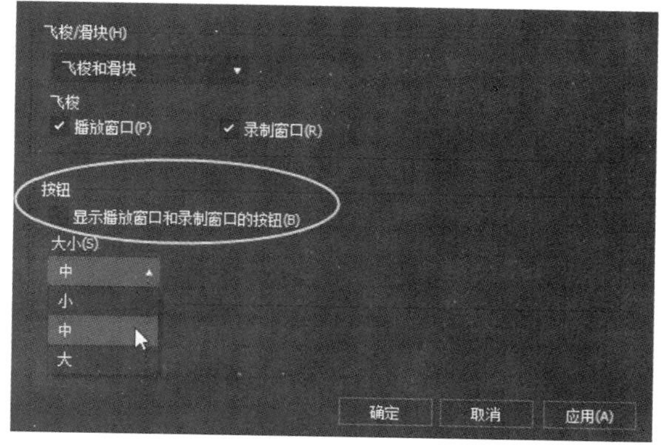

图 2.3.12　窗口按钮的大小设置和隐藏

2.3.3 状态信息和屏幕安全框

用鼠标单击菜单“视图”→“重叠显示”命令选项，根据需要可以调出“安全区域”和“中央十字线”，如图 2.3.13 所示。

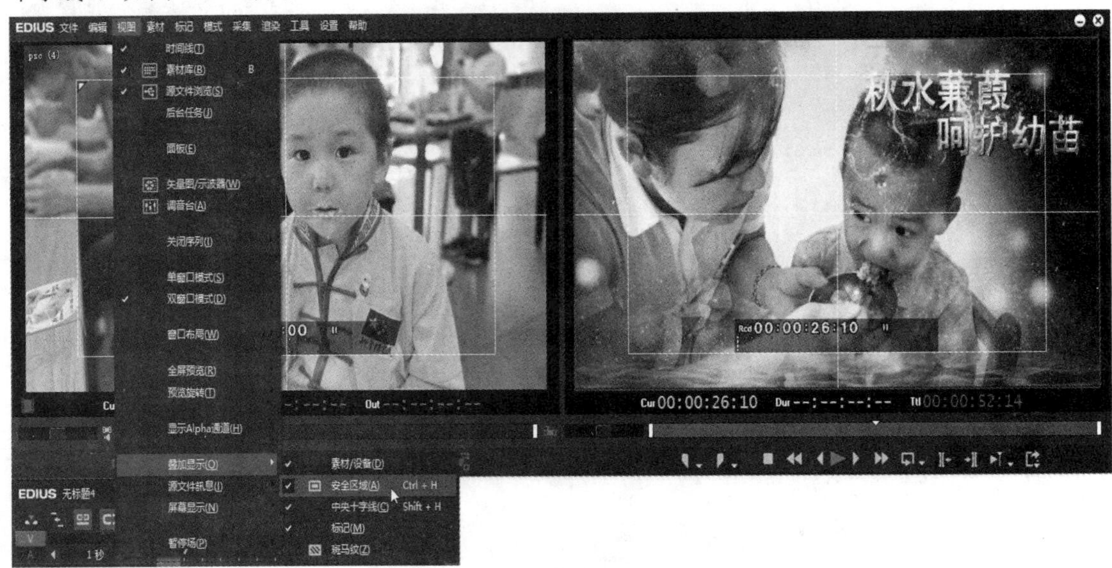

图 2.3.13 “安全区域”框和“中央十字线”

通过菜单“设置”→“用户设置”→“预览”→“叠加”命令选项，可以显示、隐藏图像安全框，还可以设置屏幕安全框，如图 2.3.14 所示。

提示：将活动安全区设成 90%，超出图像安全区的画面会被电视机边缘所裁剪，十字中线可以将屏幕按中心划分，确定水平和垂直的中心位置，如图 2.3.15 所示。

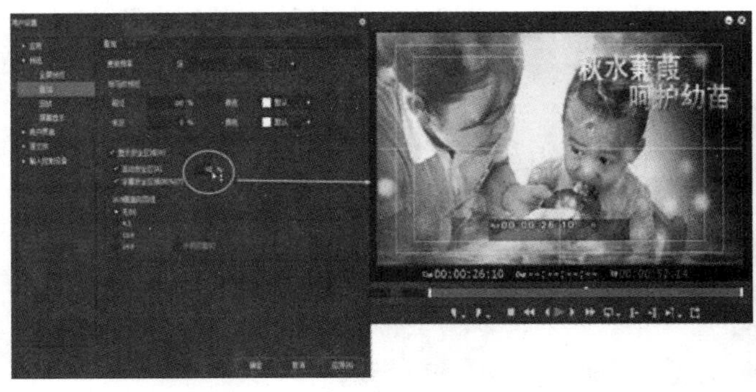

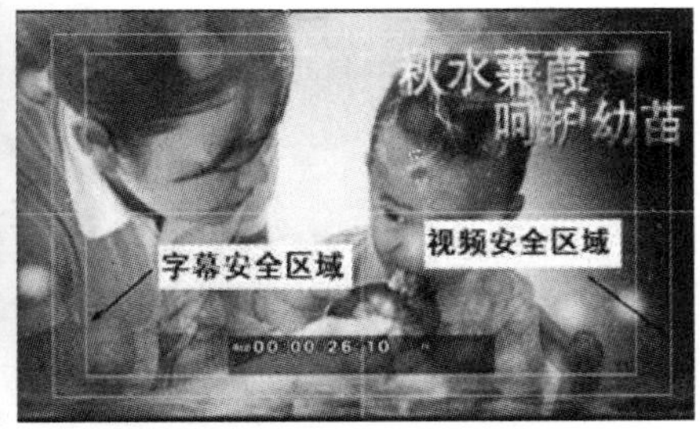

图 2.3.14 设置屏幕安全框

图 2.3.15 显示屏幕安全框

单击菜单“视图”→“屏幕显示”→“状态”命令选项，可以显示和隐藏状态信息栏，或按快捷键“Ctrl+G”，如图 2.3.16 所示。状态信息可以显示当前时间码、音频电平表和播放状态。

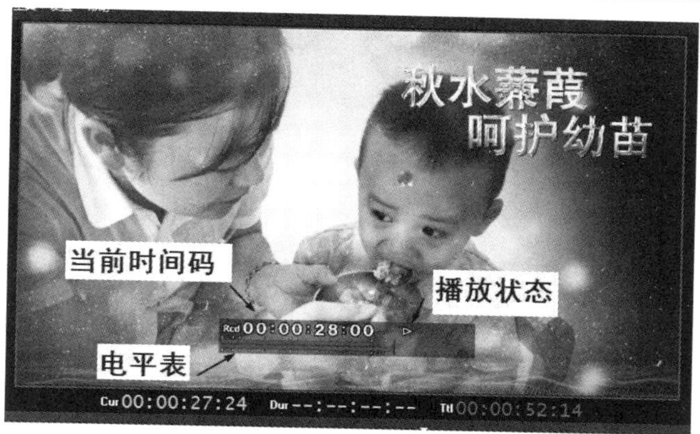

图 2.3.16　显示“状态信息”

通过单击菜单执行“设置”→“预览”→“屏幕显示”命令选项，可以设置电平表和状态信息，如图 2.3.17 和图 2.3.18 所示。

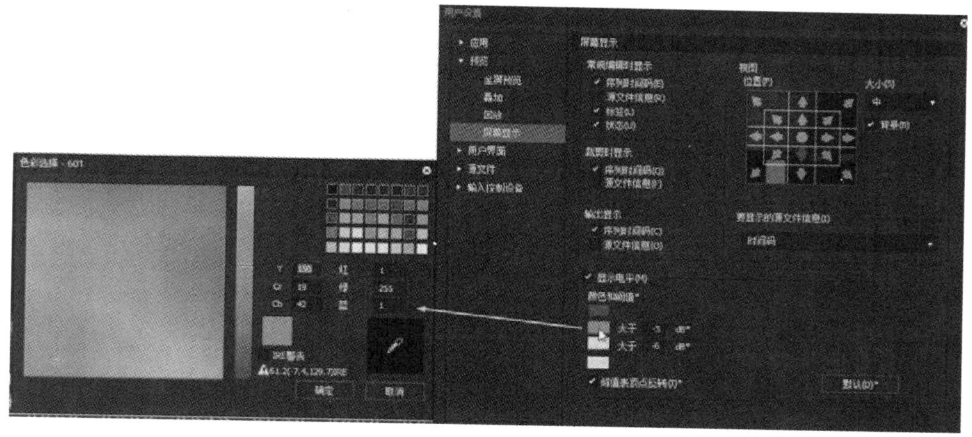

图 2.3.17　更改电平表的颜色

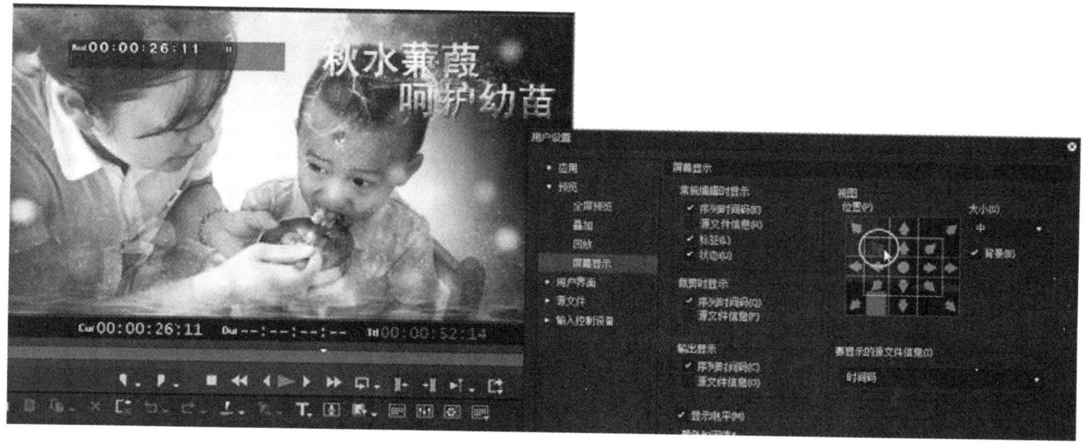

图 2.3.18　设置状态信息

另外，根据个人的需要可以显示和隐藏状态信息的背景，如图 2.3.19 所示。

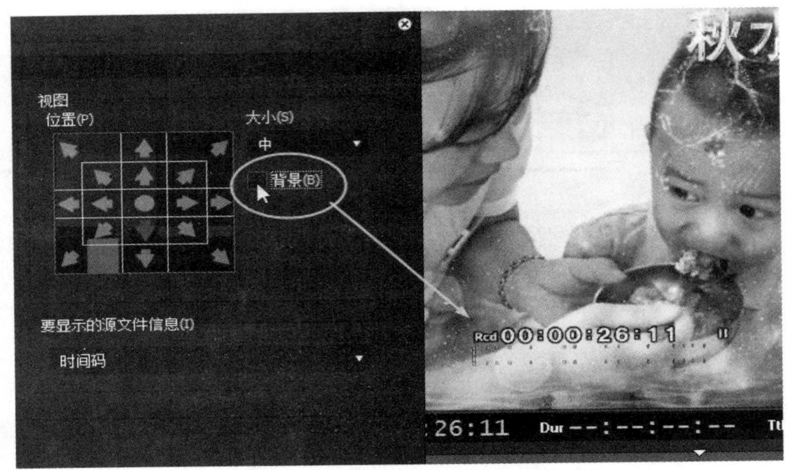

图 2.3.19 显示和隐藏状态信息背景

2.3.4 斑马纹的显示

通过单击菜单执行“视图”→“叠加显示”→“斑马纹”命令选项，可以以斑马纹形式显示视图，如图 2.3.20 所示。

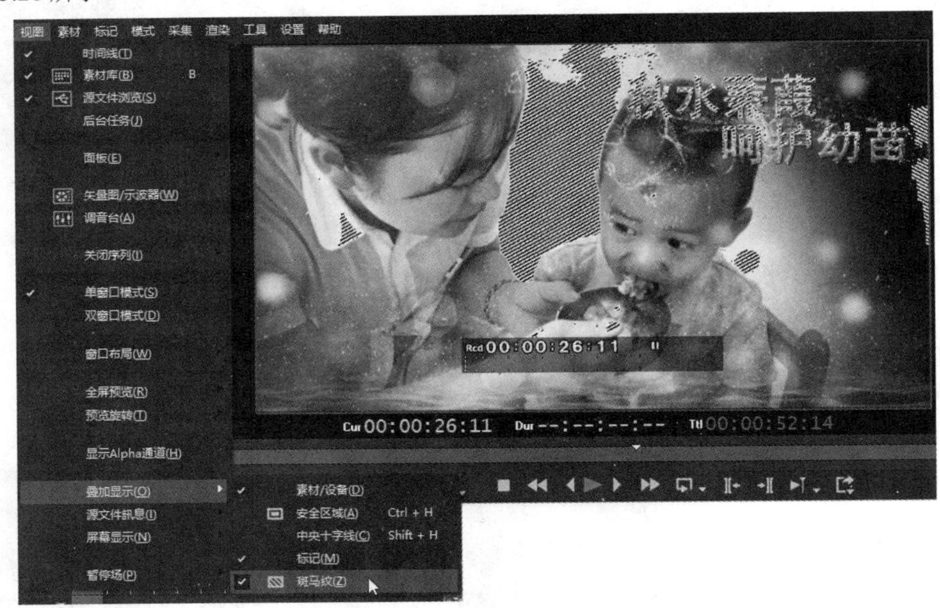

图 2.3.20 “斑马纹”显示视图

斑马纹显示其实和摄像机斑马纹的用途一样，都是对被拍摄景物曝光值的辅助指示。如果斑马纹过多，则曝光过度；如果图像任何部分都没有斑马纹，则图像会曝光不足。斑马纹也是 EDIUS Pro 9 软件新增的一种显示方式。

通过鼠标单击菜单“设置”→“用户设置”→“预览”→“叠加”命令选项，同样可以对斑马纹超过的部分和未及的颜色进行设置，如图 2.3.21 所示。

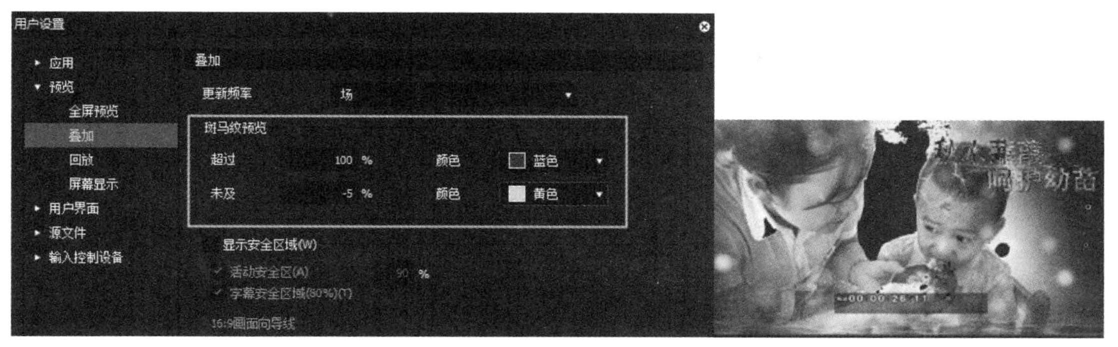

图 2.3.21　“斑马纹预览”的设置

本 章 小 结

本章主要介绍了 EDIUS Pro 9 的基本操作，包括对视频的采集、素材的导入和管理以及 EDIUS 监视器的介绍。通过本章的学习，读者应该能够熟练掌握 EDIUS Pro 9 工程文件的打开、保存、导入序列等操作，了解软件自动存盘和素材离线恢复等功能，并且能够独立采集视频等。

操 作 练 习

一、填空题

1．在视频采集前应该完成_________、_________、_________、_________、_________五个步骤。

2．可以导入的素材分为_________素材、_________素材、_________素材、时间线序列、彩色条、色块和字幕。

3．在素材库工具栏里连续单击按钮来改变_________。

4．选择一个素材，在素材库工具栏单击按钮，显示素材的_________，快捷键为_________。

5．素材属性面板里的文件信息里描述了文件的_________、_________、_________、_________、创建和修改时间等信息。

二、选择题

1．选定要添加的素材后单击图标，可以将素材添加到（　）。

（A）素材库　　（B）时间线

（C）录制窗口　　（D）播放窗口

2．在播放控制区单击按钮即（　）素材。

（A）播放　　（B）快进

（C）快退　　（D）停止

3．播放头返回到上一个编辑点，快捷键为（　）键。

（A）C　　（B）T

（C）B　　（D）A

4．显示和隐藏状态信息，快捷键为（　）键。

（A）Alt+G　　（B）Ctrl+G

（C）Shift+G　　（D）G

三、简答题

1．采集视频前都要做哪些准备工作？

2．打开软件素材库的方法有哪几种？

3．状态信息和屏幕安全框的作用有哪些？

4．斑马纹的作用是什么？

第 3 章　时间线的介绍

时间线窗口是 EDIUS Pro 9 软件的动画核心，视频剪辑的大量工作都是在时间线上来完成的，在剪辑素材之前需要了解时间线的各个工具的用途、功能和自定义时间线，在以后的剪辑工作中才能达到事半功倍的效果。

知识要点

- 时间线窗口介绍
- 同步模式和波纹模式
- 时间线轨道的设置
- 自定义时间线
- 渲染满载区域
- 时间线序列的嵌套和设置
- 剪辑练习

3.1　认识时间线

3.1.1　EDIUS Pro 9 时间线窗口介绍

时间线的显示和隐藏在前面的内容里已经介绍过了，在监视器窗口单击菜单“视图”→“时间线”选项即可打开 EDIUS Pro 9 的时间线窗口。

时间线窗口是 EDIUS Pro 9 软件的动画核心，由时间线工具栏、时间线轨道面板、时间线信息栏组成，如图 3.1.1 所示。

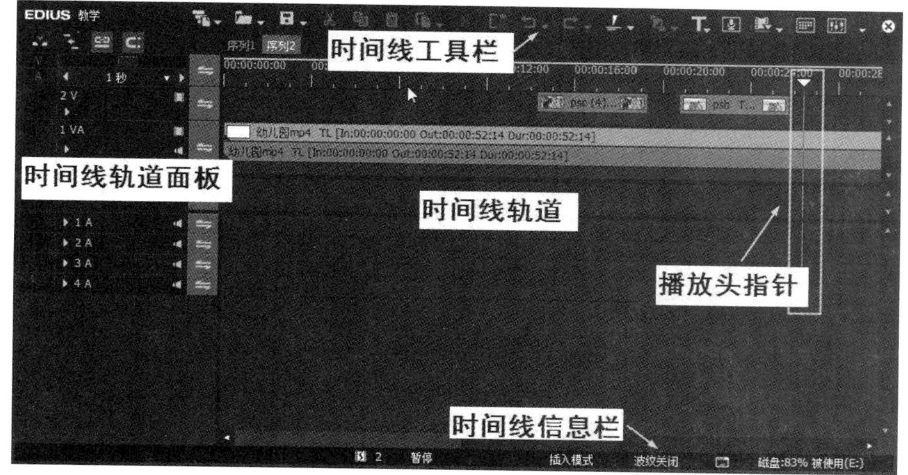

图 3.1.1　时间线窗口

将鼠标放在工程文件名称上，可以显示出工程文件在电脑上保存的路径位置，这一点在前面的章节中已经介绍过了。

时间线工具栏主要摆放了各种常用的工具按钮，另外用户可以根据自己的需要添加和删除工具按钮，这个和前面用户界面章节中介绍的素材库工具栏按钮添加方式完全相同。

例如，导入一段素材后，要将素材一分为二从中间剪断，剪辑软件就是一把“剪刀”，从时间线工具栏里没有找到“剪刀”，所以先要将“剪刀”工具添加到时间线工具栏里。

添加按钮具体操作步骤如下：

（1）用鼠标单击菜单“设置”→“用户设置”→“用户界面”→“按钮”面板，选择“添加剪切点”按钮，选择添加到当前按钮，调整好顺序后确定，如图 3.1.2 所示。

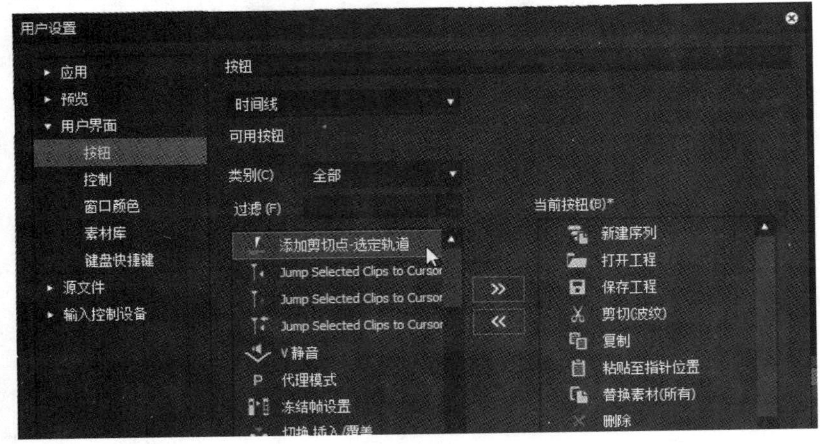

图 3.1.2　用户设置面板

（2）用鼠标单击 >> 按钮将添加剪切点按钮添加进来，如图 3.1.3 所示。

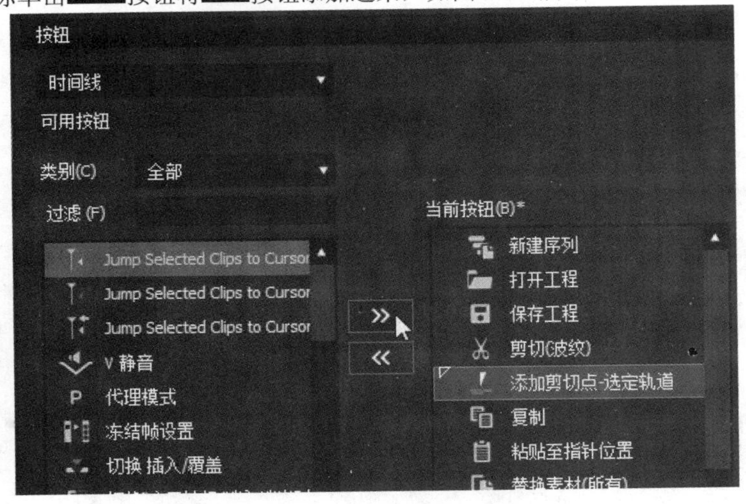

图 3.1.3　添加“剪切点”按钮

（3）在“当前按钮”里先选择添加剪切点按钮，然后单击“向下(N)”按钮排列图标位置，最后单击“确定”按钮完成添加，如图 3.1.4 所示。

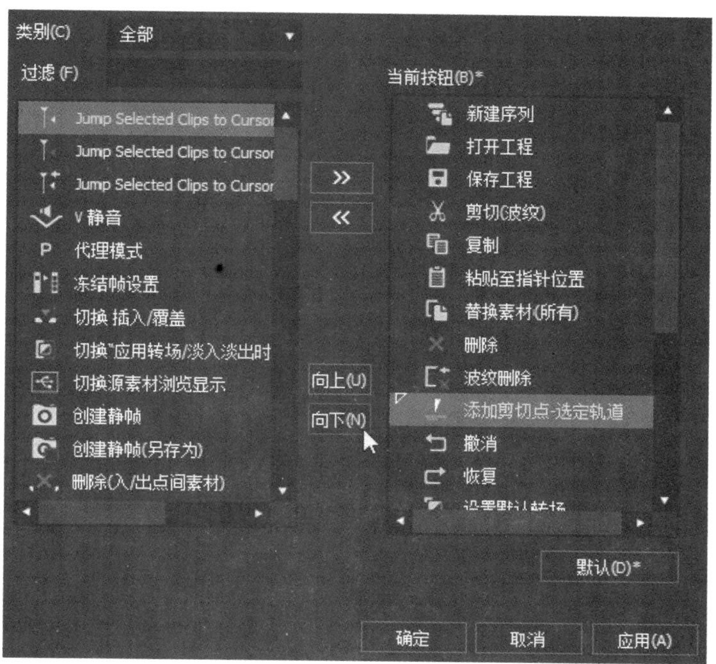

图 3.1.4　完成按钮添加

注意：在时间线上选择一段素材，单击刚才添加进来的剪切点按钮，素材就一分为二了，快捷键为 C 键，点开工具下面的三角符号选择“全部轨道”选项，可以将所有轨道上的素材在播放头处剪断，或者直接按快捷键“Shift+C”键，如图 3.1.5 所示。

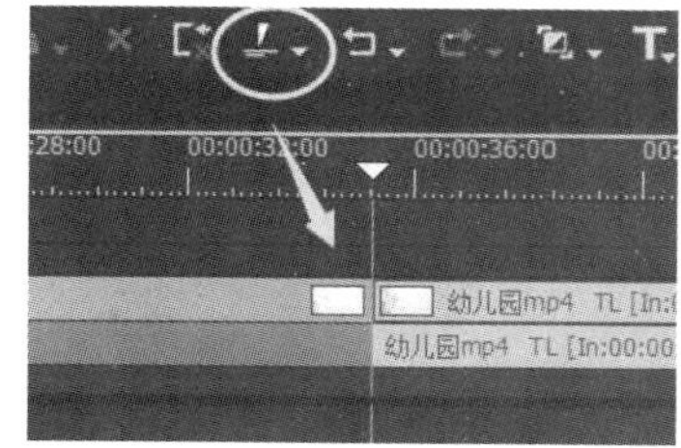

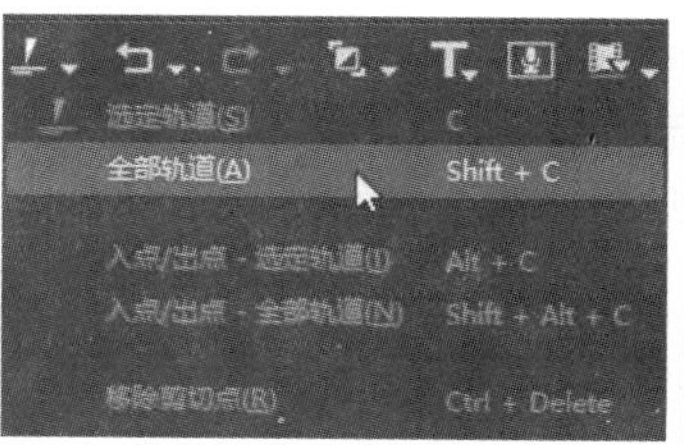

图 3.1.5　分割素材

单击菜单“设置”→“用户设置”→“应用”→“其他”选项，将“显示工具条”打上对钩，应用后将鼠标放在某个工具按钮上，系统会自动显示该工具的名称和快捷键，如图 3.1.6 所示。

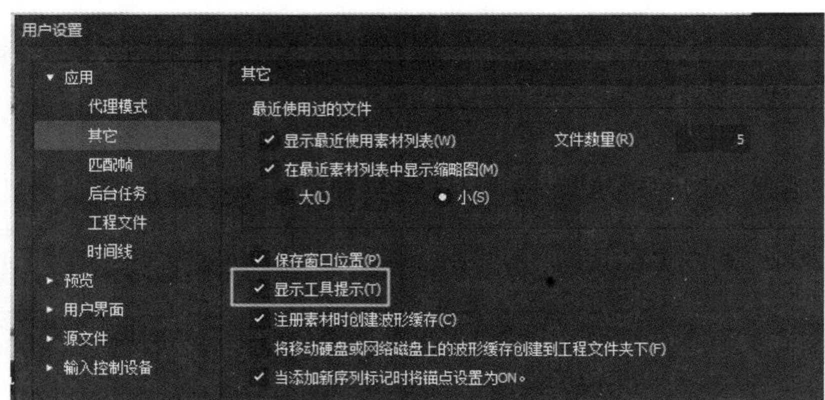

图 3.1.6　用户设置面板

提示：单击时间线工具栏上的按钮，或者按快捷键“Ctrl+Shift+N”键，可以新建一个新的时间线序列。点开工具右下角的三角符号，选择“新建工程”选项，或者按快捷键“Ctrl+N”键，可以创建一个新的 EDIUS 工程文件。

单击时间线工具栏上的按钮，或者按快捷键“Ctrl+O”键，可以打开一个工程文件，如图 3.1.7 所示。

图 3.1.7　打开工程文件

注意：打开文件和导入素材是有很大区别的，打开文件是打开一个后缀名为*.ezp 的 EDIUS 工程文件，而导入素材是将后缀名为 avi，mpg，wmv，mov 等格式的素材导入素材库或者添加到时间线。

单击按钮，在下拉菜单里选择“导入序列”选项，可以将外部工程文件的序列导入本工程文件当中。另外，选择“导入工程”选项，还可以将 AAF，EDL 工程导入，如图 3.1.8 所示。

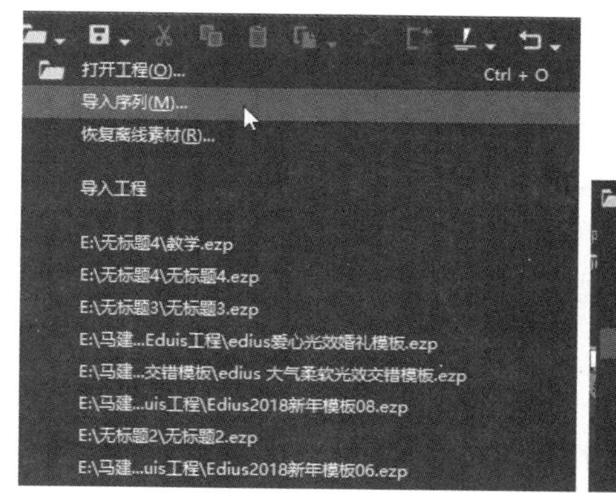

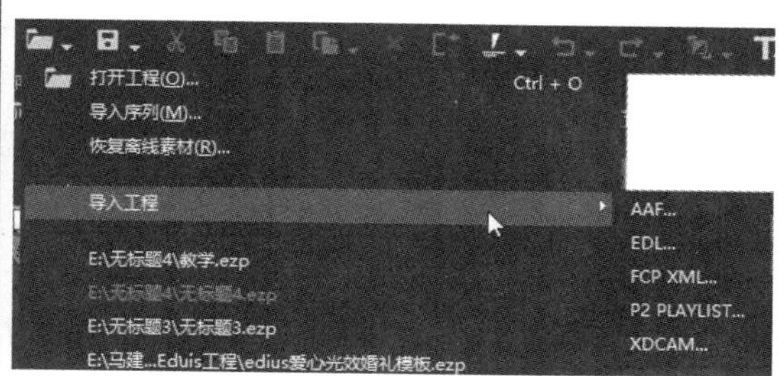

图 3.1.8　导入序列

再次单击按钮右下角的三角符号，选择“导入序列”选项，弹出一个“导入序列”对话框。单击“浏览”按钮，选择要导入的工程文件，在“复制文件”工作区勾选“复制素材到工程文件夹”选项，系统会自动将要导入的工程文件素材复制到本工程文件夹下，如图 3.1.9 所示。确定后，新的序列就被导入进来了。

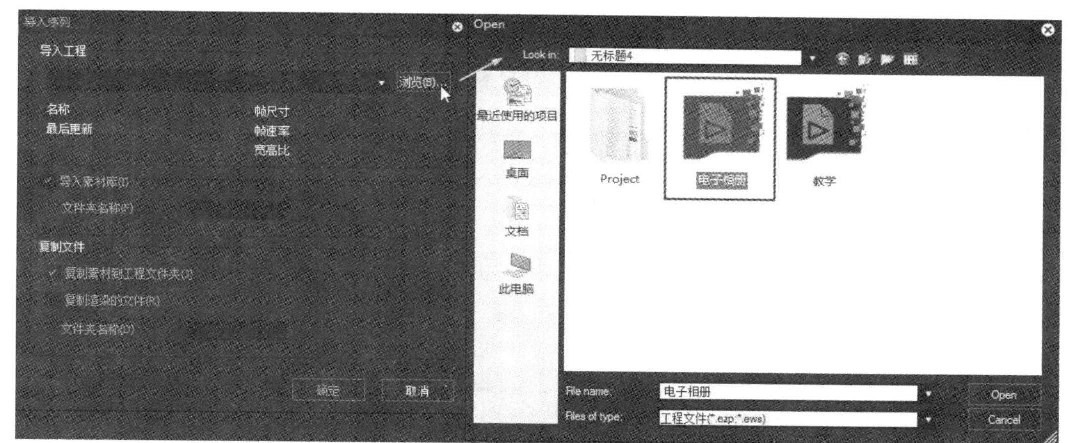

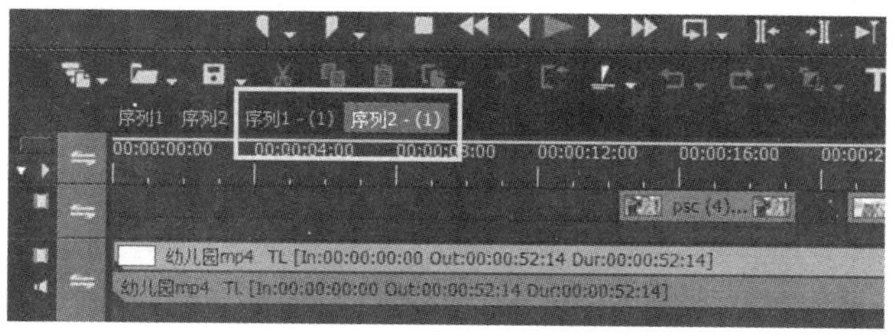

图 3.1.9　将导入的工程文件素材进行复制

提示： 单击按钮，可以对当前工程文件进行保存，快捷键和传统软件相同，都是“Ctrl+S”键。点开按钮右下角的三角符号，选择“另存为”选项或者按快捷键“Ctrl+Shift+S”键，可将当前工程文件另存。选择“导出工程”选项，可以将当前工程文件导出为 AAF，EDL 工程。

选择“优化工程”选项可以将工程文件进一步优化，如图 3.1.10 所示。

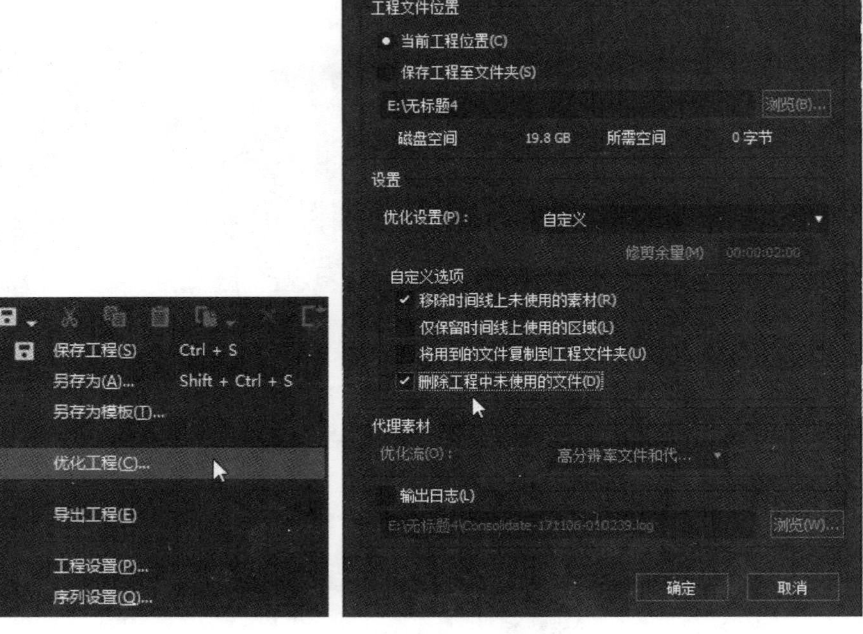

图 3.1.10　优化工程文件设置

在“优化工程”的对话框内选择“自定义”选项，可以将时间线上未使用的素材移除，或者完全删除该素材。

时间线轨道面板主要用于设置、添加/删除、显示和隐藏轨道，如图 3.1.11 所示。

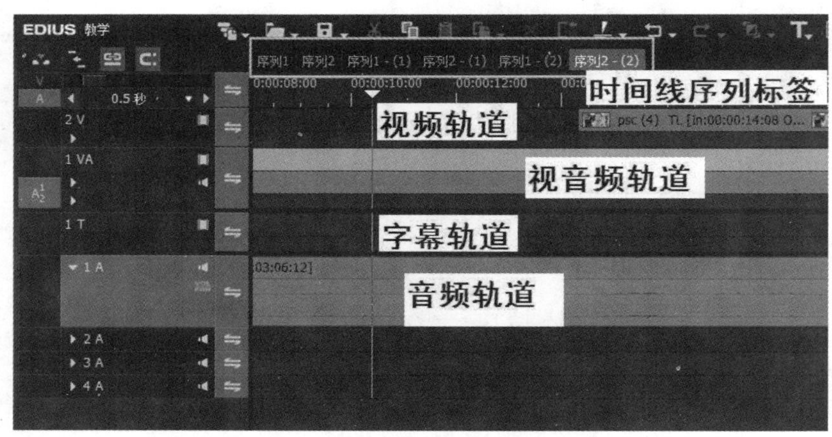

图 3.1.11　时间线轨道面板

时间线信息栏位于时间线的最下方，主要是显示时间线当前的信息，包括显示工程文件保存信息、插入和覆盖提示、音频大小、离线素材提示、回放缓冲信息和磁盘使用信息等，如图 3.1.12 所示。

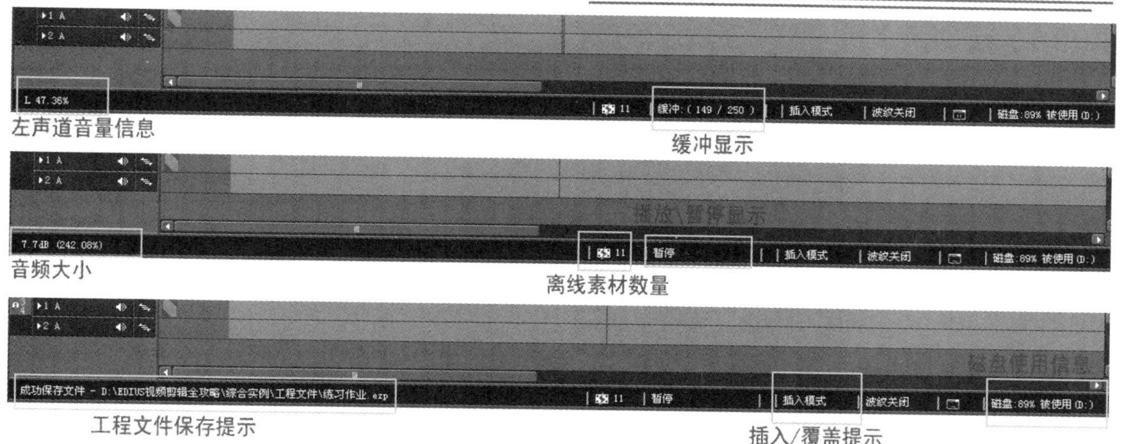

图 3.1.12　时间线信息栏

3.1.2　剪辑素材

下面剪辑一段素材，新建一个“马儿奔跑”的序列，将素材添加到时间线轨道。按空格键回放，发现素材中穿插了许多彩条，现在就要剪掉这段素材里的彩条，如图 3.1.13 所示。

图 3.1.13　添加素材到时间线

提示：将播放头播到彩条处暂停，可以按键盘左右方向键准确调整至彩条处，按 C 键将素材剪断。单击面板上的按钮，时间线标尺就放大一次，相反地按按钮，时间线标尺就缩小一次。

放大和缩小时间线的方法有以下三种：

（1）拖动上面的滑块将时间线标尺放大，或者在按住 Ctrl 键的同时滚动鼠标滚轮将时间线标尺放大或者缩小。

（2）单击按钮和按钮可以放大和缩小时间线标尺，在两个按钮中间部分显示的时间是时间线标尺单位。在单位标尺的时间上单击一下鼠标切换为“自适应”显示，再次单击回到单位标尺显示，自适应是在时间线整体显示所有的素材。

（3）单击中间标尺单位的下拉按钮，弹出标尺放大或缩小的各个选项以及快捷键，通过选项可以设定标尺单位。例如，可以选择单位为“1 秒”（快捷键为“Ctrl+3”键），如图 3.1.14 所示。

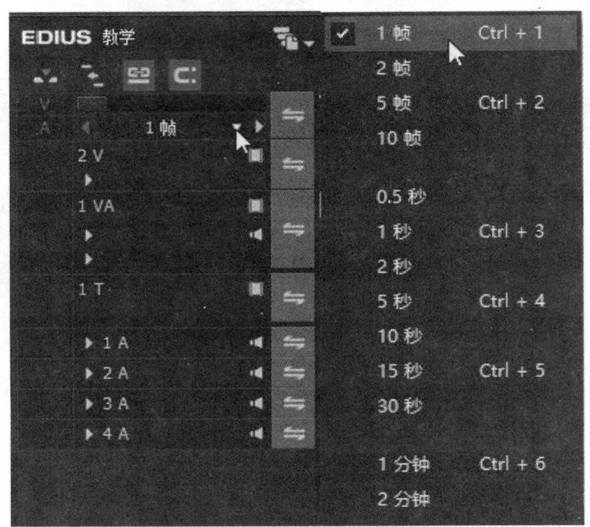

图 3.1.14　放大和缩小时间线标尺

提示：也可以将时间线标尺放大或者缩小设置为快捷键，习惯将键盘上的“+”和“–”设置为时间线放大和缩小显示。

设置键盘快捷键的具体操作步骤：

（1）单击菜单“设置”→“用户界面”→“键盘快捷键”选项，在“类别”里找到“时间线”，如图 3.1.15 所示。

（2）选择“时间标尺—放大”后单击指定(A)按钮，将键盘上的“+”指定为时间标尺放大，将键盘上的“–”指定为时间标尺缩小，如图 3.1.16 所示。

（3）单击确定按钮完成快捷键的设置。在彩条的入点和出点各剪一刀，很明显中间的紫色部分就是我们要删除的彩条部分，如图 3.1.17 所示。

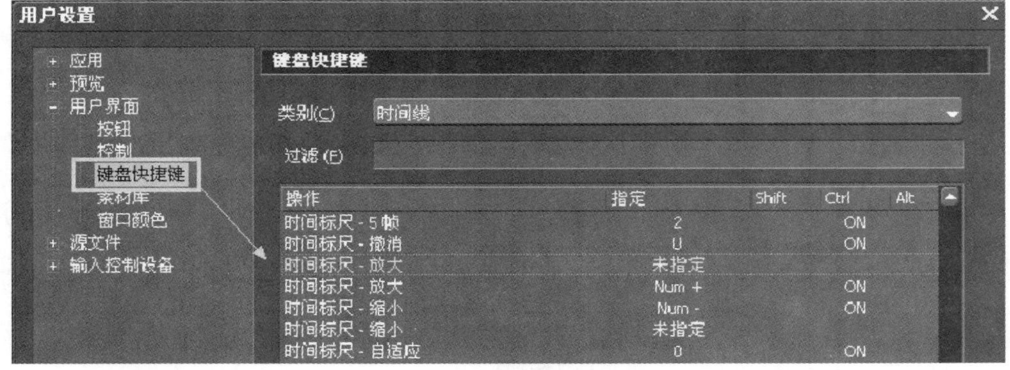

图 3.1.15　键盘快捷键设置面板

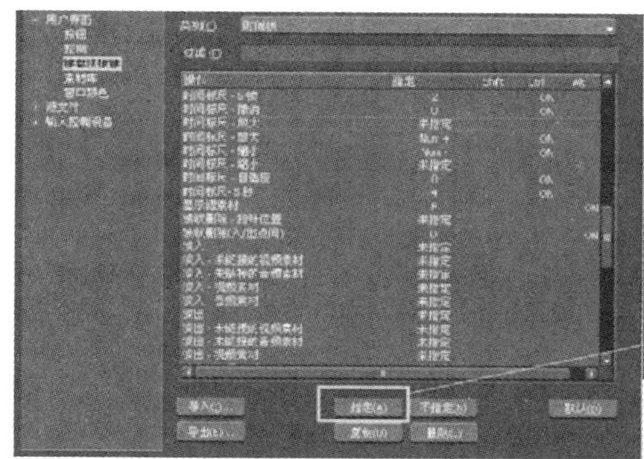

将时间标尺放大设定快捷键为‘+’键

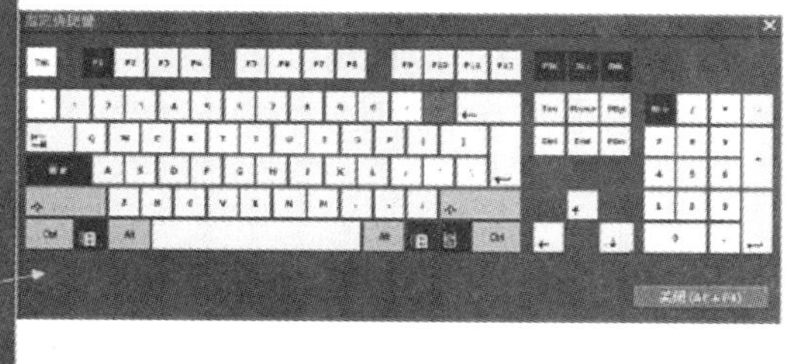

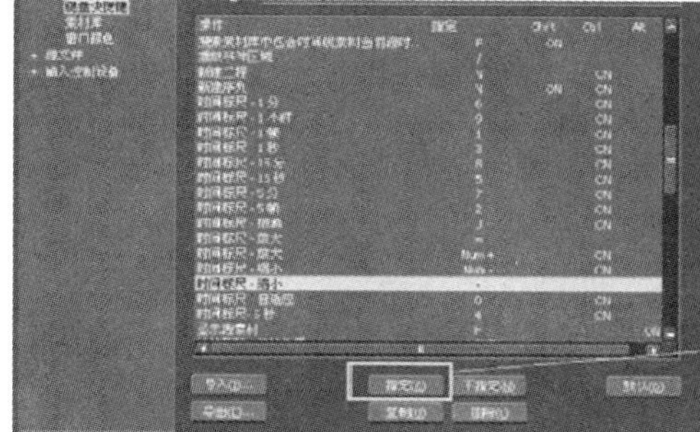

将时间标尺缩小设定快捷键为‘－’键

图 3.1.16　指定快捷键

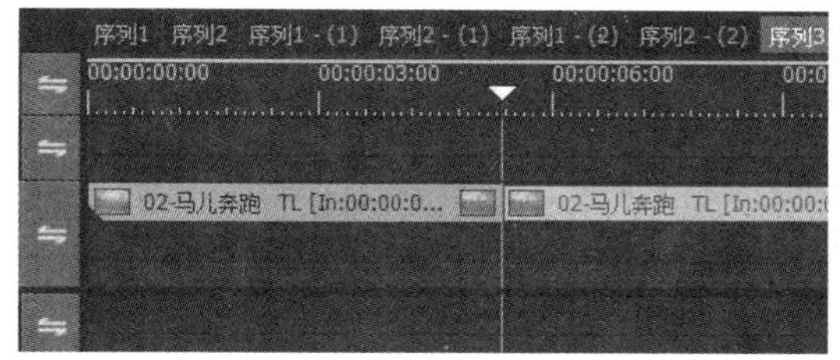

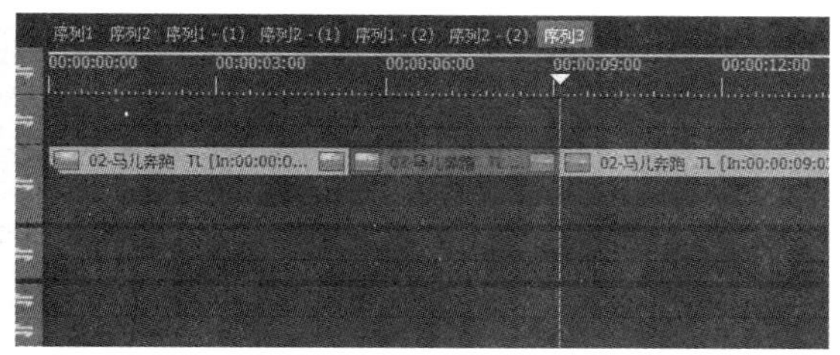

图 3.1.17　剪辑素材

按键盘 Del 键删除后，被剪掉的部分空了下来，播放头在这里会显示“黑屏”，单击鼠标右键选择“删除间隙”选项，后面的素材会自动跟进，如图 3.1.18 所示。

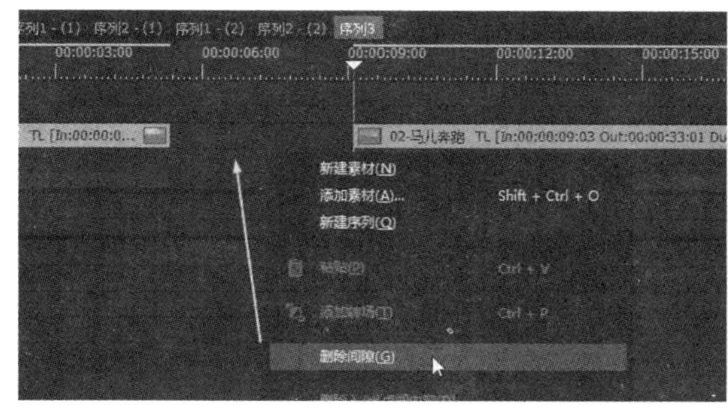

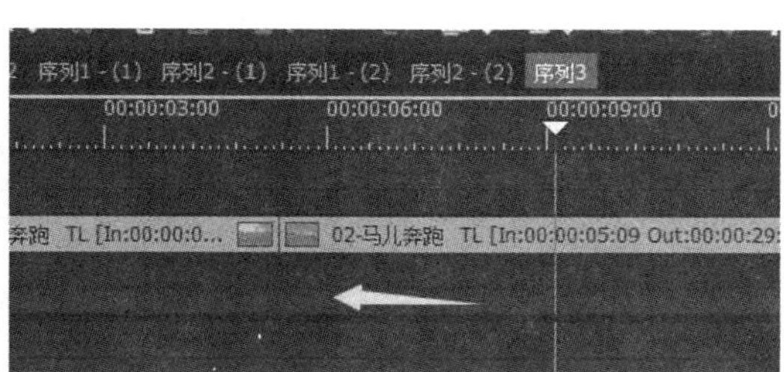

图 3.1.18　删除间隙

3.1.3 同步模式

用同样的方法将后面的彩条依次剪完后，发现这段素材的顺序明显有问题。仔细观察该素材，马应该是从画面的左侧跑向画面的右侧，可是第一段素材一开始，马就在中间，而第二段素材，马却在左面。很明显第二段素材和第一段素材的顺序反了。再看时间线，三段素材都是紧密相连的，按传统方法调换位置的话，必须要将第二段和第三段素材向后移动，如果第三段素材后面再跟许多素材的话，就会很麻烦，如图 3.1.19 所示。

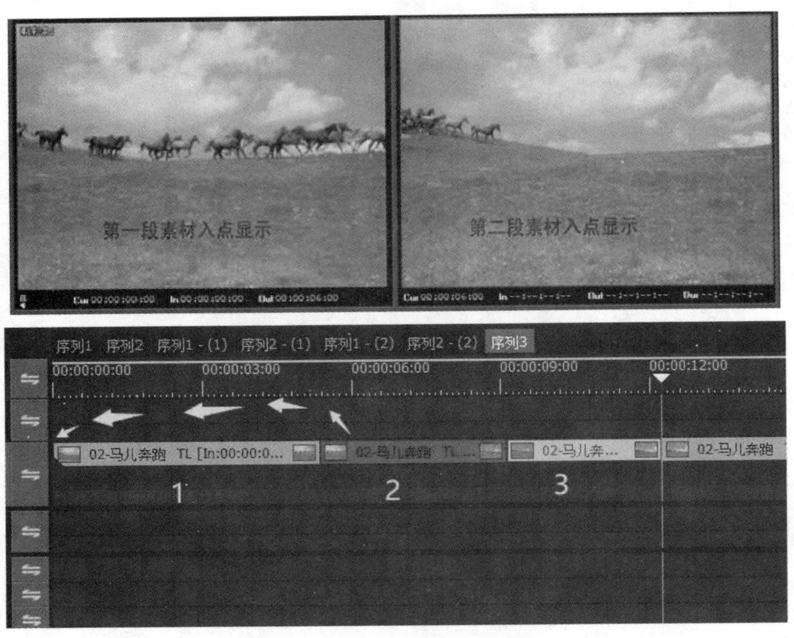

图 3.1.19 调整素材位置

提示：先选择第一段素材，同时按住 Shift 键和 Alt 键，并按住鼠标左键往后移，这三段素材都会一起往后移动，这样就方便我们调换位置了，如图 3.1.20 所示。

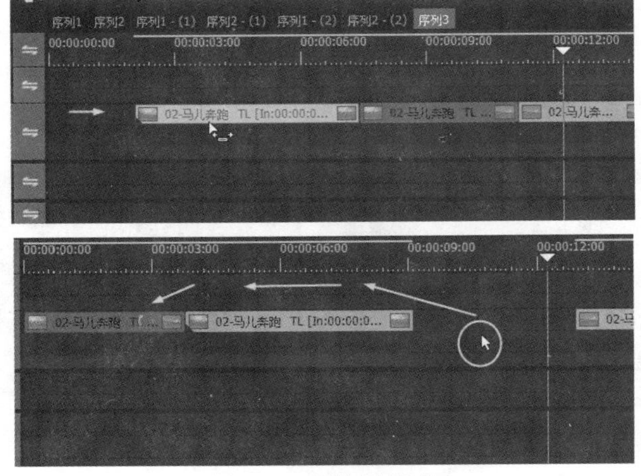

图 3.1.20 调整素材顺序

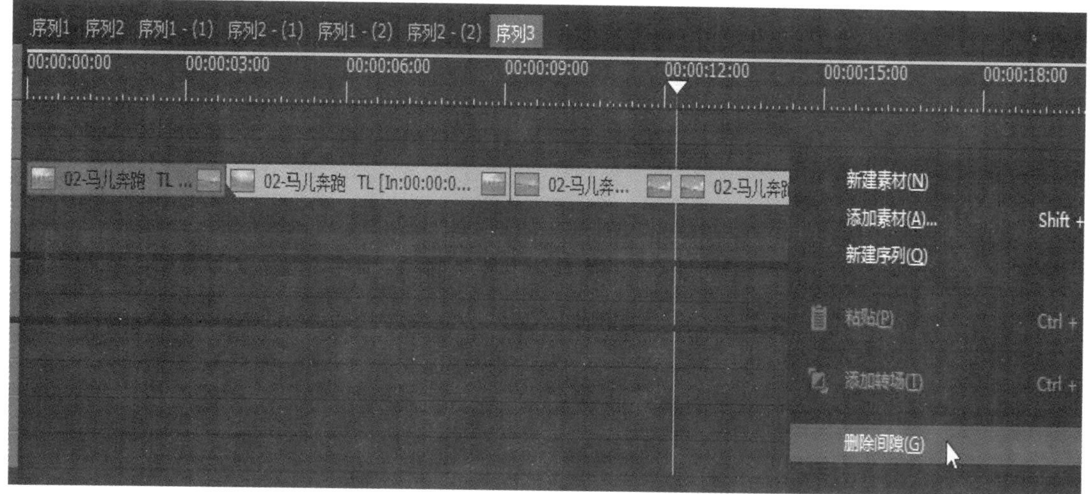

回放排列好的素材

续图 3.1.20　调整素材顺序

导入我们以前在 Photoshop 里做好的一个遮幅素材，在导入图片之前先设置一下，如图 3.1.21 所示。

单击菜单“设置”→“用户设置”→“源文件”→“持续时间”→“静帧”选项，按住鼠标左键上下拖动可以更改持续时间，或者滚动鼠标中键也可以更改持续时间。

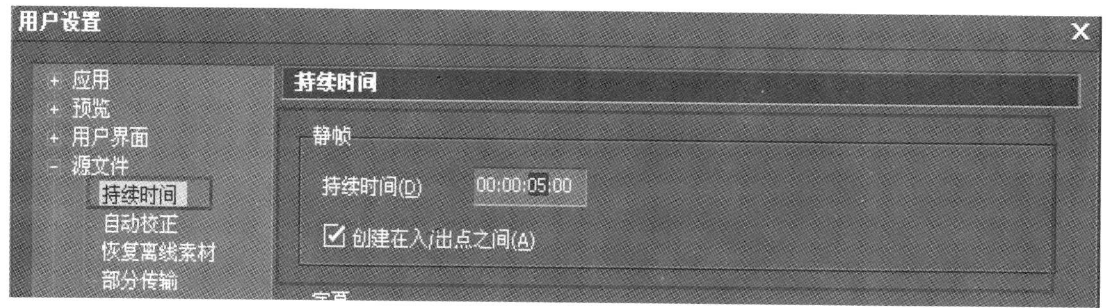

图 3.1.21　设置“静帧持续时间”

如更改静帧的持续时间为 5s，在以后导入静帧素材时，它们的长度都是 5s，如图 3.1.22 所示。

图 3.1.22 导入素材

素材导入到 2V 轨以后，将鼠标放在红色遮幅素材上可以移动素材，把鼠标放到素材尾部可以将遮幅素材拖长。把遮幅素材拖动到和马的素材长度相同，如图 3.1.23 所示。

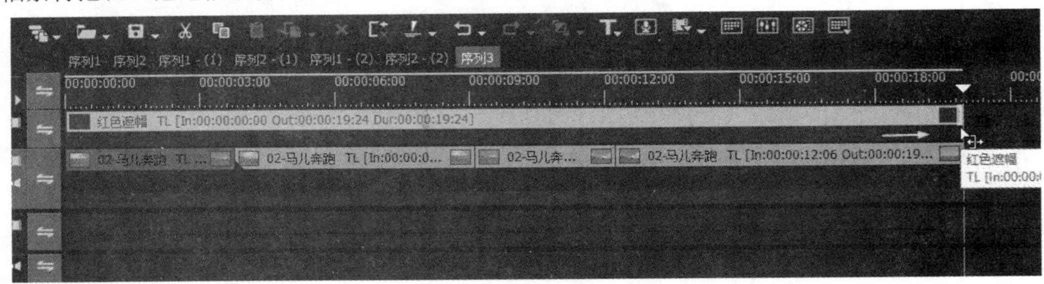

图 3.1.23 改变素材的长度

选择下面的第一段素材，同时按住 Shift 键和 Alt 键，并按住鼠标左键往后移，可以发现两个轨道的素材同时往后移，将轨道前面的同步按钮（）解锁后就可以不和其他轨道同步了，如图 3.1.24 所示。

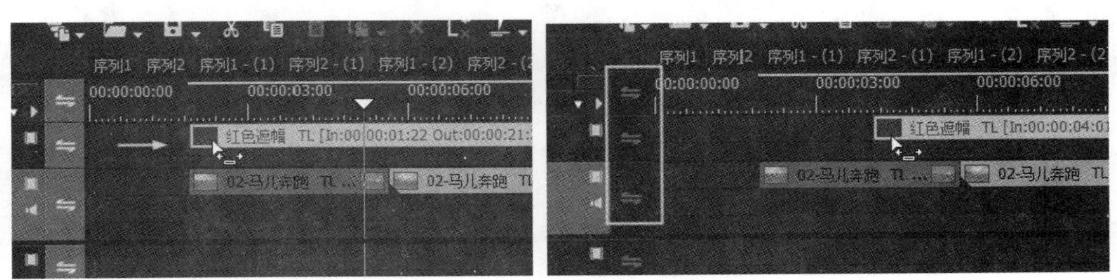

图 3.1.24 同步移动不同轨道的素材

导入一个梦幻遮幅放在红色遮幅和马儿奔跑素材中间，就要在这两个轨道中间添加一个轨道。

选择 1VA 轨道，在轨道前面的空白处单击鼠标右键，选择“添加”里的“在上方添加视频轨道”选项，输入要添加的数目后确定，新建的轨道就添加进来了，如图 3.1.25 所示。

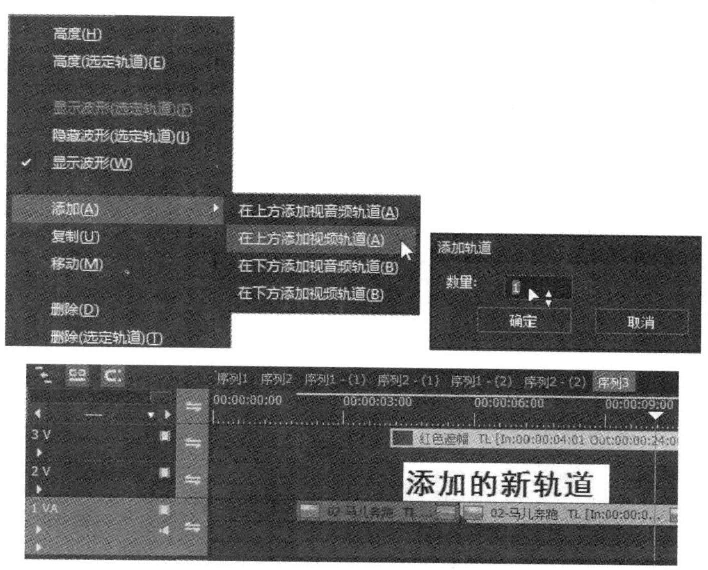

图 3.1.25　添加轨道

添加后的新轨道就成了 2V 轨道，原来的 2V 轨道自然就变成了 3V 轨道。如果要删除此轨道，同样选择要删除的轨道，在前面的面板空白处单击鼠标右键，选择“删除”选项即可。除了可以添加和删除轨道外，还可以复制和移动轨道，如图 3.1.26 所示。

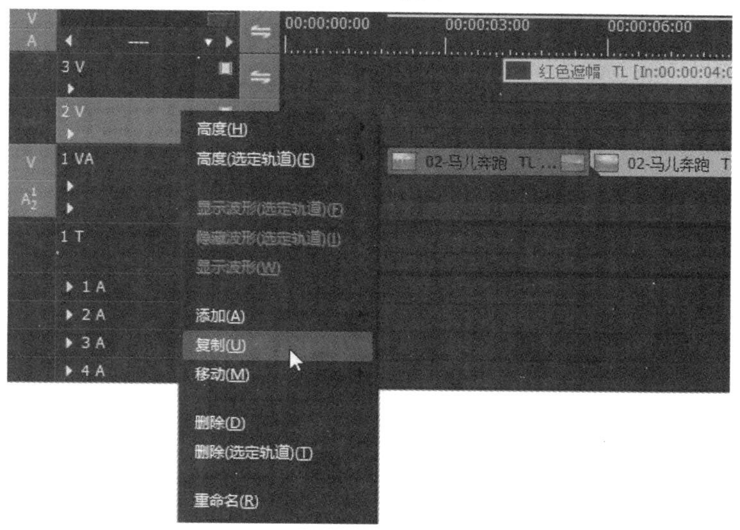

图 3.1.26　编辑时间线轨道

注意： 导入素材梦幻遮幅，把鼠标放在梦幻遮幅上将素材移动到前面，将鼠标放在素材的尾部向左拖动，可以将素材变短，可是向右拖动，拖到一定的程度就拖不动了。因为导入的梦幻遮

幅是一段 MOV 格式的动画素材，动画素材有固定的动画持续时间，当拖到它本身的动画长度就再也拖不动了。素材开始部分的左下角和右上角有一个小黑三角，证明素材已经被拖曳到头了，如图 3.1.27 所示。

虽然已经拖到头了，可是梦幻遮幅素材的长度明显不够。在时间线工具栏上单击按钮，或按快捷键“Ctrl+C”键，将播放头放到梦幻素材的尾部，选择 2V 轨道，连续单击按钮，或按快捷键“Ctrl+V”键，粘贴到指针位置，如图 3.1.28 所示。

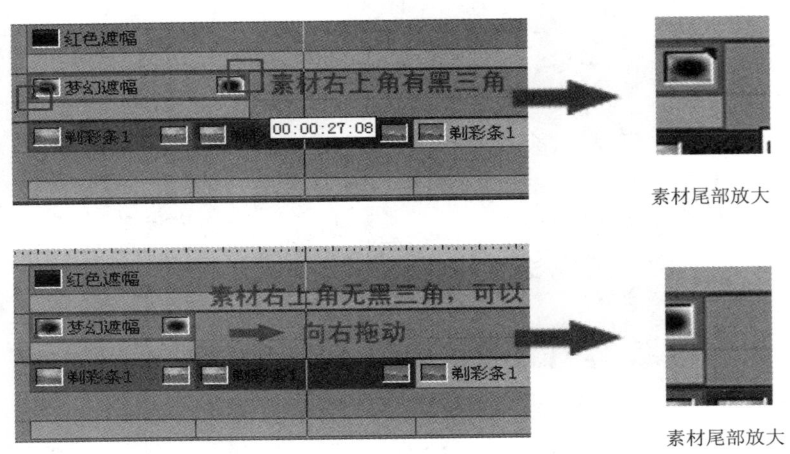

图 3.1.27　改变动画素材的长度

图 3.1.28　复制和粘贴素材

选择该素材，同时按住 Shift 键和 Alt 键，并按住鼠标左键往后移，发现三个轨道的素材同时往后移。单击所选轨道前面的按钮，可以和其他轨道同步；解锁按钮后，被解锁的轨道就不会和其他轨道同步，如图 3.1.29 所示。

在已经编辑好的轨道面板的按钮上单击鼠标右键，选择“轨道锁定”选项，可以锁定选定的

轨道。被锁定的轨道面板上的按钮变成按钮，锁定轨道上所有的素材不会被编辑和移动。如果要解锁，在按钮上单击鼠标右键，选择“轨道解锁”选项，如图 3.1.30 所示。

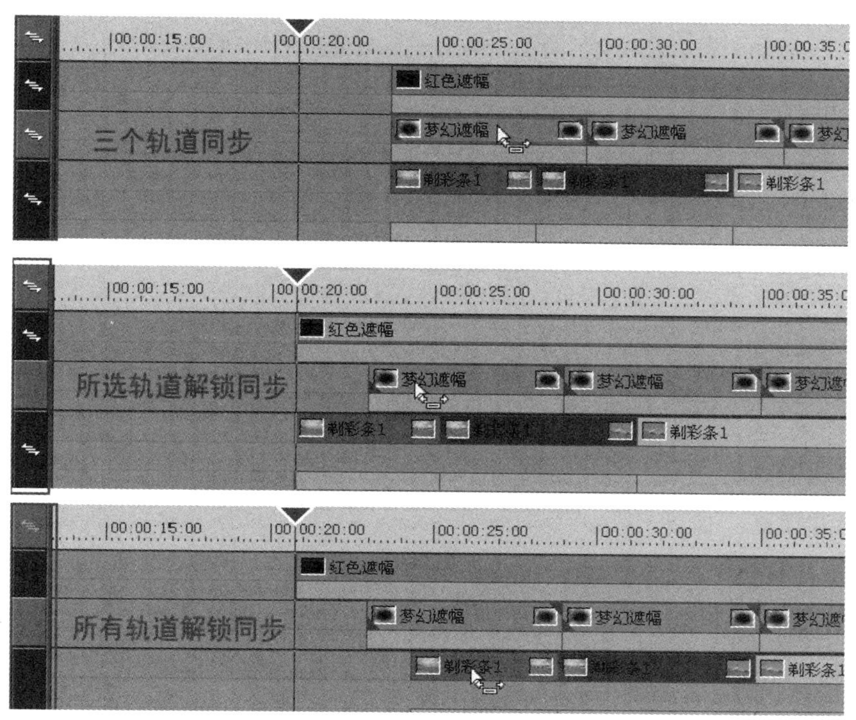

图 3.1.29　轨道同步和解锁同步

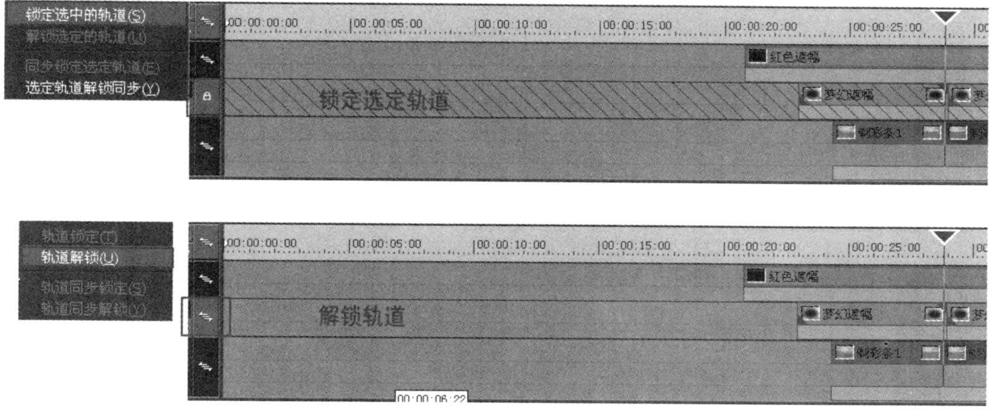

图 3.1.30　锁定和解锁轨道

3.1.4　波纹模式

继续导入马儿奔跑素材，回放素材到彩条处，在彩条的开始和结束处各剪一刀，单击按钮可删除素材波纹（还可以利用快捷键来删除波纹，即选择要删除的彩条素材，按“Alt+Del”键），如图 3.1.31 所示。

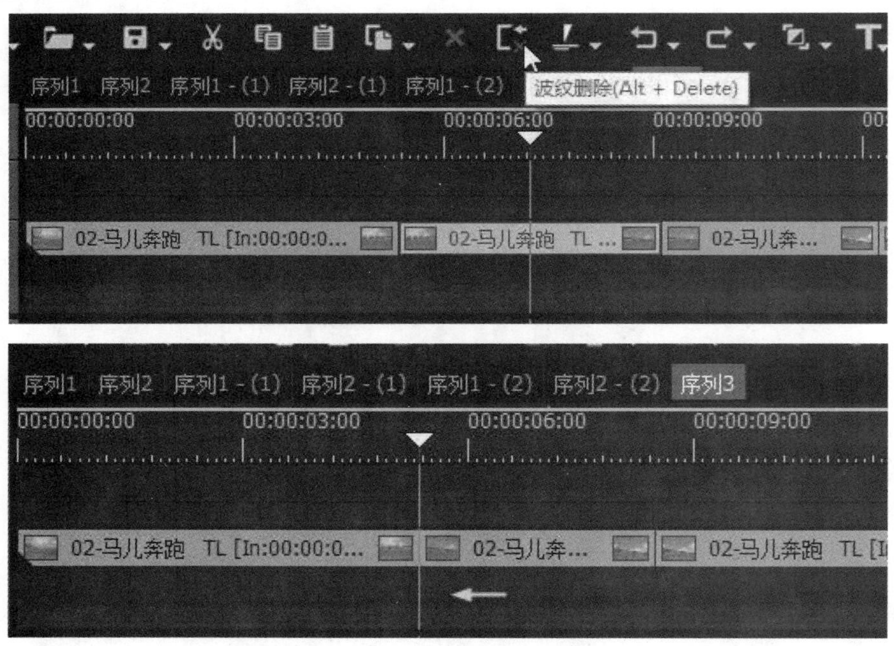

图 3.1.31 删除素材

在彩条素材的开始处按 I 键设置入点，在彩条素材的结束处按 O 键设置出点，按键盘 D 键可以删除入点和出点间所有的素材，按键盘“Alt+D”键可以删除入点和出点间所有的素材波纹，如图 3.1.32 所示。

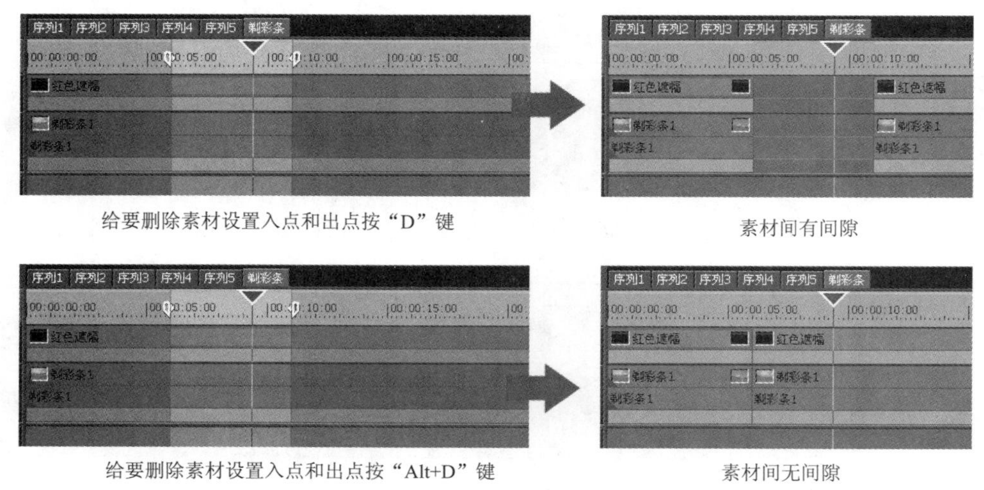

给要删除素材设置入点和出点按“D”键　　素材间有间隙

给要删除素材设置入点和出点按“Alt+D”键　　素材间无间隙

图 3.1.32 删除入点和出点间的素材

在彩条素材的开始和结束处各剪一刀，单击按钮打开波纹模式，再次单击按钮关闭波纹，选中彩条素材按 Del 键删除，如图 3.1.33 所示。

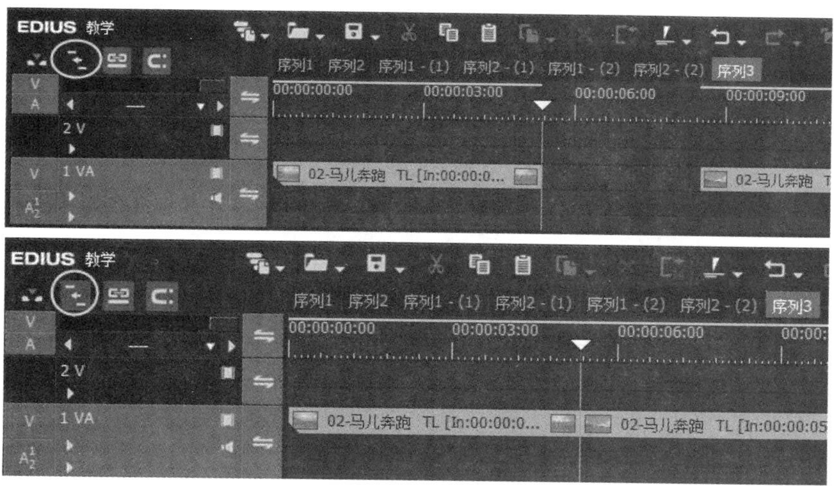

图 3.1.33　剔除彩条

再将后面素材向后移动，在打开波纹模式的状态下向后拖动马儿奔跑素材，始终有间隙存在，如图 3.1.34 所示。

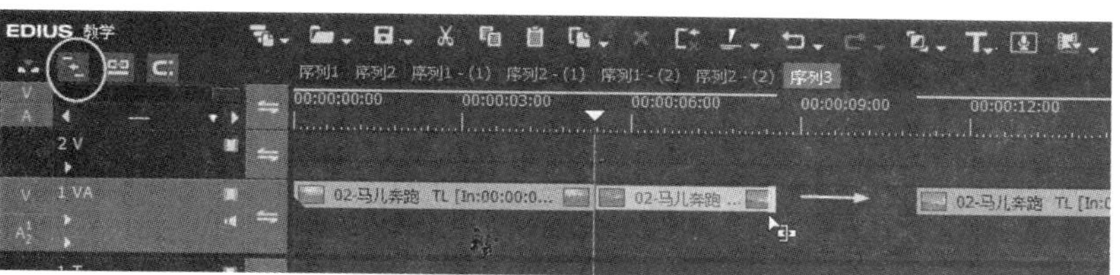

图 3.1.34　复制素材

3.1.5　插入模式和覆盖模式

在时间线轨道面板上单击按钮，时间线为插入模式。在插入模式下复制素材，系统会自动把后面的素材往后挤，移动素材时会插入原来的素材中间，如图 3.1.35 所示。

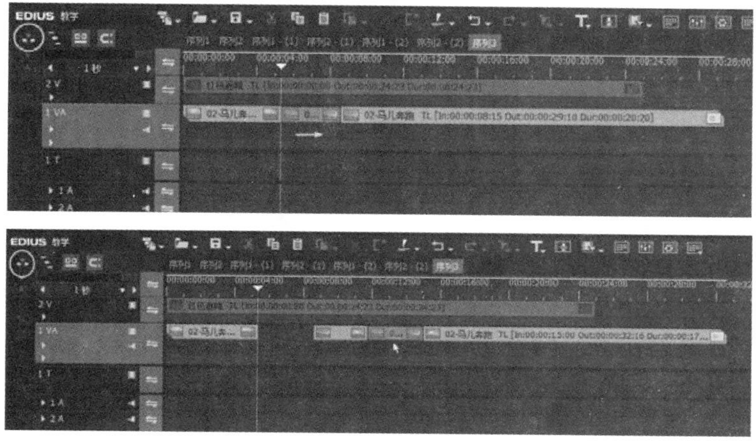

图 3.1.35　在插入模式下移动素材

再次单击按钮该按钮改变成按钮，即时间线为覆盖模式。在插入模式下复制和移动素材时，所插进来的素材和移动的素材会把原来的素材覆盖掉，如图 3.1.36 所示。

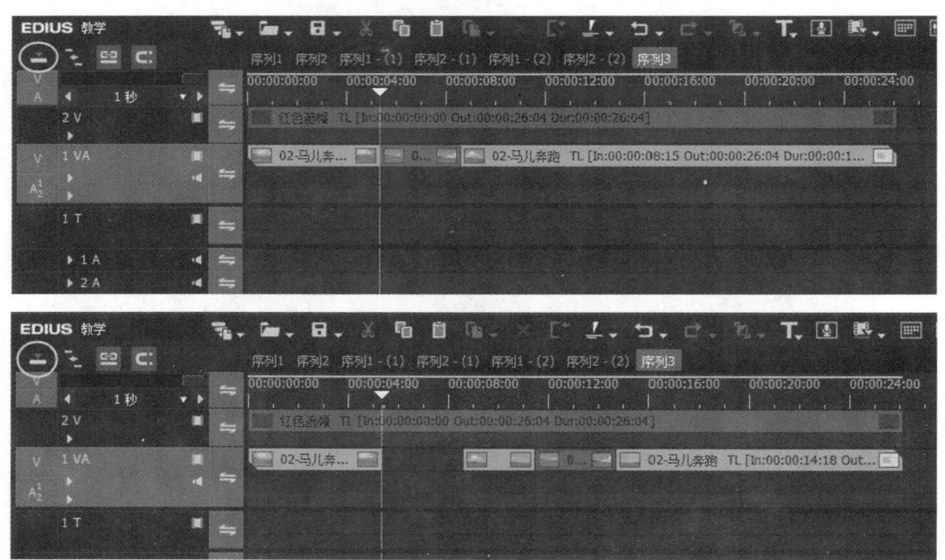

图 3.1.36　在覆盖模式下移动素材

在播放窗口工具栏里也有按钮和按钮。导入一段素材添加到播放窗口，在素材中间设置入点和出点后单击按钮，软件会把出点和入点间的素材插入时间线上；单击按钮，软件会把出点和入点间的素材覆盖到时间线上，如图 3.1.37 和图 3.1.38 所示。

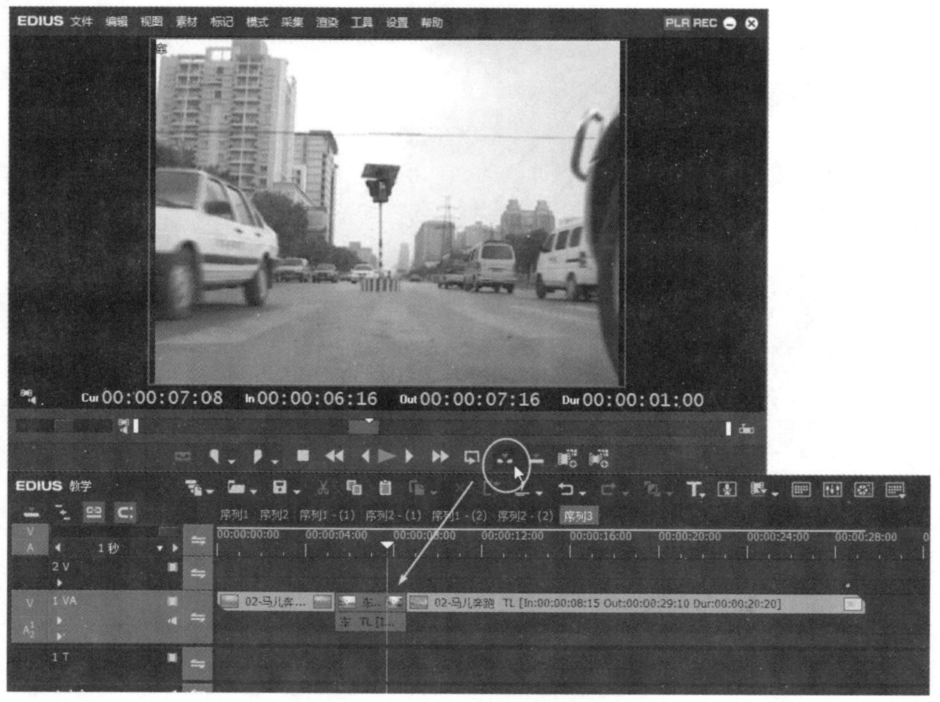

图 3.1.37　将素材插入时间线上

图 3.1.38　将素材覆盖到时间线上

将视频插入和覆盖到时间线上时一定要激活轨道面板上的视频通道按钮 V 和音频通道按钮 A，如图 3.1.39 所示。

图 3.1.39　激活视、音频通道按钮添加素材

用鼠标直接单击视频通道按钮可以激活该轨道的视频通道，也可以拖曳到其他轨道，如图 3.1.40 所示。

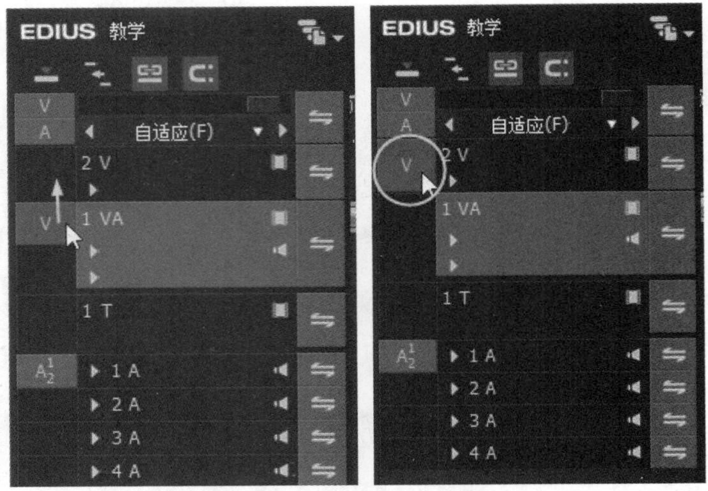

图 3.1.40　改变视频通道的轨道

3.2　时间线的设置

3.2.1　音视频的链接和吸附

将音视频素材导入相对应的 VA 轨道，音频和视频进入同一个轨道。要是将音视频素材导入 V 轨道，只有视频进入 V 轨道，音频就进入了另外一个 A 轨道，如图 3.2.1 所示。

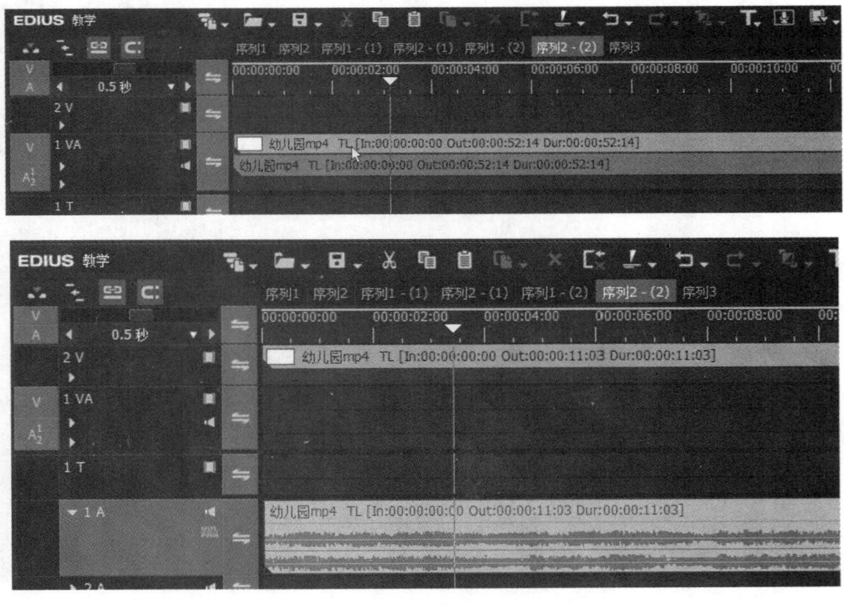

图 3.2.1　导入音视频素材

将已经导入 VA 轨道的音视频素材拖曳到 V 轨道，那么只有视频进入 V 轨道，音频被自动删除，如图 3.2.2 所示。

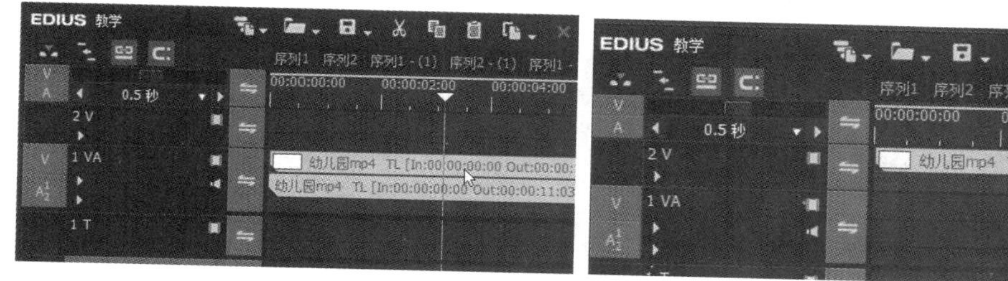

图 3.2.2　音视频素材的移动

提示：音视频素材的音频和视频是紧密链接在一起的，删除视频的话，音频也会被删除；如果删除音频，那么视频也会被删除。在轨道面板上单击按钮，音频和视频就会取消链接；再次单击打开按钮，音频和视频就会自动链接。

选择音视频素材并单击鼠标右键，选择“连接/组”里面的“解锁”选项，将音频和视频解开链接，或按快捷键“Alt+Y”键；框选音频和视频素材后单击鼠标右键，选择“锁定”选项使音频和视频素材重新链接在一起，或按快捷键 Y 键，如图 3.2.3 所示。

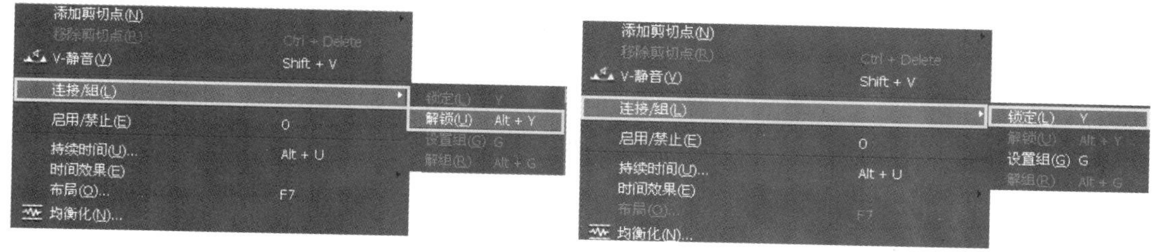

图 3.2.3　音视频素材的链接

要删除音视频素材中的音频或者视频时，没必要每次都要取消音频和视频链接。选择音视频素材，按键盘快捷键“Alt+A”键删除音频，按键盘快捷键“Alt+V”键删除视频，这样确实比较方便，如图 3.2.4 所示。

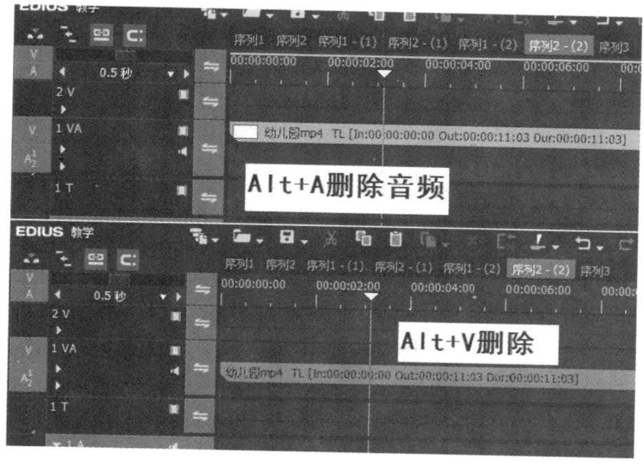

图 3.2.4　音视频素材的编辑

打开轨道面板上的按钮，移动素材到播放头指针、素材的出点和入点标记处时会自动吸附素材；关闭轨道面板上的按钮，则不会吸附素材，如图 3.2.5 所示。

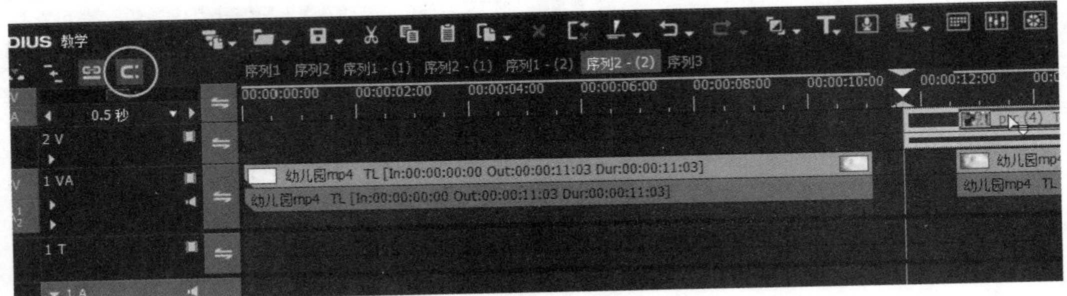

图 3.2.5　素材的吸附设置

3.2.2　轨道的设置

导入骏马奔跑素材到 2V 轨道，发现 2V 轨道的素材会把下面的素材完全盖住。单击按钮会隐藏轨道上的素材，被隐藏后的素材不会在监视器窗口显示，在时间线上变成灰色显示；单击按钮，该轨道上的音频素材就会变成静音模式了，如图 3.2.6 所示。

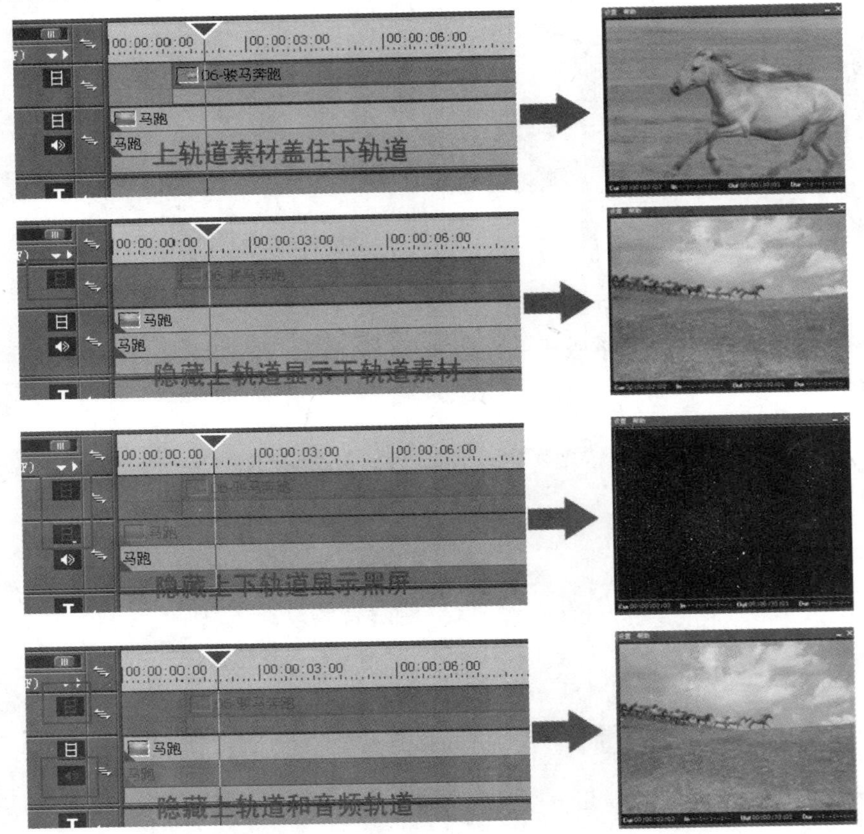

图 3.2.6　隐藏轨道素材

在选定轨道面板前面空白处单击鼠标右键，选择“重命名”选项，可以对选定轨道重新命名，如图 3.2.7 所示。

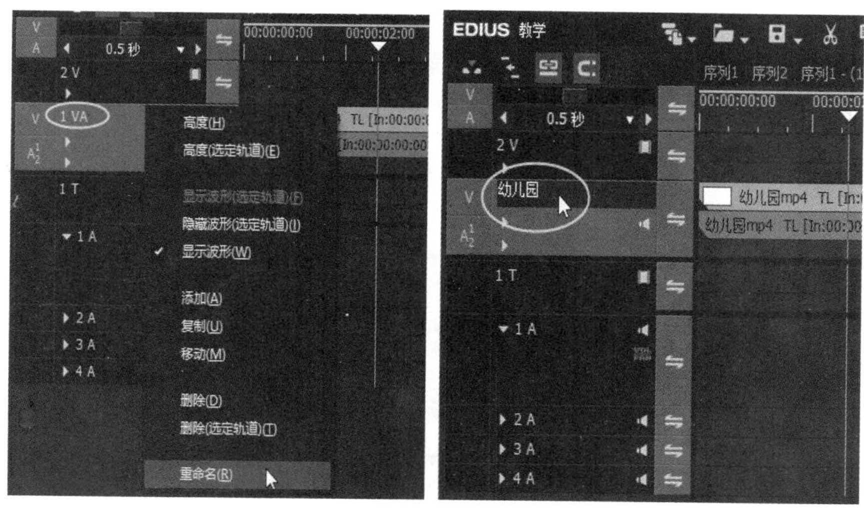

图 3.2.7　重命名轨道

在鼠标右键菜单中选择“高度”选项可以更改轨道的高度，将鼠标放在轨道上面，当鼠标变成上下双向箭头时，按住鼠标左键上下拖曳也可以更改轨道的高度，如图 3.2.8 所示。

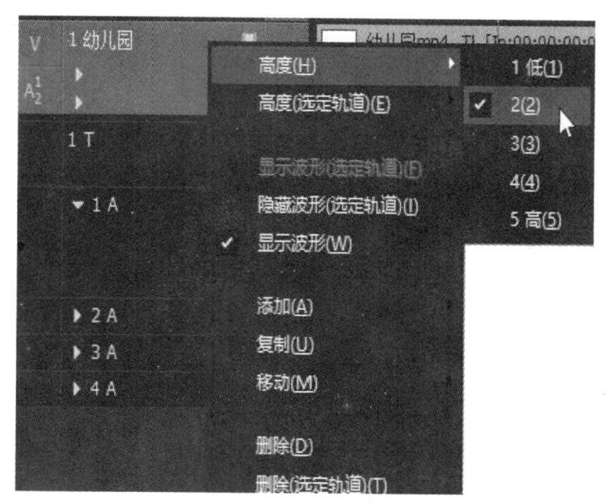

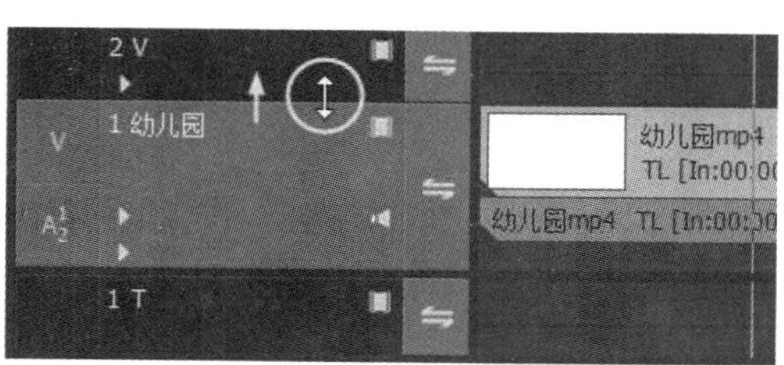

图 3.2.8　设置轨道的高度

提示：单击混合器按钮右侧的▶，或者按快捷键“Alt+W”键展开轨道的混合器面板。轨道混合器面板主要用于设置素材的透明度，给素材添加混合模式和转场效果。

单击MIX按钮，轨道混合器面板上出现一条蓝色的线条，在按住键盘 Alt 键的同时向下拖动鼠标，可以降低选定素材的透明度和下面的轨道素材画面混合，如图 3.2.9 所示。

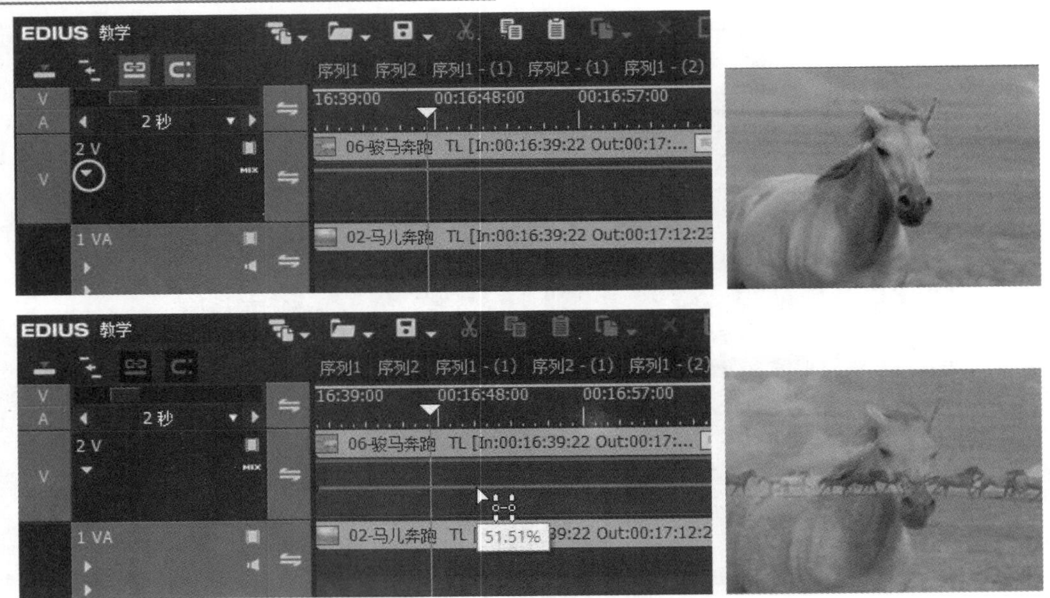

图 3.2.9　设置轨道素材的透明度

在蓝色线条上直接单击添加关键点，上下拖动关键点可以降低所选点处素材的透明度，左右拖动关键点可以改变点的位置。选择关键点以后，单击鼠标右键选择“添加/删除”选项，可以删除和添加关键点，选择“删除所有”选项，可以删除选定素材上所有的关键点。

给上面轨道素材上的透明度设置关键帧动画，可以很平滑地淡入到下面轨道的素材上。可以经常在电视上看到这种“淡入”和“淡出”的效果，如图 3.2.10 所示。

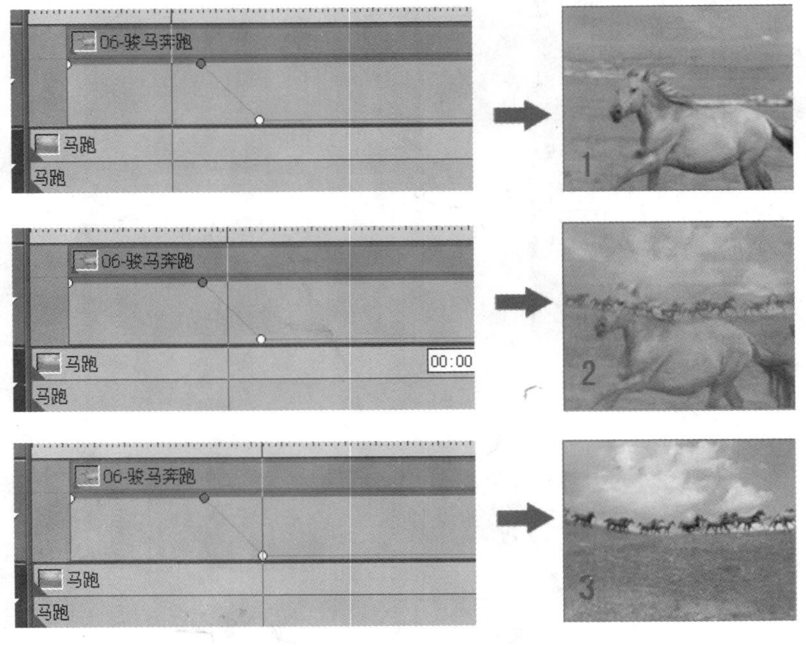

图 3.2.10　“淡入”和“淡出”效果

给下面轨道素材上的透明度设置关键帧动画，播放时图像逐渐由亮变黑。这种效果就是“黑入”和“黑出”的效果，如图 3.2.11 所示。

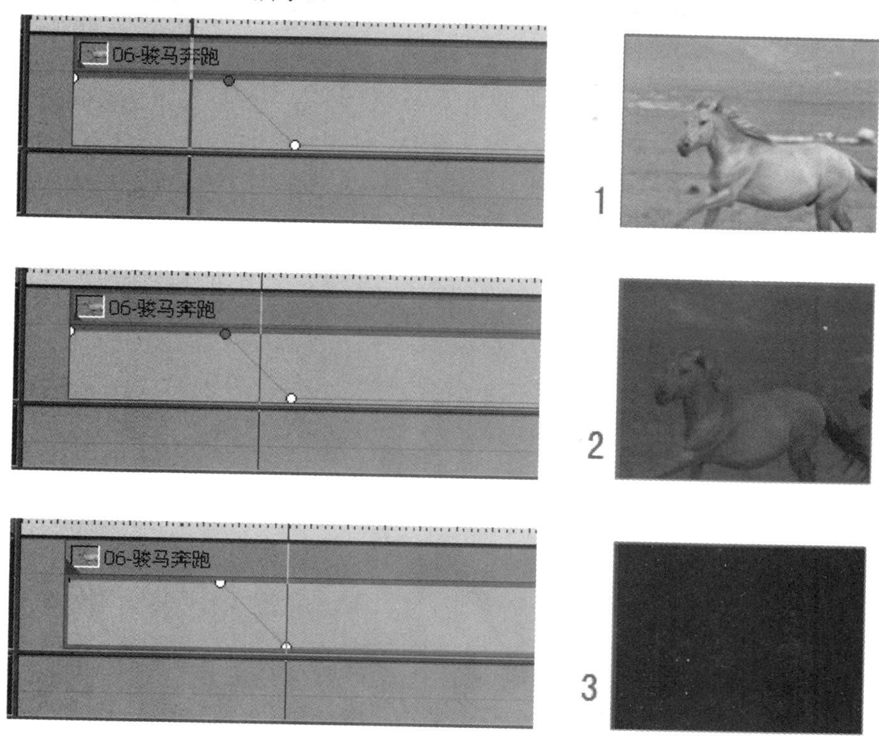

图 3.2.11　“黑入”和“黑出”效果

单击轨道面板前面音频按钮右侧的▶，或者按快捷键“Alt+S”键展开音频面板，音频面板主要用于设置音频素材的音量大小和声相模式。

提示：展开音频面板后音量和声相是关闭状态，第一次单击是音量按钮（VOL），再次单击音量按钮变成声相按钮（PAN），第三次单击，音量和声相关闭。

在音量模式下单击VOL按钮，在音频轨道上出现一条红色的线条，按住键盘 Alt 键的同时向下拖动鼠标，可以降低音频素材的音量；按住键盘 Alt 键的同时向上拖动鼠标，可以增大音频素材的音量。音量的调整和前面调整透明度的方法完全相同，在这里就不详细介绍了。

注意：增大音量时，可打开监视器状态信息来检测声音，如果声音过大超出规定范围，状态信息的音频电平就会以红色显示，输出后就会失真，如图 3.2.12 所示。

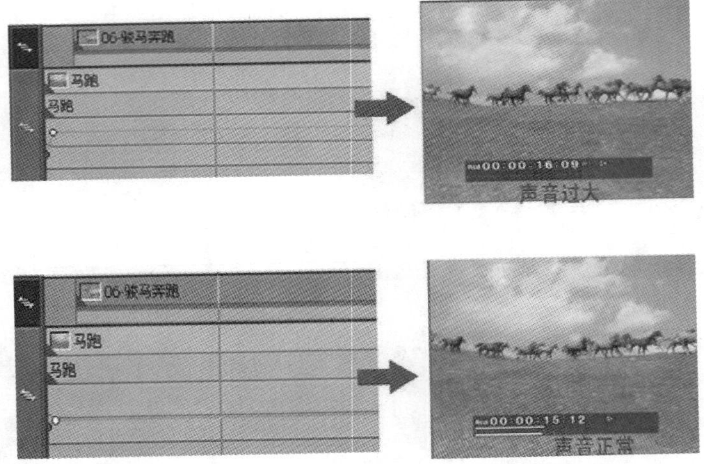

图 3.2.12　音频的检测

单击菜单“设置”→“用户设置”→“应用”→“时间线”命令选项，可以设置波形的形式，根据自己的需要可以调整对数或者线性。在对数的形式下调节线呈曲线，过渡非常柔和；在线性的形式下调节线呈直线，调节的时候比较直观，如图 3.2.13 所示。

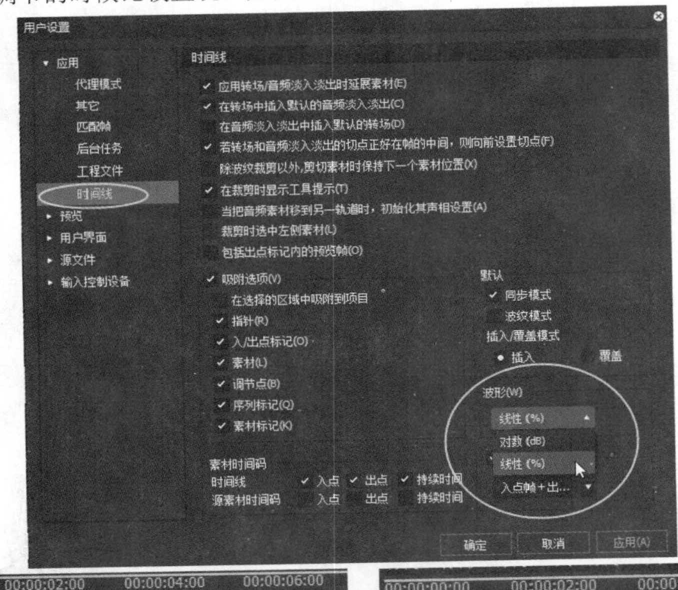

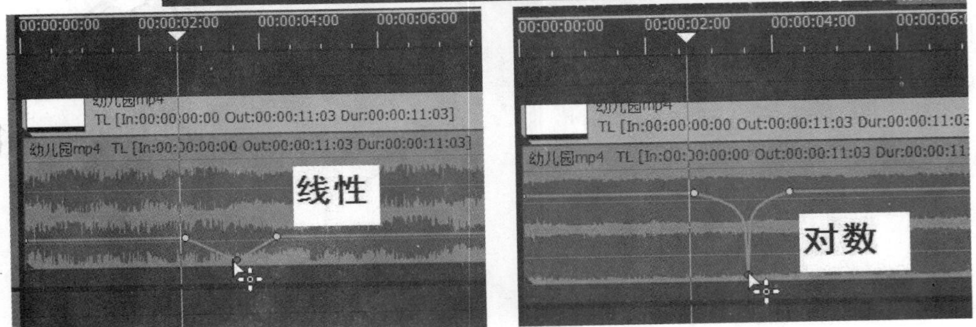

图 3.2.13　音频波形的设置

在按钮轨道面板前面单击鼠标右键通过选择“显示波形”和“隐藏波形”选项显示和隐藏波形，如图 3.2.14 所示。

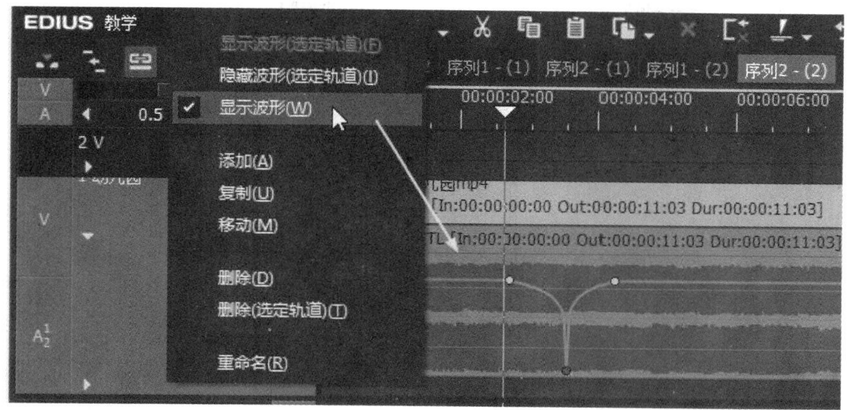

图 3.2.14　显示和隐藏波形

在声相模式下单击PAN按钮，音频轨道上出现一条蓝色的平衡线条，按住键盘 Alt 键的同时向下拖动鼠标，可以改变音频素材的声道。向下拖动到 R100%为右声道，向上拖动到 L100%为左声道，蓝色线条处于中间为立体声，如图 3.2.15 所示。

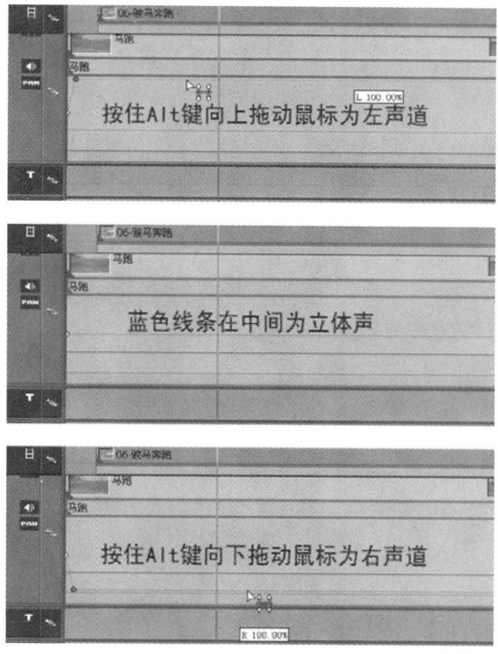

图 3.2.15　音频声相的设置

3.2.3　自定义设置时间线

用鼠标单击菜单“设置”→“用户设置”→“应用”→“时间线”命令选项，根据个人的需要可以对时间线进行设置，如图 3.2.16 所示。

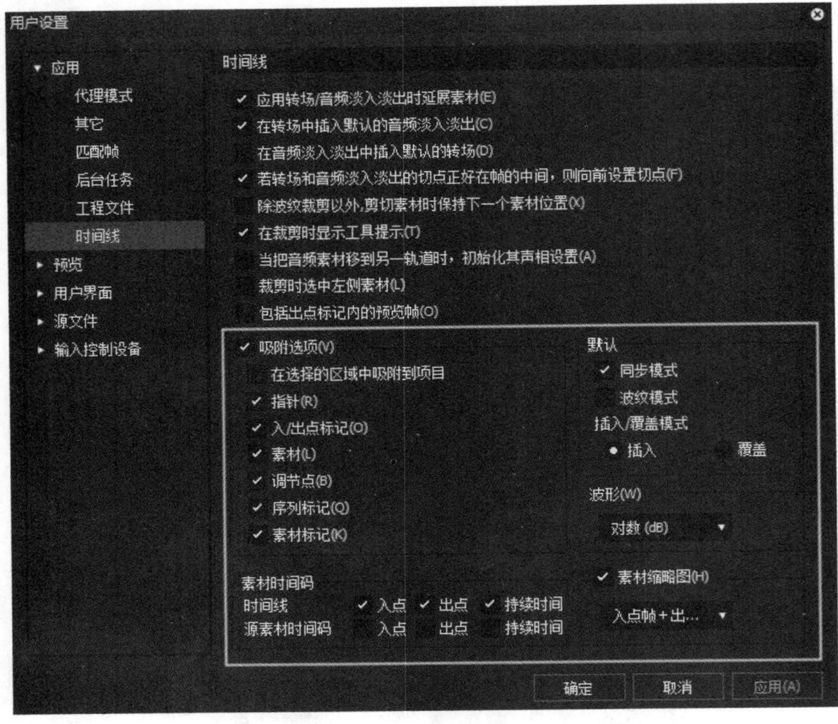

图 3.2.16　用户设置面板

也可以根据自己的习惯来设置素材时间码、素材缩略图显示。在时间线上选择“入点”选项，在时间线的素材外观上显示素材的入点时间码，用同样的方法添加“出点”和“持续时间”选项，如图 3.2.17 所示。

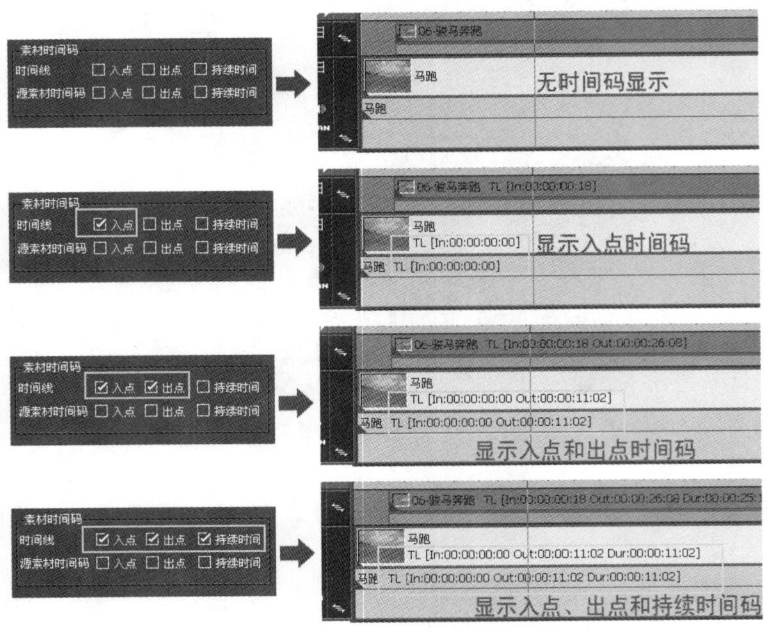

图 3.2.17　素材时间码的显示

在“素材缩略图”里选择“入点帧”选项，素材的入点第一帧将以缩略图形式显示；选择“出点帧”选项，素材的出点最后一帧将以缩略图形式显示；选择“入点帧+出点帧”选项，素材的两端将以缩略图形式显示；选择“所有帧”选项，素材将以逐帧缩略图形式显示，如图 3.2.18 所示。

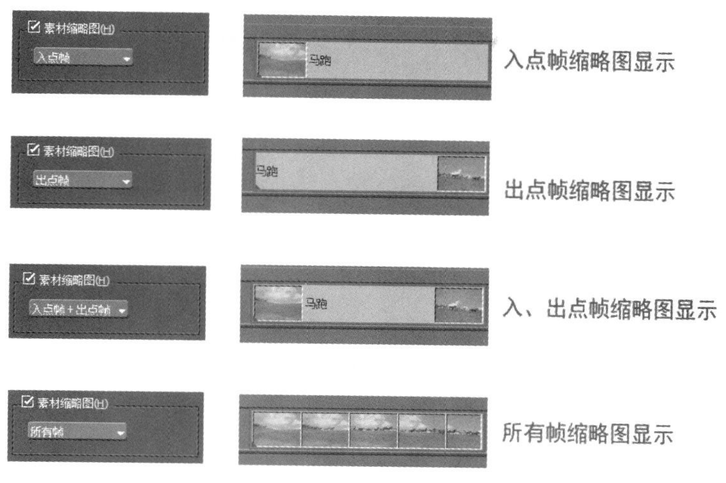

图 3.2.18　素材缩略图的显示

3.3　时间线的编辑

3.3.1　渲染满载区域

将素材添加到时间线上以后，时间线会出现一条红色的线条，表示该段素材为满载区域，不能平滑播放，甚至有时比较卡。先给红色区域设置入点和出点以后，单击按钮的三角按钮，选择“渲染入/出点间”→“渲染满载区域”命令选项。还可以在“渲染”菜单里找到“渲染入/出点间”里的“渲染满载区域”选项，如图 3.3.1 所示。

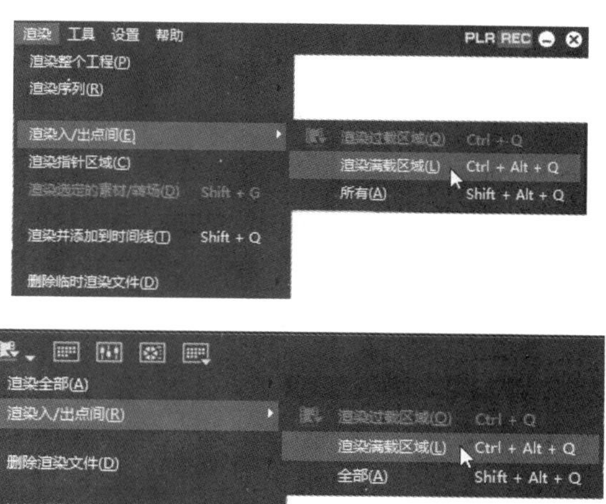

图 3.3.1　渲染满载区域

渲染以后的红色线条就变成了绿色，如图 3.3.2 所示。

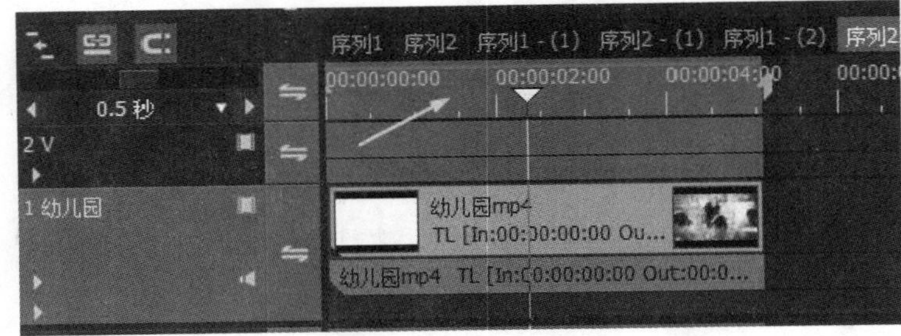

图 3.3.2　渲染满载区域

选择“渲染并添加到时间线”选项，将红色满载区域渲染完以后加入新的时间线，如图 3.3.3 所示。

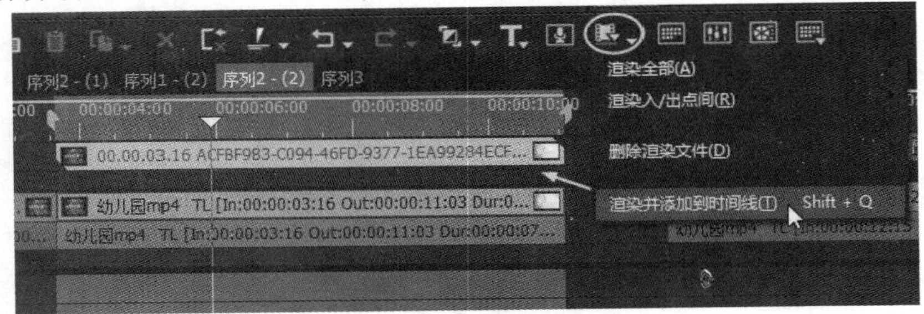

图 3.3.3　渲染并添加到时间线

满载渲染的文件可以在工程文件夹里找到，还可以将没有使用的渲染文件删除掉。单击按钮的三角按钮，选择“删除渲染文件”→“未使用的文件”命令选项，如图 3.3.4 所示。

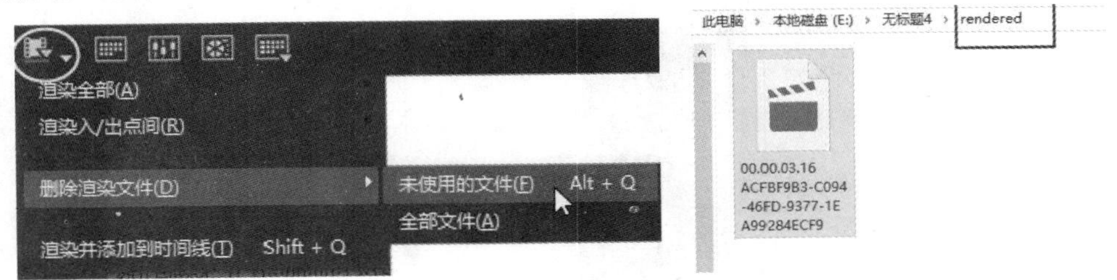

图 3.3.4　删除渲染未使用文件

3.3.2　时间线标记

在时间线工具里单击按钮里的“标记面板”选项，可以调出标记面板，如图 3.3.5 所示。

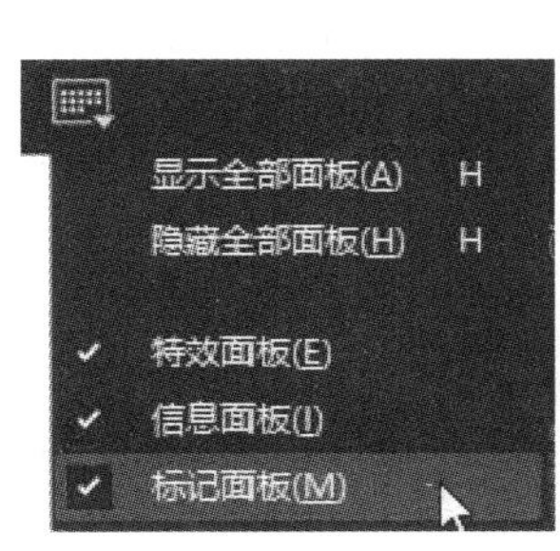

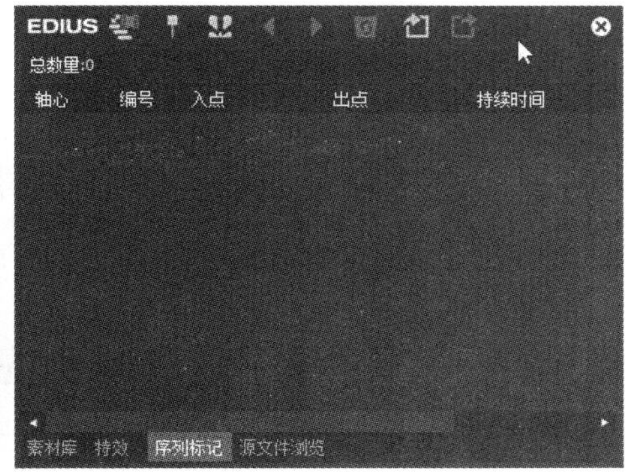

图 3.3.5　标记面板

在时间线上添加标记，首先把播放头放到要设置标记的位置，然后在标记面板上单击▮按钮，或者按快捷键 V 键，添加一个新的标记，如图 3.3.6 所示。

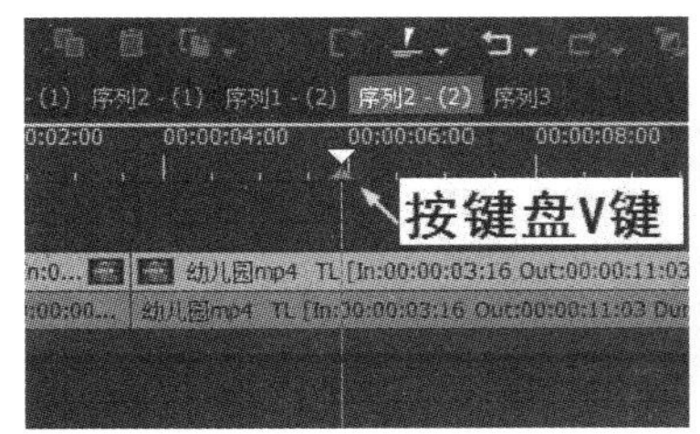

图 3.3.6　添加标记

刚才给时间线设置了标记，下来给素材设置标记。导入以前做好的“感恩教师节”片段，添加到播放窗口初选素材。在播放窗口回放素材到要设置标记的位置时，单击菜单“标记”→“添加标记”命令，在播放窗口给素材添加一个标记，如图 3.3.7 所示。

图 3.3.7　添加素材标记

在标记处单击鼠标右键，选择“编辑素材标记”选项，可以给注释添加该标记，如图 3.3.8 所示。

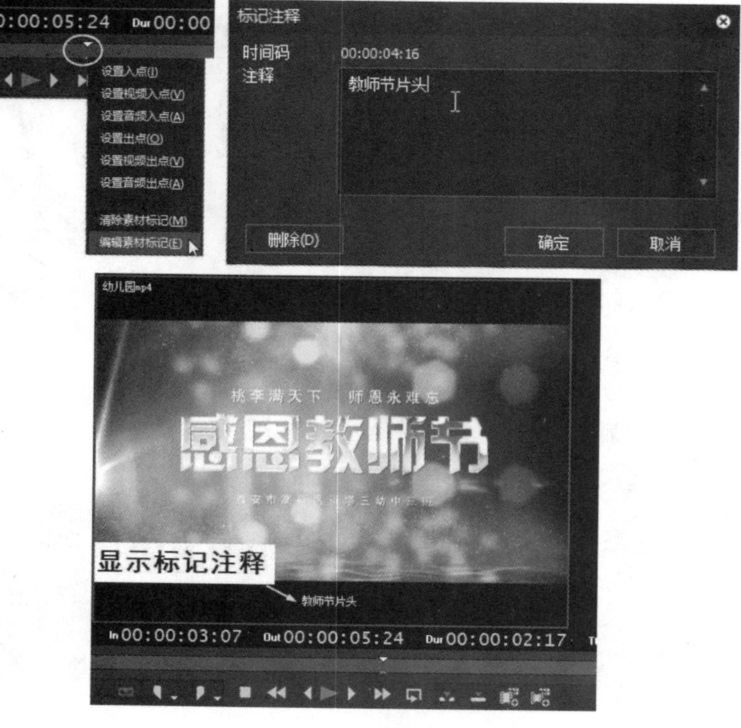

图 3.3.8　设置素材标记

将设置好标记的素材添加到时间线，单击菜单“标记”→“显示素材标记”→“时间线”命令选项，将在时间线上显示素材的标记，如图 3.3.9 所示。

图 3.3.9　显示素材标记

另外，在素材标记面板单击按钮，可以切换素材标记和时间线标记，如图 3.3.10 所示。

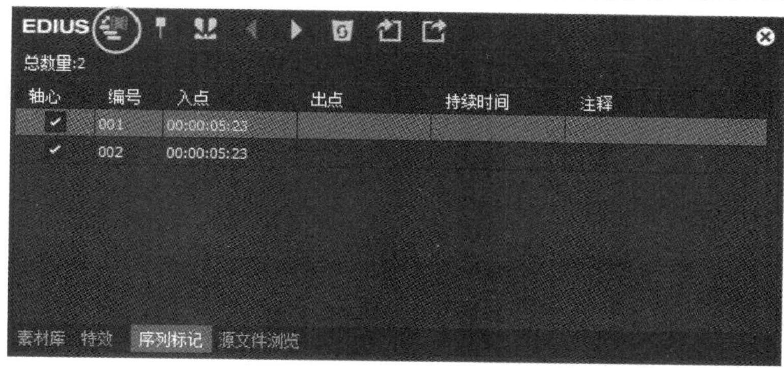

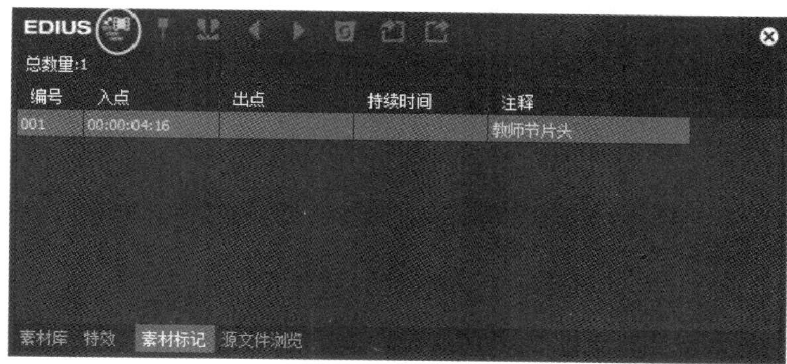

图 3.3.10　素材标记和时间线标记相互切换

单击按钮可以显示素材标记的入点、出点和持续时间的时间码，如图 3.3.11 所示。

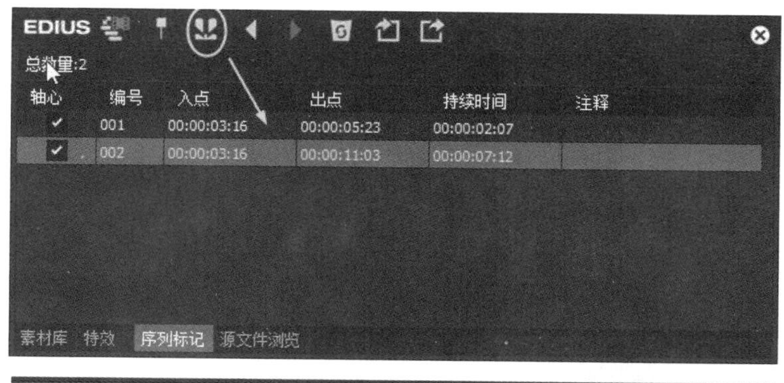

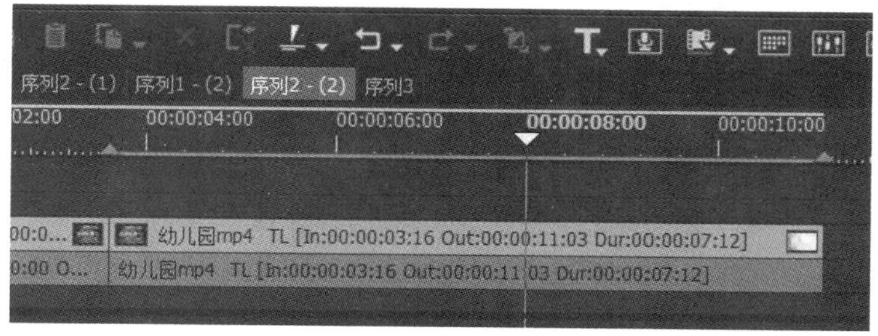

图 3.3.11　显示素材标记的入点和出点

提示： 单击按钮，或按住快捷键“Shift+Page Down”键，播放头将跳转到时间线的下一个标记；单击按钮，或按住快捷键“Shift+Page Up”键，播放头将跳转到上一个标记，如图 3.3.12 所示。

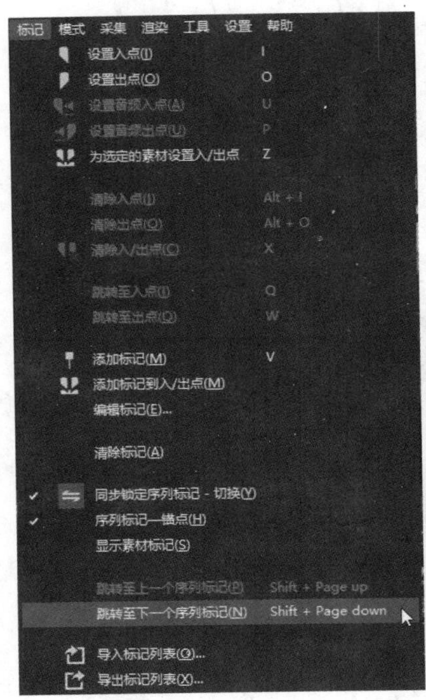

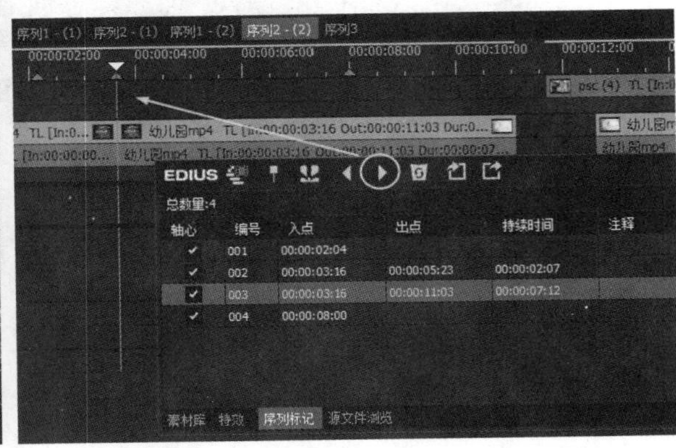

图 3.3.12　跳转至上一个或下一个标记点

在标记面板上单击按钮，可以清除所选按钮。另外，用鼠标单击菜单“标记”→“清除标记”→“指针位置”命令选项，可以清除播放头处的标记。单击菜单执行“标记”→“清除标记”→“所有”选项，清除时间线上所有的标记，如图 3.3.13 所示。

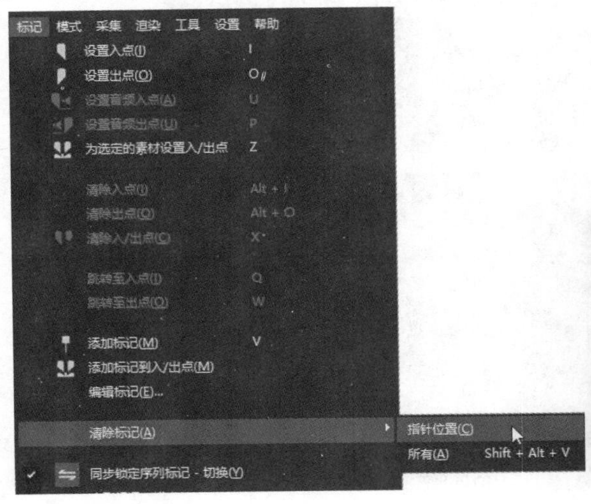

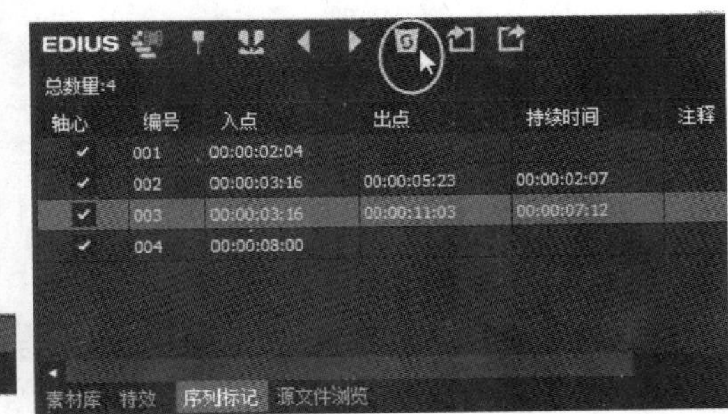

图 3.3.13　清除标记

3.3.3　序列设置和嵌套

用鼠标单击菜单“设置”→“序列设置”选项，在弹出的“序列设置”对话框里，可以对序列的名称和长度进行设置，如图 3.3.14 所示。

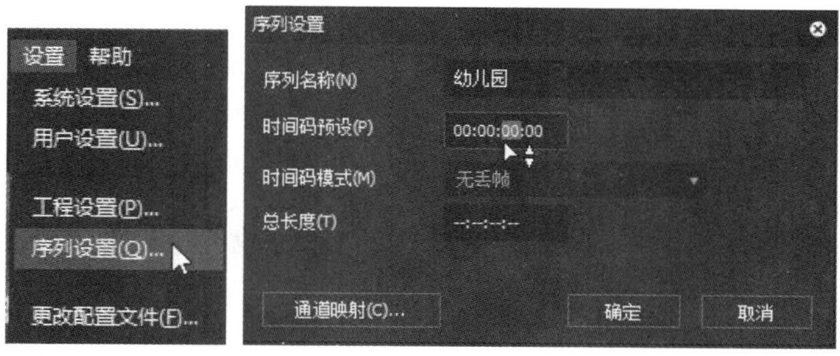

图 3.3.14　打开“序列设置”对话框

在“序列设置”对话框单击 通道映射(C)... 按钮，可以对该序列的音频通道进行设置，如图 3.3.15 所示。

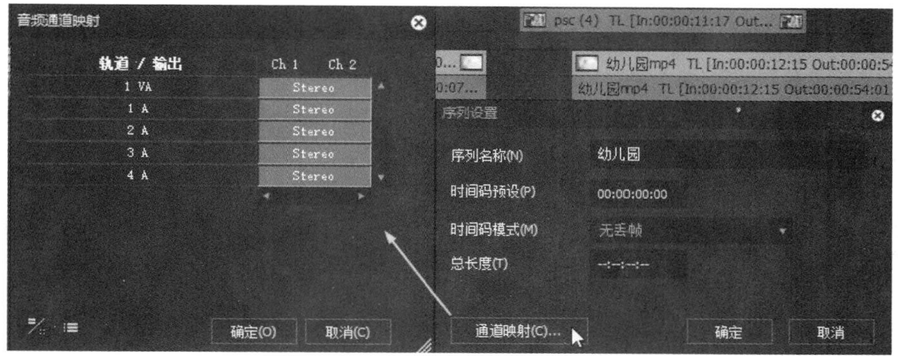

图 3.3.15　音频通道映射显示方式

单击按钮可以更改显示方式，单击按钮可以对当前的音频通道映射进行保存、载入和更新，如图 3.3.16 所示。

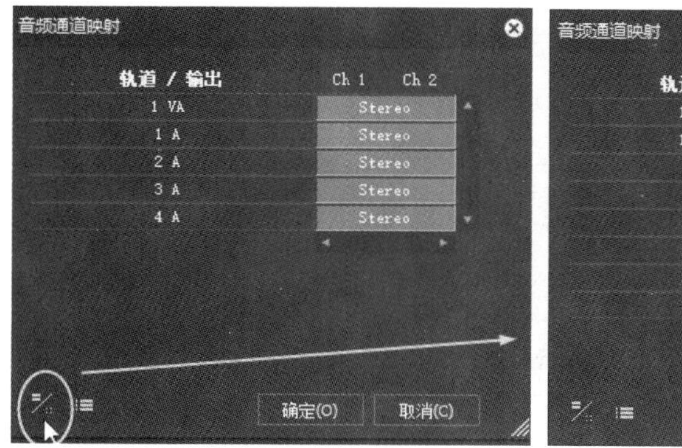

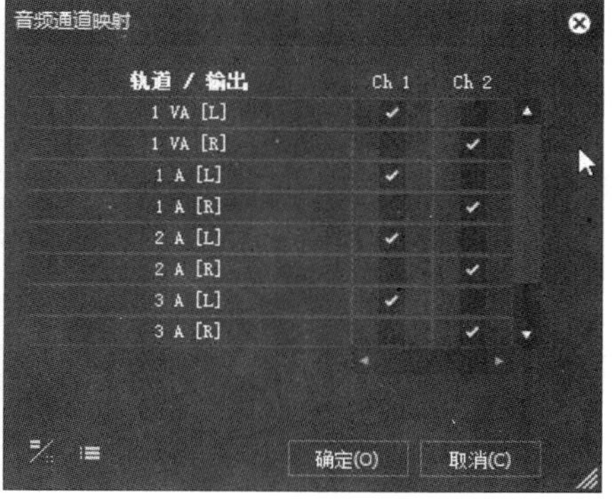

图 3.3.16　音频通道映射的设置

提示：序列就是一组放在时间线上的素材。可以打开和编辑时间线上的某个序列，还可以创建多个序列，可以通过单击序列选项卡选择要编辑的序列。序列嵌套就是将一个序列放在另一个序列上当作一段素材来编辑，EDIUS 4 以上版本才有序列嵌套这项功能。

序列嵌套的具体操作步骤如下：

（1）在时间线工具栏单击按钮，创建一个新序列，或者单击菜单“文件”→“新建序列”命令选项，也可以按快捷键“Ctrl+Shift+N”键，把新建的序列命名为“歌舞晚会”，如图 3.3.17 所示。

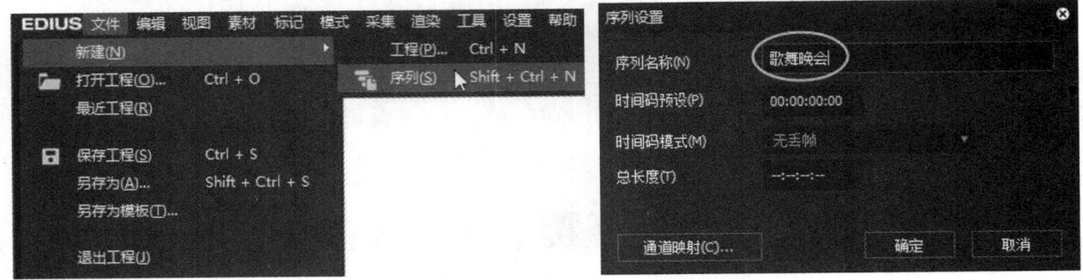

图 3.3.17 新建时间线序列

（2）将“新疆歌舞”素材导入“歌舞晚会”序列以后，再次建立一个新的“最终合成”序列，最后将“歌舞晚会”序列当作素材添加到“最终合成”序列里，如图 3.3.18 所示。

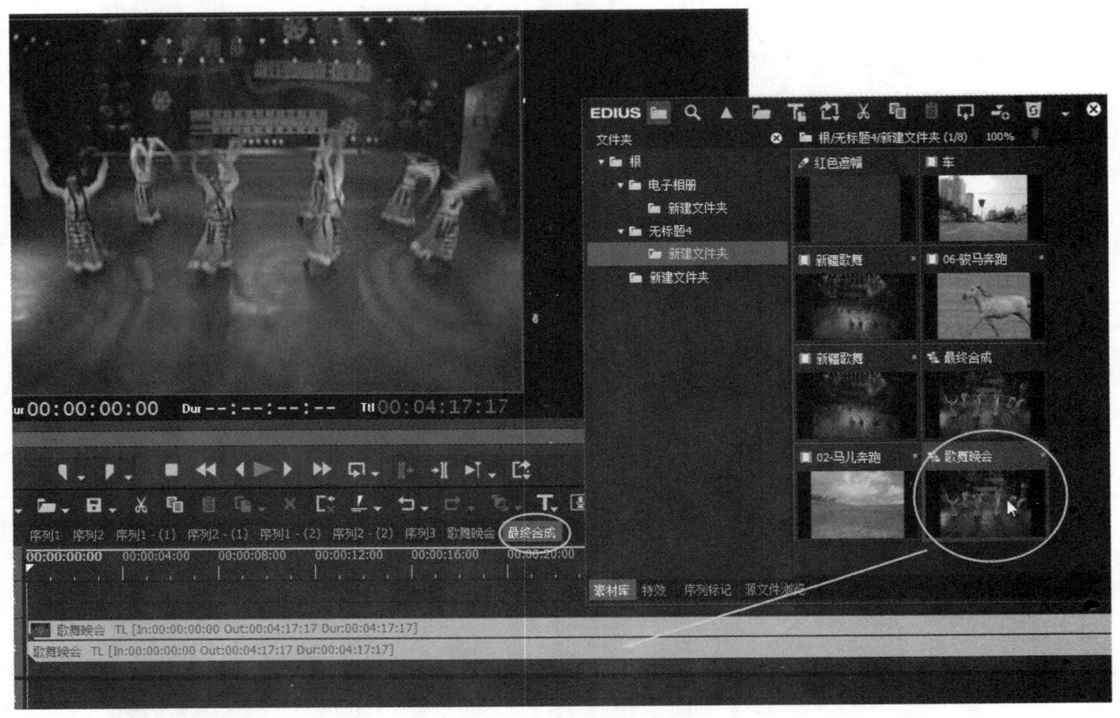

图 3.3.18 将“歌舞晚会”序列添加到“最终合成”序列里

（3）在“最终合成”序列里可以发现嵌套序列的后半部分变成了网格状，原因是被嵌套素材“新疆歌舞”的长度短于“最终合成”序列的长度，只要增加被嵌套“新疆歌舞”素材的长度就可以了，如图 3.3.19 所示。

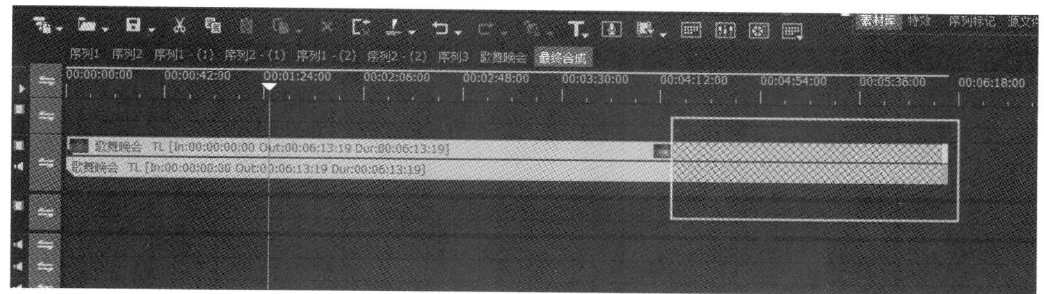

图 3.3.19　序列的长度显示

提示：被嵌套进的序列可以当作素材来编辑，嵌套序列有素材的区域呈灰色显示，没有素材的区域呈灰色网格。如果要更换嵌套序列的素材，必须返回嵌套序列。在时间线序列标签上单击“歌舞晚会”标签，或者在时间线上双击“歌舞晚会”序列，进入“歌舞晚会”序列。

还可以在时间线上选择轨道，单击鼠标右键，选择“新建序列”选项，如图 3.3.20 所示。

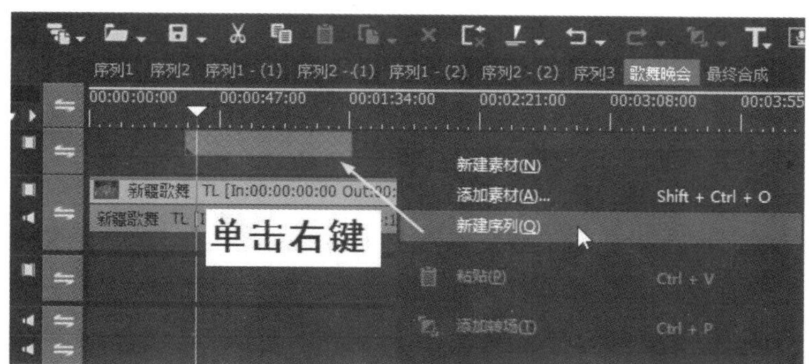

图 3.3.20　更改时间线序列

在新序列上双击鼠标左键即可进入新序列 4，再在“序列 4”标签上单击鼠标右键，选择“添加到素材库”选项，可以将时间线上新建立的新序列添加到素材库，如图 3.3.21 所示。

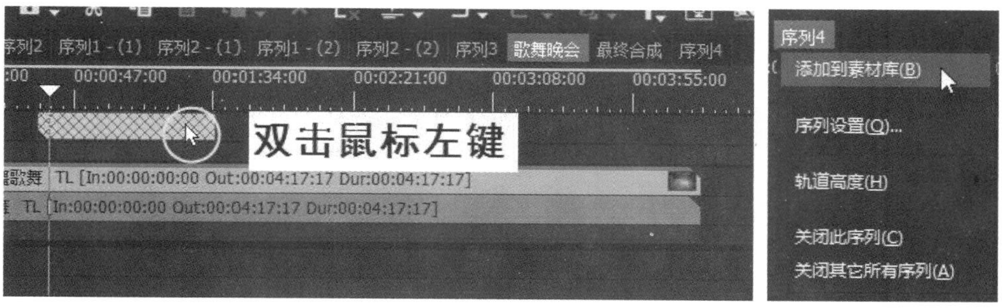

图 3.3.21　进入新序列并添加到素材库

提示：可以将以前的序列当作素材插入或者覆盖到时间线。在素材库面板里选择“最终合成”序列图标，单击按钮，将“最终合成”序列在播放窗口显示。根据需要给“最终合成”序列设置入点和出点，单击按钮，将“最终合成”序列插入序列 10 选定的轨道上，如图 3.3.22 所示。

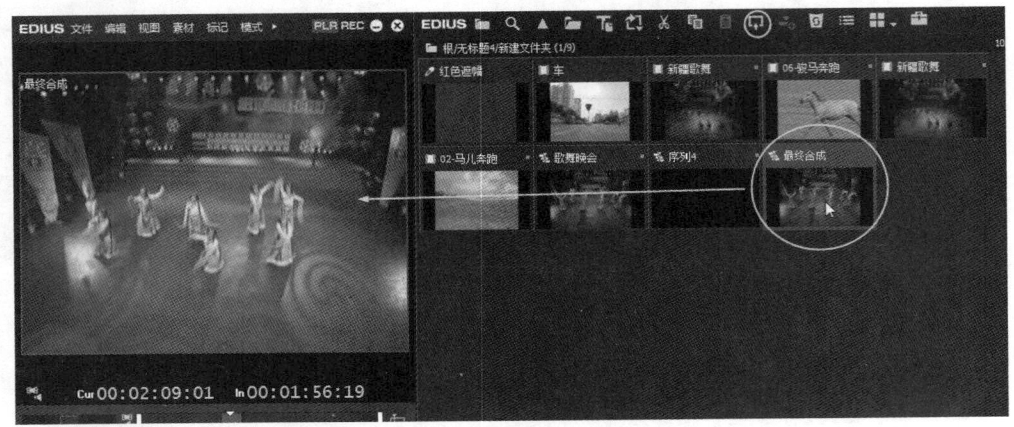

图 3.3.22 将序列插入到时间线

3.4 课 堂 实 战

3.4.1 “移形换位”的制作

“移形换位”主要用到选择素材、移动素材、将素材添加到时间线、素材的挑选和剪辑、给素材设置透明动画关键帧等操作。

操作步骤：

（1）新建一个序列命名为“移形换位”，如图 3.4.1 所示。

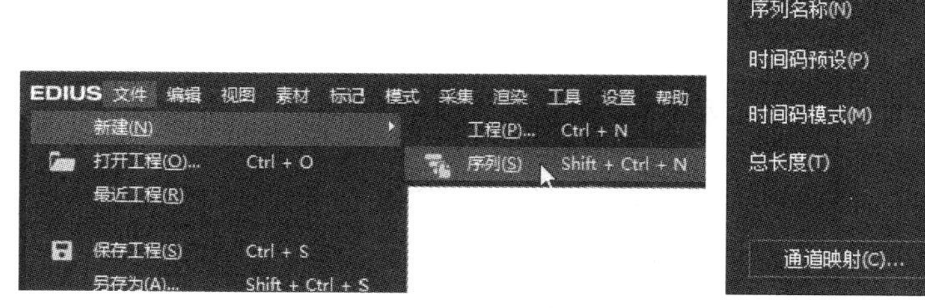

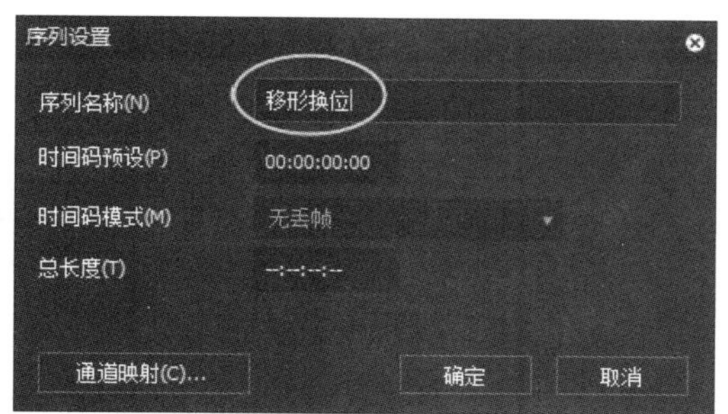

图 3.4.1　新建序列并导入素材

（2）导入“移形换位”素材添加到时间线，播放这段素材时发现它是一段固定机位拍摄的素材，素材背景没有变化，人物在画面里来回走动。先把人物第一个站立的素材剪开，当人物走到另外一个位置时再次剪开。把人物从第一个位置走到第二个位置剪开后，这时候素材分为三段。人物在前后两个位置的衣服也不相同，把人物从第一位置到第二位置中间多余的素材删除，如图 3.4.2 所示。

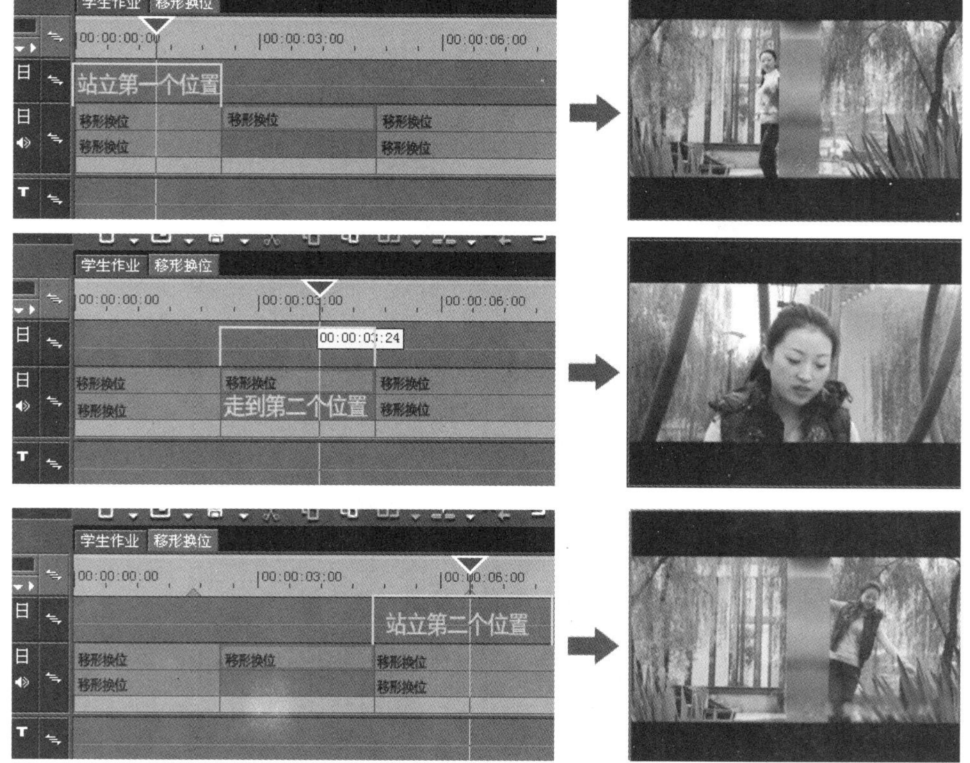

图 3.4.2　剪辑素材

（3）把第一段素材和第三段素材直接连接起来播放显然很生硬，感觉人物从第一个位置蹦到第二个位置一样。将第二段素材删除后，把第三段素材放入 2V 轨道加上“淡入”效果，这样就柔和多了，如图 3.4.3 所示。

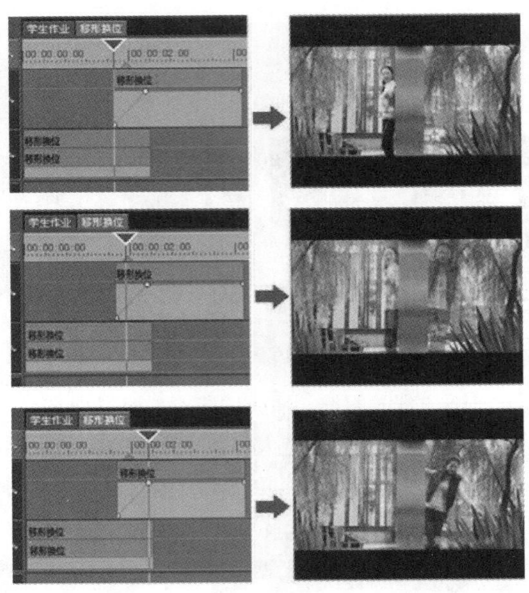

图 3.4.3 添加素材透明关键帧动画

（4）根据同样的方法剪出后面的几个位置，一定要记着加上“淡入”和“淡出”效果，如图 3.4.4 所示。

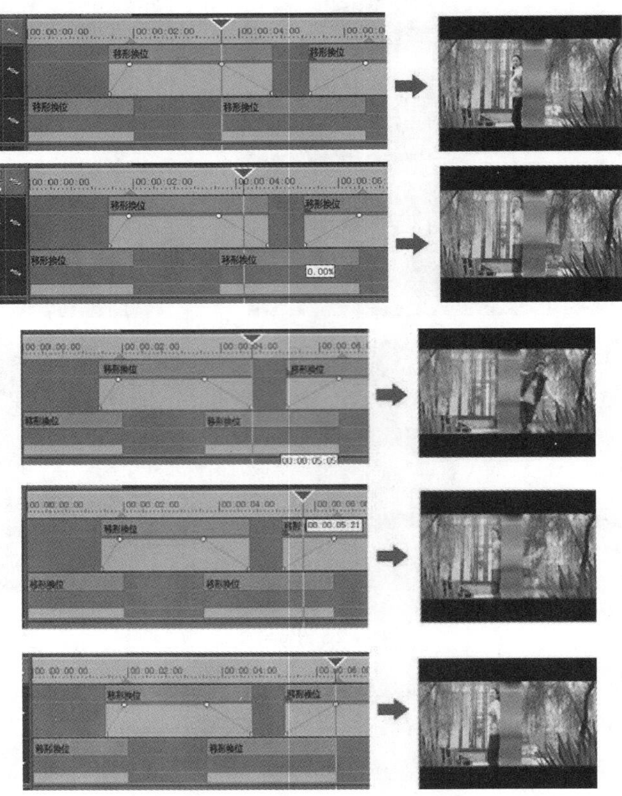

图 3.4.4 效果预览

（5）完成整个“移形换位”效果的制作，最终效果如图 3.4.5 所示。

图 3.4.5　“移形换位”最终效果

3.4.2　“闪白”转场的制作

“闪白”转场主要用到剪辑素材、创建色块、应用手绘遮罩和设置素材透明度动画关键帧等操作。

这种效果适用于固定机位拍摄的素材，如果摄像机拍摄时不稳，背景就会动起来。由这组画面接到下个画面，两个画面反差比较大的话，可以给它加“闪白”转场效果。

操作步骤：

（1）添加色块素材，给色块定义为白色并添加到 2V 轨道，将色块添加到两端素材连接的中间位置，如图 3.4.6 所示。

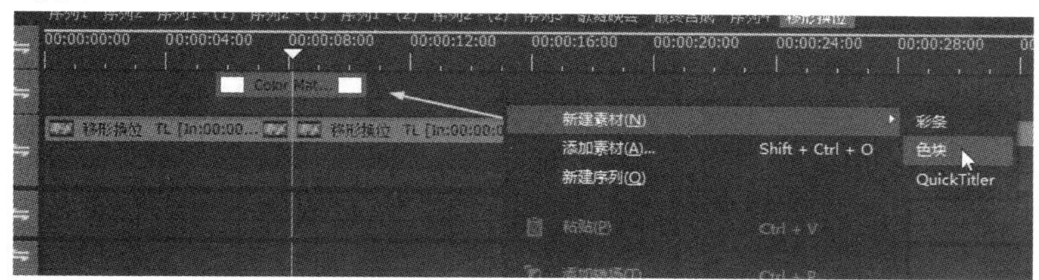

图 3.4.6　添加轨道和色块

（2）继续添加 3V 轨道为遮幅轨道，同样添加色块素材并设置为黑色。接下来添加“手绘遮罩”特效，绘制一个矩形遮罩，将遮罩的内部透明度设为 0%，外部透明度设为 100%，如图 3.4.7 所示。

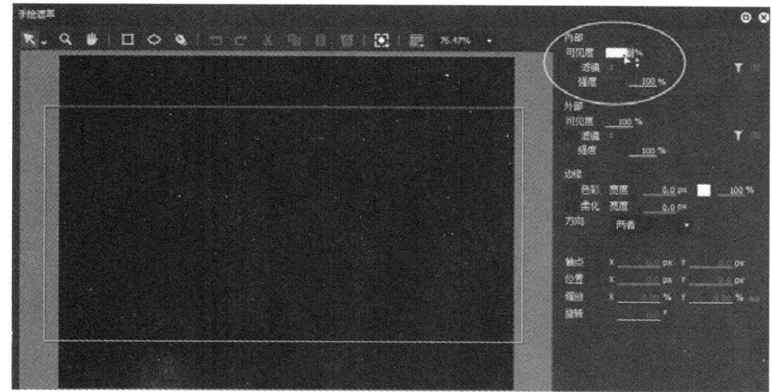

图 3.4.7　制作视频遮罩

（3）把播放头放到素材连接的中间位置，在按 Shift 键的同时按一下“←”键，播放头向左移动 10 帧，设置透明度为 0%后并添加关键点，将多余的色块剪掉。按 Shift 键的同时按一下“→”键，播放头向右移动 10 帧，设置透明度为 80%左右并添加关键点；播放头向右再次移动 10 帧，设置透明度为 0%并添加关键点，将多余的色块剪掉，如图 3.4.8 所示。

图 3.4.8 制作“闪白”转场

（4）复制已经做好的“闪白”色块，将播放头放到下一个要加闪白的素材处，在按 Shift 键的同时按一下“←”键，播放头向左移动 10 帧，按“Ctrl+V”键将闪白粘贴到播放头位置，如图 3.4.9 所示。

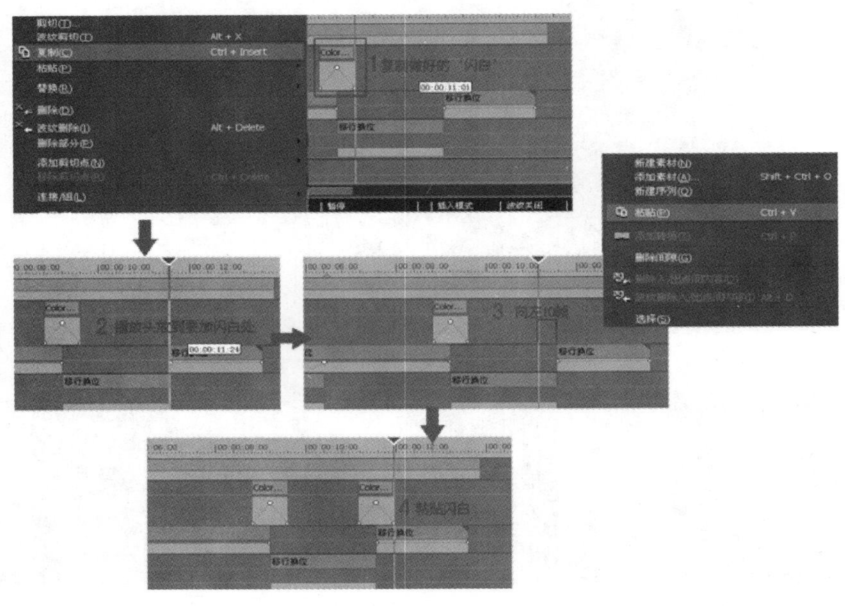

图 3.4.9 编辑“闪白”色块

（5）预览粘贴过来的最终“闪白”效果，如图 3.4.10 所示。

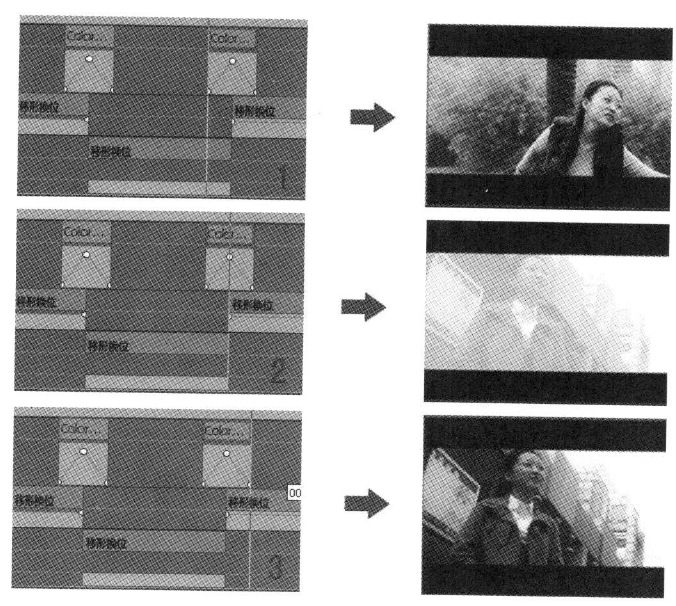

图 3.4.10　预览效果

本 章 小 结

本章主要介绍了 EDIUS Pro 9 的时间线设置和编辑，非常详细地介绍了时间线面板的各项功能和用途，以及添加、删除、复制和移动时间线轨道，时间线的插入和覆盖模式。最后以制作“移形换位”“闪白”转场实例对前面所学内容进行强化复习。

操 作 练 习

一、填空题

1．时间线窗口是 EDIUS 软件的动画核心，由__________、__________和时间线信息栏组成。

2．在时间线上选择一段素材，单击按钮，或按快捷键__________，素材就一分为二；将所有轨道上的素材在播放头处剪断的快捷键是__________。

3．选择第一段素材，在按住__________键的同时，按鼠标__________往后移，可以发现两个轨道的素材同时__________，将轨道前面的按钮解锁后就和其他轨道__________。

4．单击按钮可以__________，快捷键为按住 Alt 键的同时再按__________键。

二、选择题

1．将音频和视频解开链接，按快捷键（　）。

（A）Shift+ Y　　（B）Alt+ Shift + Y

（C）Alt+Y　　（D）Y

2．将播放头指针移到下一个标记点的快捷键是（　）。

（A）Shift+Page Down　　（B）Alt+Page Down

（C）Shift+Ctrl+Page Down　　（D）Page Down Shift

3．按快捷键“Ctrl+Shift+N”可以（　）。

（A）创建一个彩条　　（B）创建一个工程文件

（C）创建一个色块　　（D）创建一个时间线序列

4．单击按钮可以（　）。

（A）打开同步模式　　（B）关闭同步模式

（C）关闭波纹模式　　（D）打开波纹模式

5．在时间线轨道面板上单击按钮，时间线为（　）。

（A）插入模式　　（B）覆盖模式

（C）删除按钮

三、简答题

1．简述打开工程文件和导入素材的区别。

2．放大和缩小时间线标尺的方法有哪几种？

3．简述插入和覆盖模式的区别。

四、上机操作题

1．将时间线标尺放大，自定义快捷键为“+”键，将时间线标尺缩小，自定义快捷键为“-”键。

2．练习剪辑素材间的“闪白”效果和“移形换位”效果。

第4章　编辑素材

本章学习 EDIUS Pro 9 编辑素材的操作方法，如素材的管理和剪辑技巧，素材的离线、替换和设置组等。本章将通过几个简单的实例制作来介绍素材的编辑技巧，如三、四点剪辑和多机位剪辑的制作等知识，通过所举实例，由浅入深地对知识点进行一一讲解，使读者能够深入了解软件的相关功能和具体应用。

知识要点

- 素材的选择、移动、复制和粘贴
- 素材的离线和替换
- 三、四点剪辑和剪辑模式
- 素材的快慢镜头和倒放
- 时间线重映射和冻结帧
- 剪辑多机位素材
- 编辑音频

4.1　选择素材

4.1.1 添加素材

将素材导入素材库并单击按钮，可以将选定素材添加到时间线或者拖曳到时间线上；按“Shift+Enter”键，还可以把播放窗口的素材插入或者覆盖到时间线上。这些内容在前面的章节中已经介绍过了，除了这几种添加素材的方法，还可以在时间线上直接添加素材和新建素材。

选定 3V 轨道后单击鼠标右键选择“新建素材”→“彩条”选项，可在 3V 轨道创建一个彩条素材，如图 4.1.1 所示。

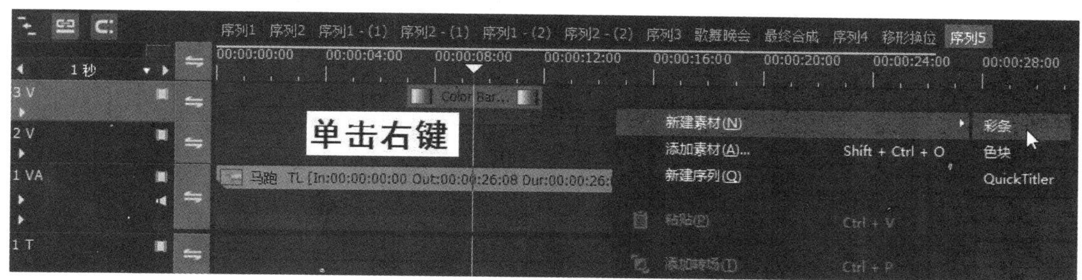

图 4.1.1　新建素材

在时间线上选择彩条素材，单击鼠标右键，选择“添加到素材库”选项，可以将新建素材添加到素材库里，如图 4.1.2 所示。

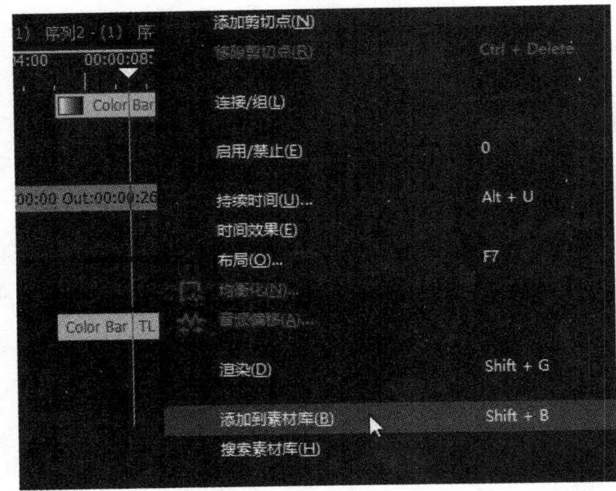

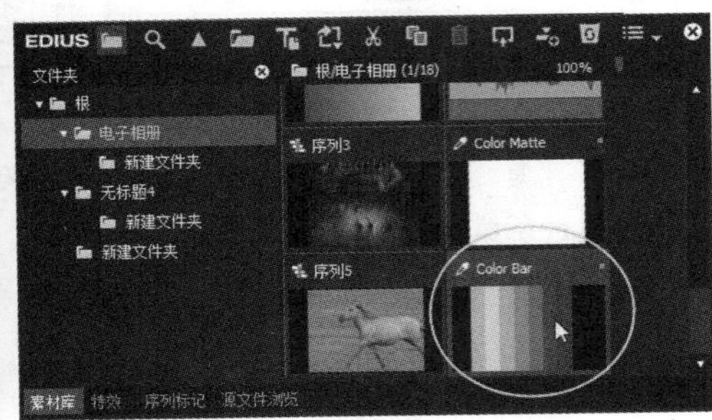

图 4.1.2　将素材添加到素材库

4.1.2　素材的选择、移动、复制和粘贴

用鼠标单击彩条素材可以选择该素材，在轨道空白处单击可以取消选择。选择彩条素材后，按住 Shift 键的同时单击“骏马奔跑”素材，可以加选“骏马奔跑”素材。按住鼠标左键在轨道上拖曳，鼠标拖曳矩形区域涉及的素材会被选择，如图 4.1.3 所示。

选择 2V 轨道，单击鼠标右键，在右键菜单里执行“选择”→“选定轨道上的素材”命令，可以将选择的 2V 轨道上的素材选中；选择“所有轨道素材”选项，将所有素材选择，如图 4.1.4 所示。

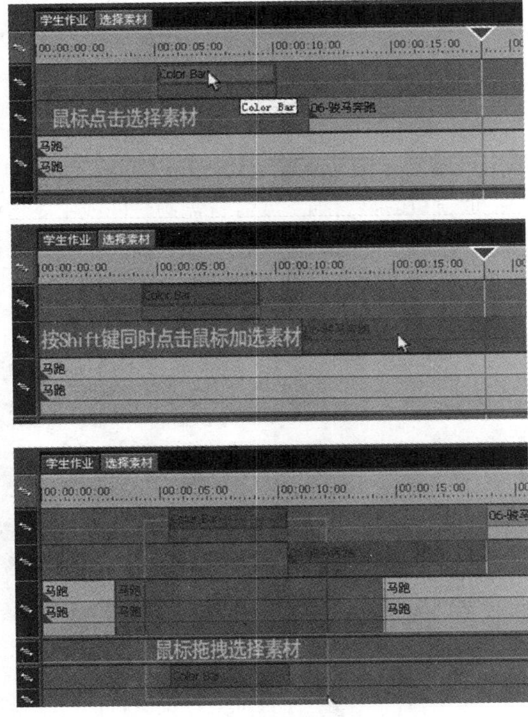

图 4.1.3　用左键拖曳选择素材

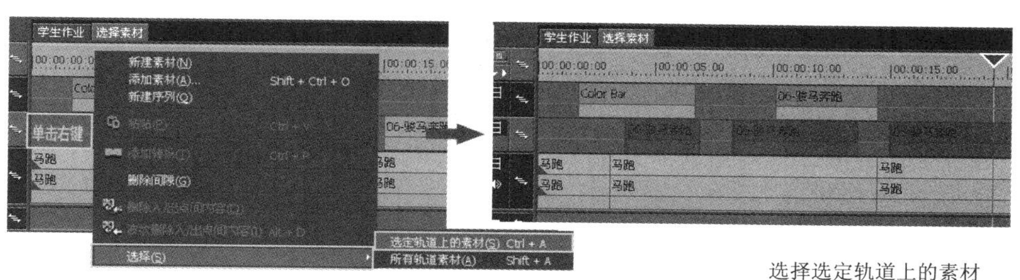

选择选定轨道上的素材

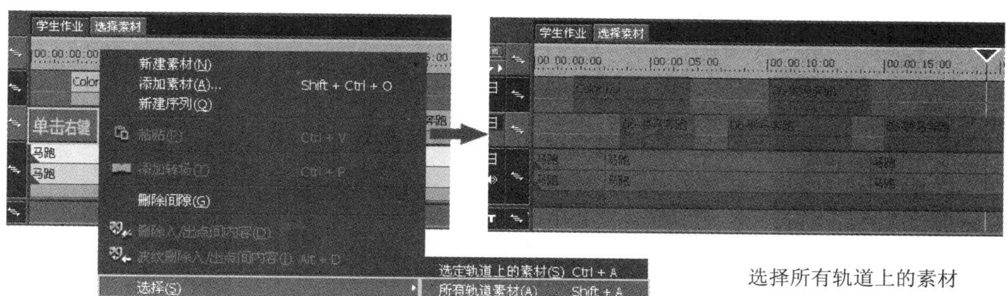

选择所有轨道上的素材

图 4.1.4　用右键菜单选择素材

选择“骏马奔跑”素材，按住鼠标左键可以对素材进行移动。选择素材并单击菜单“编辑”→“复制”选项复制素材，将播放头放在要粘贴的位置，单击鼠标右键选择“粘贴”选项，可以将复制的素材粘贴到指针位置，如图 4.1.5 所示。

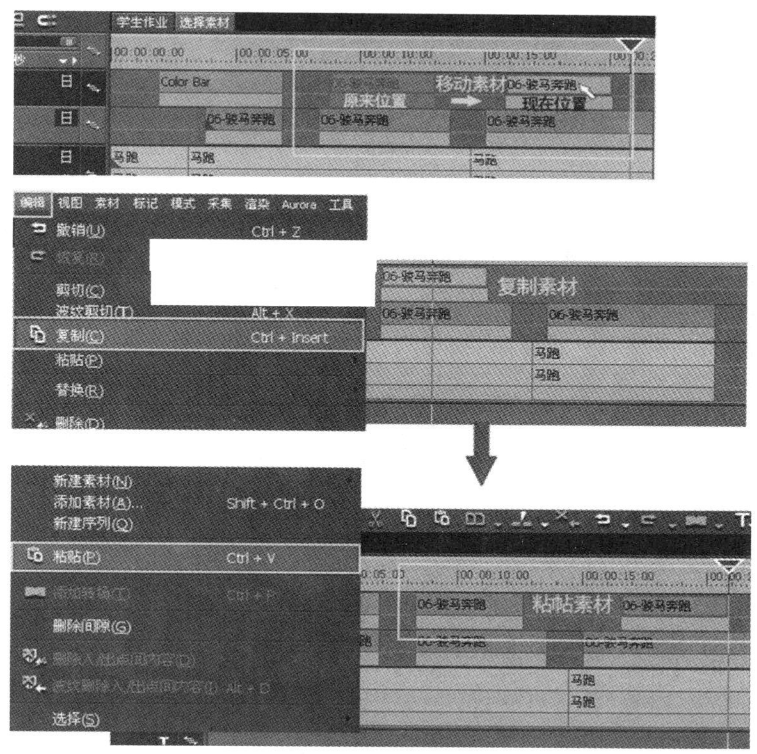

图 4.1.5　移动、复制和粘贴素材

提示：选择素材并单击时间线工具栏面板中的按钮，或单击快捷键“Ctrl+C”复制素材；单击工具栏面板中的按钮，或按快捷键“Ctrl+V”可将素材粘贴到播放头指针位置。另外，单击按钮，或按快捷键“Ctrl+X”也可以将素材剪切掉。

4.1.3 设置组

用鼠标框选素材，单击鼠标右键，选择“连接/组”→“设置组”选项，或按快捷键 G 可以将选择的素材设置成一个组，如图 4.1.6 所示。

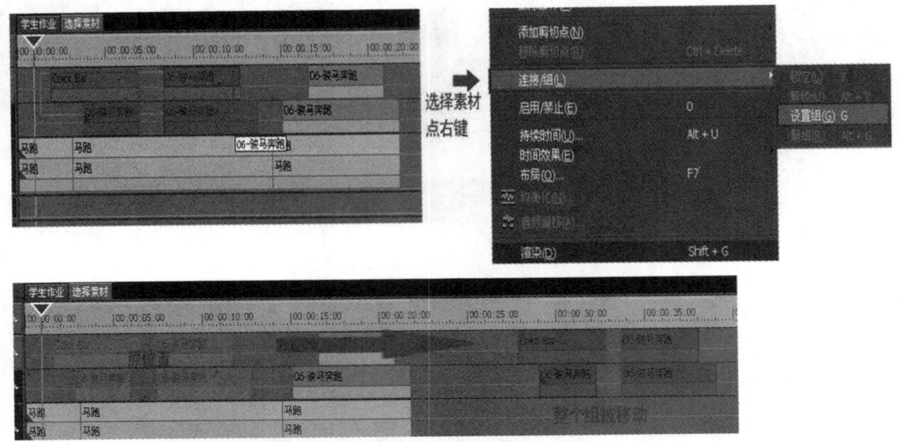

图 4.1.6 将素材设置为组

设置成组以后，所选择的素材就会成为一个“集体”，移动其中的一个素材，组里的素材都会跟着移动，单击鼠标右键，选择“解组”选项，或按快捷键“Alt+G”解散组，移动其中的一个素材，其他的素材不会被移动，如图 4.1.7 所示。

图 4.1.7 解散组后移动素材

4.1.4　素材的离线和替换

当再次打开工程文件以后发现文件里的监视器窗口显示“棋盘格”，时间线有的素材显示斜线，在时间线的右下方会有离线素材的数目提示，如图 4.1.8 所示。

图 4.1.8　素材离线

注意：导致素材离线的原因主要是素材的保存路径或者名称发生了改变。在做片子的时候最好在工程文件夹里建立相应的文件夹，将素材分类来管理。例如，在家里电脑做好的工程文件要拷贝到公司的电脑上，拷贝文件的同时，最好连同素材和工程文件一起拷贝，家里的电脑保存路径和公司的保存路径保持一致，包括电脑盘符也一致，这样不容易引起素材离线，如图 4.1.9 所示。

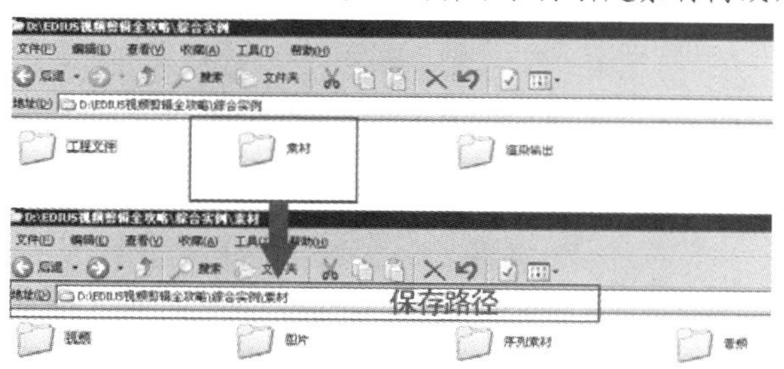

图 4.1.9　按素材分类管理素材

在素材库里双击离线素材图标，找到该素材相应的路径即可恢复离线素材，如图 4.1.10 所示。

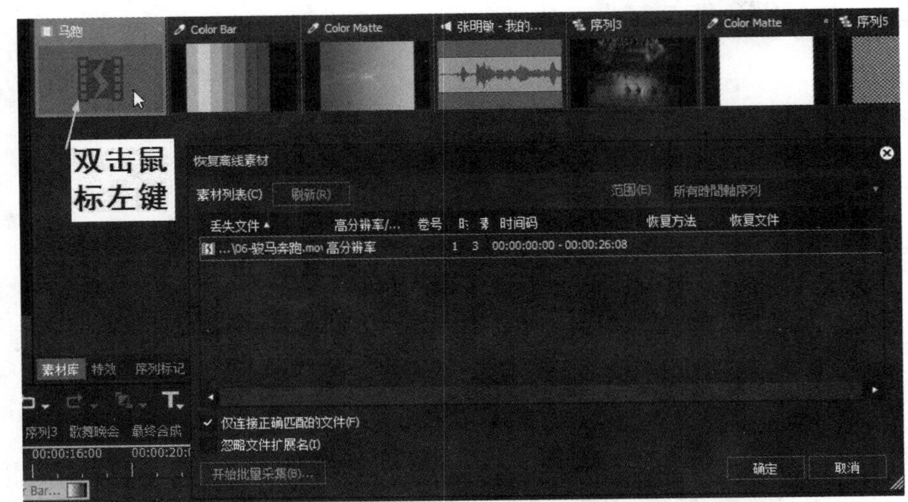

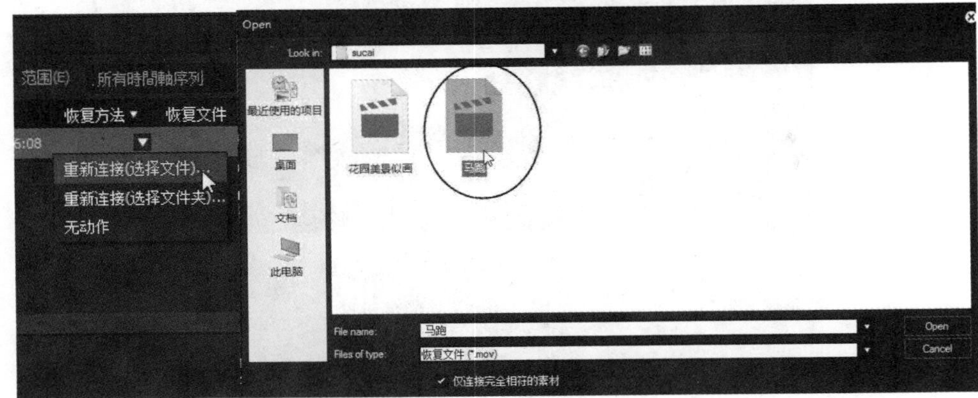

图 4.1.10　恢复离线素材

想要将“骏马奔跑”素材替换成“马跑”素材，可以先将“马跑”素材导入素材库后，按快捷键“Ctrl+C”复制，选择“骏马奔跑”素材，并在时间线工具栏单击按钮，或按快捷键“Ctrl+R”完成替换，如图 4.1.11 所示。

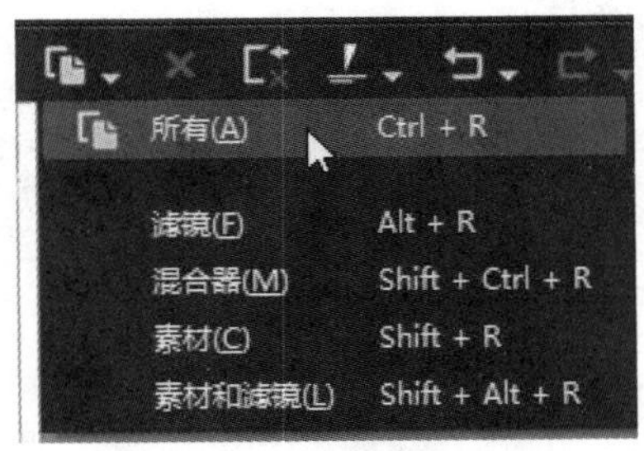

图 4.1.11　替换素材

（1）替换素材：首先复制“白马奔跑”素材，然后选择“马跑”素材后单击时间线工具栏，单击三角按钮选择“素材”选项，可替换素材。

（2）替换滤镜：如果“马跑”素材以前设置过“老电影”特效，需要替换“一群马”素材的滤镜，同样先复制“马跑”素材，再选择“一群马”素材后，单击 三角按钮选择“滤镜”选项，可将“马跑”素材的滤镜替换给“一群马”素材，如图 4.1.12 所示。

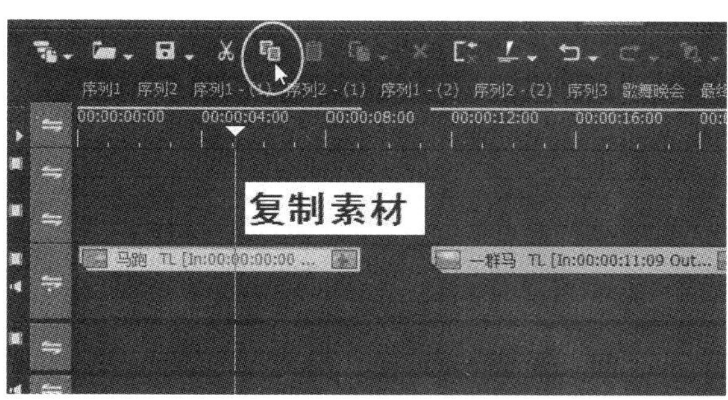

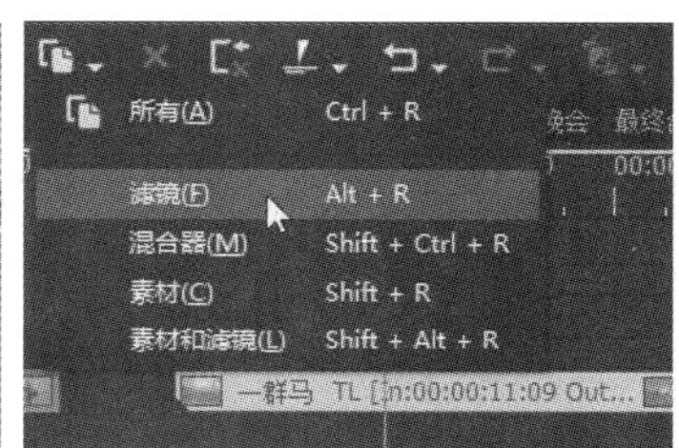

图 4.1.12 替换滤镜

（3）替换素材和滤镜：选择“一群马”素材后单击时间线工具栏 按钮复制素材，然后选择“花园美景似画”素材，单击 三角按钮选择“素材和滤镜”选项，可将“花园美景似画”素材和滤镜一起替换，如图 4.1.13 所示。

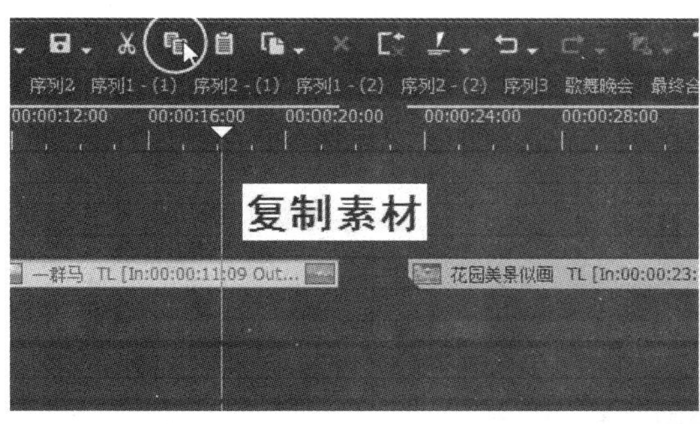

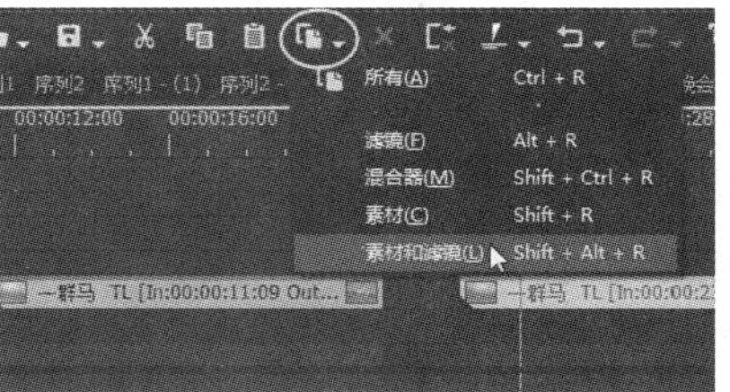

图 4.1.13 替换素材和滤镜

4.2 剪 辑 技 巧

4.2.1 素材的分割

导入“幼儿园”素材并添加到时间线，播放素材到分割处单击按钮，或者按快捷键 C 将选定素材一分为二，可以将剪掉的素材删除。按快捷键“Shift+C”可以将所有轨道素材在播放头处剪开；给选定素材设置入点和出点，单击按钮选择“入点/出点-选定轨道”选项，可以将选定轨道上素材入点和出点间的素材分割，如图 4.2.1 所示。

剪辑素材添加到时间线，将播放头放在要分割的位置，按 M 键，播放头后面的素材被剪掉；如按 N 键，播放头前面的素材被剪掉，如图 4.2.2 所示。

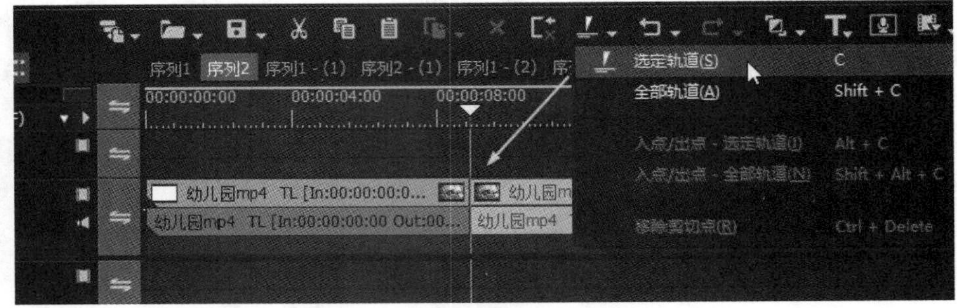

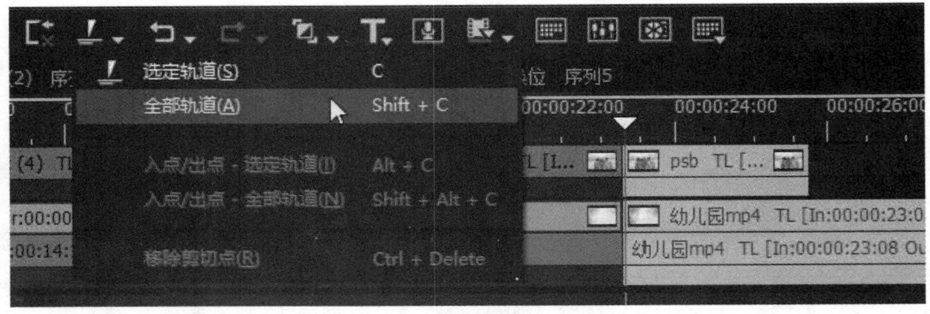

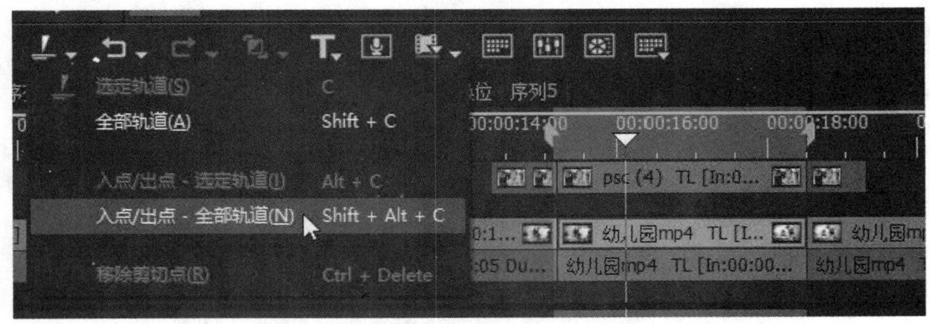

图 4.2.1 入点和出点间的素材分割

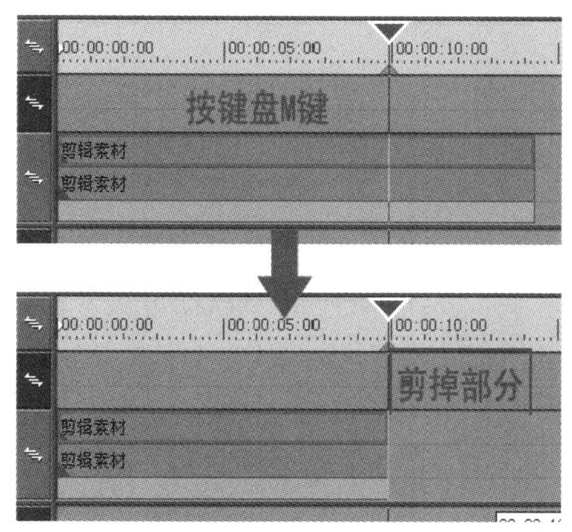

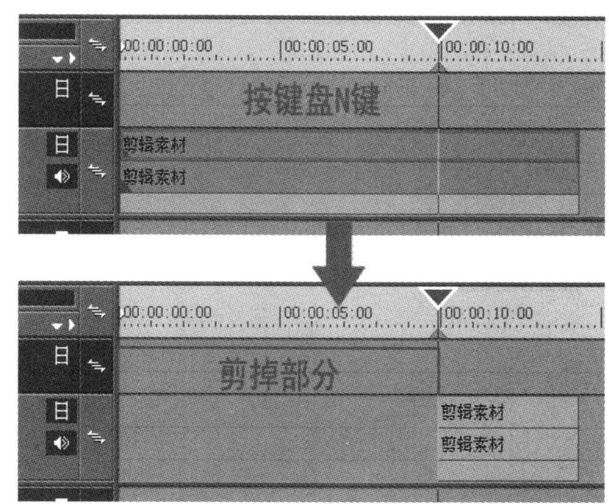

图 4.2.2　播放头指针前后素材的分割

选择剪辑素材，将播放头放在要分割的位置，按快捷键“Shift+M”，可将音视频素材的音频和视频拆分后，将播放头后面的素材剪掉；按快捷键“Shift+N”，可将音视频素材的音频和视频拆分后，将播放头前面的素材剪掉，如图 4.2.3 所示。

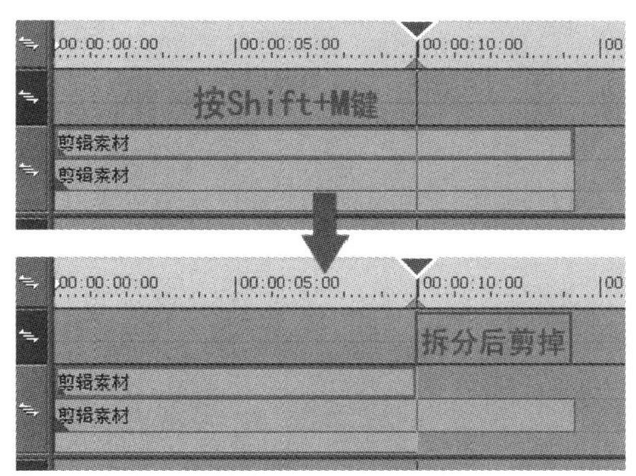

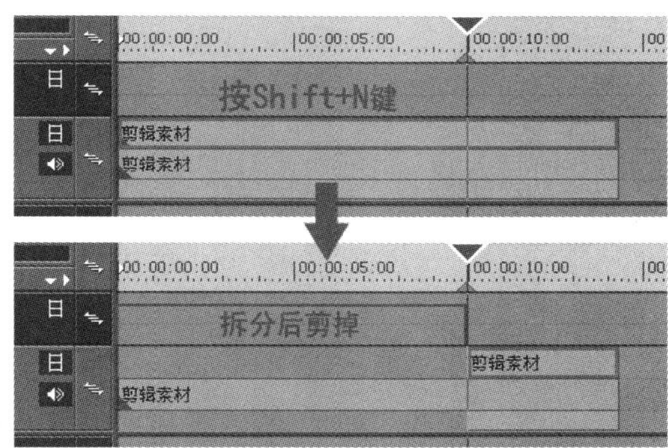

图 4.2.3　播放头指针前后音视频素材的分割

将播放头放在要分割的位置，按快捷键“Alt+M”键，可将所选素材播放头以后的素材连同波纹一起删除；按快捷键“Alt+N”键，可将所选素材播放头以前的素材连同波纹一起删除，如图 4.2.4 所示。

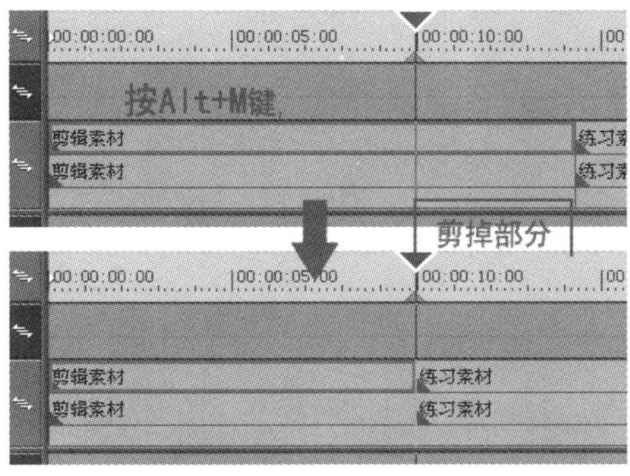

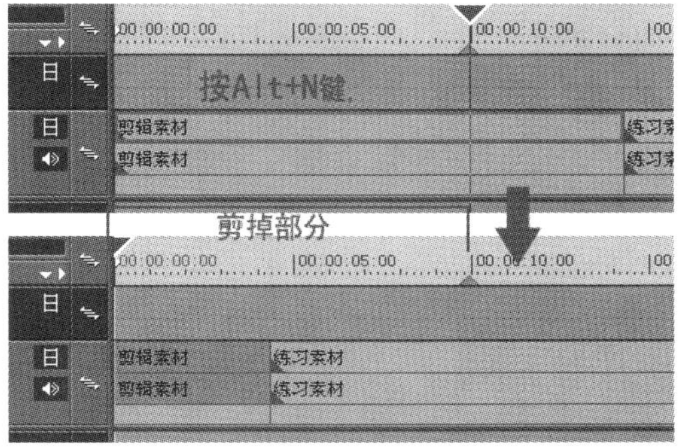

图 4.2.4　播放头指针前后素材的分割

提示：将鼠标放在素材结尾或者开始位置的边界处，边界处的颜色变为绿色或者黄色时左右拖动鼠标，也可以剪辑素材。左右拖动素材的边界，素材的长度在发生变化的同时，在播放窗口实时显示素材所裁切画面的预览，如图 4.2.5 所示。

图 4.2.5　拖动鼠标剪辑素材

在素材的边界处拖曳鼠标不但可以剪掉不用的素材，还可以将已经剪掉的素材经过拖曳予以恢复，如图 4.2.6 所示。

图 4.2.6　拖动鼠标恢复被剪掉的素材

时间线在插入模式下，向右拖动前面素材的边界处时，前面的素材变长，后面的素材则向后移动；时间线在覆盖模式下，向右拖动前面素材的边界处时，前面的素材变长，后面的素材被前面的素材覆盖，如图 4.2.7 所示。

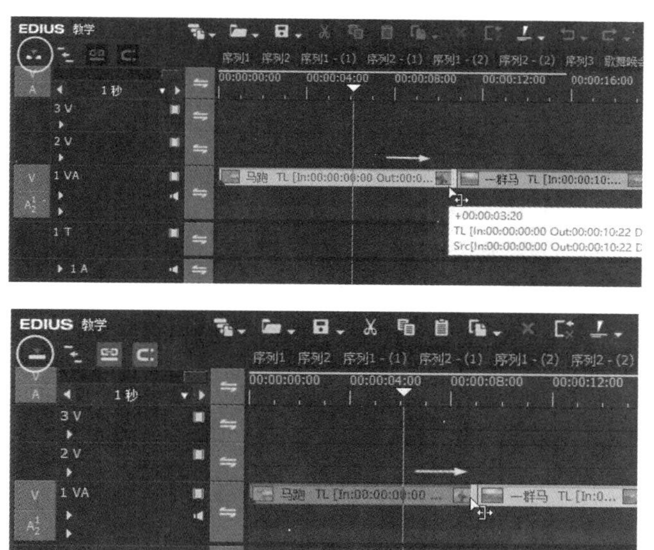

图 4.2.7　在“插入”和“覆盖”模式下剪辑素材

用鼠标同时框选相邻两段素材的边界处，向左拖动鼠标前段素材变短，后段素材向前移动，如图 4.2.8 所示。

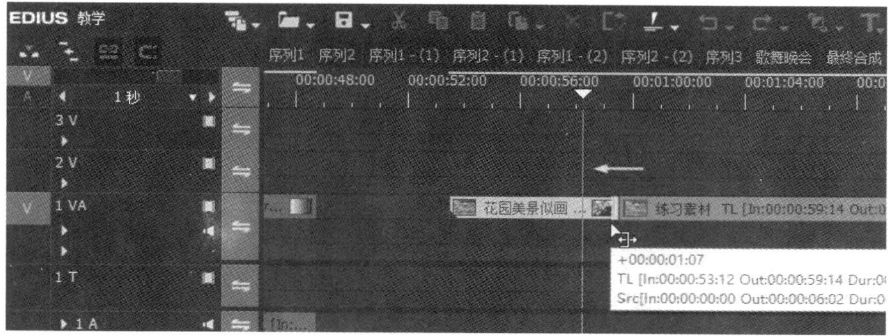

图 4.2.8　相邻两段素材剪辑

剪辑音视频素材时，按住 Alt 键的同时框选两段相邻素材的边界，左右拖动鼠标，可以改变视频素材的长度，如图 4.2.9 所示。

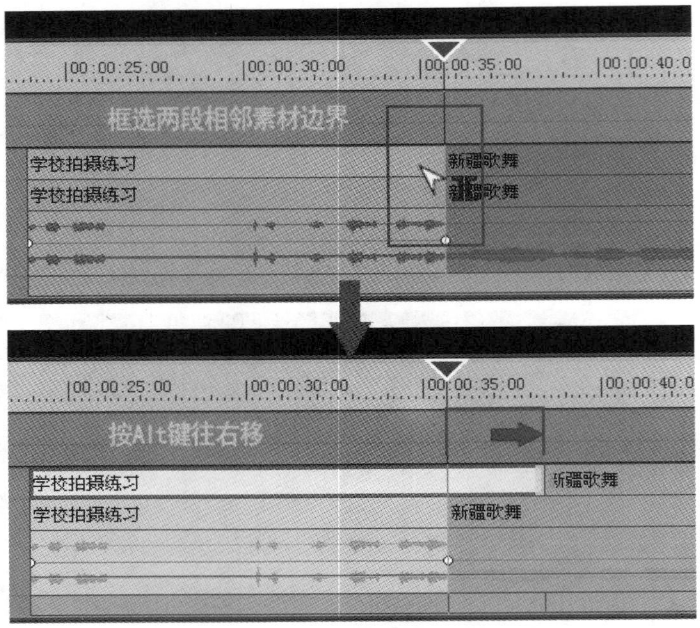

图 4.2.9　相邻两段的音视频素材剪辑

4.2.2　三、四点剪辑和剪辑模式

三、四点剪辑法是影视中最常用的一种剪辑方法，通常指在全景素材中插入特定素材，或者插入其他镜头素材的形式。

1. 四点剪辑的操作方法

（1）导入两段练习素材到时间线，这是一个人物摔倒在地的动作素材，摄像师拍了两次，第一段素材是摔倒前的走路镜头，第二段素材是摔倒后趴在地上的镜头，如图 4.2.10 所示。

图 4.2.10　“走路”和“摔倒后”两段素材

（2）要把这两段素材很巧妙地连接起来，为了保证两段素材间衔接的顺畅，就在人物趴下一半时切到第二段素材上。在鼠标单击前段素材的入点，鼠标呈]时拖曳素材，拖到人物趴下一半时停下。选择后段素材的入点，鼠标呈[时拖曳素材，拖到人物趴下一半时停下，如图 4.2.11 所示。

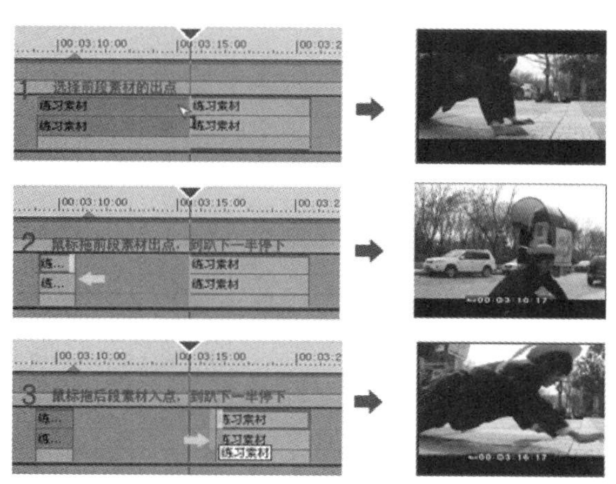

图 4.2.11　连接两段素材

（3）选择两段素材中间的边界处，当鼠标呈时拖动鼠标左右适当调整，如图 4.2.12 所示。

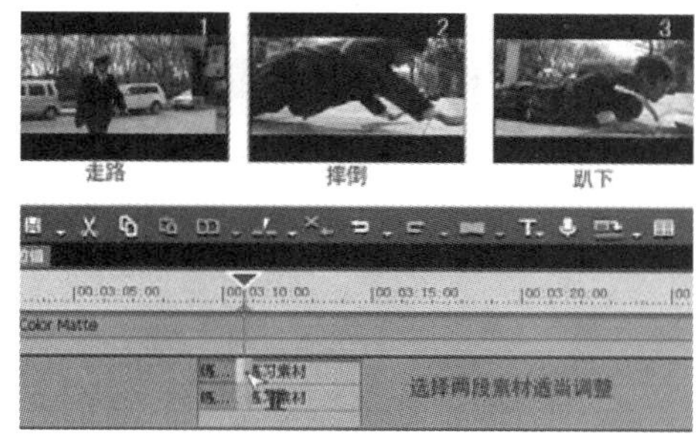

图 4.2.12　调整两段素材

（4）导入“摔倒特写”素材添加到播放窗口，设置入点和出点插入时间线。特写镜头素材不宜太长，选择两段素材的边界，向右拖动鼠标到脚踩在香蕉皮上。用同样的方法调整“特写镜头”素材到适当位置，如图 4.2.13 所示。

图 4.2.13　将“特写素材”插入时间线

（5）最后效果如图 4.2.14 所示。

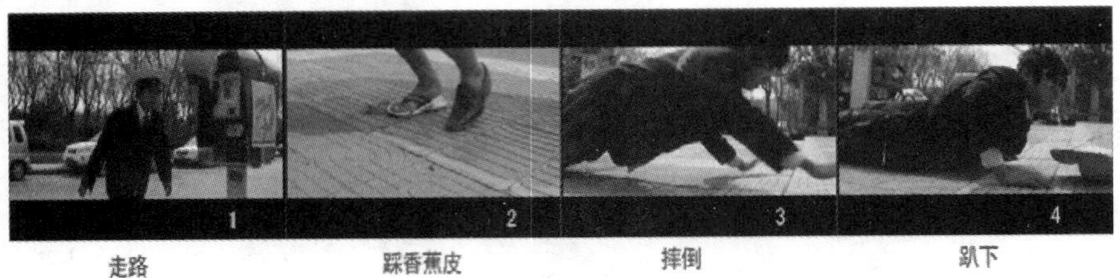

图 4.2.14　最终的连接效果

2. 利用“剪辑模式”来衔接素材的操作方法

（1）单击菜单“模式”→“剪辑模式”选项。以前的 EDIUS 版本叫“修正模式”，快捷键为 F6 键，如图 4.2.15 所示。

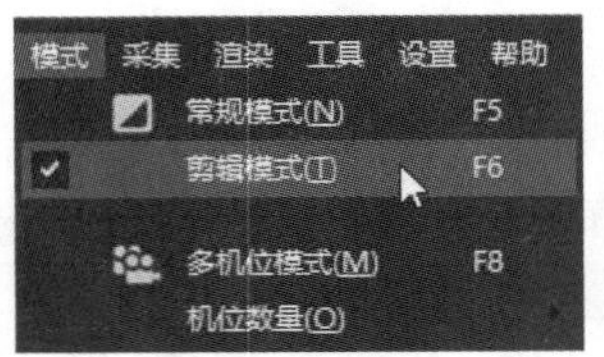

图 4.2.15　选择“剪辑模式”

（2）选择前段素材并单击出点编辑按钮（），在屏幕上向左拖动到人物摔倒趴下一半时停下；选择后段素材并单击入点编辑按钮（），在屏幕上向右拖动到人物摔倒趴下一半时停下，如图 4.2.16 所示。

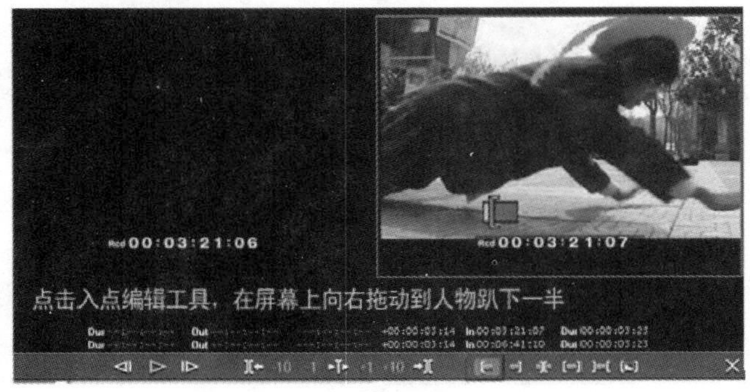

图 4.2.16　剪辑“摔倒”素材

（3）选择两段素材，单击滚动按钮，在屏幕上拖动适当调整，如图 4.2.17 所示。

图 4.2.17　适当调整素材

（4）插入特写素材到时间线，单击滑动按钮，在屏幕上分别向左或向右拖动鼠标，调整特写素材入点和出点的精确位置，如图 4.2.18 所示。

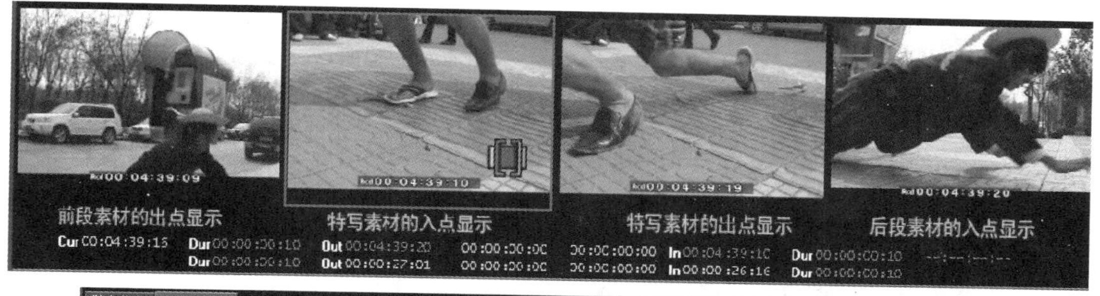

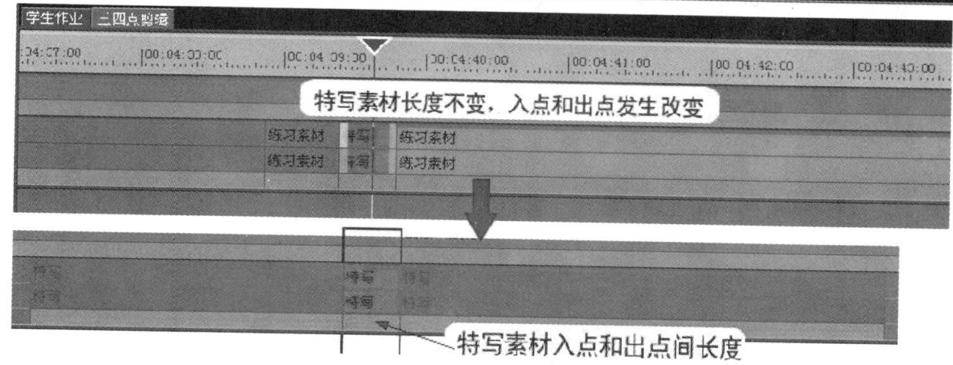

图 4.2.18　插入特写素材

（5）单击按钮，在屏幕上左右拖动鼠标，调整特写素材的位置。选择“特写”素材并往左拖动鼠标，特写素材的前段素材被裁切变短，后段素材被拉长，特写素材本身的长度不发生改变；向右拖动鼠标，特写素材的前段素材变长，后段素材被裁切变短，特写素材本身的长度不变。拖动鼠标时通过第一、四屏幕来观察画面的动态，如图 4.2.19 所示。

向左拖动鼠标，前段素材变短，后段素材变长，特写素材长度不变

向右拖动鼠标，前段素材变长，后段素材变短，特写素材长度不变

图 4.2.19 调整“特写素材”

除了上面用过的几个工具，再介绍一下“剪辑模式”窗口左边部分的工具，如图 4.2.20 所示。

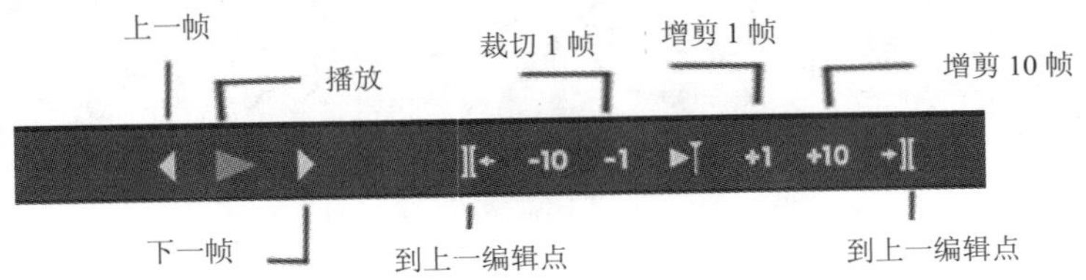

图 4.2.20 “剪辑模式”窗口的部分工具

（6）单击“模式”菜单下的“常规模式”选项或按快捷键 F5，可以退出“剪辑模式”进入“常规模式”，如图 4.2.21 所示。

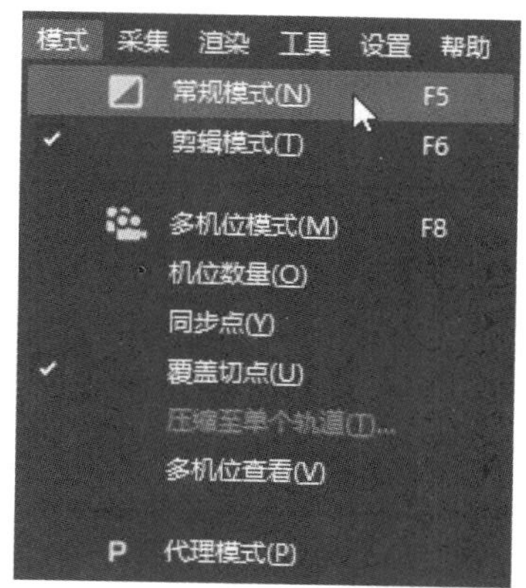

4.2.21　退出“剪辑模式”

4.2.3　设置快/慢镜头和倒放

导入车流素材添加到时间线，这是一段汽车在马路上匀速行驶的素材。把素材从中间分割成三段，选择前段素材，单击鼠标右键，选择“时间效果”里的“速度”选项，或按快捷键“Alt+E”，如图 4.2.22 所示。

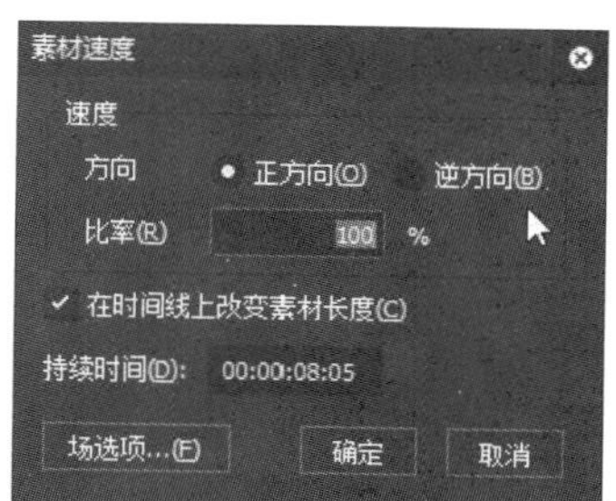

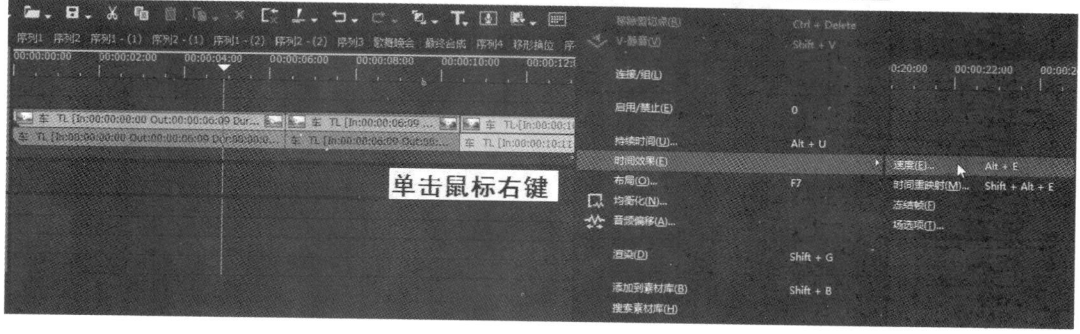

图 4.2.22　设置素材的“速度”

注意：在“素材速度”面板里设置素材的比率，默认情况下素材的比率 100%为正常速度，比率大于 100%为快镜头素材，比率小于 100%为慢镜头素材。素材被设置成了快镜头后，素材在时间线上的长度明显变短。实际上素材的入点和出点间的长度没发生改变，素材加快就像海绵一样被挤压了。

选择中间段素材，单击鼠标右键，在“素材速度”面板里设置素材的比率为 60%，将该段素材设置成慢镜头，如图 4.2.23 所示。

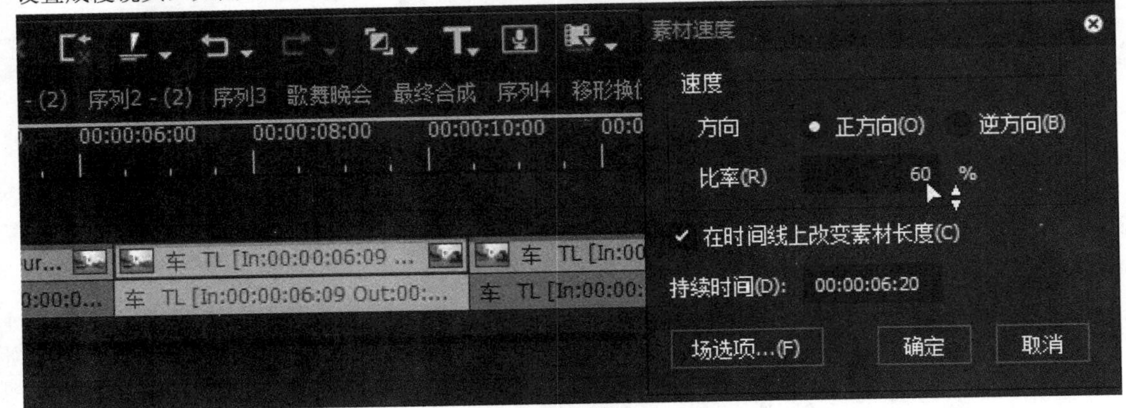

图 4.2.23　设置素材为慢镜头

提示： 素材设置成了慢镜头后，在时间线上长度变长了，实际上入点和出点间的长度没有发生变化。设置成慢镜头素材后，播放时画面会闪动，这是由于素材的场序被打乱，可单击“场选项”来设置，或者给素材添加“防闪烁”特效。

选择最后一段素材并按“Alt+E”键，在“素材速度”菜单中选择“逆方向”，可将素材设置为倒放，如图 4.2.24 所示。以前的版本没有“逆方向”这个选项，只能在比率里通过输入负值来实现素材倒放。

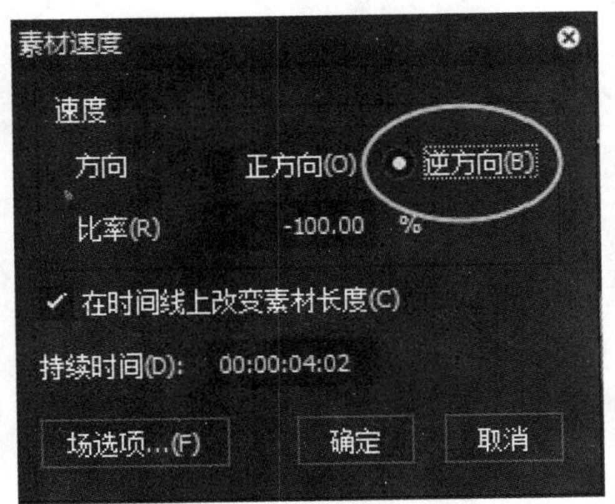

图 4.2.24　设置倒放素材

将第一段素材设置为快镜头，第二段素材设置为慢镜头，播放起来画面会有一种由快到慢的“缓冲”效果，图中的白色小轿车由第一个画面到第二个画面为快镜头，第二个画面到第三个画面为慢镜头，如图 4.2.25 所示。

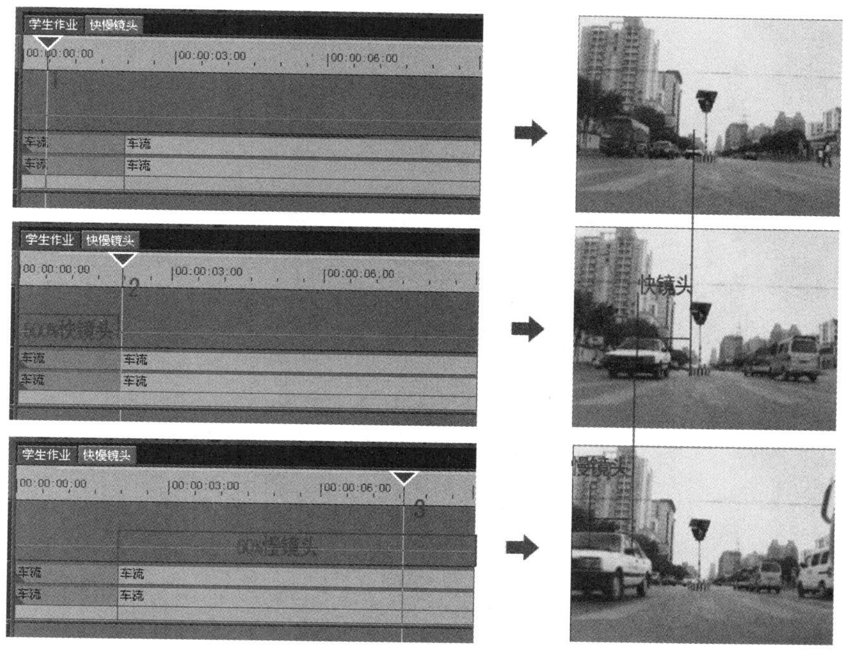

图 4.2.25　设置素材的速度

4.2.4　时间重映射和冻结帧

将一段素材从中间剪开，前段素材是快镜头，后段素材设置为慢镜头，用这种方法设置缓冲效果显然很麻烦。利用时间重映射工具可以在不剪开素材的情况下，通过关键点设置素材的快慢。

操作步骤：

（1）选择“车流”素材并单击鼠标右键，选择“时间重映射”选项，或按快捷键“Shift+Alt+E”，如图 4.2.26 所示。

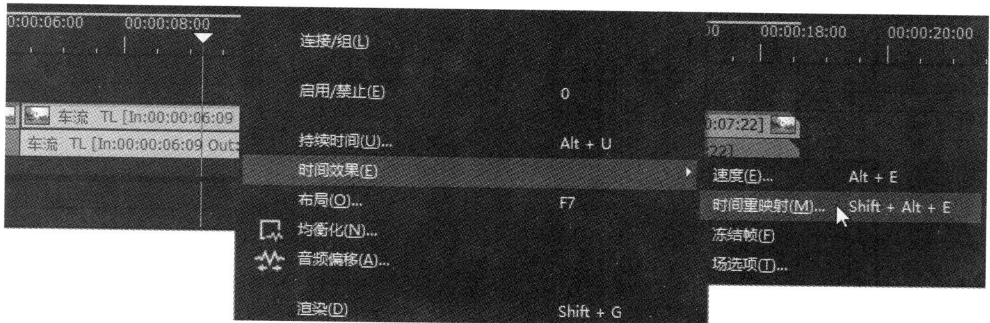

图 4.2.26　设置素材的时间重映射

（2）在“时间重映射”面板中有移动播放头，单击◆按钮添加两个关键点，将第二个关键点向左移动，第三个关键点保持垂直。第一个关键点到第二个关键点为快镜头，第二个关键点到第三个关键点为慢镜头，垂直的关键点以后为正常速度，如图 4.2.27 所示。

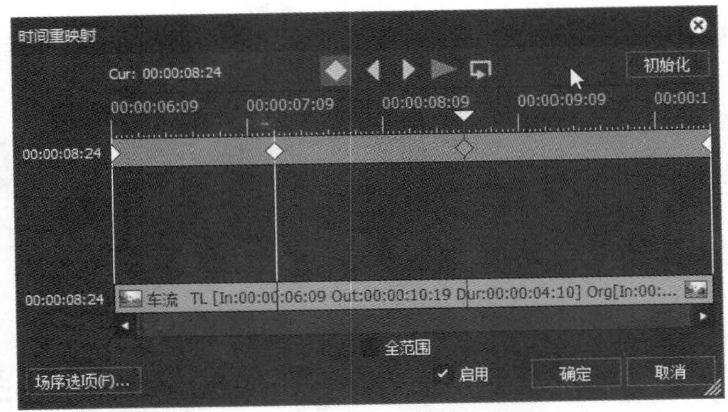

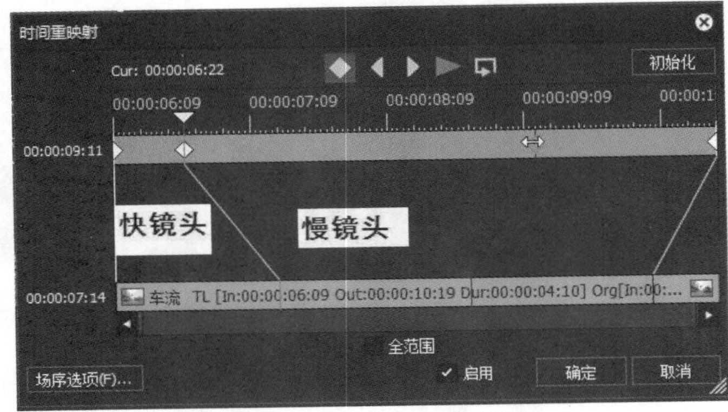

图 4.2.27 设置素材的速度

（3）单击◆按钮将多余的关键点删除，保留中间一个关键点，将素材后面的指示线向左移动到中间位置，再将中间的指示线向右移，实现两个指示线相交，素材实现倒放。只能移动素材指示线，关键点不能逆序，如图 4.2.28 所示。

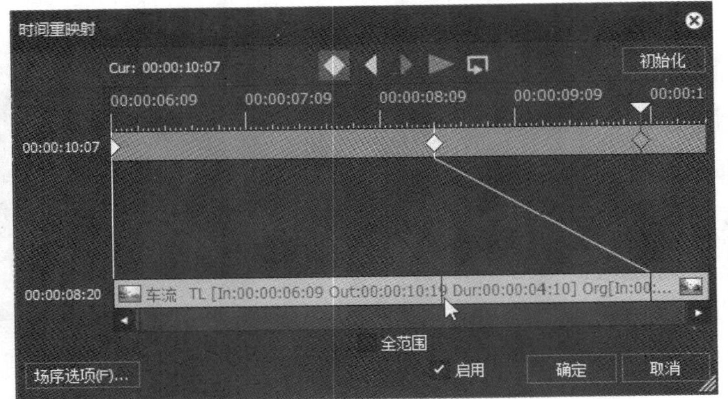

图 4.2.28 设置倒放素材

经常在电视上看到节目结束时，结束的画面被定格。在以前制作这样的效果时，往往将最后一帧画面输出成静帧图像跟在画面后面。单击菜单“素材”→“创建静帧”选项，或者在时间线工具栏单击按钮，或者按快捷键“Ctrl+T”，可创建静帧，如图 4.2.29 所示。

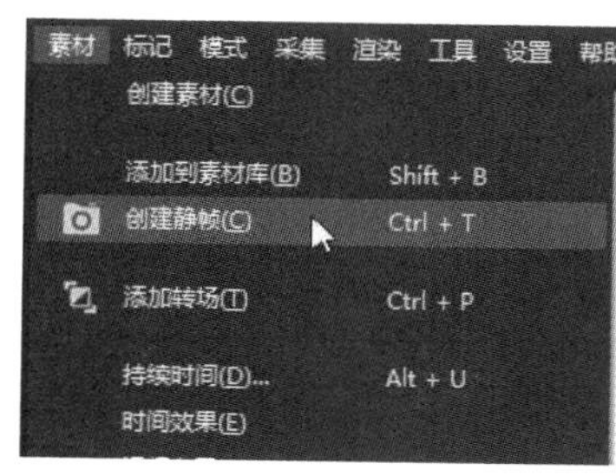

图 4.2.29　创建静帧图像

现在可以利用“冻结帧”来实现这种静止效果了。将播放头放在画面要静止的位置，单击鼠标右键选择“时间效果”→“冻结帧”→“在指针之后”选项，播放头之后的素材为静止画面，如图 4.2.30 所示。

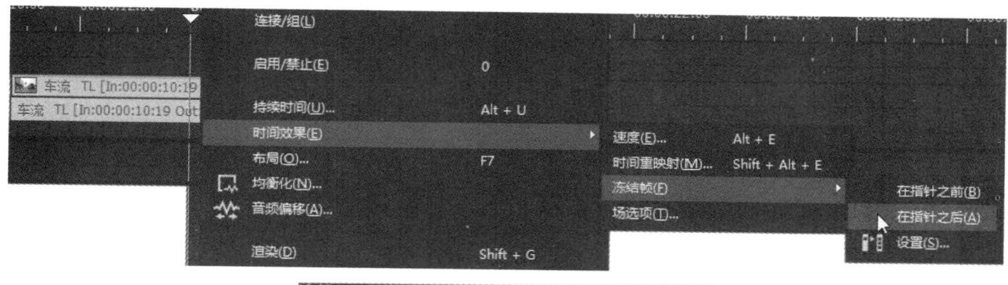

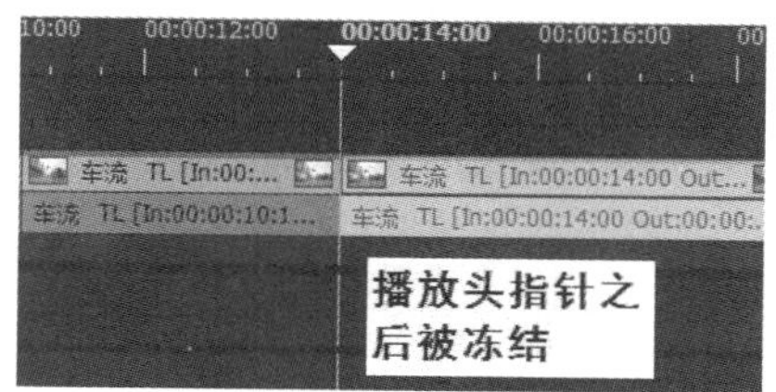

图 4.2.30　冻结帧

选择中间的一段素材，单击鼠标右键，在“冻结帧”里选择“设置”选项，勾选“启用冻结帧”复选框，选择“入点”选项，该段素材将以入点画面静止；选择“出点”选项，该段素材将以出点画面静止，如图 4.2.31 所示。

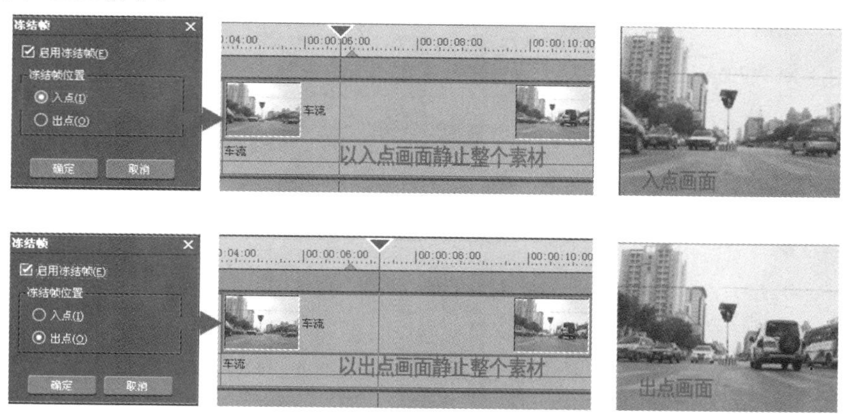

图 4.2.31　以“入点”和“出点”冻结帧

4.3 多机位剪辑模式

4.3.1 多机位的介绍

目前，越来越多的电影和电视节目开始使用多台摄像机同时拍摄。例如，一台摄像机拍摄全景推至中景，另一台摄像机拍摄高角度固定镜头，还有一台活动摄像机位。多机位拍摄通常应用于体育赛事现场直播以及一些大型文艺节目等，通过多机位拍摄可以从多个角度对现场进行拍摄，舞台简单布局如图 4.3.1 所示。

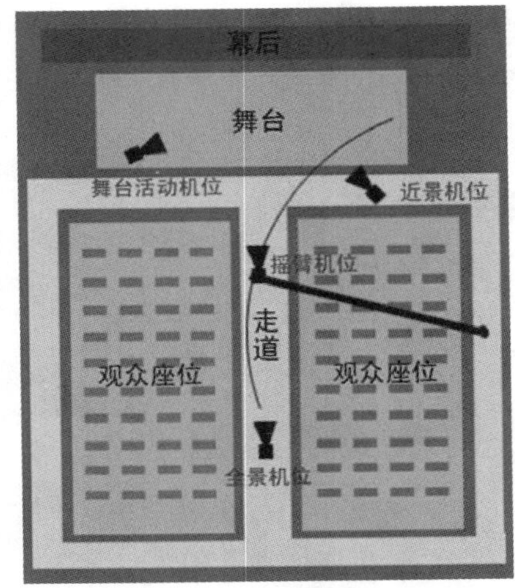

图 4.3.1 舞台简单布局图

多台摄像机从不同角度同时拍摄，通过切换台将几个机位进行现场切换，可以通过多机位模式将不同角度拍摄同一内容的素材进行剪辑。

操作步骤：

（1）导入多机位素材，按照不同机位将素材添加到时间线，如图 4.3.2 所示。

图 4.3.2 导入多机位素材

（2）单击菜单“模式”→“机位数量”选项，根据机位的数目选择 5 个，然后选择“多机位模式”选项，如图 4.3.3 所示。

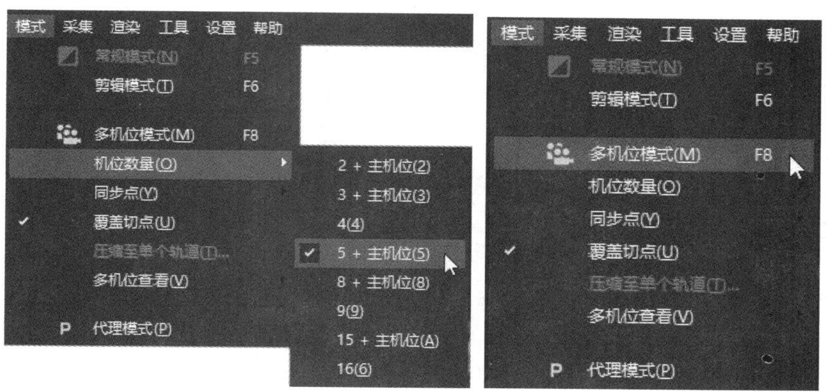

图 4.3.3 选择机位数量

（3）发现屏幕上只有 3 个画面，可以在 4V 和 5V 轨道的 C 位置单击鼠标右键，选择“映射机位 4”选项，必须使机位和轨道相对应，如图 4.3.4 所示。

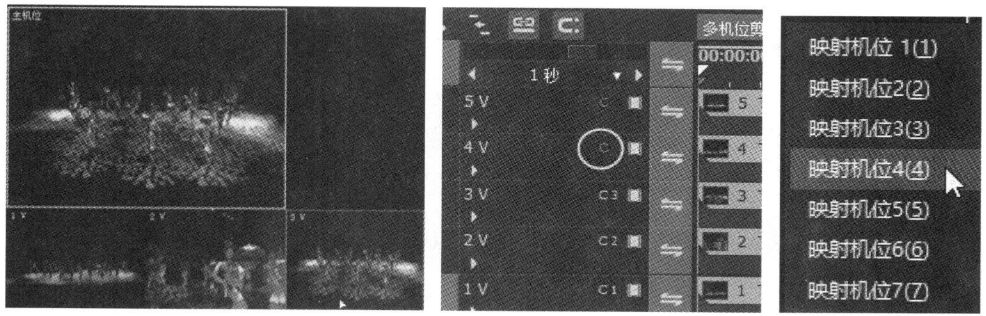

图 4.3.4 映射机位

（4）将 5 个机位画面分布在左面窗口，右面显示主机位画面。这是一场具有陕西文化特色的文艺晚会现场视频，5 个画面拍摄的都是同一段舞蹈，就是拍摄角度有所区别，如图 4.3.5 所示。

图 4.3.5 “多机位剪辑”窗口显示

（5）从画面中可以分辨出 1 号画面为中景机位，2 号画面为舞台移动机位，3 号画面为摇臂机位，4 号画面为近景机位，5 号画面为全景机位。为了方便后面的剪辑，可以将素材重新命名，从屏幕上看起来就直观多了，如图 4.3.6 所示。

图 4.3.6　重命名多机位剪辑素材

（6）单击菜单“模式”→“同步点”→“时间码”选项，完成剪辑前的准备工作，如图 4.3.7 所示。

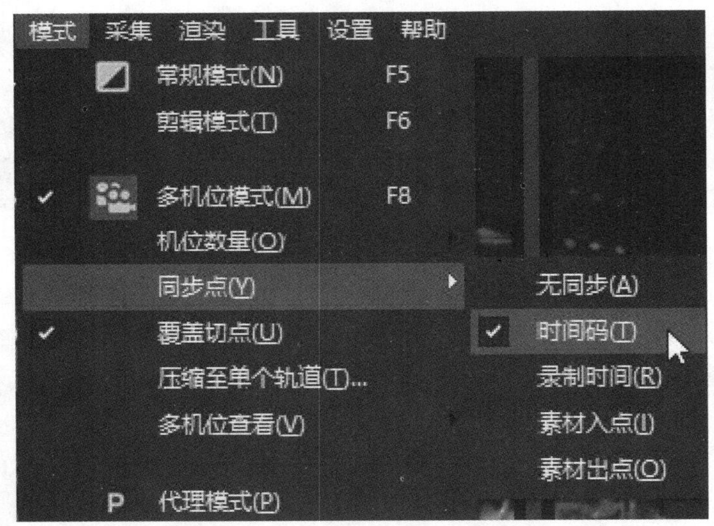

图 4.3.7　同步到时间码

4.3.2　剪辑多机位素材

剪辑多机位素材的操作步骤：

（1）舞蹈开始时先将画面切到全景机位，在屏幕上单击 5 号全景机位，也可在小键盘上按数字 5 切换，按空格键播放观看，如图 4.3.8 所示。

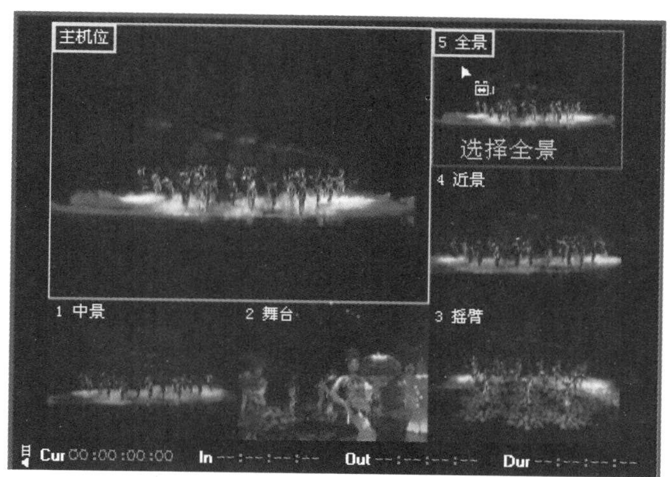

图 4.3.8　选择“全景机位”

（2）播放到切换画面的位置按 C 键剪开后，用鼠标单击 2 号舞台画面继续播放观看，如图 4.3.9 所示。

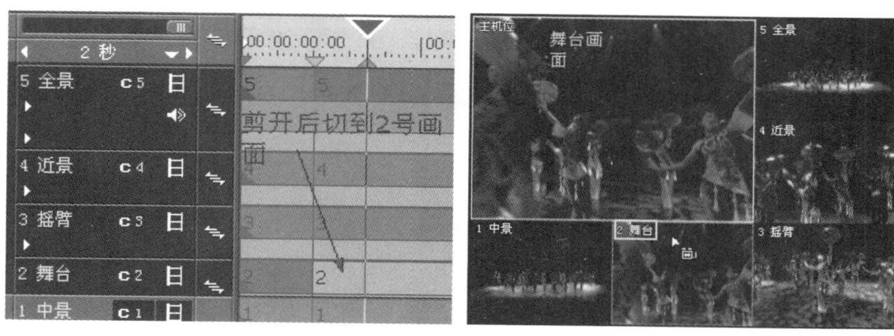

图 4.3.9　选择“舞台机位”

（3）剪开后再将画面切到 1 号中景画面，下来再切到 3 号摇臂机位画面，如图 4.3.10 所示。

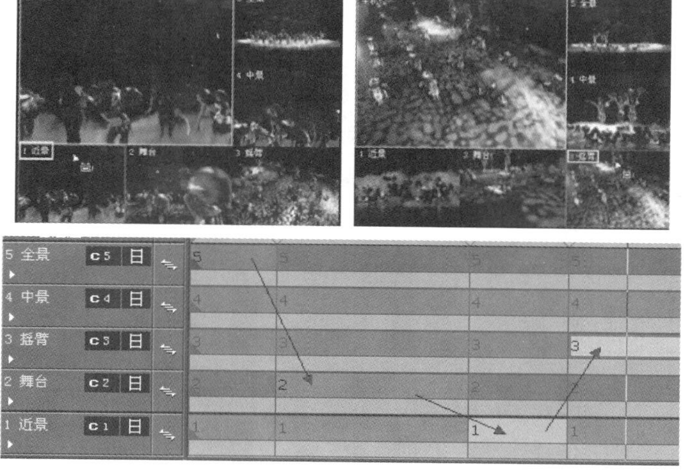

图 4.3.10　选择“摇臂机位”

（4）按照同样的方法再次切到摇臂机位画面和中景画面，如图 4.3.11 所示。

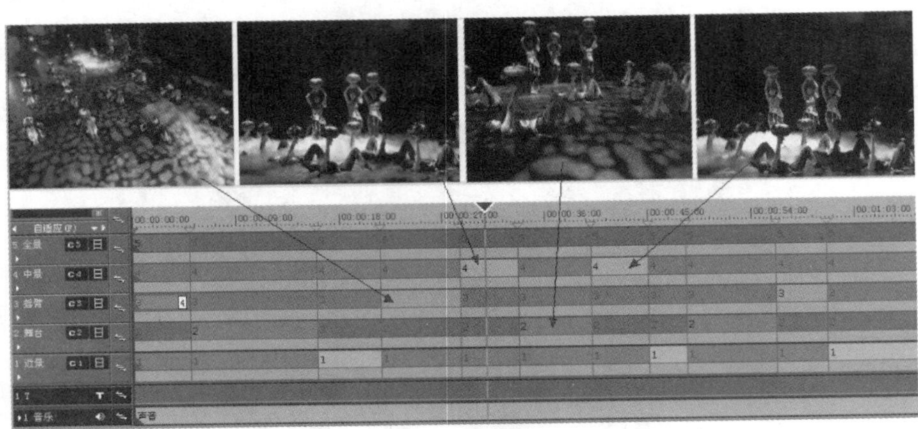

图 4.3.11　选择“中景机位”

（5）镜头的组接要符合生活的逻辑、思维的逻辑，由全景、中景向近景，特写过渡用来表现由低沉到高昂向上的情绪发展。将画面由中景切回到全景，按同样方法将整部片子剪完，如图 4.3.12 所示。

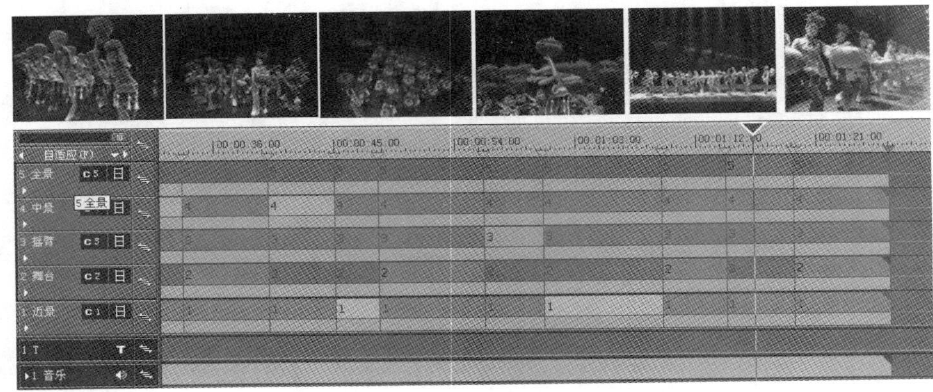

图 4.3.12　浏览整部片子

（6）将片子剪完后做适当调整，对于画面剪辑过生硬的地方可以加淡入和淡出效果，如图 4.3.13 所示。

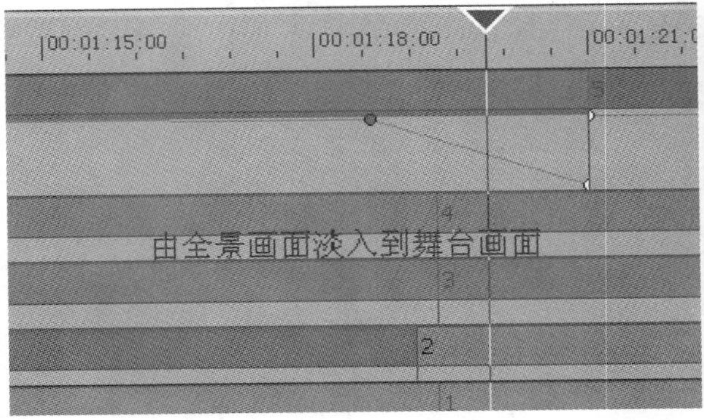

图 4.3.13　给素材添加转场

（7）反复检查素材并做适当调整，在时间线上拖动按钮调整素材，最后压缩到同一轨道。在“模式”菜单下选择“压缩至单个轨道”选项，如图 4.3.14 所示。

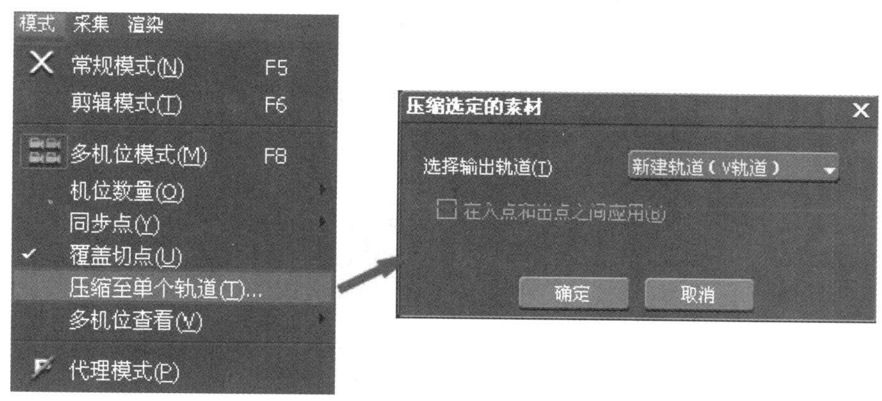

图 4.3.14　将多轨道素材压缩到同一轨道

（8）将多机位的素材压缩至新建的 6V 轨道，完成多机位剪辑，如图 4.3.15 所示。

图 4.3.15　将素材压缩到同一轨道

4.4　编 辑 音 频

4.4.1　认识调音台

导入音频素材并添加到音频 A 轨道，在时间线工具栏单击按钮，即可调出调音台，如图 4.4.1 所示。

提示：调音台面板上的音轨和时间线上的音频轨道是相互对应的，通过面板上的滑块来调整单个轨道音量的大小。最左侧的主音轨是主混合音轨，可以统一调整所有音轨的音量大小，单击按钮可以预览设置好的音频。

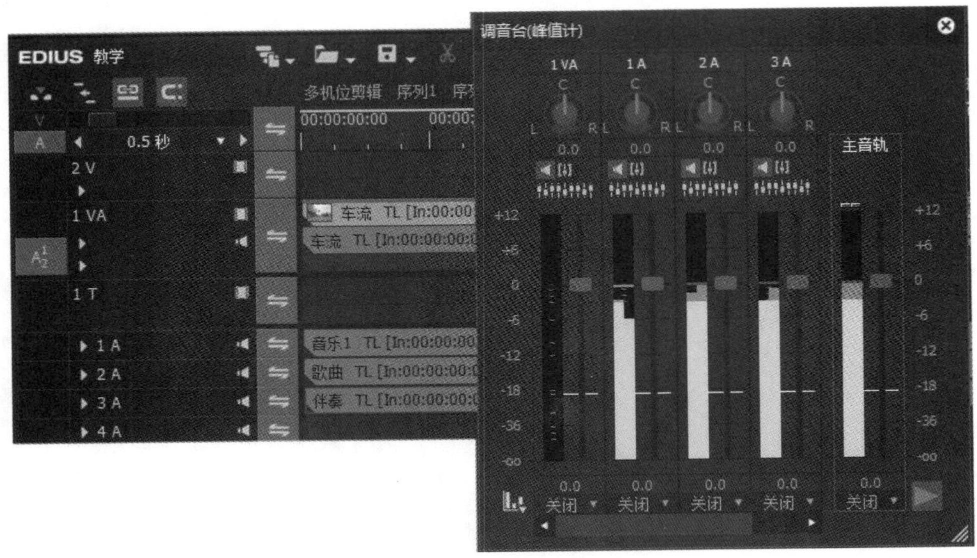

图 4.4.1 调音台

选择音轨，通过滚动鼠标中键或者按键盘上、下方向键进行调整，每单击一次方向键可以调整 1 dB，如在按住 Shift 键的同时单击一次方向键可以调整 0.1 dB。用鼠标在轨道空白处单击右键选择“重置”选项，可恢复到初始状态。

在调音台面板上播放音频素材时，有音频素材的轨道就会有音频的颜色在电平计上上下波动。白色表示正常范围，黄色表示允许范围，红色表示已经超出了范围。应尽量避免声音超出范围，否则输出后音频会失真。一般情况下，将音频的电平值设置为-12 dB，如图 4.4.2 所示。

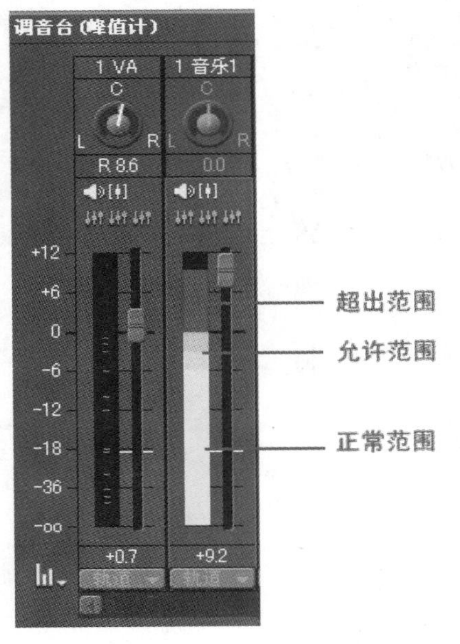

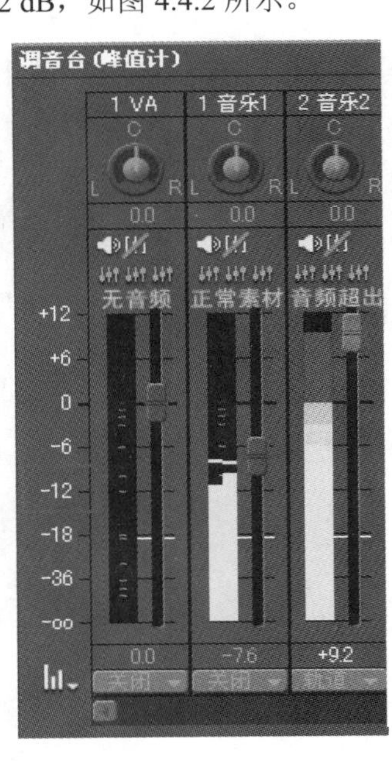

图 4.4.2 电平计的安全范围

4.4.2　调整音量

单击音频 1 轨道下面 关闭 按钮的三角按钮，选择 写入 选项，单击播放，通过调整电平计上的滑块可以调整音频 1 上音量的大小，如图 4.4.3 所示。

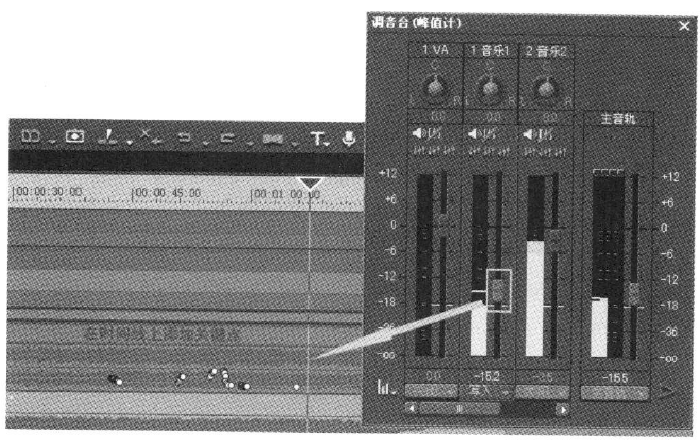

图 4.4.3　调整音量

在电平计下面的选项栏里，选择不同的选项会有不同的调整。

（1）“轨道”选项：调整音量滑块不会改变时间线上的音量大小。

（2）“锁定”选项：从开始将滑块拖至播放结束的位置，将更改应用至时间线。

（3）“触及”选项：拖动滑块更改时间线音量大小，松开鼠标滑块自动返回至原始位置。

（4）“无”选项：音频混合器关闭。

（5）“写入”选项：在整个播放过程中，将更改应用至时间线，会覆盖所有先前用过的音量值，不论是拖曳，还是松开滑块。

提示：可以对轨道编组来统一设置音量大小，单击轨道 2 和轨道 4 上的按钮，将轨道 2 和轨道 4 设置为组 1；单击轨道 3 和轨道 5 上的按钮，可将它们设置成组 2。调整一个滑块时，整个组的滑块都会跟着调整，如图 4.4.4 所示。

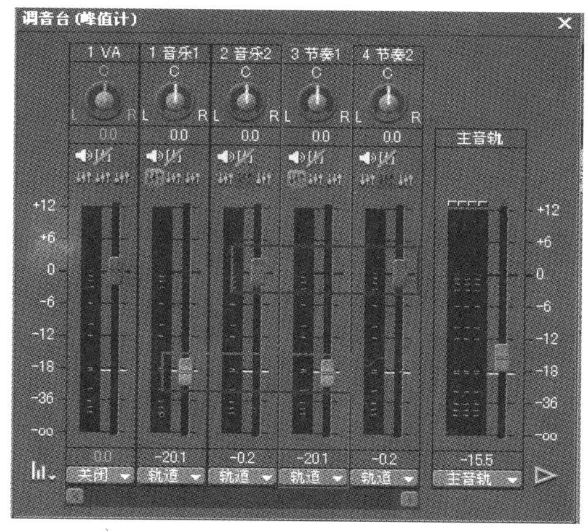

图 4.4.4　设置音量组

单击面板上的按钮，选定轨道按钮在模式下为静音，再次单击该按钮，在模式下取消静音，如图 4.4.5 所示。

图 4.4.5　轨道的“静音模式”

单击面板上的按钮，可将其他轨道设置成静音，选定轨道为独奏状态，再次单击按钮取消独奏，如图 4.4.6 所示。

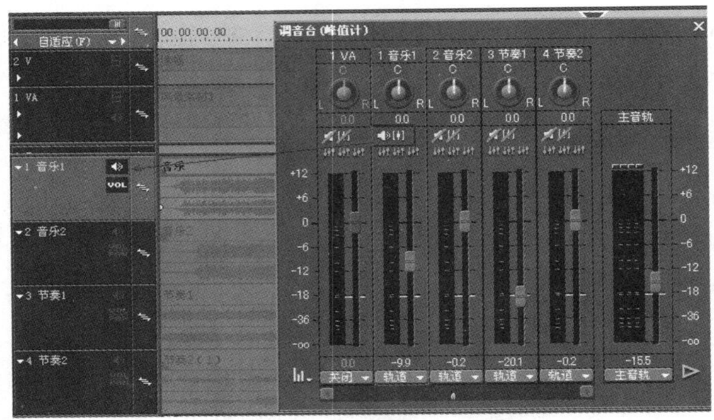

图 4.4.6　轨道的“独奏模式”

将音轨上面的滚轮拖曳至 L 处可设置素材的左声道，将音轨上面的滚轮拖曳至 R 处可设置素材的右声道，如图 4.4.7 所示。

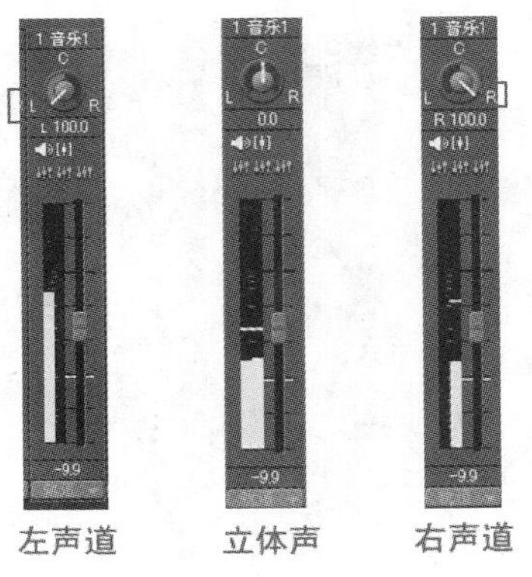

图 4.4.7　轨道的“声道设置”

通过“声道映射”工具也可以直接设置单声道和立体声，比前面更直观简单、容易操作，即用鼠标单击菜单“设置”→“序列设置”选项，在面板上单击通道映射(C)...按钮，如图 4.4.8 所示。

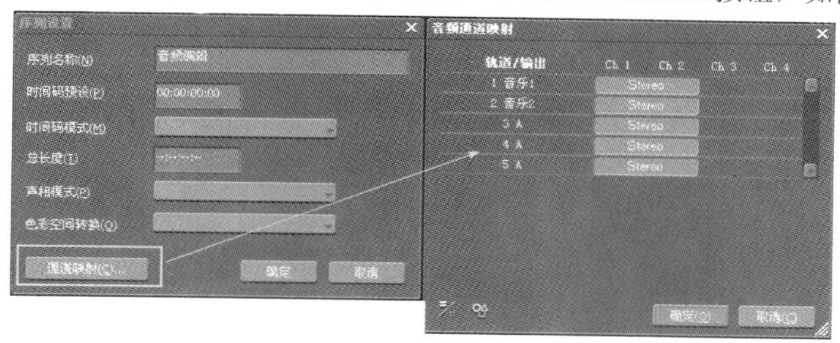

图 4.4.8　“通道映射”的设置

在“音频通道映射”面板中，Stereo 为立体声，单击 CH1→Mono 为左声道，单击 CH2→Mono 为右声道，通过单击按钮更换显示方式，如图 4.4.9 所示。

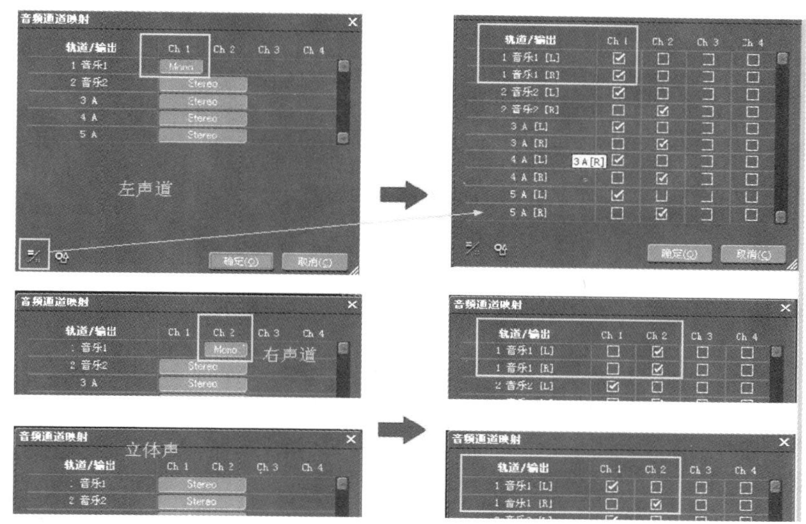

图 4.4.9　通过“音频通道映射”面板设置轨道的声道

4.4.3　录制音频

录制音频的具体操作步骤：

（1）将麦克风与电脑连接后，在屏幕右下角属性栏的图标上单击鼠标右键，在弹出的菜单中选择“录音设备”选项，如图 4.4.10 所示。

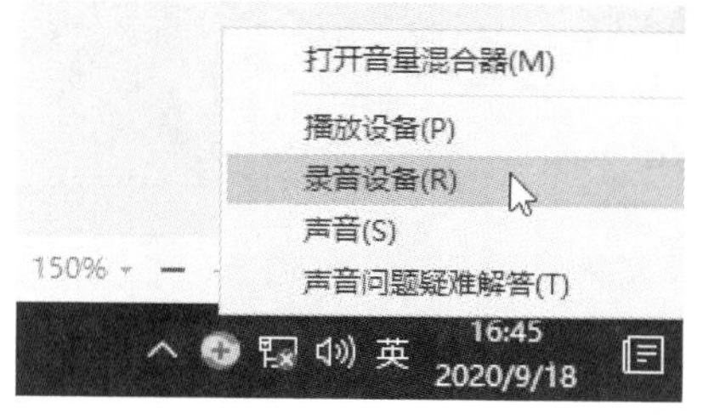

图 4.4.10　“音量控制”右键菜单

（2）在弹出的“声音”对话框里选择“麦克风”，并单击“属性”按钮设置麦克风的属性，在“麦克风属性”对话框里提高麦克风的音量，确认后单击“确定”按钮，如图 4.4.11 所示。

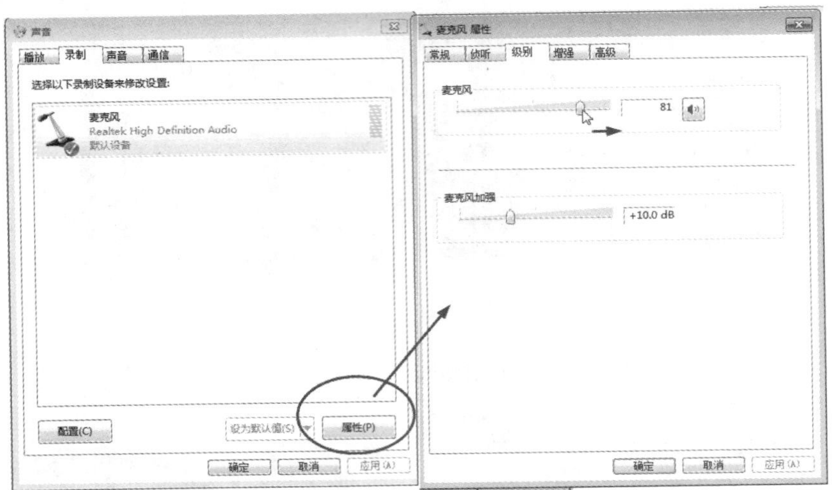

图 4.4.11 提高“麦克风”的音量

（3）单击菜单“设置”→“系统设置”→“设备预设”选项，如图 4.4.12 所示。

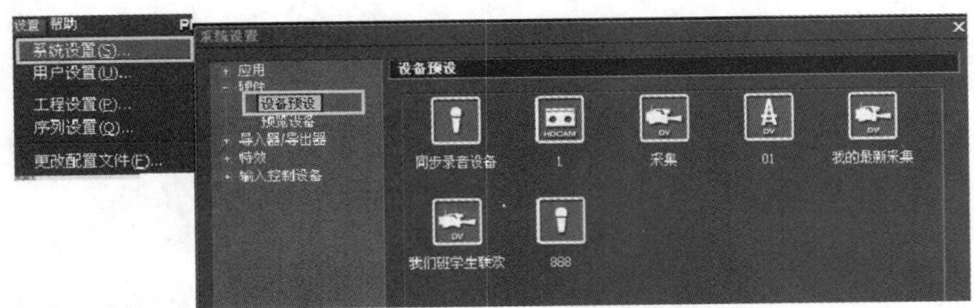

图 4.4.12 新建“设备预设”

（4）单击 新建(N)... 按钮，新建一个“我的录音”设备预设并选择一个图标，如图 4.4.13 所示。

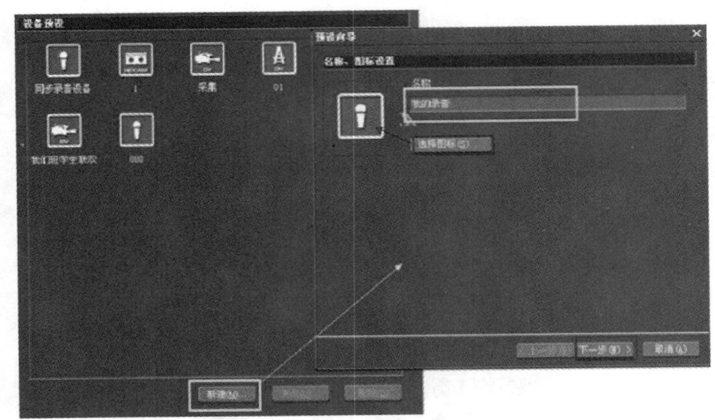

图 4.4.13 “设备预设”对话框

（5）选择 DircetShow 接口并选择“麦克风”，如图 4.4.14 所示。

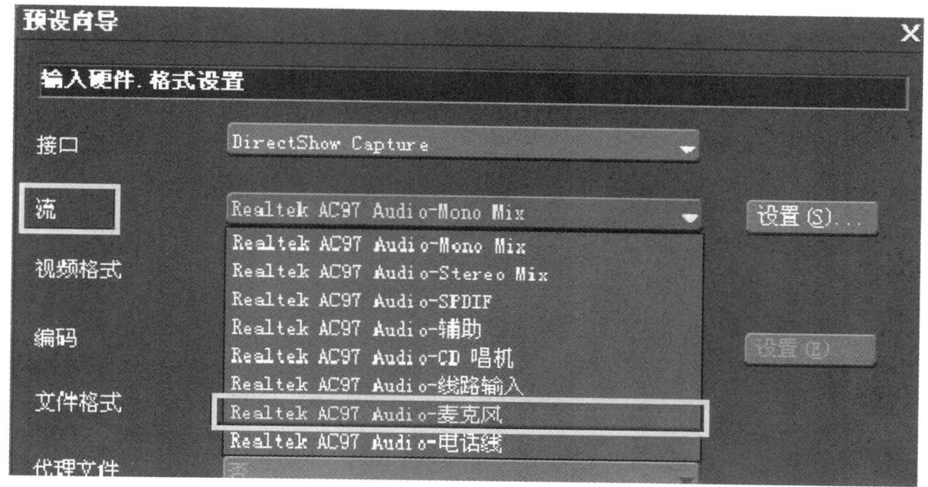

图 4.4.14　“预设向导”对话框

（6）单击完成(C)按钮完成设备预设，如图 4.4.15 所示。

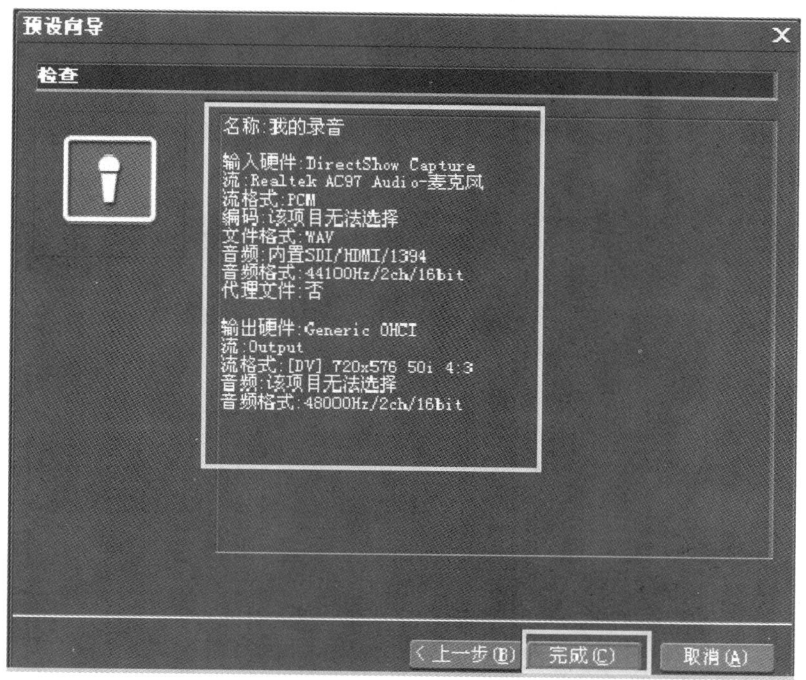

图 4.4.15　完成“设备预设”设置

（7）选择 2A 轨道，在时间线上单击按钮，在“设备预设”里选择新建的“我的录音”设备预设，调整音量为-12 dB，选择输出到轨道，选择输出到指定文件夹下，如图 4.4.16 所示。

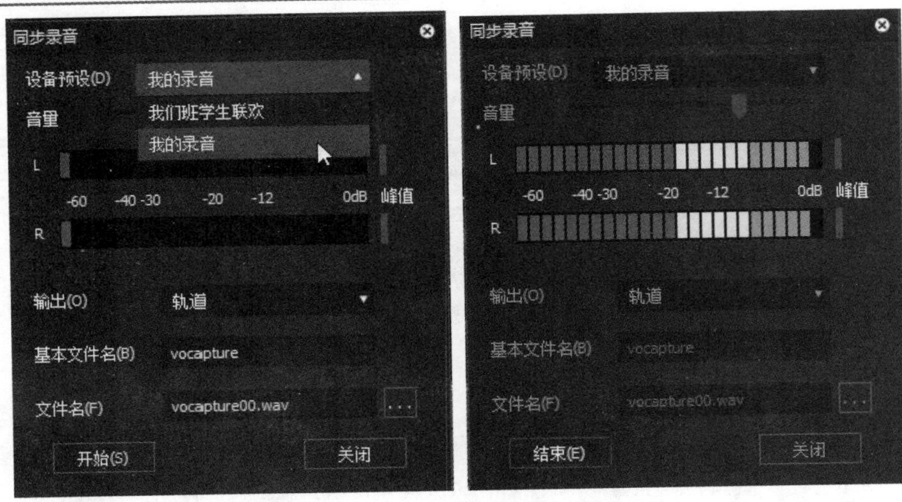

图 4.4.16　选择“设备预设”和“文件输出”选项

（8）在“同步录音”面板中单击“开始”选项，开始同步录音。在录制窗口的左上角有录音倒计时，由 5、4、3 开始倒退到 1，由白色小圆点闪烁变成红色圆点闪烁开始录音，单击“结束”按钮结束录音并自动添加到音频轨道，完成同步录音，如图 4.4.17 所示。

图 4.4.17　录制音频

4.5　课 堂 实 战

影片的“对接镜头”

利用前面所学的快速剪辑、波纹剪辑、滚动剪辑和三、四点剪辑等知识，将自己拍摄的一段“牵手”素材利用“影片的对接镜头”技术剪辑成一段完整的故事。

操作步骤：

（1）单击菜单执行“文件”→“新建”→“工程”命令，或者按“Ctrl+N”新建一个工程，如图 4.5.1 所示。

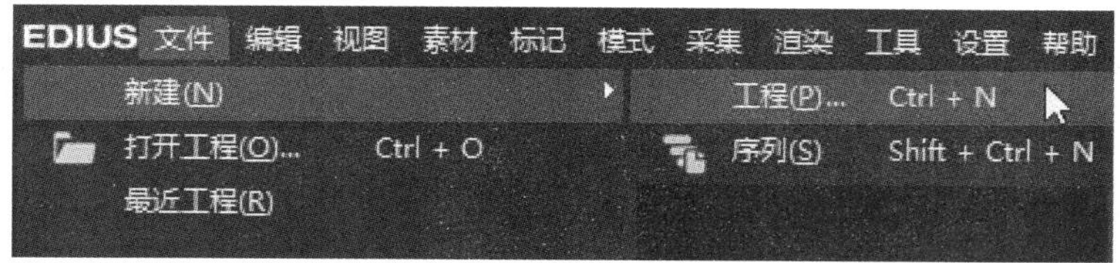

图 4.5.1　新建工程

（2）在弹出的“工程设置”面板里，设置新建工程文件夹，并设置新建工程名称为“影片的对接镜头”，如图 4.5.2 所示。

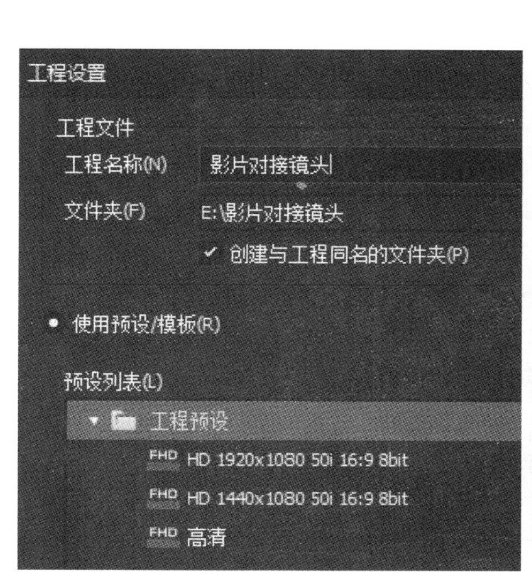

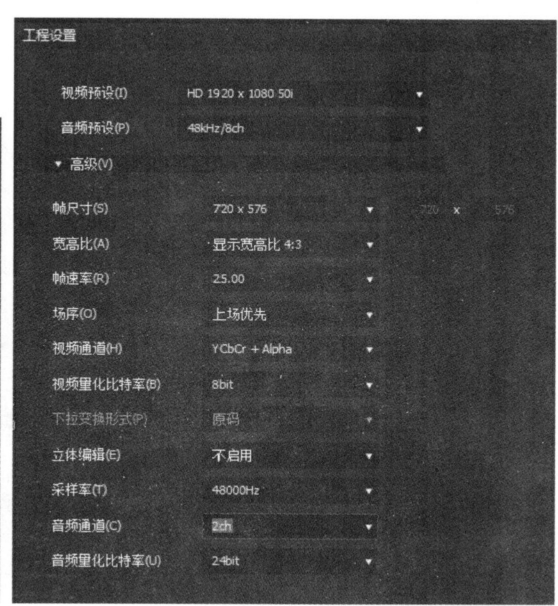

图 4.5.2　“工程设置”面板

（3）导入“牵手”素材并添加到时间线序列，如图 4.5.3 所示。

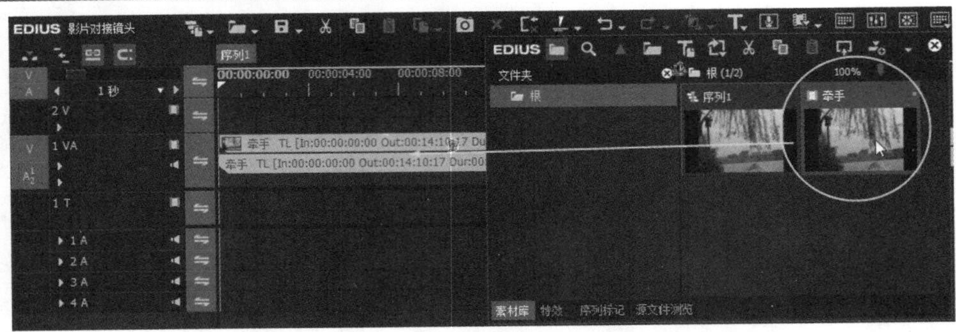

图 4.5.3　添加“牵手”素材到时间线序列

（4）这个画面在拍摄的时候拍了很多遍，因此要对素材进行挑选，将前面不能用的素材删除，如图 4.5.4 所示。

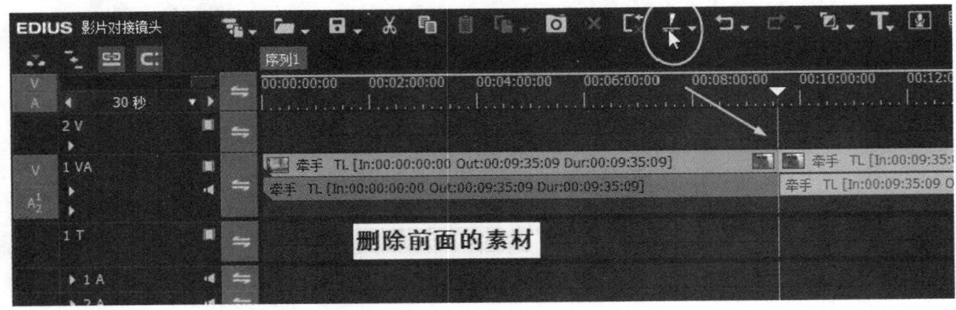

图 4.5.4　挑选素材

（5）在画面播放到男孩开始说话的位置添加一个标记点，如图 4.5.5 所示。

图 4.5.5　添加标记点

（6）将“牵手”素材添加到播放窗口，在窗口移动播放头指针至男孩近景画面位置，设置“男孩近景说话”素材的入点和出点位置，如图 4.5.6 所示。

图 4.5.6　给男孩侧面素材设置入点和出点

注意：由于是单机位拍摄，所以在拍摄时通常要拍摄四次或者更多次，第一次拍摄的是全景画面，后两次拍摄的分别是男孩和女孩的近景画面，最后再拍特写画面。通常剪辑时以全景画面为“轴线”，然后将男孩和女孩画面分别进行“对切”，最后再“插入”特写画面部分。

（7）在播放窗口将“男孩”近景画面覆盖到时间线轨道，如图 4.5.7 所示。

图 4.5.7　将“男孩近景”画面覆盖到时间线轨道

（8）适当调整“全景”和“男孩近景”素材之间的连接，如图 4.5.8 所示。

图 4.5.8　调整素材

（9）选择“男孩近景”素材将女孩说话部分剪掉，如图 4.5.9 所示。

图 4.5.9　将“男孩近景”画面里的女孩说话部分剪掉

（10）在播放窗口继续移动播放头指针至女孩近景面画位置，同样设置“女孩近景说话”素材的入点和出点位置覆盖到时间线序列，如图 4.5.10 所示。

图 4.5.10　将“女孩近景”覆盖到时间线序列

提示：在剪辑两个人物对话时，通常是男孩说话时切男孩画面，女孩说话时切女孩画面。为了使两段素材之间对接以后过渡得更加平稳，可以在其中任意一个人正在说话时切换到另外一个人物素材。

（11）解除两段素材的“音视频链接”以后，保留两段素材的对话音频部分，选择两段素材的视频部分并适当调整两段素材准确的对接位置，如图 4.5.11 所示。

图 4.5.11　调整两段素材的对接位置

（12）利用同样的方式保留两个人的对话音频并切回全景画面，如图 4.5.12 所示。

图 4.5.12　剪辑素材

（13）先在时间线上给男孩和女孩手部的全景素材设置入点和出点，然后在播放窗口找到“手部特写”画面覆盖到时间线序列位置，如图 4.5.13 所示。

图 4.5.13　将特写素材覆盖到时间线序列

（14）在两段素材中间双击鼠标左键或者按 F6 键选择剪辑模式，分别调整两段素材出点和入点画面的准确对接位置，如图 4.5.14 所示。

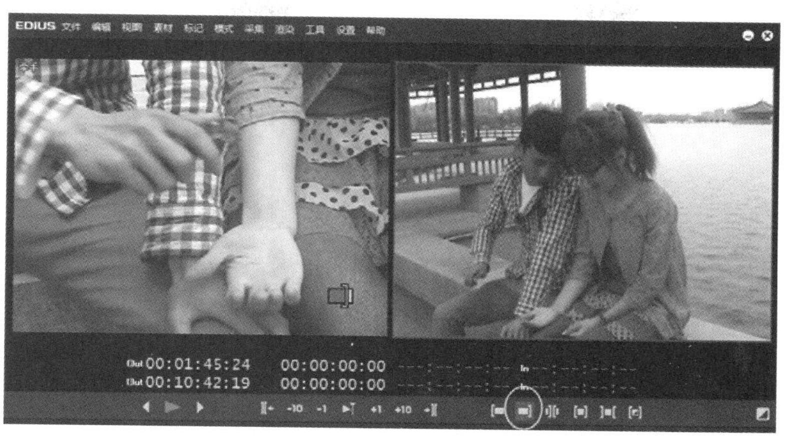

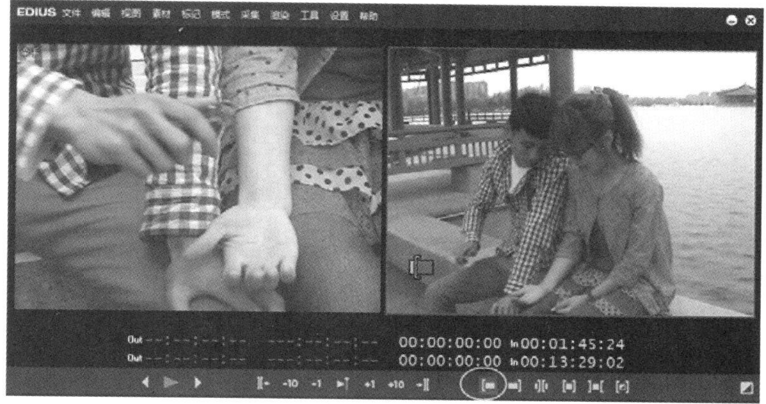

图 4.5.14　应用“调整监视器窗口”调整两段素材的对接位置

（15）由特写画面切换到“女孩近景”画面，通过该画面可以反映女孩的面部表情，最后再切回“全景”画面，如图 4.5.15 所示。

图 4.5.15　切换到“女孩近景”和“全景”画面

续图 4.5.15　切换到“女孩近景”和“全景”画面

（16）导入“玫瑰花”素材并添加到“视频 2”轨道，如图 4.5.16 所示。

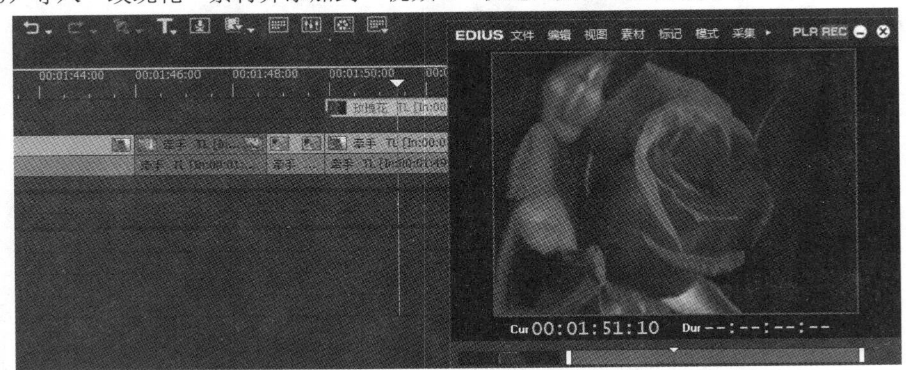

图 4.5.16　添加“玫瑰花”素材

（17）设置 “玫瑰花”素材的透明度关键帧动画，让两个人物“融入”玫瑰花中，如图 4.5.17 所示。

图 4.5.17　设置“玫瑰花”素材的透明度关键帧动画

（18）完成影片的“对接镜头”操作，按空格键播放并查看最终效果，如图 4.5.18 所示。

图 4.5.18　最终效果

本 章 小 结

本章主要介绍了素材的编辑，详细地介绍了素材的基本编辑以及三、四点剪辑，快慢镜头的设定，时间重映射和多机位剪辑等。通过对本章的学习，读者可以熟练地剪辑出自己所喜爱的影视作品，掌握多机位剪辑方法。

操 作 练 习

一、填空题

1．将素材导入素材库并单击按钮，可以将选定素材__________，快捷键为__________。

2．在选择“彩条”素材的同时按住__________键，单击“骏马奔跑”素材，可以__________。

3．用鼠标框选素材，单击鼠标右键选择“连接/组”→“设置组”选项，或按快捷键__________可以将选择的素材设置成__________。单击鼠标右键选择“解组”选项，或按快捷键__________可以__________。

4．剪辑素材添加到时间线，将播放头放在要分割的位置，按键盘__________键，播放头后面的素材被剪掉，按键盘__________键，播放头前面的素材被剪掉。

二、选择题

1．将播放头放在要分割的位置，按（　）键可将所选素材播放头以后的素材连同波纹一起删除。

（A）Shift+ M　　　　（B）Alt+M

（C）Ctrl+ Shift+ M　　　　（D）M

2．选择素材并单击鼠标右键选择“时间效果”里的“速度”选项，可以按快捷键（　）。

（A）Ctrl+E　　　　（B）E

（C）Shift+F　　　　（D）Alt+E

3．在“素材速度”面板里设置素材的比率，默认情况下素材的比率为 100%时是正常速度，比率大于 100%时是（　）。

（A）快镜头　　（B）慢镜头
（C）正常速度　　（D）没变化

4．选择快慢镜头素材并单击鼠标右键选择（　）选项，或按快捷键“Shift+Alt+E”键。

（A）删除　　（B）素材速度
（C）时间重映射　　（D）剪切

三、简答题

1．如何替换素材或替换素材和滤镜？
2．素材设置为慢镜头回放时画面“闪烁”，该怎么办？
3．怎样才能保证素材不离线？
4．怎样同步录制音频？

四、上机操作题

1．反复练习素材的选择、移动、复制、替换，快慢镜头的设置以及三、四点剪辑和剪辑模式等。
2．练习剪辑多机位素材和录制音频。

第 5 章　视频转场和视频布局

在众多的影视后期的制作过程中，添加视频转场可以使各镜头之间的切换过渡更加顺畅、更具艺术效果，在视频布局面板可以对素材的运动和大小等属性进行调整。本章主要学习视频转场的分类、添加和设置默认转场，以及视频布局和动画关键帧的设置等知识。

知识要点

- 添加视频转场效果
- 视频布局

5.1　添加视频转场

5.1.1 添加转场

添加视频转场的方法如下：

（1）导入三段风景素材并添加到时间线，给素材衔接部分加上“淡入”“淡出”效果，这样会使素材与素材之间过渡很柔和。但是通过给素材透明度添加关键点来实现“淡入”“淡出”效果确实很麻烦，而添加“视频转场”效果更方便。

（2）将播放头放到要添加转场的位置，在时间线工具栏上单击按钮或单击快捷键“Ctrl+P”，添加默认转场，如图 5.1.1 所示。

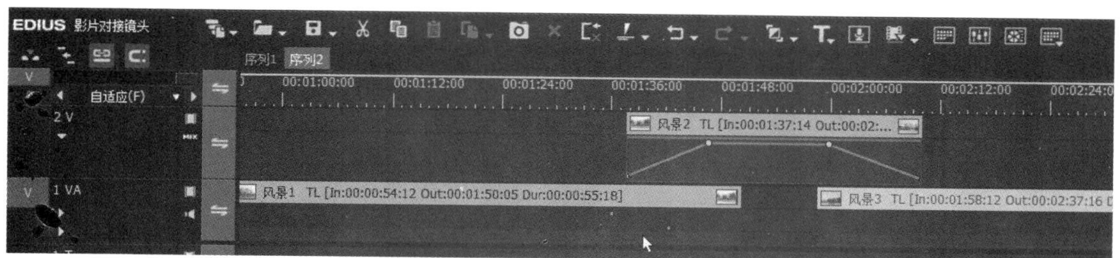

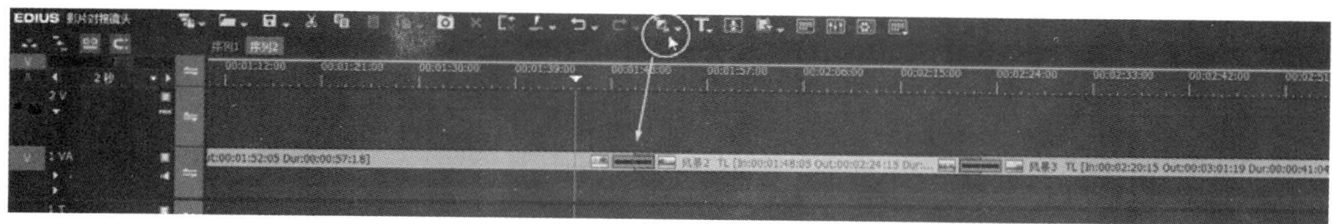

图 5.1.1　添加默认转场

（3）在“特效”面板中找到默认转场，拖曳到素材，素材在同一轨道和不同轨道都可以添加转场，如图 5.1.2 和图 5.1.3 所示。

在两个轨道添加转场时，把鼠标放在转场的尾部拖曳调整转场的长度，转场的长度必须和两个素材重合部分相等，如图 5.1.4 所示。

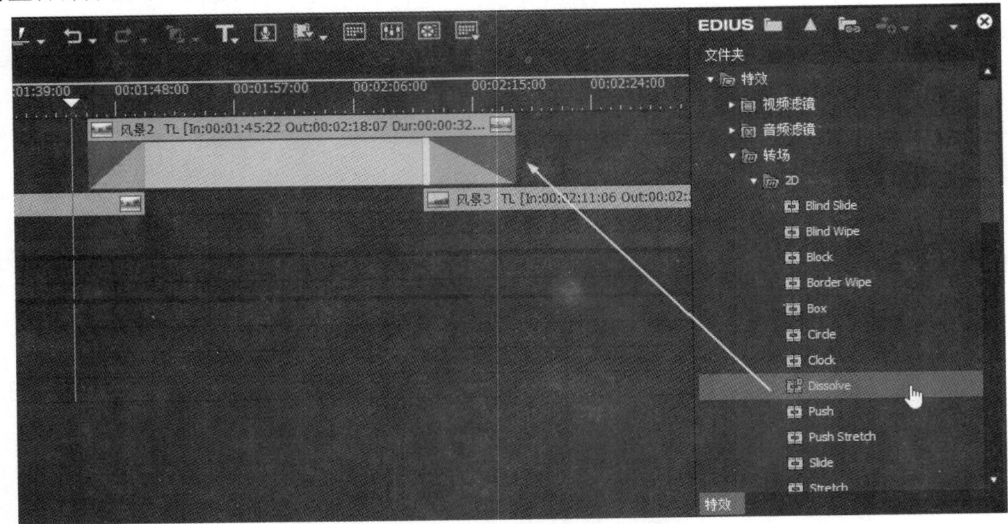

图 5.1.2　添加转场到不同轨道素材

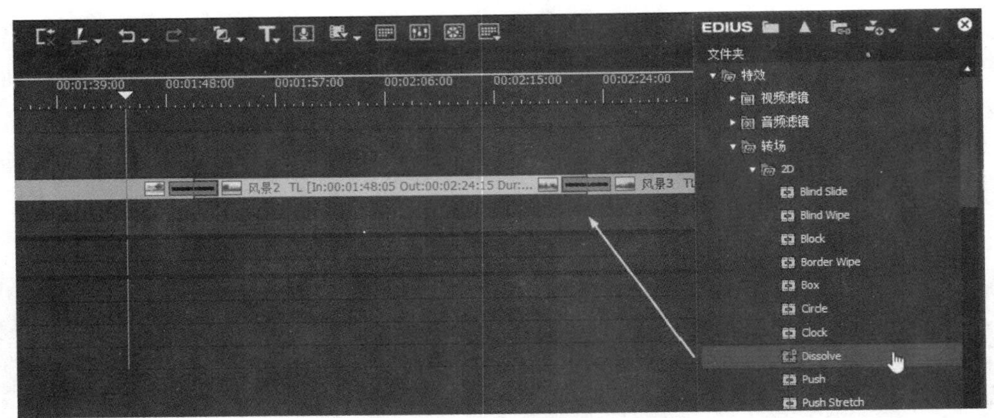

图 5.1.3　添加转场到同一轨道素材

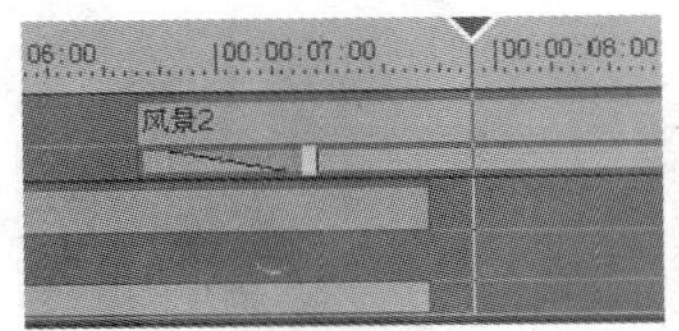

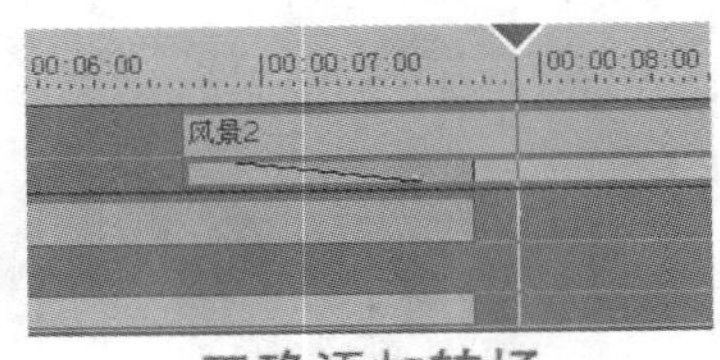

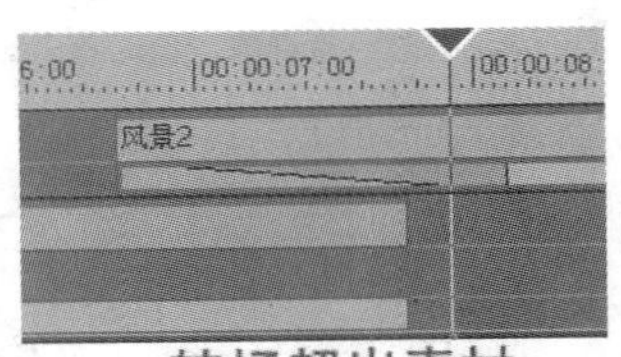

图 5.1.4　调整转场的长度

提示： 在同一轨道添加转场时，把鼠标放在转场的尾部拖曳调整转场的长度。在“设置”菜单下的“时间线”上，通过伸展重合素材的长短来设置应用转场的时长，如图 5.1.5 所示。

图 5.1.5　设置素材的伸展

5.1.2 转场的分类

除了上面的“溶化”转场以外，EDIUS Pro 9 包含了众多丰富多彩的转场，如图 5.1.6 所示。

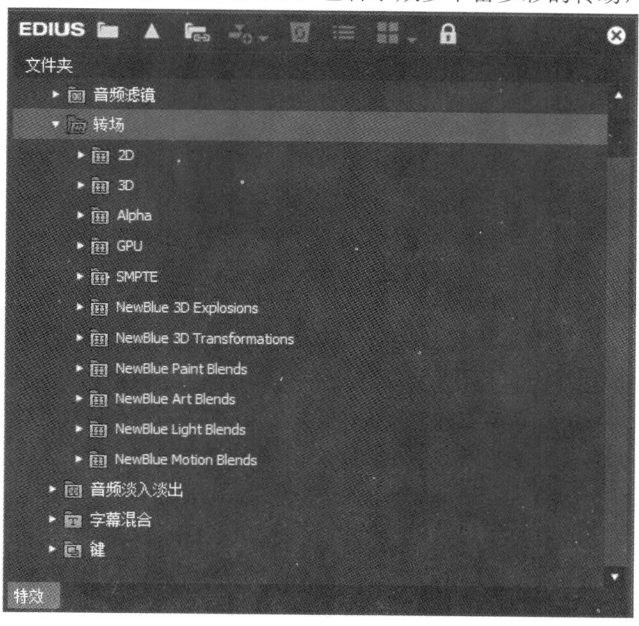

图 5.1.6　特效面板

单击特效面板右上角的按钮，展开转场显示，单击按钮收起转场显示，特效面板工具栏如

图 5.1.7 所示。

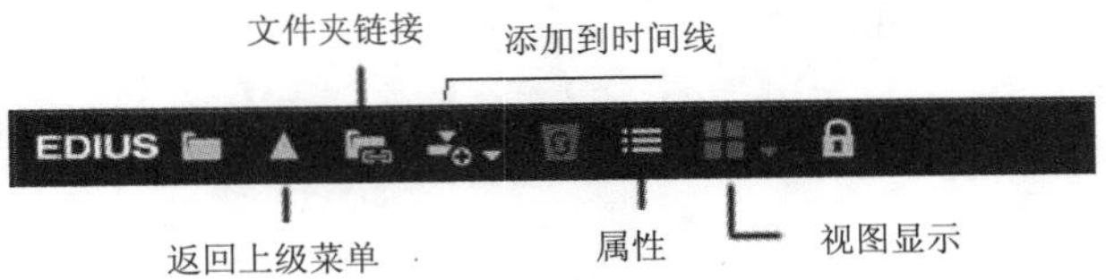

图 5.1.7　特效面板工具栏

提示：特效面板包含软件所有的特效，包括视频滤镜、音频滤镜、转场、音频淡入淡出、字幕混合和键，如图 5.18 所示。

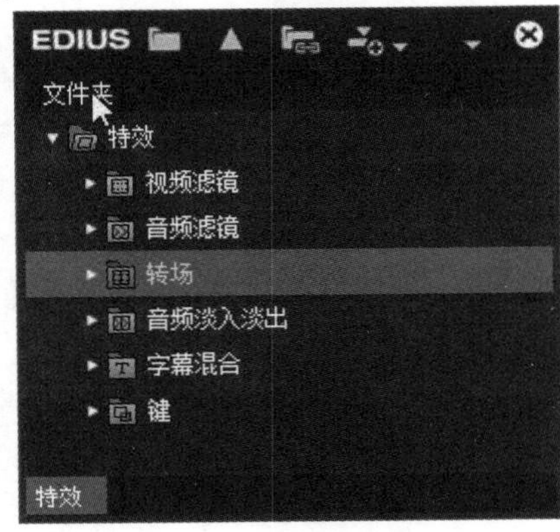

图 5.1.8　软件全部特效展示

由展开的转场面板可以看出，转场分为 2D、3D、Alpha 和 SMPET，EDIUS Pro 9 新增了 GPU 加速三维转场，如图 5.1.9 所示。

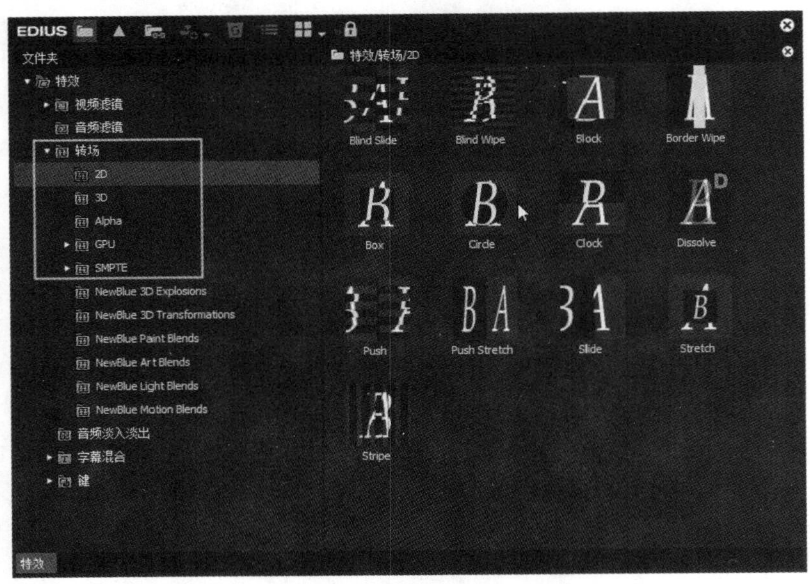

图 5.1.9　软件全部转场

将视频添加到时间线，给两段素材添加 2D 中的“Clock”转场，如图 5.1.10 所示。

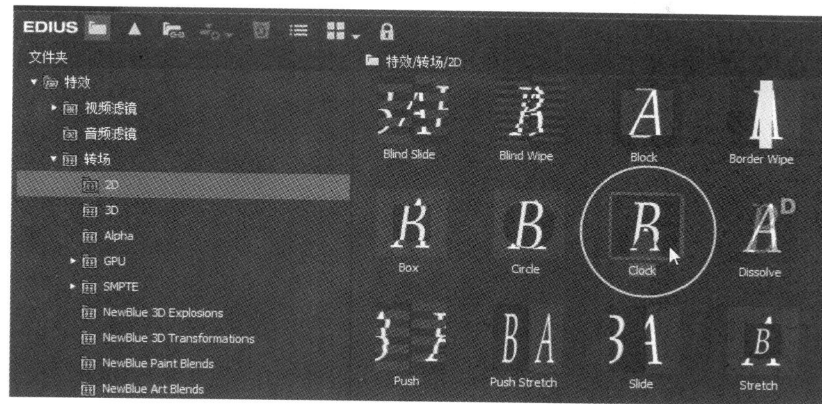

图 5.1.10　添加“Clock”转场

继续添加 3D 里的“飞出”和“球化”转场，如图 5.1.11 所示。

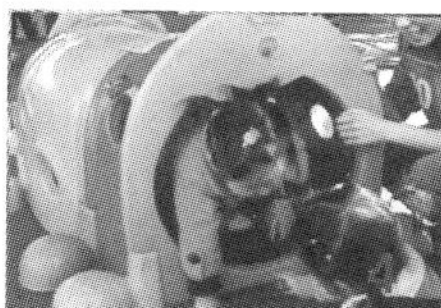

图 5.1.11　“飞出”和“球化”转场效果

再添加 GPU 里的“拍板/砸开转出”转场，如图 5.1.12 所示。

图 5.1.12　“砸开”转场效果

5.1.3　设置转场

添加到素材的转场会在“信息”面板显示。选择素材“信息”面板显示素材的相关信息，选择素材混合器“信息”面板显示“入点转场”和“出点转场”的信息，如图 5.1.13 所示。

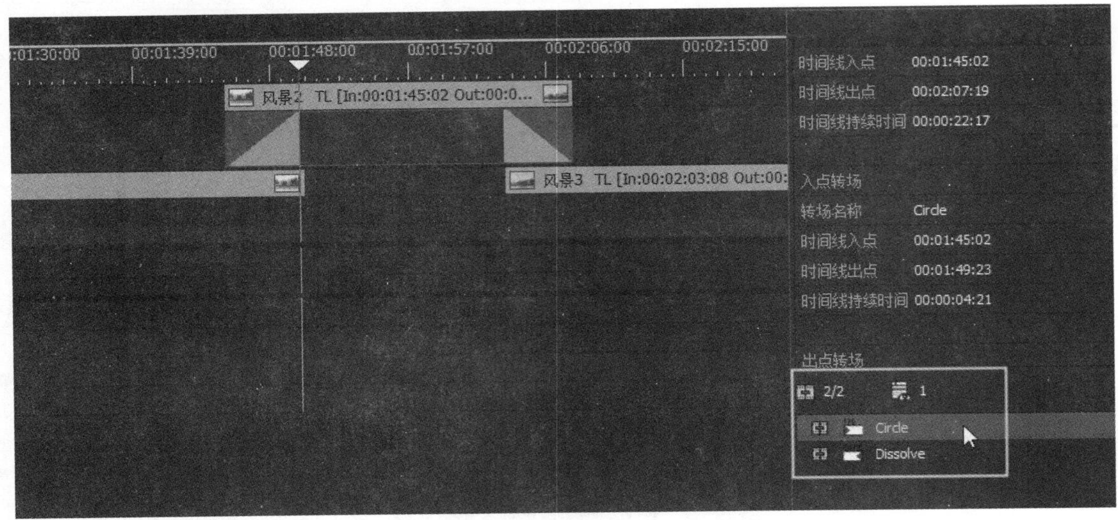

图 5.1.13　显示转场信息

提示：在“信息”面板单击按钮，可将选定转场删除，如图 5.1.14 所示。在转场上双击鼠标，或者单击按钮可以设置选定转场的属性，如图 5.1.15 所示。

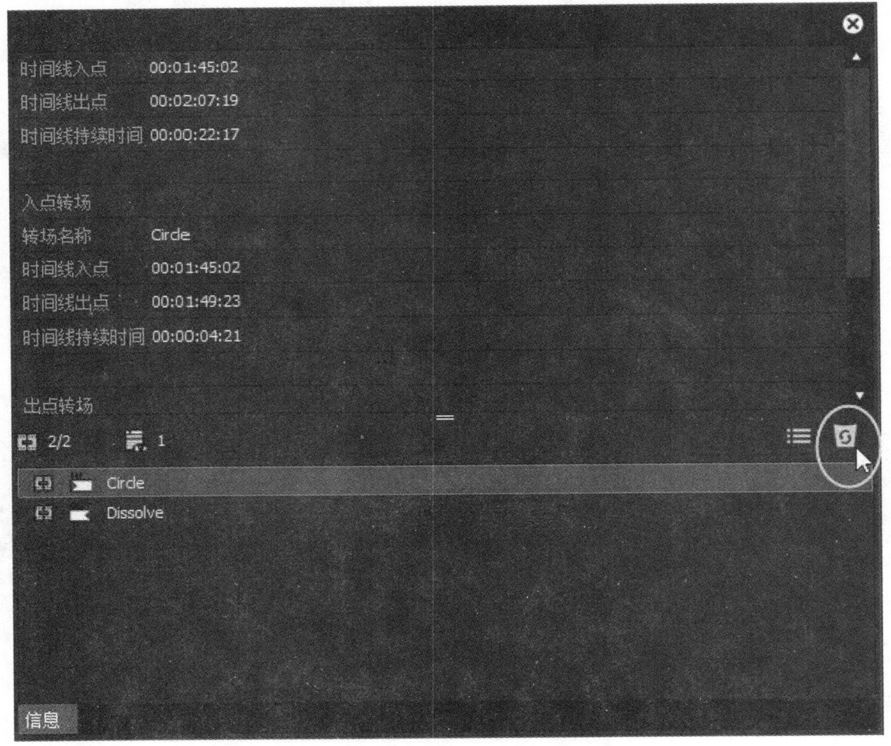

图 5.1.14　“删除”转场效果

图 5.1.15　“转场属性”设置

从画面上可以看出视频边缘有个边框，在“通用”选项卡里取消“启用过扫描处理”选项，如图 5.1.16 所示。

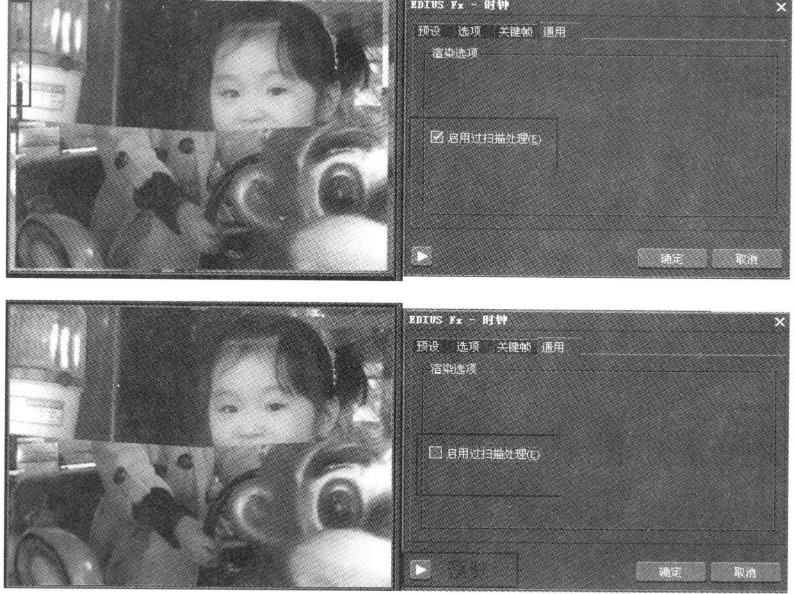

图 5.1.16　在“通用”选项卡里取消“启用过扫描处理”选项

在“选项”选项卡里根据需要可以设置自己喜欢的风格，如图 5.1.17 所示。

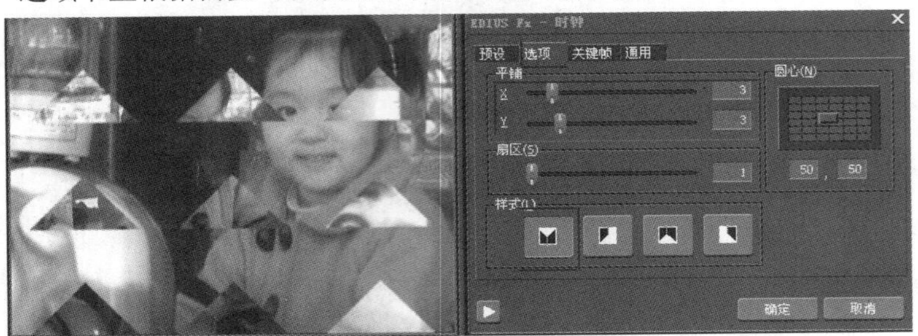

图 5.1.17 “转场的选项”设置对话框

“球化”转场属性设置的操作步骤：

（1）打开“球化”转场的属性面板，可以设置“逆序渲染”选项颠倒转场次序，小圆球由远到近倒放回来。在“飞向”里可以设置小球的方向，勾选“允许旋转”选项，小圆球飞走的同时旋转，如图 5.1.18 所示。

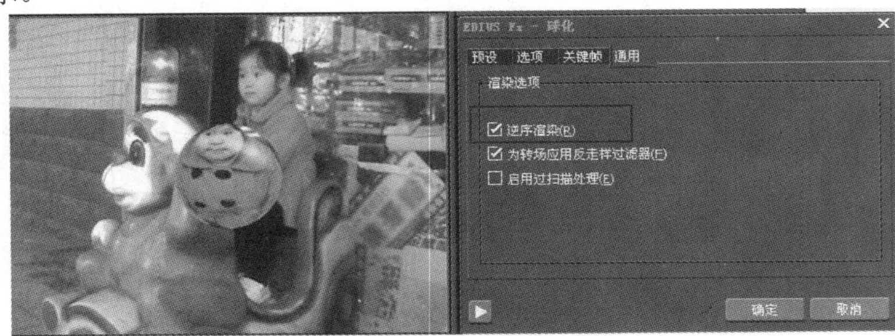

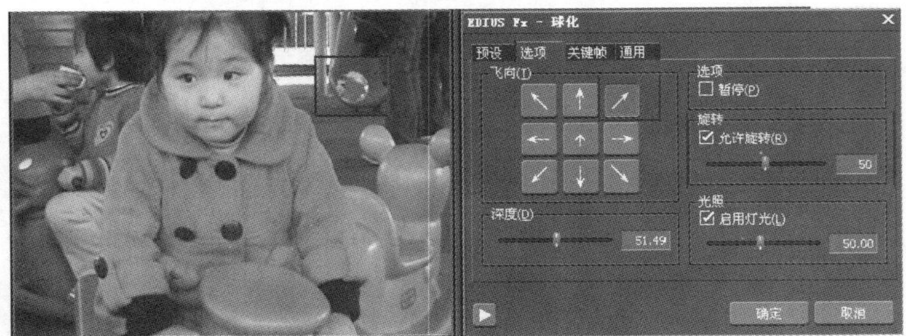

图 5.1.18 “转场的通用和选项”设置对话框

（2）在“预设”里加载自己喜欢的预设，如图 5.1.19 所示。

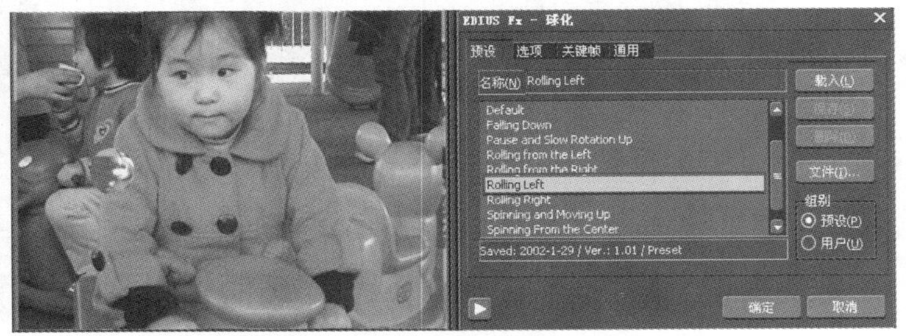

图 5.1.19 “转场的预设”设置对话框

（3）在“关键帧”选项里可以给小球设置运动关键帧，如图 5.1.20 所示。可以将自己设置的动画保存为“预设”，下次用的时候直接加载“预设”就可以了，如图 5.1.21 所示。

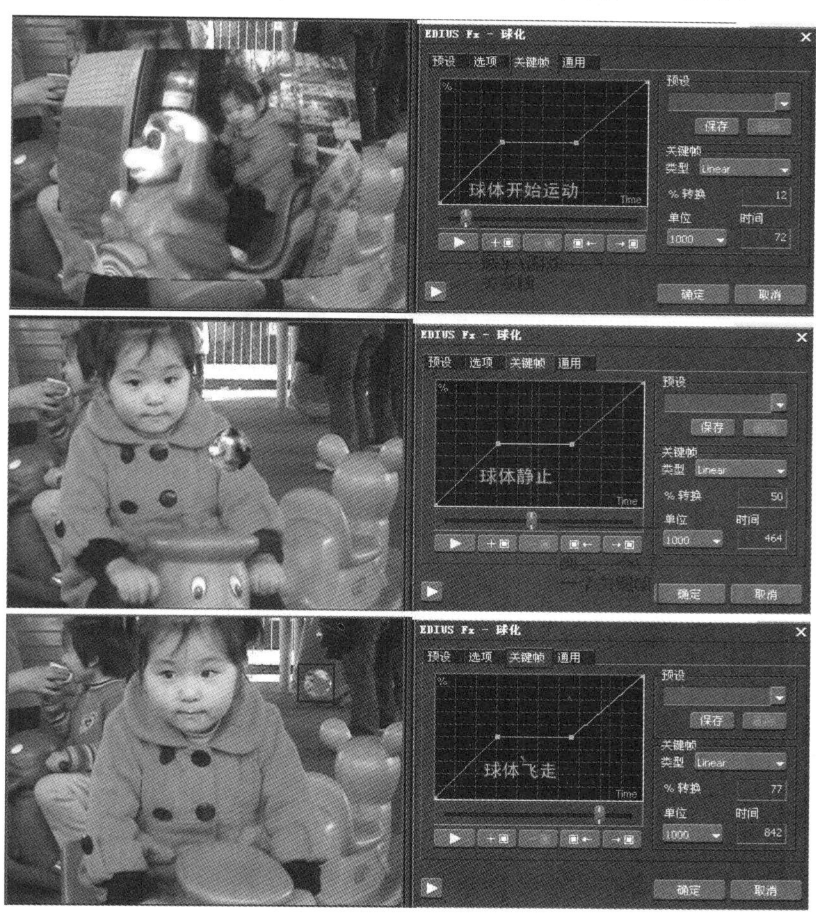

图 5.1.20　“转场的关键帧”对话框

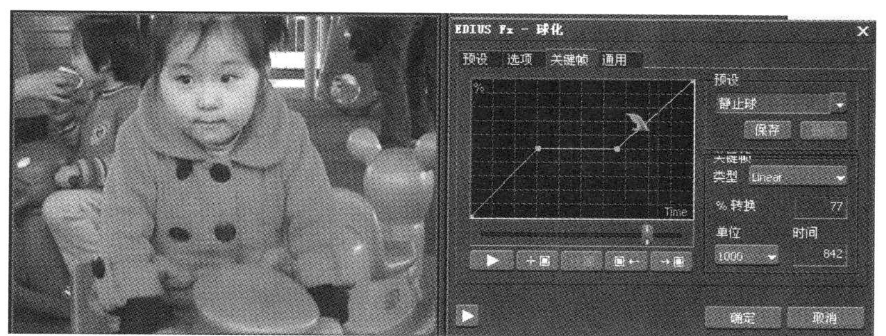

图 5.1.21　“转场的关键帧预设”对话框

（4）再给素材添加“3D/翻页”转场，在转场属性“背景”里可以设置视频的背景，如图 5.1.22 所示。

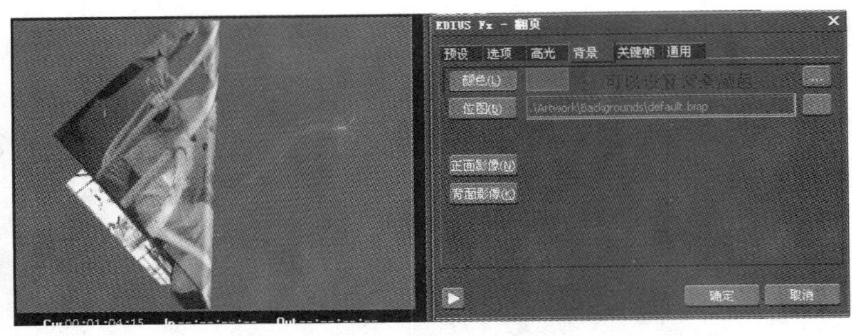

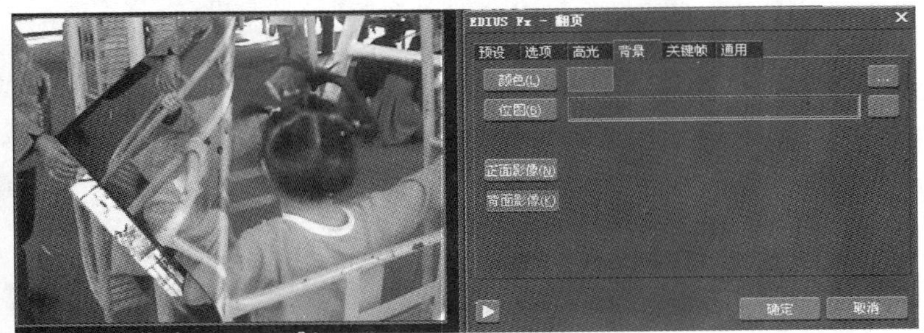

图 5.1.22 “转场的背景”设置

（5）在转场属性“选项”里可以设置翻页的翻动方向，也可以让它反向翻动，如图 5.1.23 所示。

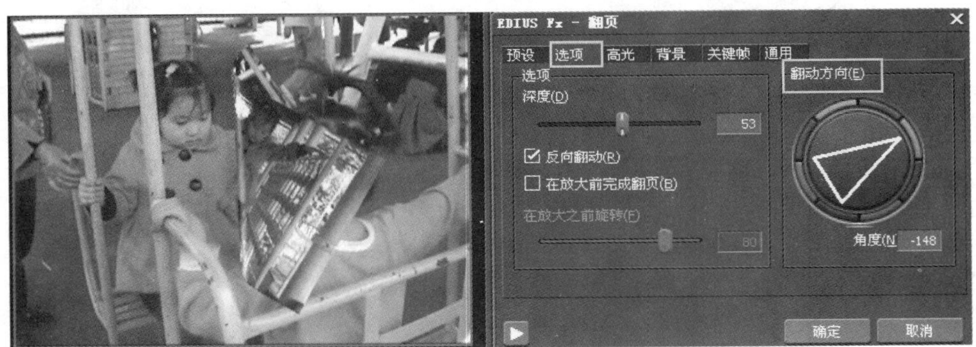

图 5.1.23 “转场的选项”对话框

（6）设置好转场以后按空格键播放，发现画面播放到转场位置时不是很流畅，转场中间有黑色的线条。因此我们要对转场进行渲染，选择转场，单击鼠标右键选择“渲染”选项，或者按键盘“Shift+G”键，渲染后黑色线条变成绿色线条，如图 5.1.24 所示。

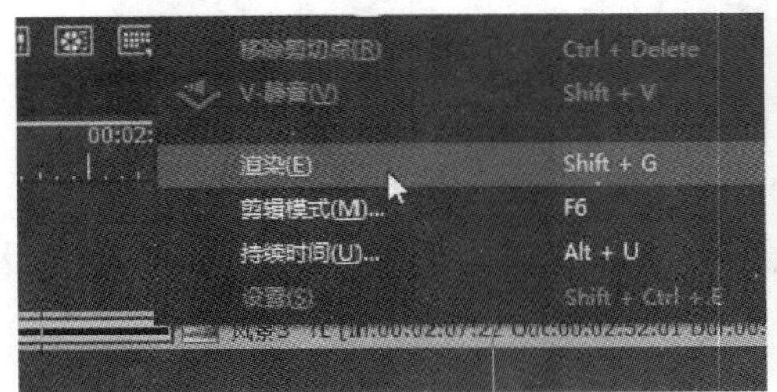

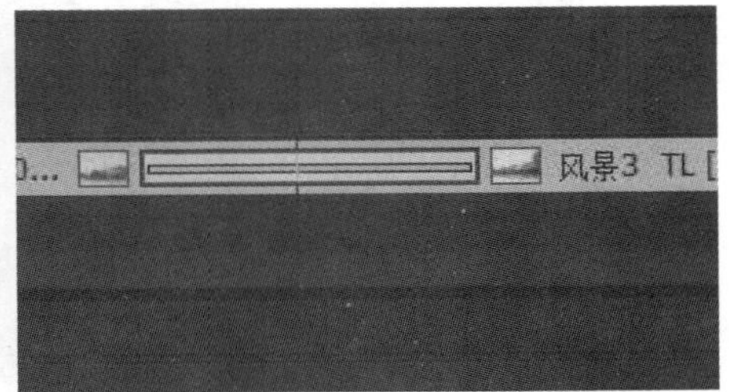

图 5.1.24 渲染转场

应用 Alpha 转场设置的操作步骤：

（1）添加 “Alpha/ Alpha 自定义图像” 转场，如图 5.1.25 所示。

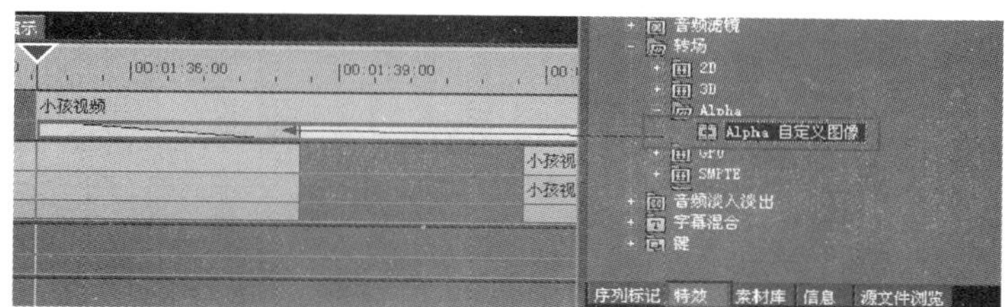

图 5.1.25 添加 Alpha 转场

（2）在 “Alpha 图像” 里导入一张黑白两色的 tga 图片，启用边框色，如图 5.1.26 所示。

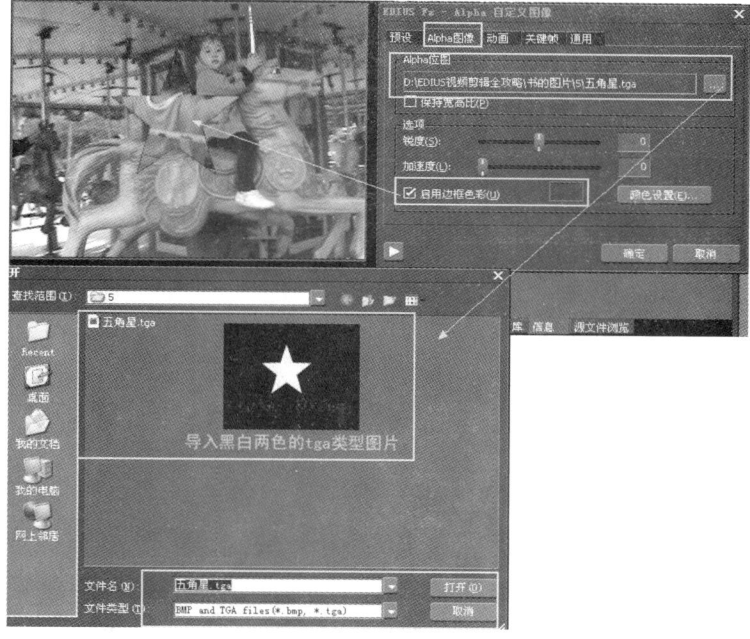

图 5.1.26 导入 Alpha 位图

（3）黑白两色的 tga 图片黑色部分透明，白色部分不透明，如图 5.1.27 所示。

图 5.1.27 Alpha 转场示意图

（4）在“动画”选项卡里可以根据自己的喜好来设置，如图 5.1.28 所示。

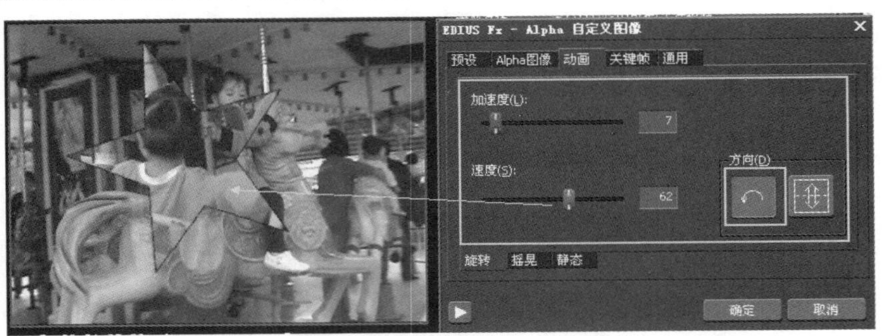

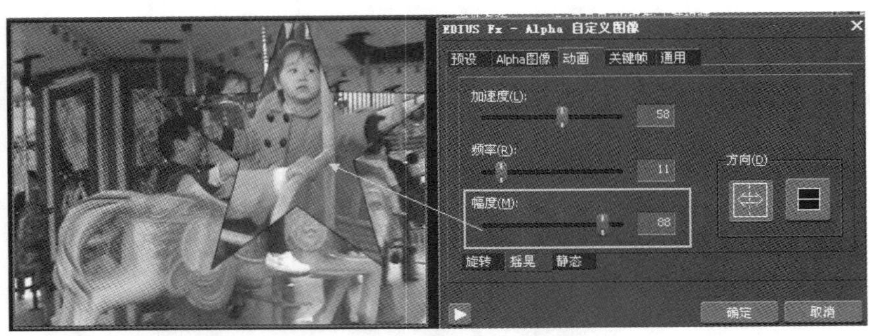

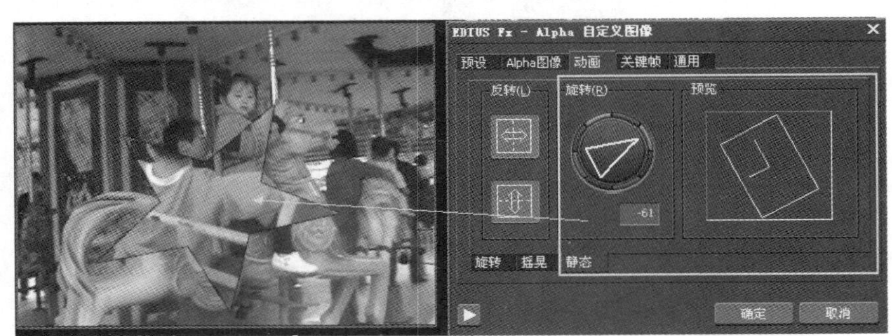

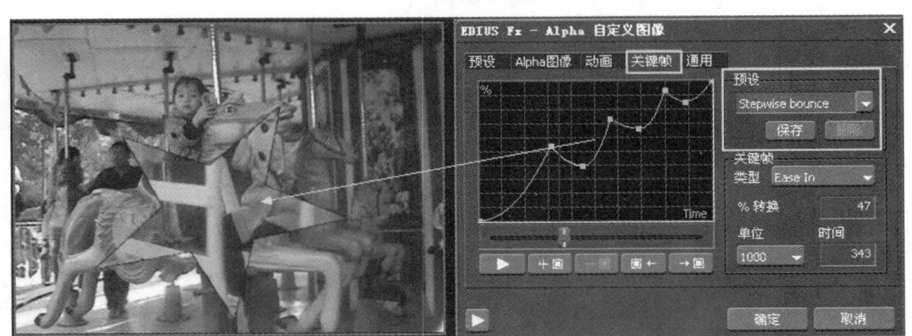

图 5.1.28 Alpha 转场的设置

转换 Alpha 通道遮罩的操作步骤：

（1） 除了软件自带的转场外，用户也可以制作出自己喜欢的转场。打开素材库导入以前做好的黑白两色“线条扫动”tga 序列动画，选择两个素材转换为 Alpha 通道遮罩，如图 5.1.29 所示。

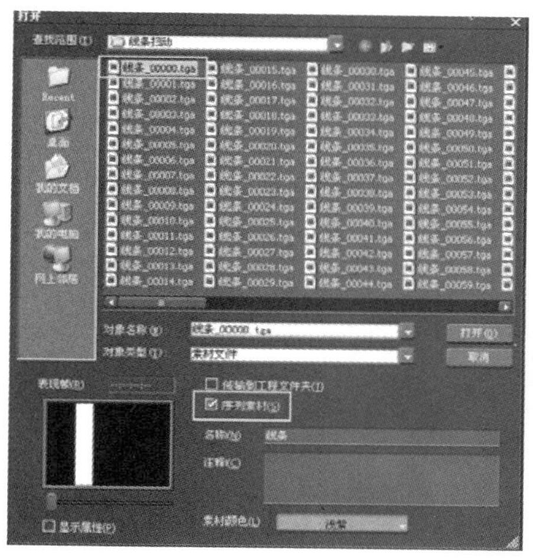

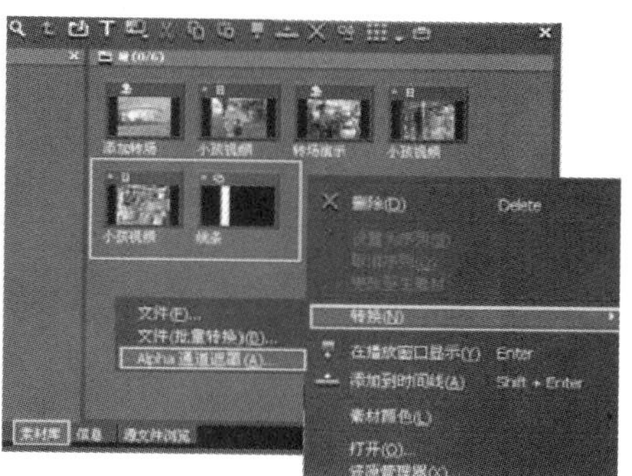

图 5.1.29　转换 Alpha 通道遮罩

（2）选择“小孩视频填充，线条键”选项，转换格式为“亮度通道遮罩”选项，可以拖动滑块预览效果，选择“亮度通道遮罩（反转）”选项可以将遮罩和视频反转过来，如图 5.1.30 所示。

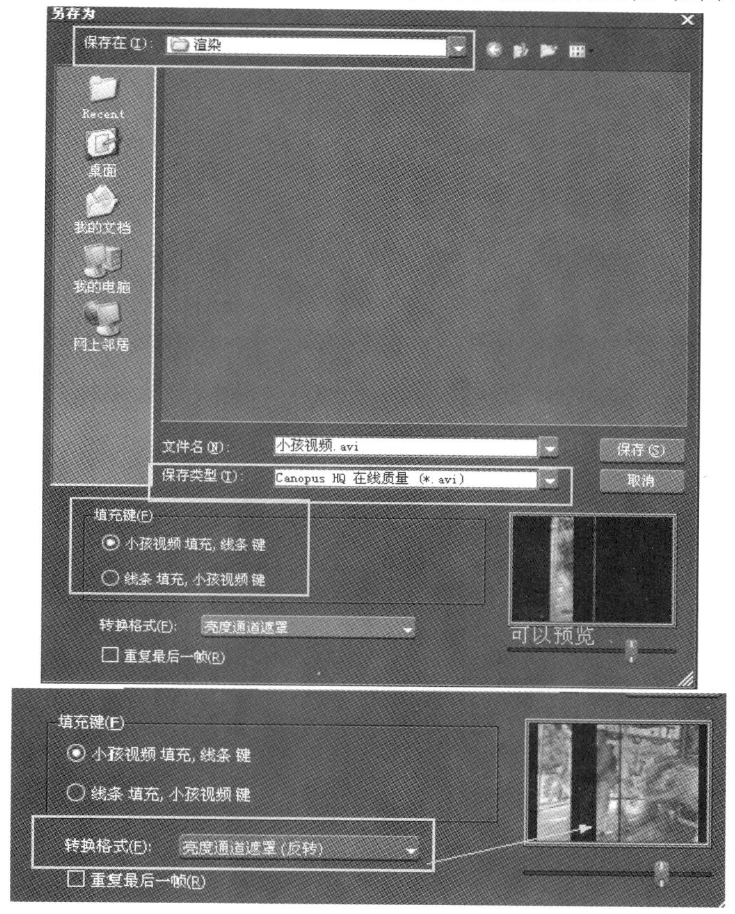

图 5.1.30　填充键的设置

（3）将渲染好的视频添加到原视频上轨道，如图 5.1.31 所示。

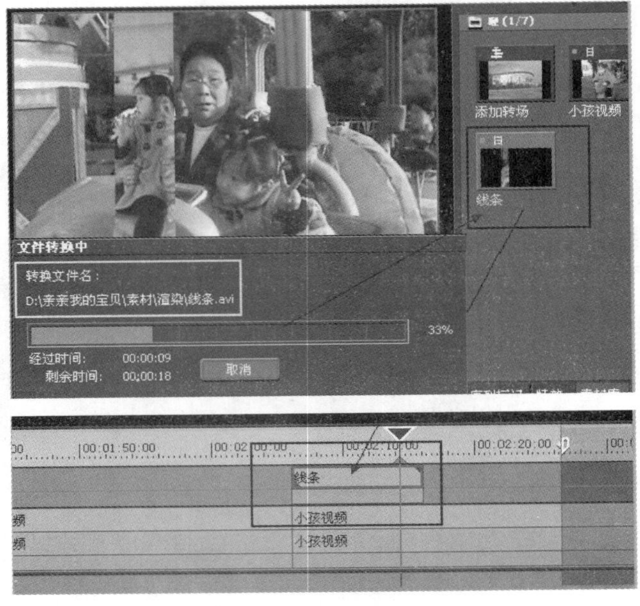

图 5.1.31　转换填充文件

（4）EDIUS Pro 9 新增了一个“轨道遮罩”特效，可以将整个轨道用于遮罩。将序列动画添加到视频下轨，新建一个蓝色色块，如图 5.1.32 所示。

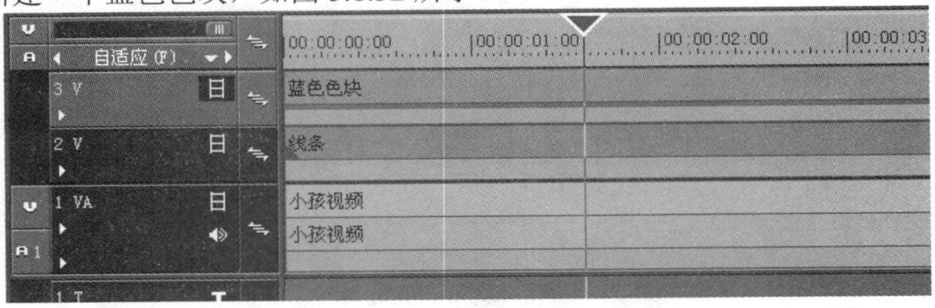

图 5.1.32　将素材添加到时间线

（5）给蓝色色块添加“轨道遮罩”特效并降低透明度，如图 5.1.33 所示。

图 5.1.33　添加“轨道遮罩”效果

5.1.4　自定义默认转场

选择素材并将播放头指针放在要添加转场的位置，在时间线上单击按钮，或者按快捷键“Ctrl+P”，可以给素材添加默认转场，如图 5.1.34 所示。

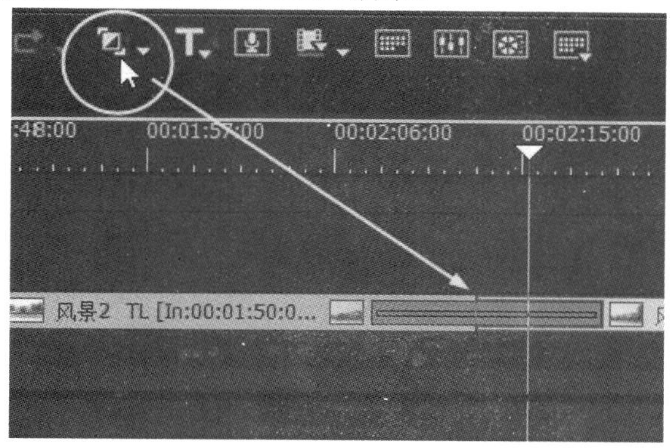

图 5.1.34　添加“默认转场”

选择素材单击三角符号，选择“添加到素材入点”选项，可将默认转场添加到素材的入点，如图 5.1.35 所示。

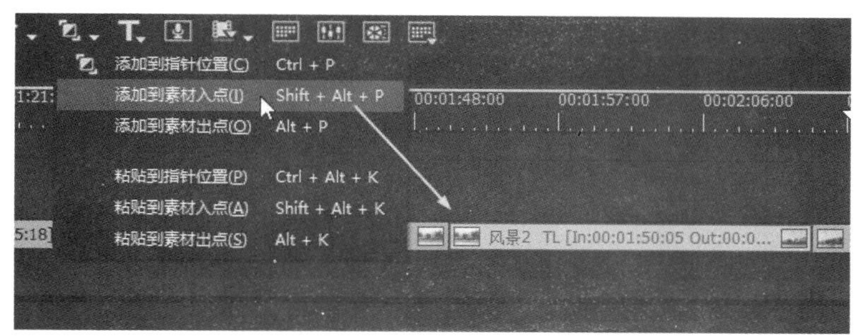

图 5.1.35　添加转场到素材的入点

在时间线上复制转场，选择素材并单击三角符号，选择“粘贴到素材出点”选项，可将复制的转场粘贴到素材的出点，如图 5.1.36 所示。

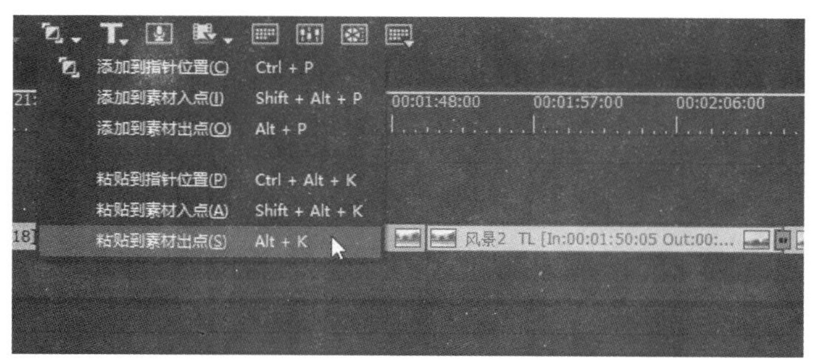

图 5.1.36　添加转场到素材出点

“溶化”为软件默认转场，单击按钮就会自动添加默认转场，也可以将其他转场设定为默认转场，“溶化”转场以前版本叫“淡入”转场。展开“特效”面板，在“溶化”转场上有个大写字母D字，如图 5.1.37 所示。

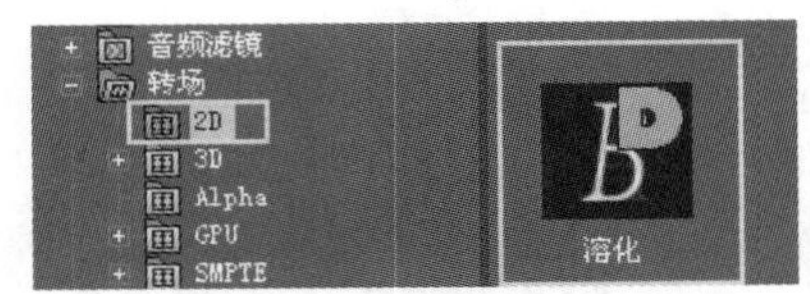

图 5.1.37 “溶化”转场

选择“3D/球化”转场，单击鼠标右键选择“设置为默认特效”选项，可将选定转场设定为默认转场，如图 5.1.38 所示。

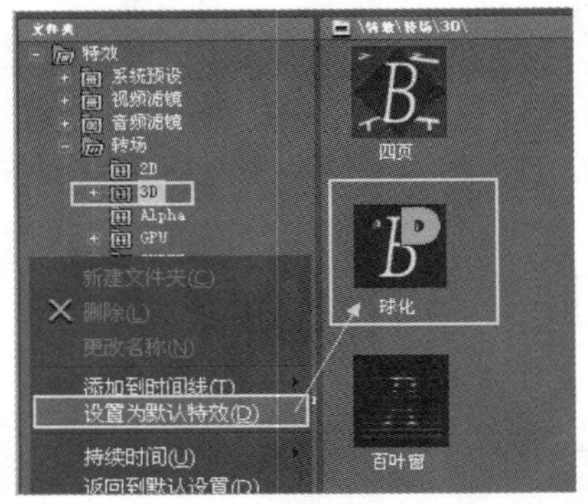

图 5.1.38 设置默认转场

选择“3D/球化”转场，单击右键选择“持续时间/转场”可以设定默认转场的长度，如图 5.1.39 所示。

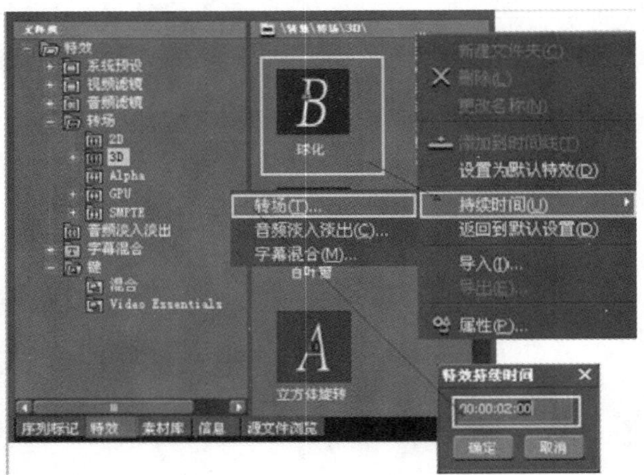

图 5.1.39 设置转场的持续时间

对于已经添加在时间线上的转场，可以通过拖曳鼠标更改转场的长度，或选择转场单击右键选择“持续时间”选项，或按快捷键“Alt+U”键可以更改转场的长度，如图 5.1.40 所示。

图 5.1.40　更改已经添加在时间线上的转场持续时间

5.2　视 频 布 局

5.2.1　画中画视频

EDIUS Pro 9 的视频布局除了可以设置素材的位移、透明度和缩放等属性以外，还可以制作出画中画效果，具体操作步骤如下：

（1）选择素材，在信息面板会显示“视频布局”特效，以前版本叫“屏幕布局”，单击鼠标右键选择“布局”选项打开设置，如图 5.2.1 所示。

图 5.2.1　打开视频布局属性

（2）在“源素材裁剪”里移动左滑块和右滑块，将画面的左部分和右部分裁剪，如图 5.2.2 所示。

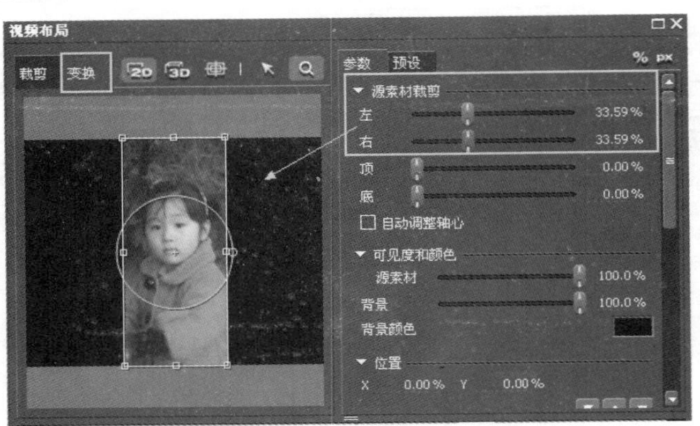

图 5.2.2 源素材裁剪

（3）单击按钮显示视图安全框，单击工具将视图放大后，再单击工具移动位置，如图 5.2.3 所示。

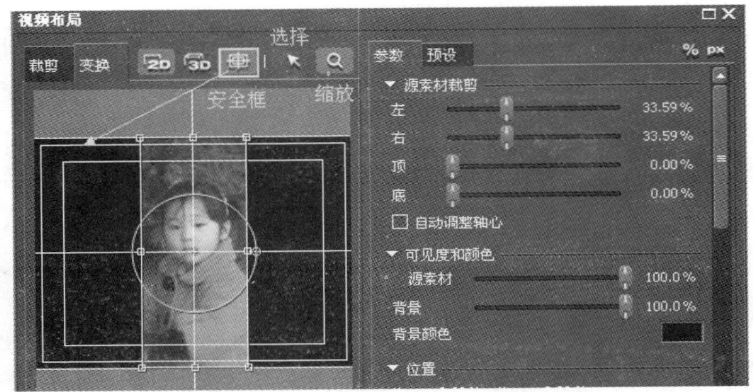

图 5.2.3 视频布局面板

（4）将“背景”设置为 0%将透出下轨素材，还可以设置背景颜色，如图 5.2.4 所示。

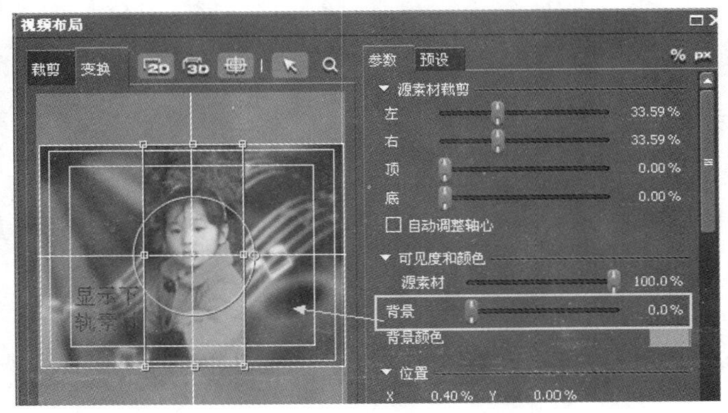

图 5.2.4 视频背景透明设置

（5）给“位置”添加动画关键帧，如图 5.2.5 所示。

图 5.2.5　添加动画关键帧

（6）向右移动播放头，在“位置”处单击按钮自动添加关键帧，形成画面由中间向屏幕左面移动的动画，如图 5.2.6 所示。

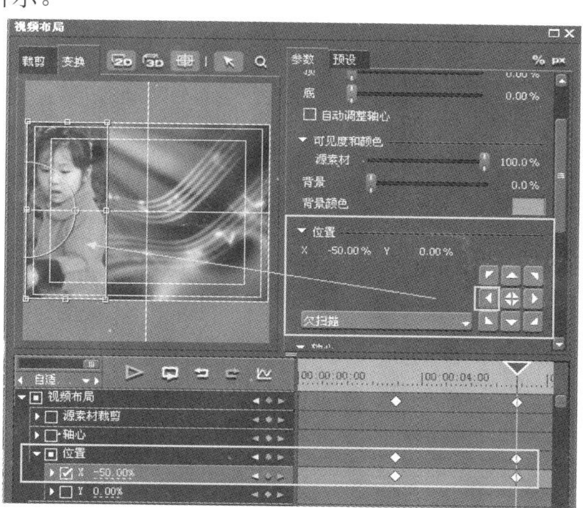

图 5.2.6　视频布局面板

（7）添加 3V 轨道，在添加素材后按 F7 键，按上面的方法裁剪画面，按“Shift+→”键，使播放头向右移动 10 帧，单击按钮添加透明度关键帧，如图 5.2.7 所示。

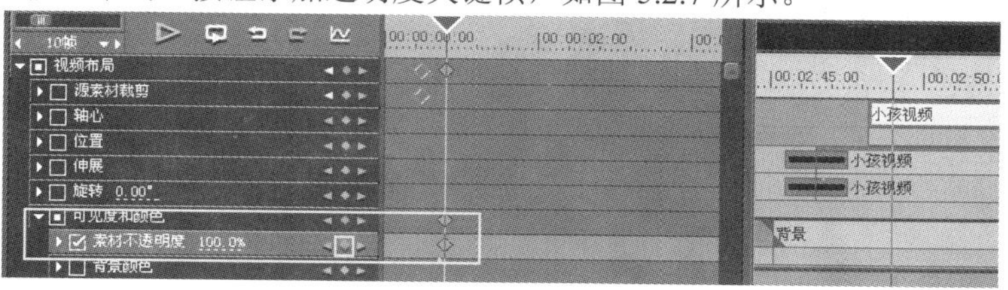

图 5.2.7　添加透明度关键帧

（8）按“Shift+←”键，播放头向左移动 10 帧，将素材的不透明度设置为 0%，形成透明度动画，单击▶按钮预览动画，如图 5.2.8 所示。

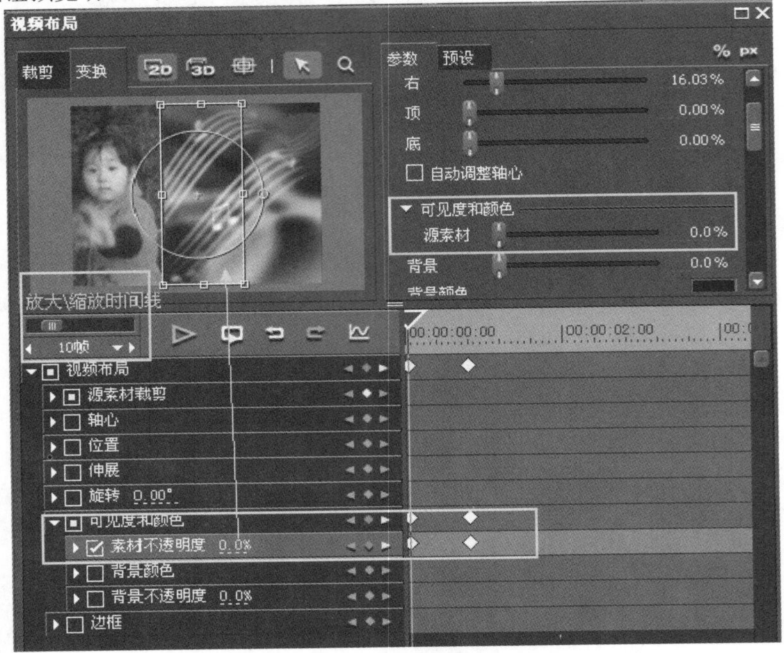

图 5.2.8 设置透明度动画

（9）单击▶按钮，播放头转到下一个关键帧处，在“边框”里设置边框的宽度和颜色，如图 5.2.9 所示。

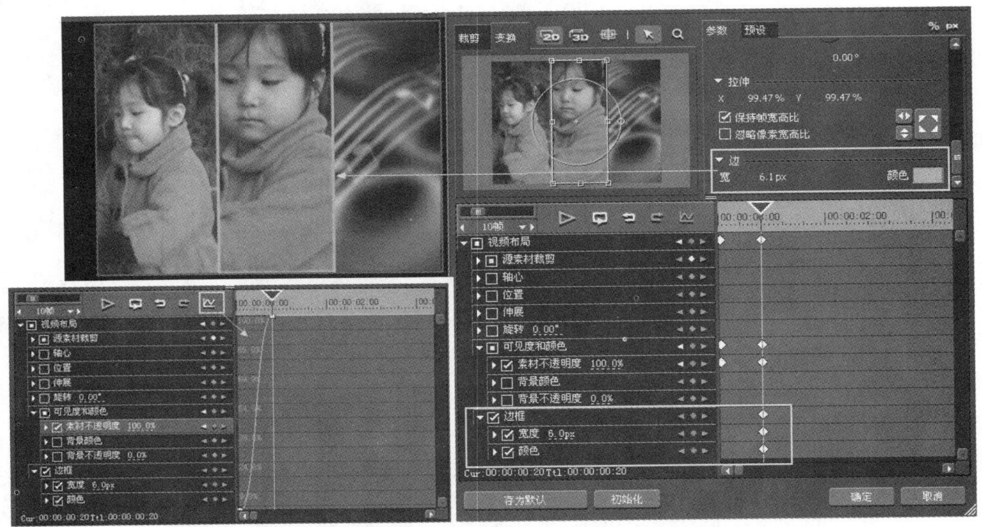

图 5.2.9 设置边框颜色

（10）单击按钮，通过动画曲线编辑器可以设置动画的运动速度，如图 5.2.10 所示。

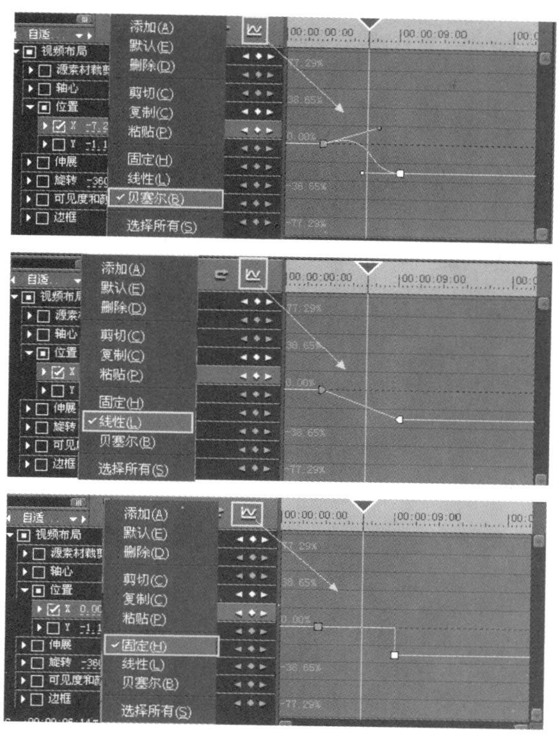

图 5.2.10　动画曲线编辑器

（11）如发现中间的画面人物裁剪有点偏左，可在“裁剪”里向右适当调整裁剪位置，如图 5.2.11 所示。

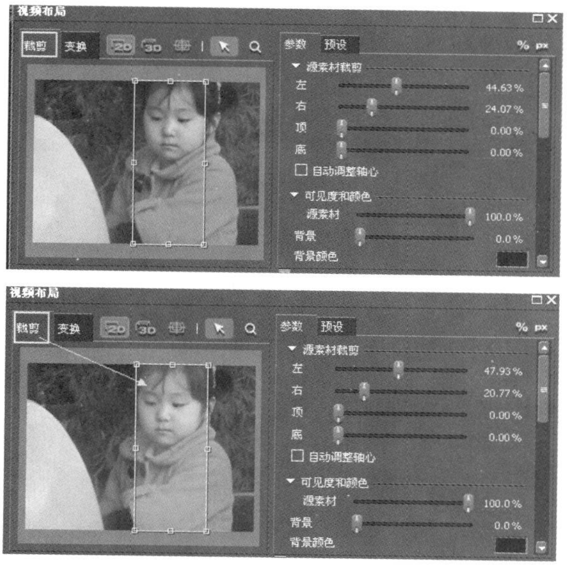

图 5.2.11　调整裁剪位置

2D 模式下在“旋转”界面里，用鼠标拖曳旋钮可以调整素材的旋转角度，或者输入角度数值，还可以直接在屏幕上手动调整旋转角度，如图 5.2.12 所示。

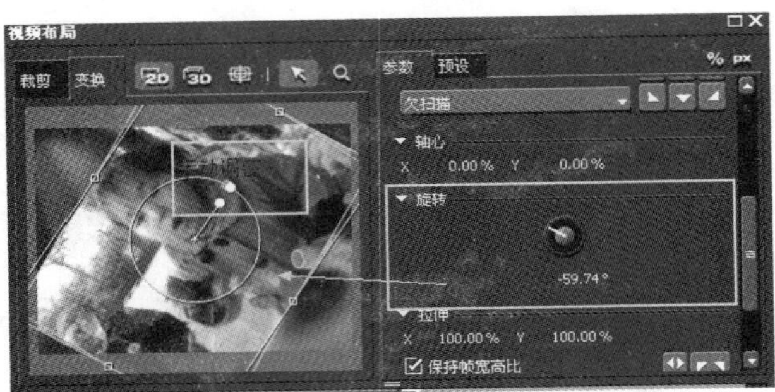

图 5.2.12　手动调整旋转

5.2.2　3D 画中画

切换到 3D 模式下，“旋转”界面里出现了 X、Y、Z 三个轴向，屏幕上也出现了三个圆环。红环代表绕 X 轴旋转，绿环代表绕 Y 轴旋转，蓝环代表绕 Z 轴旋转，用鼠标单击拖曳轴向相对应的小圆圈，同样也可以手动调整旋转角度，如图 5.2.13 所示。

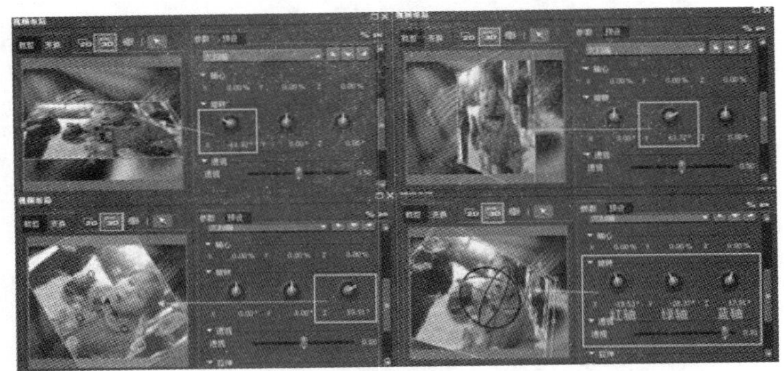

图 5.2.13　调整素材旋转设置

设置旋转动画关键帧，单击“初始化”将重置，如图 5.2.14 所示。

图 5.2.14　动画关键帧

在“拉伸”界面里通过设置 XY 数值设置素材的缩放，还可以将鼠标放在画面的角上拖曳鼠标，单击按钮图像自动适配屏幕宽度，单击按钮图像自动适配屏幕高度，单击按钮图像自动适配整个屏幕，如图 5.2.15 所示。

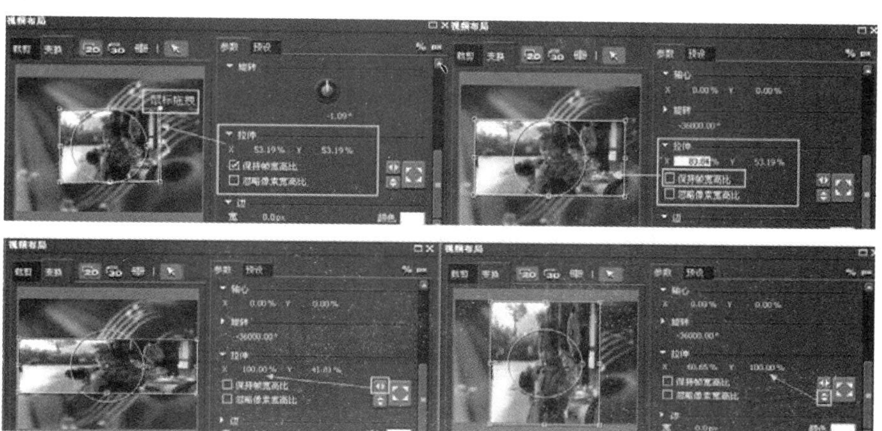

图 5.2.15　适配屏幕

5.3　课 堂 实 战

5.3.1　制作“天气预报”效果

本例主要利用视频布局制作一段某电视台天气预报的动画效果，主要运用本章节学习的添加视频、调整素材的视频布局，以及设置素材的移动、缩放关键帧动画等知识。

操作步骤：

（1）启动 EDIUS Pro 9 软件以后，单击菜单执行“文件”→“新建”　→　“序列”命令，或者按“Ctrl+Shift+N”新建序列文件，如图 5.3.1 所示。

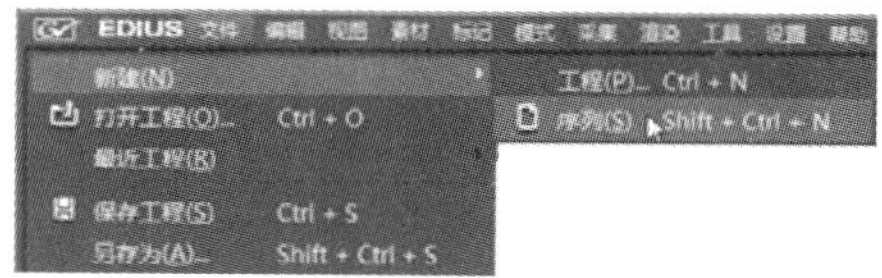

图 5.3.1　新建序列文件

（2）单击菜单执行“设置”→“序列设置”命令，在弹出的“序列设置”对话框里设置序列名称为“天气预报”，如图 5.3.2 所示。

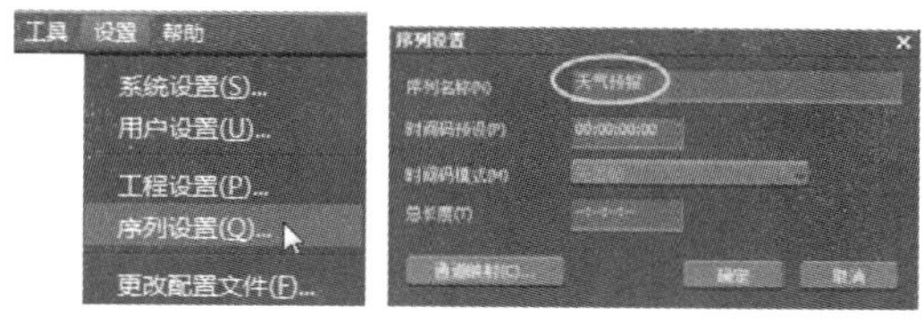

图 5.3.2　设置序列名称

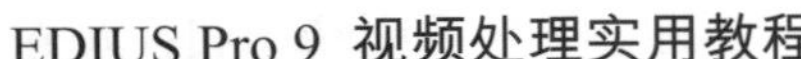

（3）在素材库面板空白处双击鼠标左键打开“打开”文件对话框，配合 Ctrl 键选择所需的素材文件后单击 打开(O) 按钮，如图 5.3.3 所示。

图 5.3.3　打开所需素材

（4）添加“背景”和“陕西地图”素材到时间线轨道，如图 5.3.4 所示。

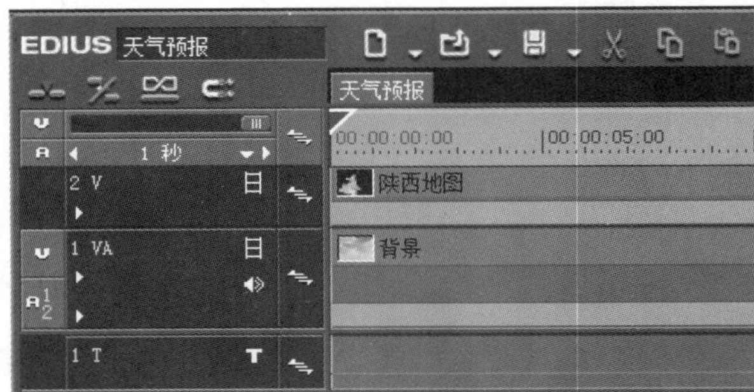

图 5.3.4　添加素材到时间线轨道

（5）在 2V 轨道面板上单击鼠标右键，选择“添加”→“在上方添加视频轨道”选项，在弹出的“添加轨道”对话框里输入要添加轨道的数量，如图 5.3.5 所示。

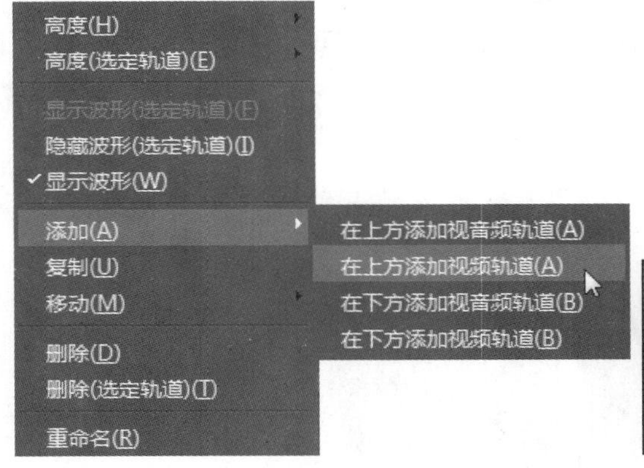

图 5.3.5　添加视频轨道

（6）分别将“西安”“宝鸡”素材添加到 3V 和 4V 轨道，如图 5.3.6 所示。

图 5.3.6　添加素材到时间线轨道

（7）选择“陕西地图”素材，并单击菜单执行“素材”→“视频布局”命令，或者在信息面板上选择“视频布局”并双击鼠标左键打开视频布局，如图 5.3.7 所示。

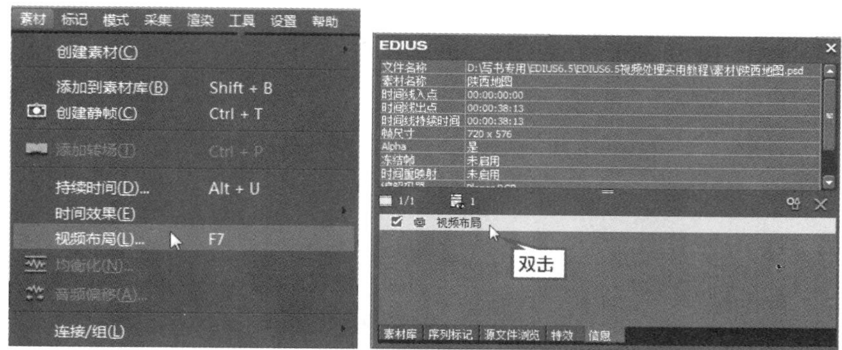

图 5.3.7　打开视频布局

（8）选择“陕西地图”素材，从开始到 20 帧的位置添加关键帧动画，在开始的位置将“陕西地图”移出屏幕，如图 5.3.8 所示。

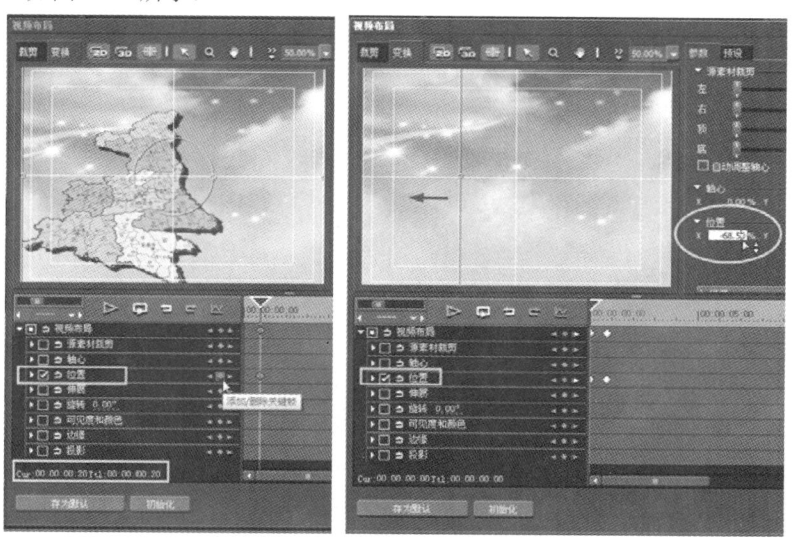

图 5.3.8　设置“陕西地图”的位移关键帧动画

（9）单击 ▷ 按钮查看“陕西地图”素材从起始到 20 帧位置从屏幕外移至屏幕的位移动画，如图 5.3.9 所示。

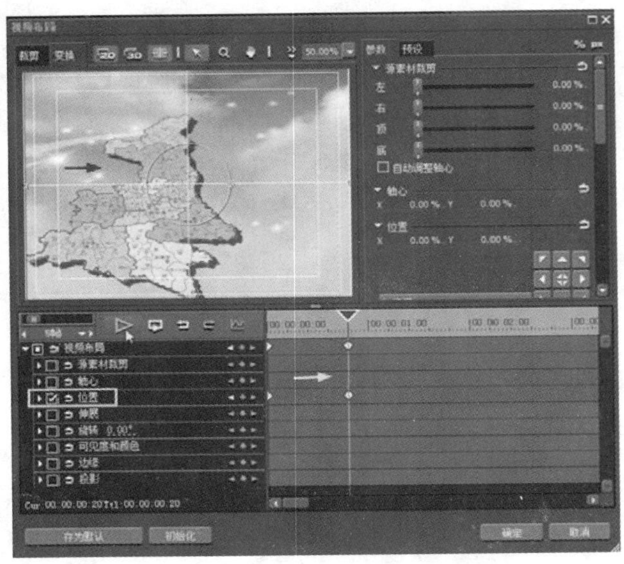

图 5.3.9　查看“陕西地图”位移动画

（10）将播放头指针移至时间线 20 帧位置，并将“西安”素材移至 20 帧的位置，如图 5.3.10 所示。

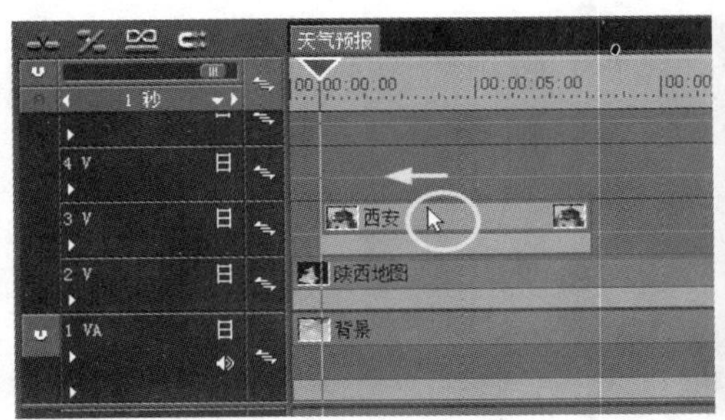

图 5.3.10　调整“西安”素材位置

（11）选择“西安”素材，单击菜单执行“素材”→“视频布局”命令，或者按 F7 键打开视频布局并设置“西安”素材的位置和拉伸数值，如图 5.3.11 所示。

图 5.3.11　调整“西安”素材的位置和拉伸数值

（12）调整“西安”素材的边缘颜色和类型，如图 5.3.12 所示。

图 5.3.12　调整“西安”素材的边缘颜色和类型

（13）设置“西安”素材从 20 帧到 1 秒 15 帧位置的比例缩放关键帧动画，让素材从 20 帧到 1 秒 15 帧之间逐渐放大，如图 5.3.13 所示。

图 5.3.13　设置素材的比例缩放关键帧动画

（14）在“西安”素材尾部设置位置关键帧动画，让“西安”素材移出屏幕，如图 5.1.14 所示。

图 5.3.14　设置“西安”素材的位置关键帧动画

（15）在时间线轨道上按 Ctrl 键复制“西安”素材，然后选择“宝鸡”素材并在时间线工具栏单击替换按钮（ ），在弹出的下拉菜单中选择“滤镜”选项，可将“西安”素材的关键帧动画替换给“宝鸡”素材，如图 5.3.15 所示。

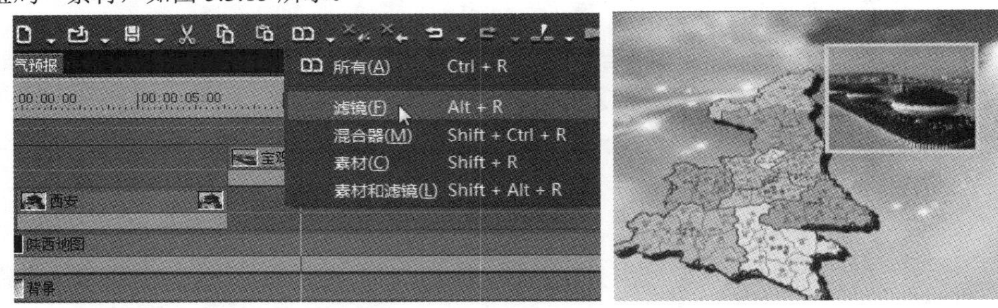

图 5.3.15　替换素材滤镜

（16）在时间线 5V 轨道单击鼠标右键，在弹出的菜单中选择“新建序列”选项，如图 5.3.16 所示。

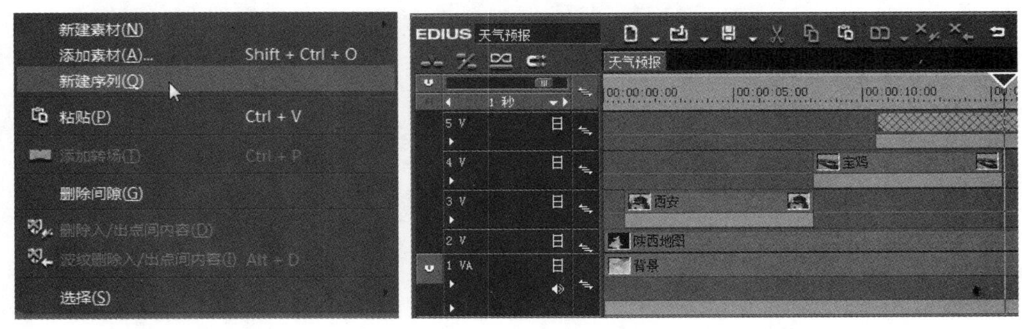

图 5.3.16　在 5V 轨道新建序列

（17）在时间线 5V 轨道选择新建序列，双击鼠标左键进入该序列，创建色块如图 5.3.17 所示。

图 5.3.17　在新建序列创建色块

（18）选择“色块”素材并按 F7 键打开视频布局，设置色块的拉伸、位置和可见度数值，如图 5.3.18 所示。

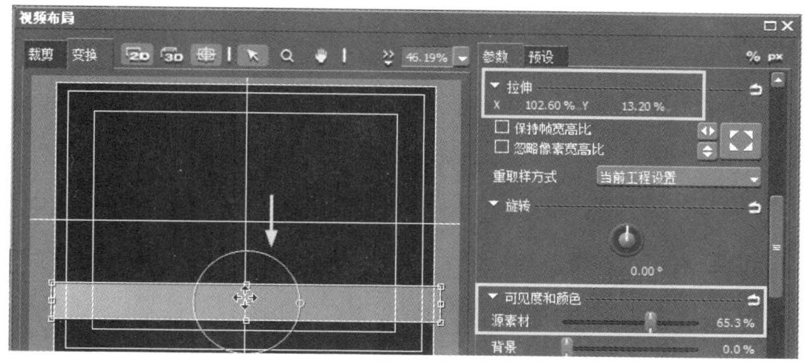

图 5.3.18　设置色块的拉伸、位置和可见度数值

（19）在 T1 轨道创建“西安　晴天　26～31℃”字幕，如图 5.3.19 所示。

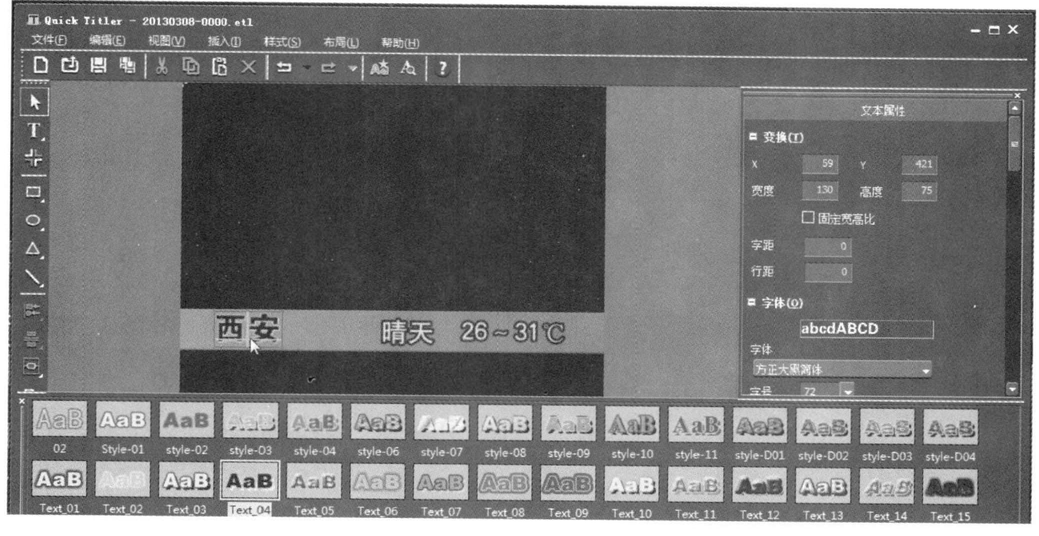

图 5.3.19　创建字幕

（20）将“天气图标”素材添加到时间线 2V 轨道，如图 5.3.20 所示。

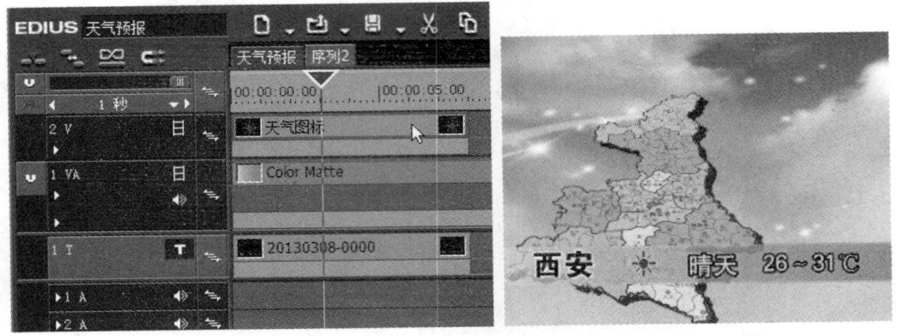

图 5.3.20　在 2V 轨道添加“天气图标”素材

（21）在 T1 轨道复制字幕文件并修改文字内容为“宝鸡　晴天　25～30℃”，如图 5.3.21 所示。

图 5.3.21　设置“素材”的位置关键帧

（22）完成 “天气预报”效果的整个制作，按空格键播放并查看整个动画效果，最终效果如图 5.3.22 所示。

图 5.3.22　“天气预报”最终效果

5.3.2　制作“动态电子相册”

本例主要利用视频布局设置素材的关键帧位置和拉伸动画、视频转场和序列嵌套等知识制作“动态电子相册”动画效果。

操作步骤：

（1）启动 EDIUS Pro 9 软件以后，单击菜单执行“文件”→“新建”→“序列”命令，或者按

“Ctrl+Shift+N”新建序列文件，如图 5.3.23 所示。

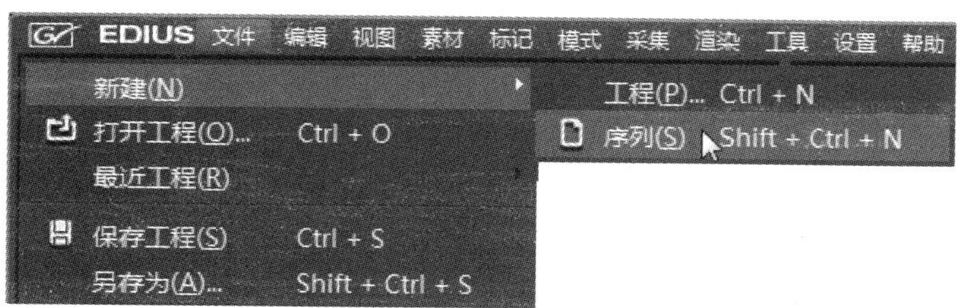

图 5.3.23　新建序列文件

（2）单击菜单执行“设置”→“序列设置”命令，在弹出的“序列设置”对话框里设置序列名称为“动态电子相册”，如图 5.3.24 所示。

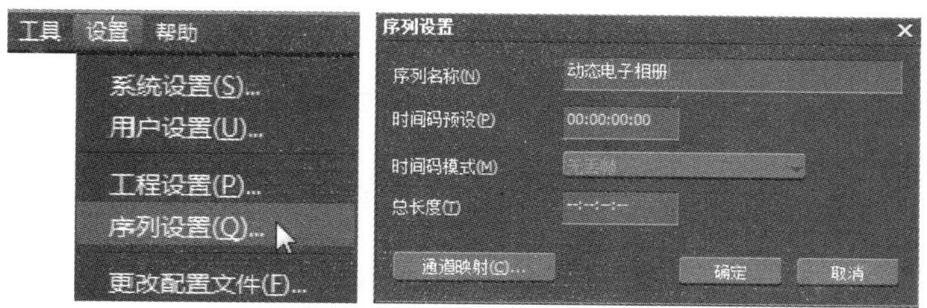

图 5.3.24　设置序列名称

（3）在素材库面板空白处双击鼠标左键，打开文件对话框，配合 Ctrl 键选择所需的素材文件之后，单击 打开(O) 按钮，如图 5.3.25 所示。

图 5.3.25　打开所需素材

（4）添加“动态背景”素材到时间线轨道，如图 5.3.26 所示。

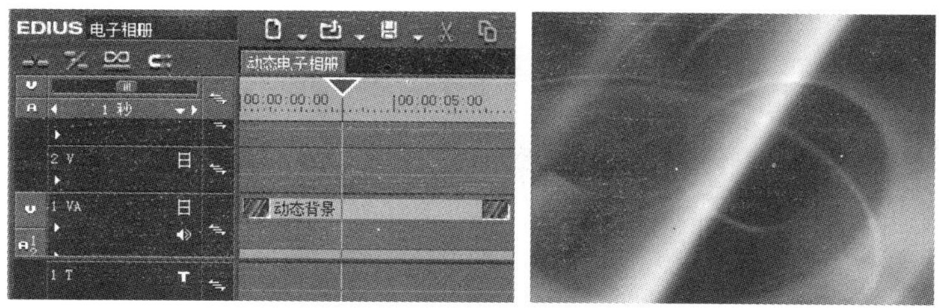

图 5.3.26　添加“动态背景”素材到时间线轨道

（5）在特效面板将“色彩平衡”特效添加到“动态背景”素材，如图 5.3.27 所示。

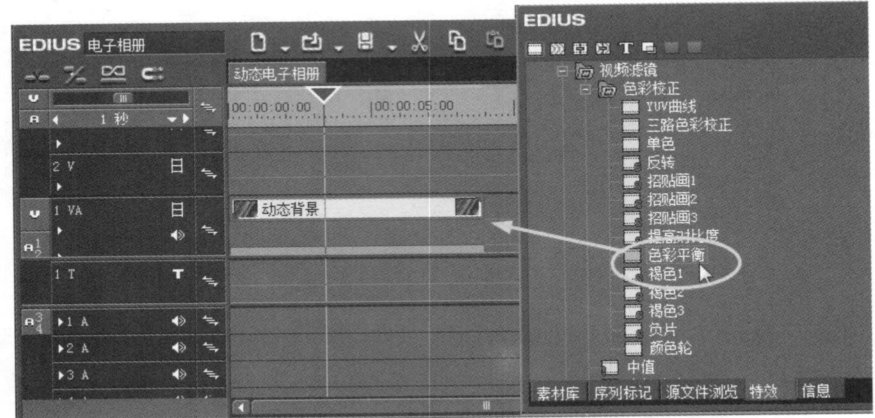

图 5.3.27 添加“色彩平衡”特效

（6）打开“色彩平衡”面板，调整“动态背景”素材的颜色，如图 5.3.28 所示。

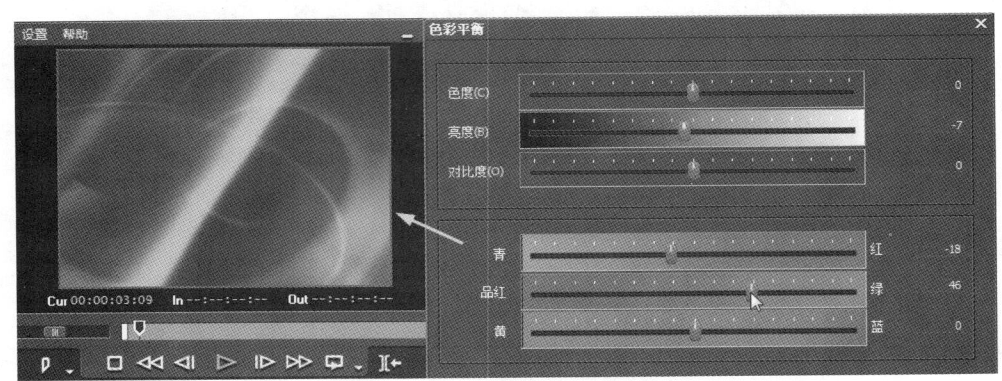

图 5.3.28 调整“色彩平衡”特效

（7）在时间线 1VA 轨道复制并粘贴“动态背景”素材，如图 5.3.29 所示。

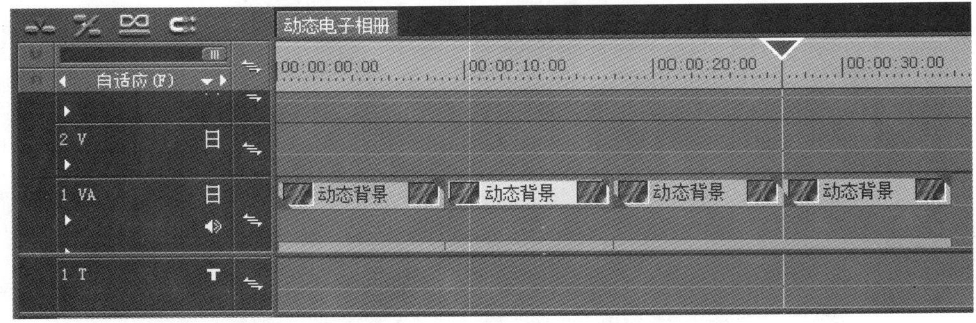

图 5.3.29 复制并粘贴素材

（8）将“女孩写真”素材添加到时间线 2V 轨道，如图 5.3.30 所示。

图 5.3.30　添加“女孩写真”素材到时间线轨道

（9）选择“女孩写真”素材，并单击菜单执行“素材”→“视频布局”命令，或者按 F7 键打开视频布局并设置“西安”素材的位置和拉伸数值，如图 5.3.31 所示。

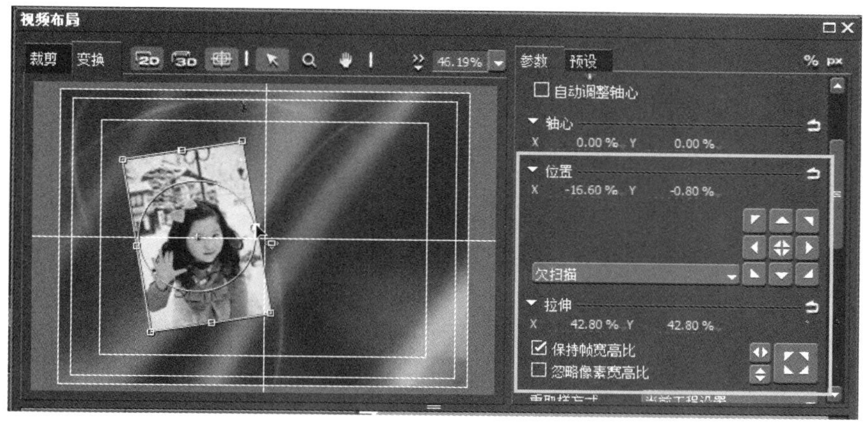

图 5.3.31　调整“女孩写真”素材的位置和拉伸数值

（10）调整“女孩写真”素材边缘颜色及类型，如图 5.3.32 所示。

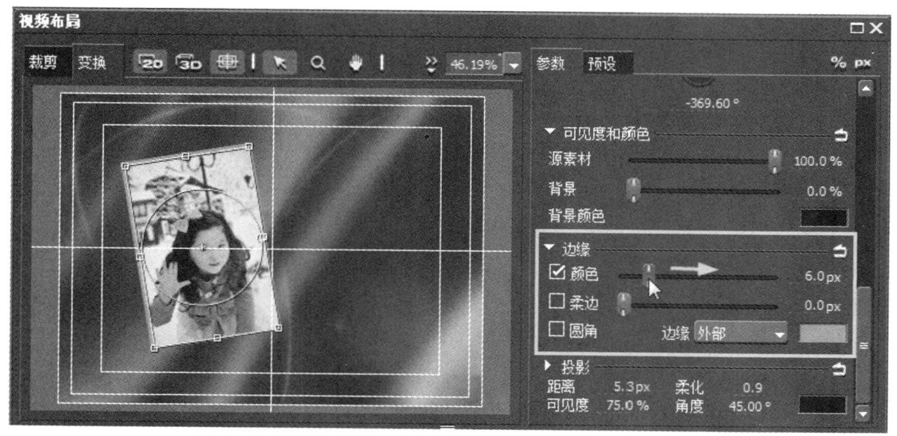

图 5.3.32　调整“女孩写真”素材的边缘颜色和类型

（11）设置“女孩写真”素材从开始到 20 帧位置的伸展、旋转和可见度关键帧动画，让“女孩写真”素材从开始到 20 帧之间由大旋转逐渐变小，如图 5.3.33 所示。

图 5.3.33　设置“女孩写真”素材的关键帧动画

（12）在“女孩写真”素材尾部设置位置和旋转关键帧动画，让“女孩写真”素材旋转移出屏幕，如图 5.3.34 所示。

图 5.3.34　设置“女孩写真”素材的位置和旋转关键帧动画

（13）在时间线轨道上按 Ctrl 键复制“女孩写真”素材，然后将“全家福”素材添加到时间线 3V 轨道，并在工具栏单击按钮，在弹出的下拉菜单中选择“滤镜”选项，可将“女孩写真”素

材的关键帧动画替换给“全家福”素材，如图 5.3.35 所示。

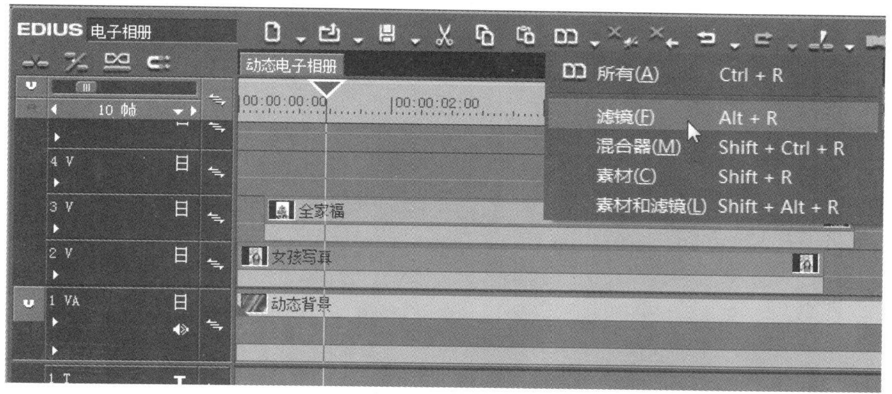

图 5.3.35　替换素材滤镜

（14）打开“全家福”素材的视频布局，更改位置和旋转数值，如图 5.3.36 所示。

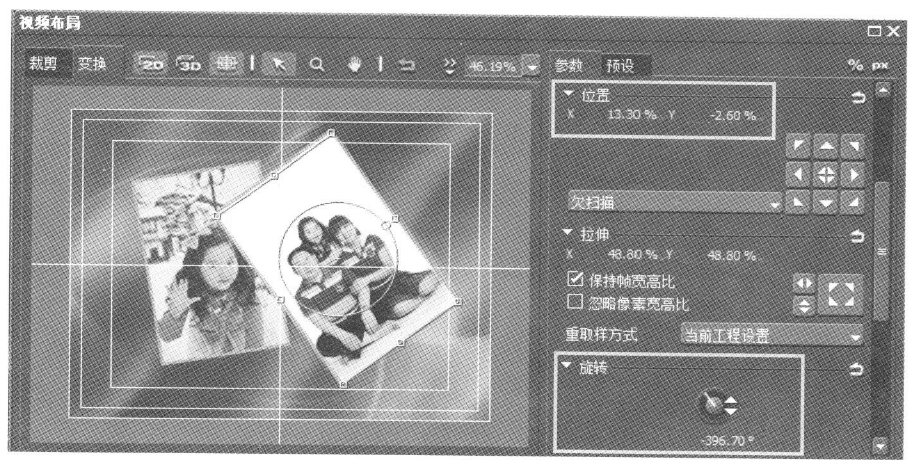

图 5.3.36　更改素材的位置和旋转数值

（15）在时间线 4V 轨道单击鼠标右键，在弹出的菜单中选择“新建序列”选项，如图 5.3.37 所示。

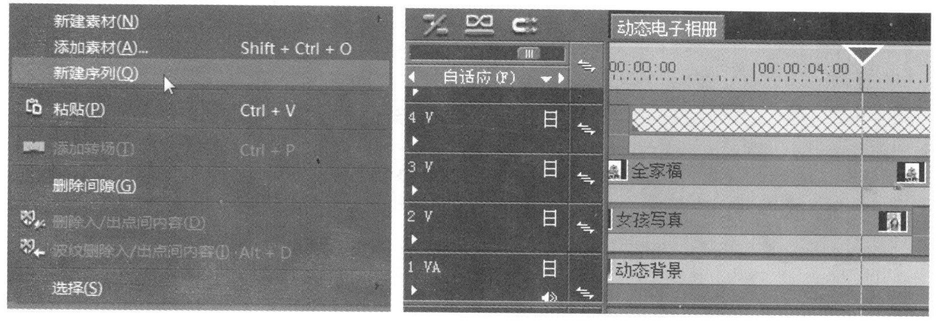

图 5.3.37　在 4V 轨道新建序列

（16）在时间线 4V 轨道选择新建序列，双击鼠标左键进入该序列，并创建色块如图 5.3.38 所示。

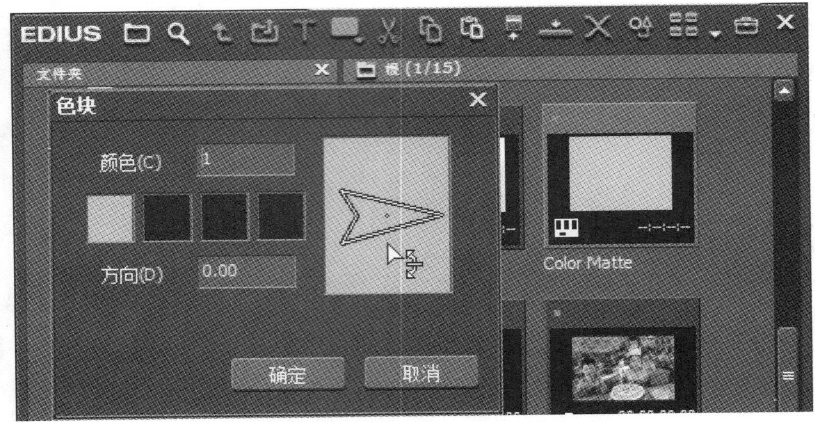

图 5.3.38　在新建序列创建色块

（17）选择“色块”素材，按键盘 F7 键打开视频布局，设置色块的拉伸、位置和可见度数值，如图 5.3.39 所示。

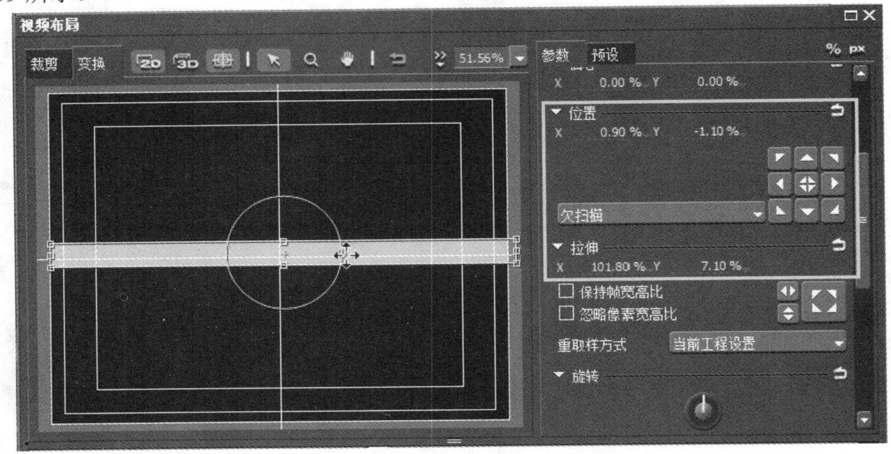

图 5.3.39　设置“色块”的拉伸、位置和可见度数值

（18）设置“色块”素材的位移关键帧动画，如图 5.3.40 所示。

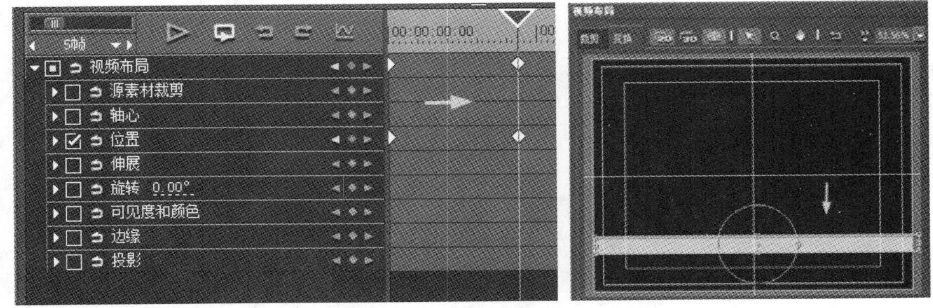

图 5.3.40　设置色块的拉伸

（19）在时间线复制“色块”所在的轨道，如图 5.3.41 所示。

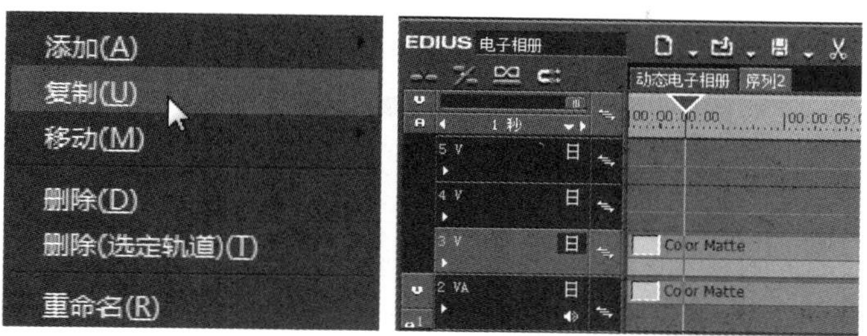

图 5.3.41　复制“色块”所在的轨道

（20）打开 3V 轨道“色块”素材的视频布局，并更改其位置数值，如图 5.3.42 所示。

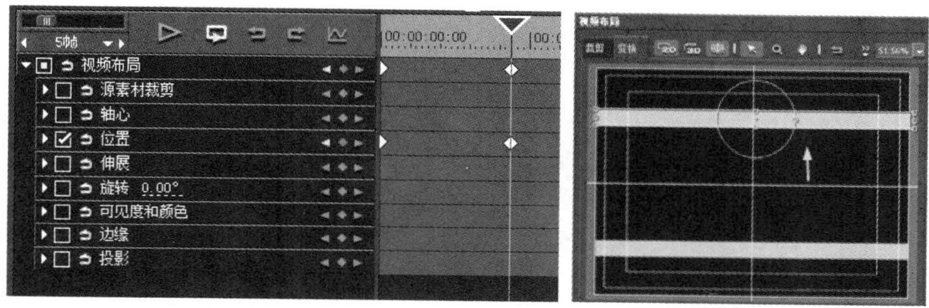

图 5.3.42　修改“色块”的位置数值

（21）利用同样的方法制作出向左右两边逐渐展开的“色块”位移关键帧动画，如图 5.3.43 所示。

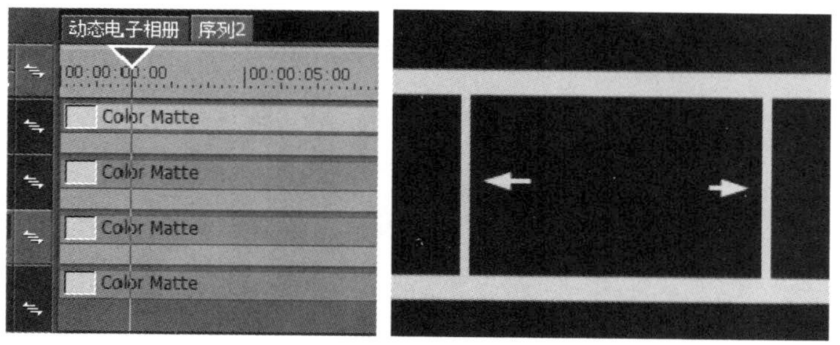

图 5.3.43　制作向左右两边展开的“色块”位移关键帧动画

（22）在时间线 1V 轨道单击鼠标右键，在弹出的菜单中选择“新建序列”选项，如图 5.3.44 所示。

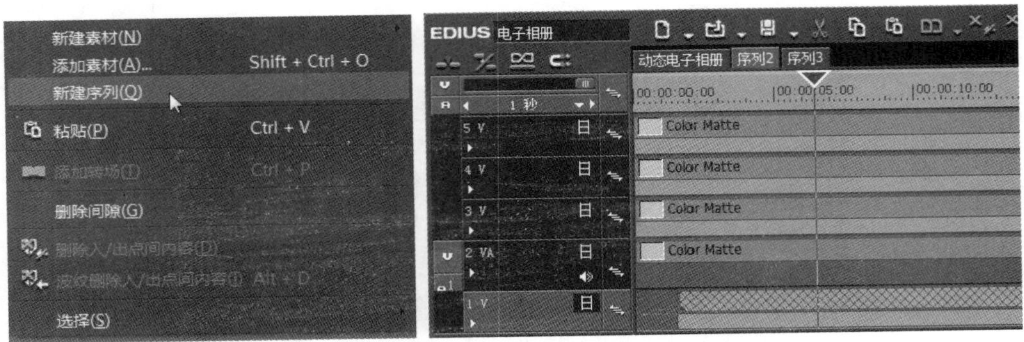

图 5.3.44　在 1V 轨道新建序列

（23）在时间线 1V 轨道选择新建序列，双击鼠标左键进入该序列，并导入“小孩生日”“幸福家庭”“生日”素材到时间线 1VA 轨道，如图 5.3.45 所示。

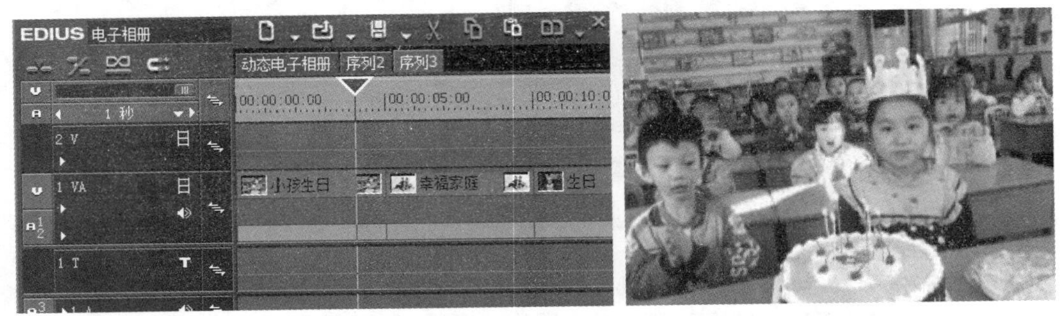

图 5.3.45　添加素材到时间线 1VA 轨道

（24） 在特效面板选择“边缘划像”视频转场并添加到各个素材之间，如图 5.3.46 所示。

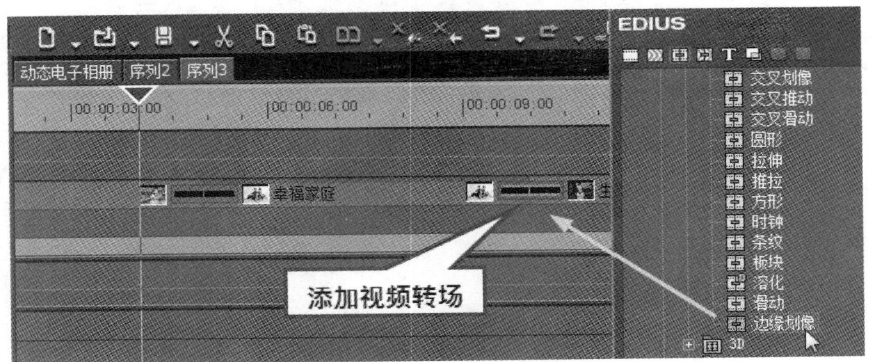

图 5.3.46　添加视频转场

（25） 打开“边缘划像”视频转场设置面板，设置“边缘划像”的样式、边框颜色和宽度，如图 5.3.47 所示。

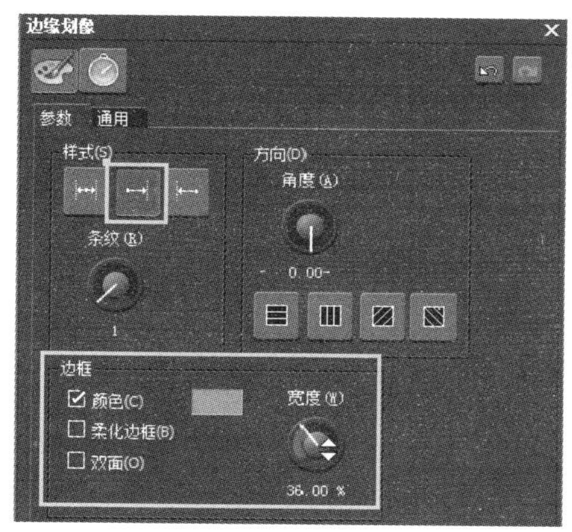

图 5.3.47　设置“边缘划像”视频转场

（26）完成“动态电子相册”效果的整个制作，按空格键播放并查看整个动画效果，最终效果如图 5.3.48 所示。

图 5.3.48　最终效果图

本 章 小 结

本章系统地介绍了 EDIUS Pro 9 的视频转场和效果控制，详细介绍了视频转场的分类、添加、清除、调整和视频布局。通过制作“天气预报”和“动态电子相册”练习，使读者能够熟练地对视频运动进行控制，并且能够添加运动关键帧动画，掌握视频转场的分类、添加和清除，调整视频转场效果等。

操 作 练 习

一、填空题

1．在时间线工具栏上单击添加默认转场按钮，快捷键为________。

2．转场分为________、________和________，EDIUS Pro 9 新增了________转场。

3．要对转场进行渲染，选择转场后单击鼠标右键选择________选项，或者按键盘________键，渲染后黑色线条变成________。

4．在特效面板里选择转场，单击鼠标右键选择________选项，可将选定转场设定为默认转场。

5．选择转场并单击鼠标右键选择“持续时间”选项，或按快捷键________键，可以更改转场的________。

二、选择题

1．导入一段素材并添加“画中画”特效，单击“复制背景”选项，可以将小画面内容复制到背景，单击“颜色”选项设置颜色为白色，背景画面颜色为彩色图像，设置颜色为黑色背景的画面为（　）图像。

（A）彩色　　（B）黑白

（C）不变　　（D）黑色

2．在众多的影视后期的制作过程中，添加视频转场可以使各镜头之间的（　）更有艺术化效果。

（A）生硬　　（B）切换过渡更加顺畅

（C）更艺术化　　（D）以上答案都不对

3．对于已经添加在时间线上的转场，通过拖曳鼠标可以更改转场的长度，选择转场后单击鼠标右键选择“持续时间”选项，或按快捷键（　）可以更改转场的长度。

（A）Shift +U　　（B）Shift +Alt+U

（C）Alt+U　　（D）Ctrl+U

三、简答题

1．如何自定义默认转场？

2．如何设置转场？

3．如何添加转场？

4．在 EDIUS Pro 9 软件里的转场分为哪几类？

四、上机操作题

1．选择两段素材进行添加并设置转场。

2．操作练习制作“天气预报”效果和“动态电子相册”。

第 6 章　绚丽的视频特效

特效是视频处理特殊效果里的一个很强大的工具，EDIUS Pro 9 提供了上百种绚丽多彩的视频特效。利用特效不但可以对图像进行各种美轮美奂的视觉处理，而且还可以对图像进行各种艺术处理。本章主要介绍一些常用的视频特效的基础知识及使用方法和技巧。

知识要点

- 视频的颜色校正
- 色彩校正和安全色
- 老电影效果
- 混合滤镜和手绘遮罩
- 色度键

6.1　视频的颜色校正

6.1.1　色彩校正和安全色

色彩校正是视频滤镜中最重要的部分之一。导入一段素材添加到时间线，很明显素材偏色，在时间线工具栏单击按钮打开矢量示波器，如图 6.1.1 所示。

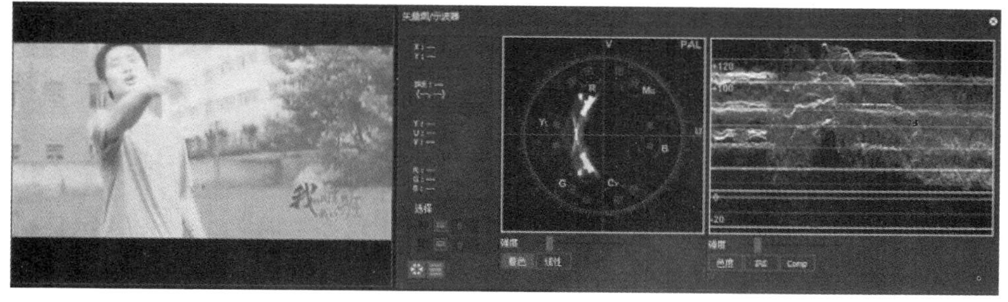

图 6.1.1　打开矢量示波器

在制作过程中利用矢量示波器作为校色和调色的依据，打开矢量示波器发现颜色偏绿。视频偏色主要是由于在各种不同光线下拍摄，因场地和拍摄时间不同，再加上拍摄时没有校正白平衡等因素所致。矢量示波器主要用于检测视频当前画面亮度、色彩饱和度和色彩偏向等数值。

示波器分为矢量示波器和波形示波器，最左面是信息区，点击按钮显示矢量示波器，点击按钮显示波形示波器，如图 6.1.2 所示。

矢量示波器以坐标的方式显示视频的色度信息，离圆心越远颜色值越高，离圆心越近颜色值越低，超出圆圈范围表示超标，必须调整。如图 6.1.3 所示，左图红色和绿色超出范围。

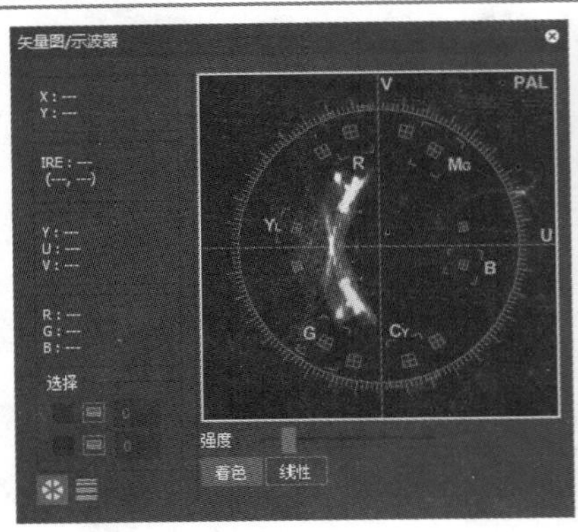

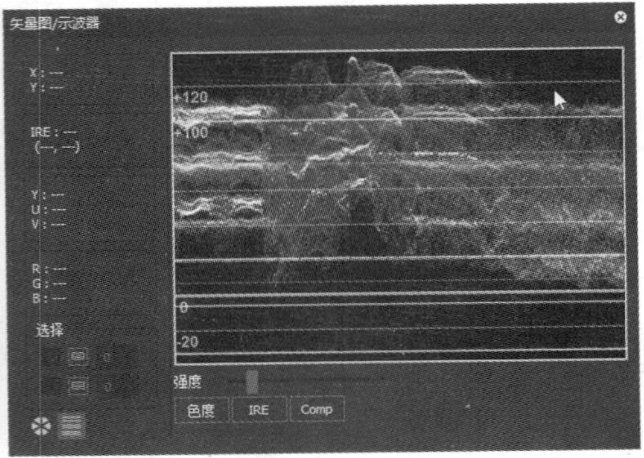

图 6.1.2　矢量示波器面板

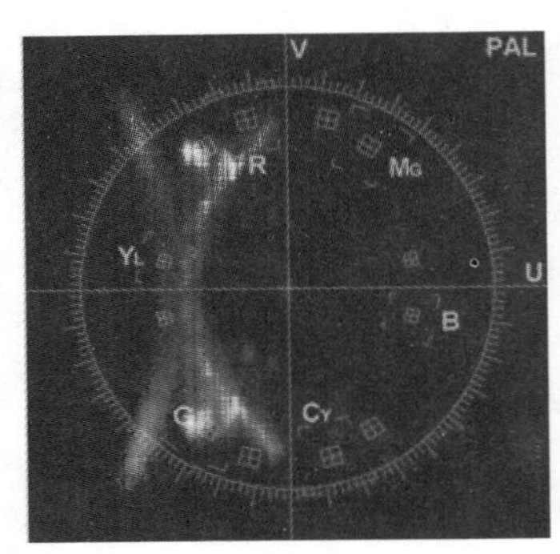

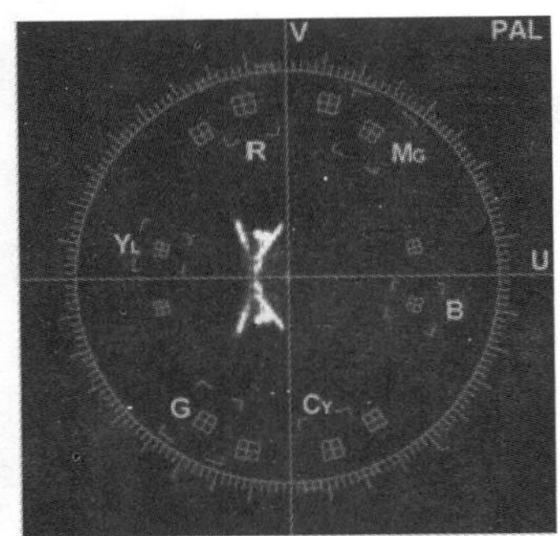

图 6.1.3　矢量示波器颜色显示

在矢量图中 R、G、B、MG、CY 和 YI 分别代表电视信号红色、绿色、蓝色以及互补色青色、品红和黄色，单击鼠标左键在屏幕上放大视图，单击右键缩小视图，如图 6.1.4 所示。

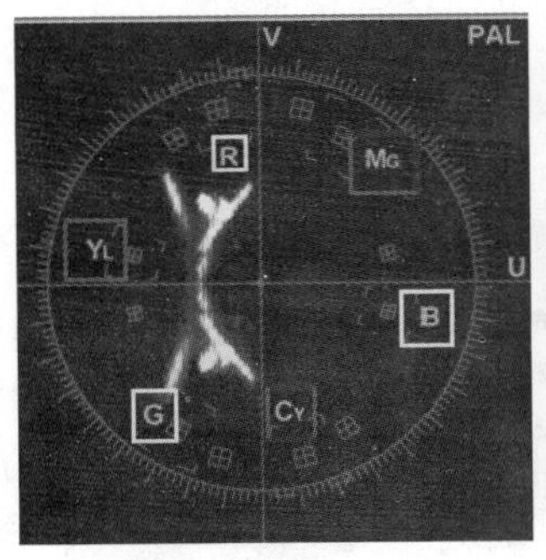

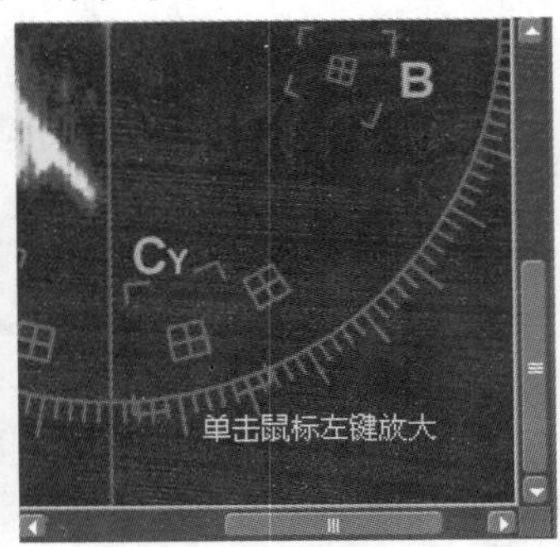

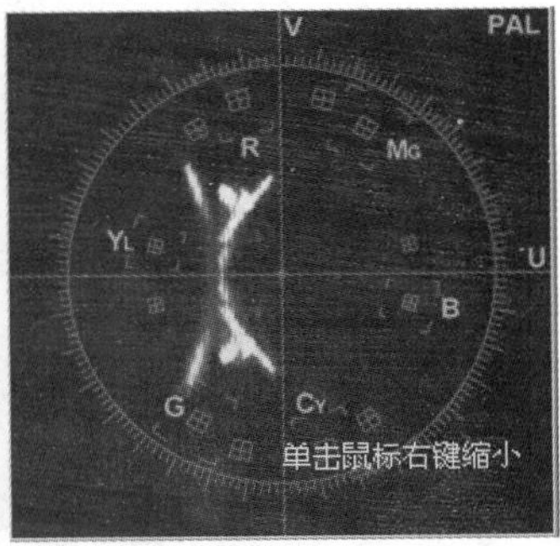

图 6.1.4　放大和缩小矢量示波器

波形示波器主要是检测视频亮度、饱和度和色度信号的分布，如图 6.1.5 所示。

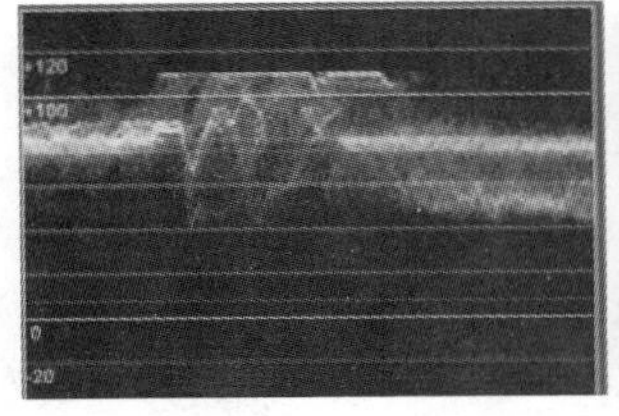

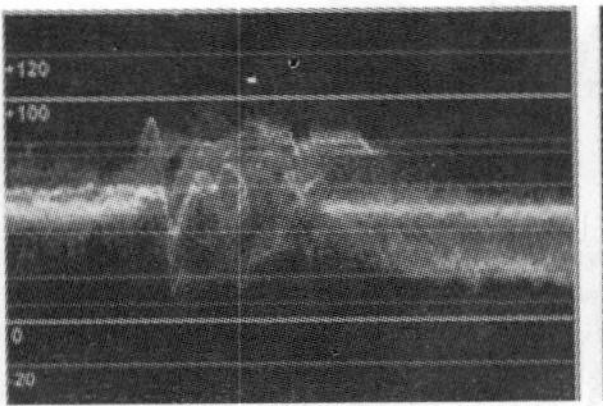

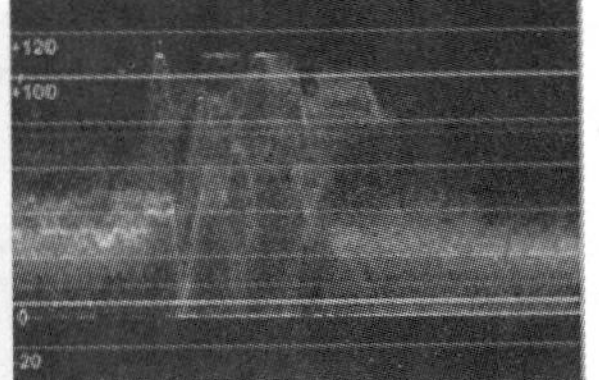

图 6.1.5　波形示波器

校正偏色视频的操作步骤：

（1）给素材添加色彩平衡特效，如图 6.1.6 所示。

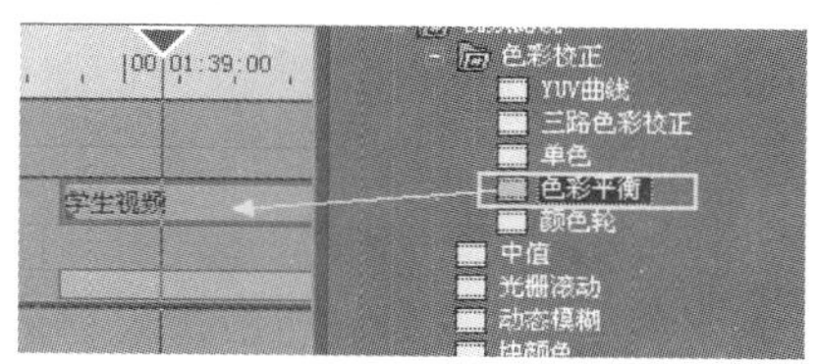

图 6.1.6　添加色彩平衡效果

（2）给素材降低绿色，适当调整色度和亮度，如图 6.1.7 所示。

图 6.1.7　调整颜色设置

（3）点击按钮预览半屏对比效果，还可以通过调整百分比数值来调整半屏的大小和效果，给色度添加动画关键帧，勾选“安全色”复选框，如图 6.1.8 所示。

图 6.1.8　左右对比调整颜色前后的效果

（4）将播放头移到开始位置降低色度值，自动形成一段由黑白到彩色的动画，单击按钮，观看半屏对比效果，如图 6.1.9 所示。

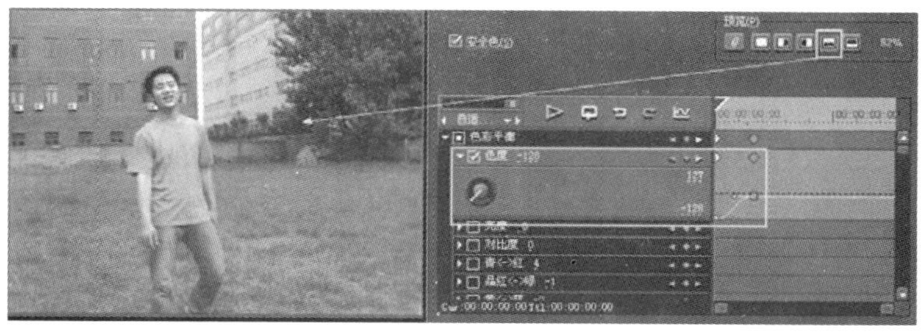

图 6.1.9　上下对比调整颜色的效果

三路色彩校正，以前版本叫白平衡，用其调整偏色视频的操作步骤如下：

（1）调整素材的灰平衡数值，如图 6.1.10 所示。

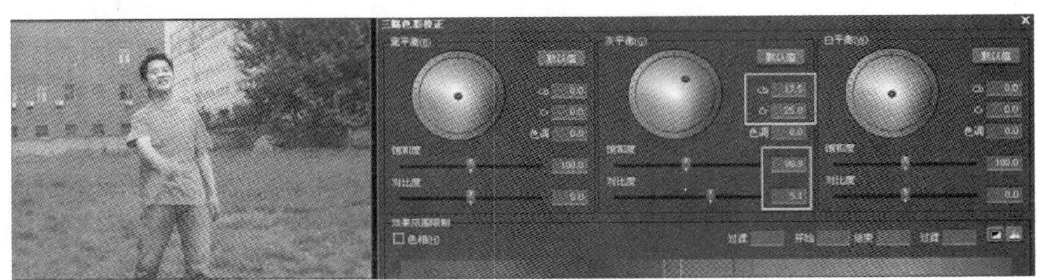

图 6.1.10 调整三路色和校正效果

（2）在“取色器”里选择“自动”选项，在画面上点击画面的暗调部分、中间调部分和高光部分，软件就会自动校正色彩，如图 6.1.11 所示。

图 6.1.11 在屏幕上自动拾取颜色

（3）适当调整灰平衡、黑平衡和白平衡的亮度和对比度，完成校色，如图 6.1.12 所示。

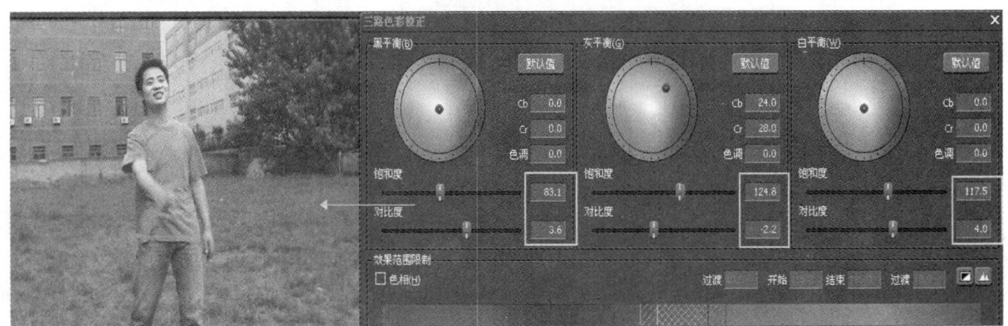

图 6.1.12 完成自动校色

通过“三路色彩校正”特效给人物衣服换色操作步骤：

（1）在“拾色器”选项里点击“色彩范围”单选框选取颜色，如图 6.1.13 所示。

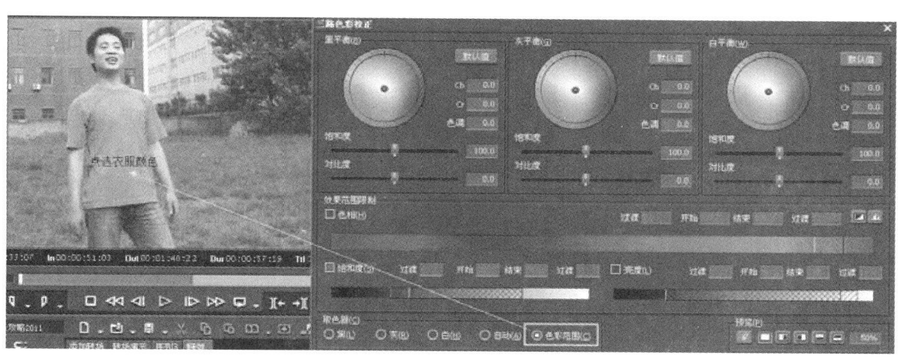

图 6.1.13　调整颜色的选取范围

（2）在“效果范围限制选项”里勾选“色相”和“饱和度”适当调整范围，点击键显示按钮（）和直方图按钮（），其中白色区域为选择区域，如图 6.1.14 所示。

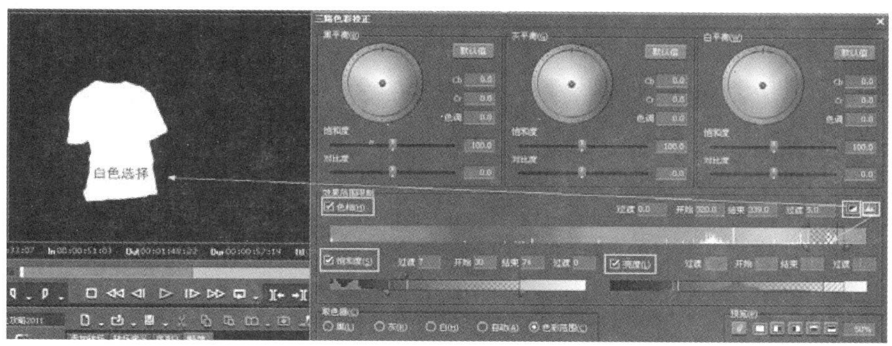

图 6.1.14　键显示方式选取范围

（3）点击按钮取消键显示，将灰平衡的颜色调整为绿色，适当地调整饱和度和对比度，接着再调整黑平衡和白平衡颜色，如图 6.1.15 所示。

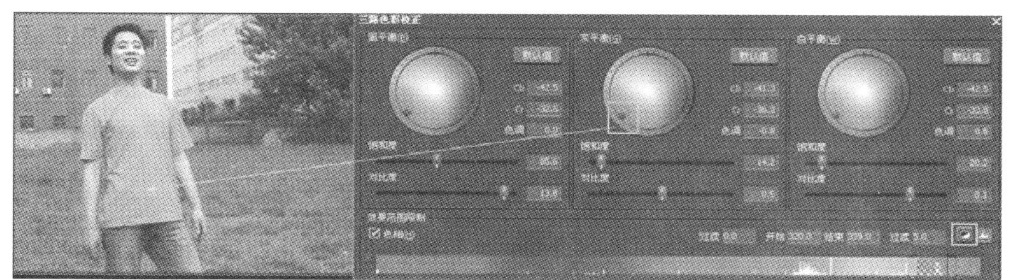

图 6.1.15　设置选取范围的颜色

（4）这样衣服的颜色就更换成功了，可以设置动画关键帧，如图 6.1.16 所示。

图 6.1.16　设置动画关键帧

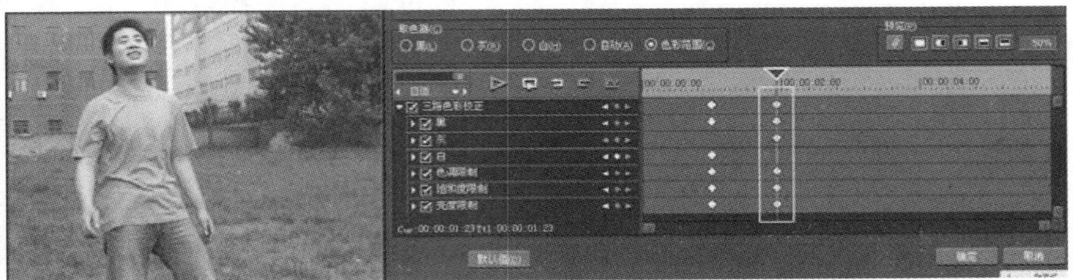

续图 6.1.16 设置动画关键帧

调整背景草坪和树的颜色，不调整人物颜色的操作步骤：

（1）同样选择草坪颜色，点击按钮调整选取范围，如图 6.1.17 所示。

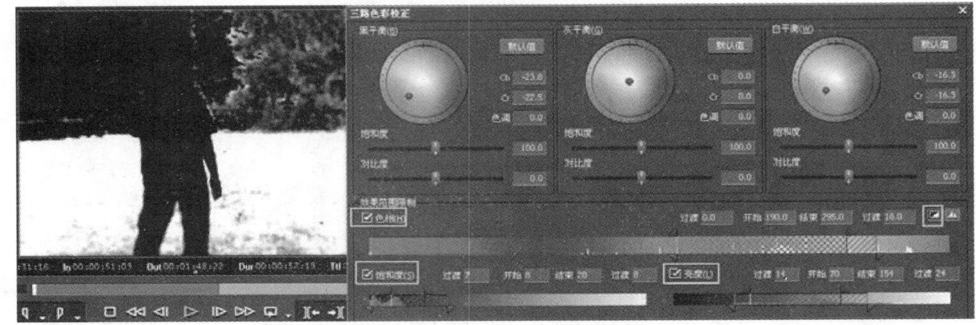

图 6.1.17 键显示方式选取草坪颜色

（2）同样取消键显示，调整灰平衡颜色，调整饱和度和对比度，如图 6.1.18 所示。

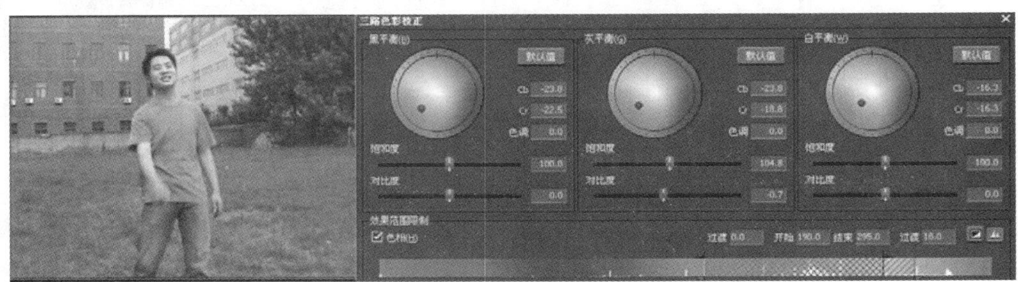

图 6.1.18 设置草坪的颜色

（3）对比一下最终效果，如图 6.1.19 所示。

图 6.1.19 最终效果对比

利用“色度”特效制作上述效果的操作步骤：

（1）在“色度”面板上单击吸管，在衣服颜色上吸取，如图 6.1.20 所示。

图 6.1.20　吸取衣服颜色

（2）勾选“键显示”复选框调整选取范围，如图 6.1.21 所示。

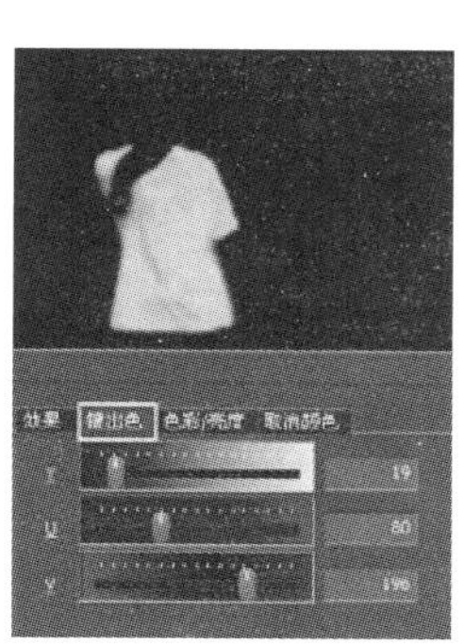

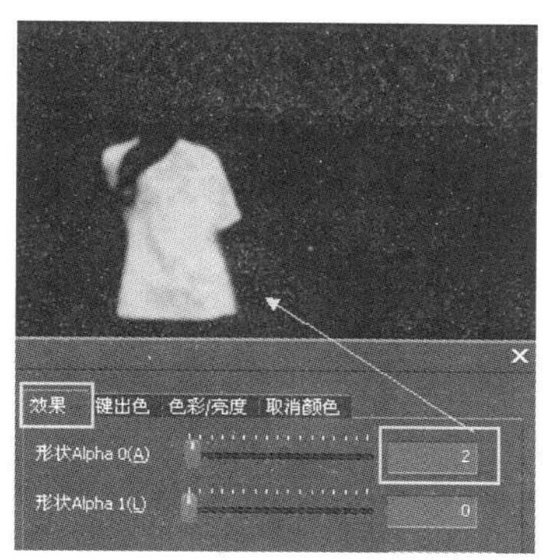

图 6.1.21　键显示选择范围

（3）选择“效果”→“内部滤镜”→“颜色轮”效果，调整颜色轮的颜色为绿色，如图 6.1.22 所示。

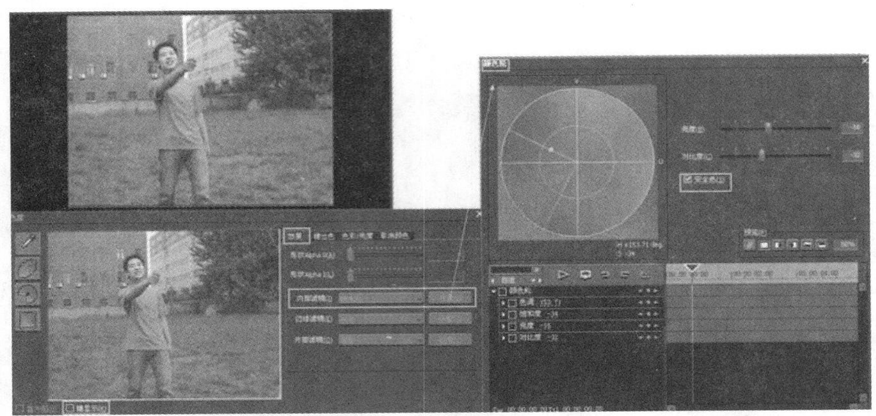

图 6.1.22 调整“颜色轮”，设置衣服颜色

6.1.2 老电影效果

操作步骤：

（1）导入“小孩”素材并添加“YUV 曲线”特效，参数设置如图 6.1.23 所示。

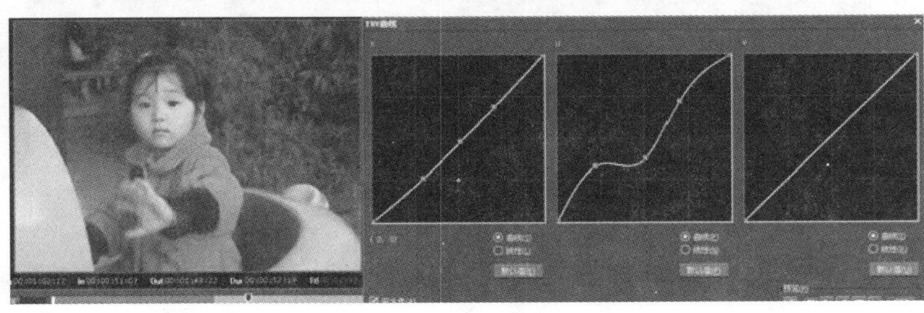

图 6.1.23 添加 YUV 曲线特效

（2）再次添加“老电影”特效，调整划痕和视频噪声、帧跳动和颗粒参数，如图 6.1.24 所示。

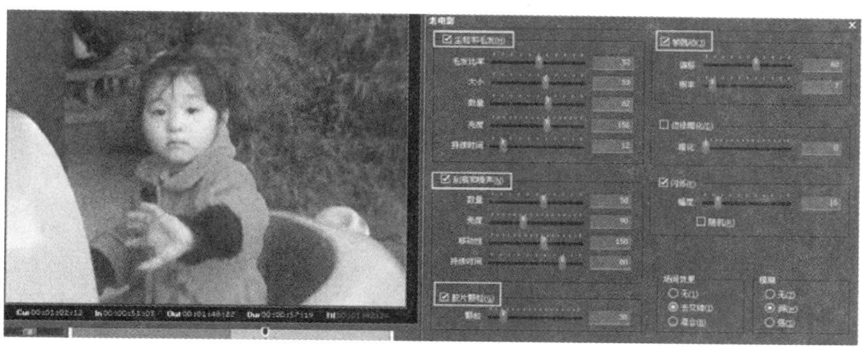

图 6.1.24　添加“老电影”特效

（3）调整边缘暗化，让图像更有层次感，如图 6.1.25 所示。

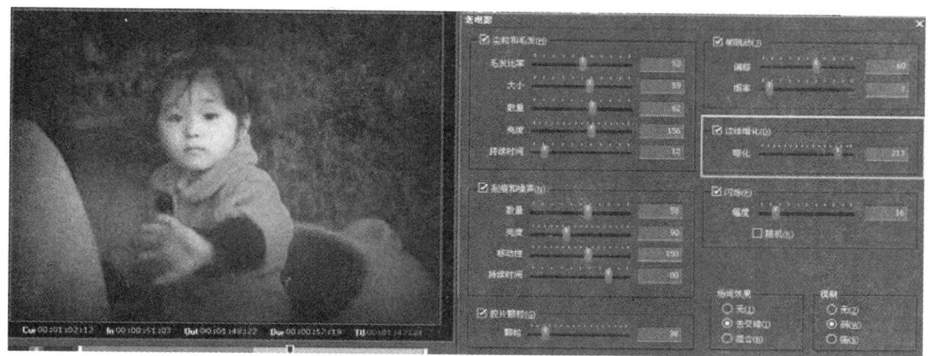

图 6.1.25　调整“老电影”效果

（4）最后，再制作一个电影宽银幕遮幅，最终效果就出来了，如图 6.1.26 所示。

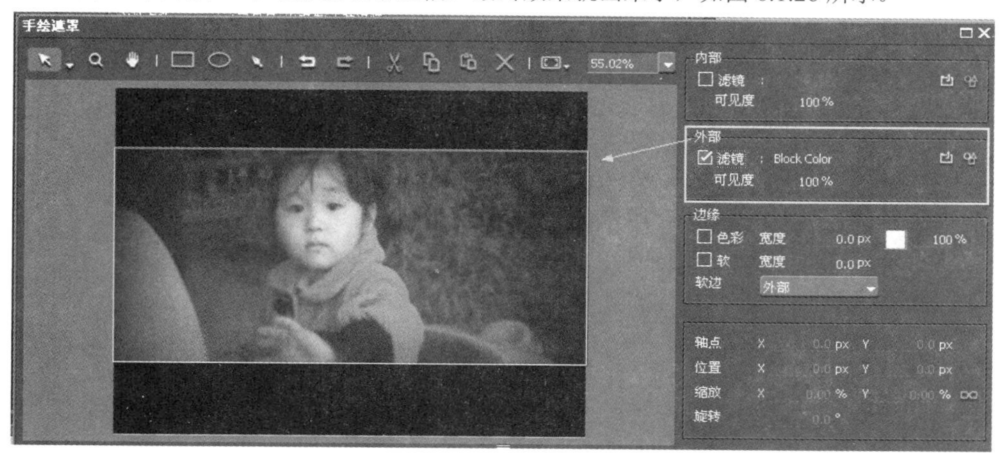

图 6.1.26　制作视频遮幅

（5）按 Ctrl 键在“信息”面板加选三个特效，拖曳到“视频滤镜”下作为用户自定义滤镜预设，如图 6.1.27 所示。

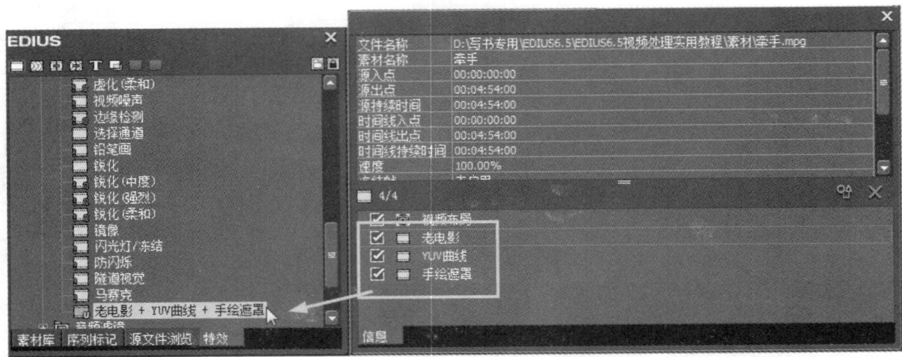

图 6.1.27 将“老电影”效果添加到“视频滤镜”

（6）右键单击添加进来的用户自定义滤镜，重新命名，如图 6.1.28 所示。

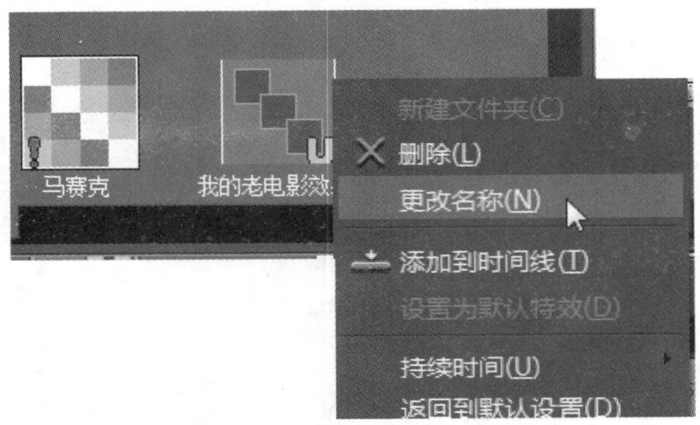

图 6.1.28 更改特效预设名称

EDIUS Pro 9 提供了 40 多种视频滤镜效果供用户选择使用，如图 6.1.29 所示。

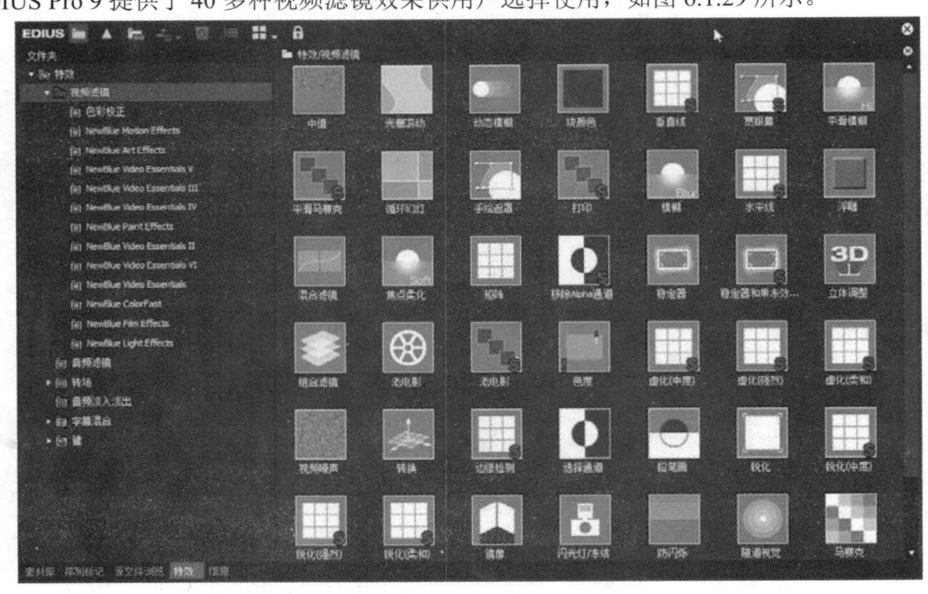

图 6.1.29 视频滤镜效果

另外，在视频滤镜下内置了 15 种常用视频色彩校正滤镜，如图 6.1.30 所示。

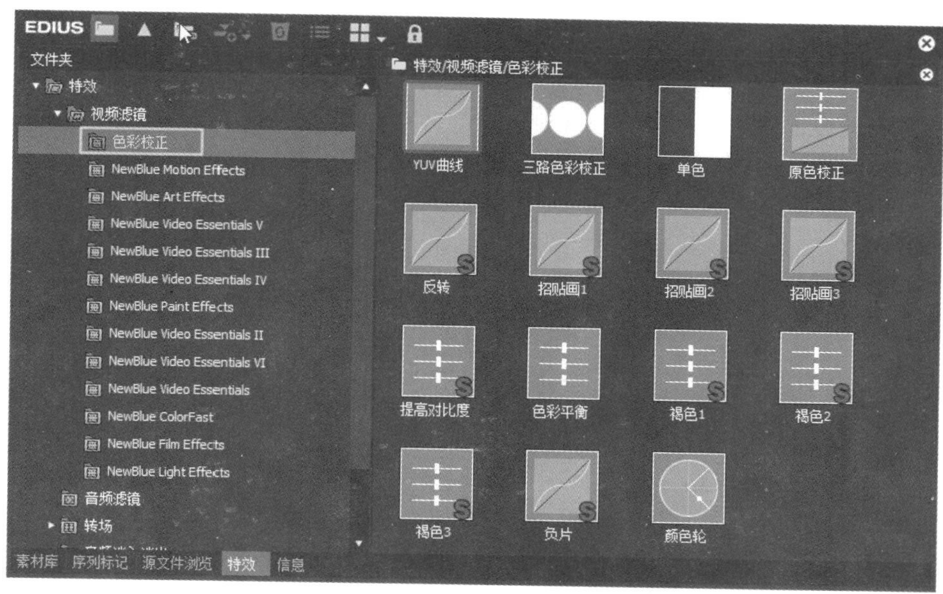

图 6.1.30　色彩校正滤镜效果

还有一些常用的音频滤镜，音频滤镜主要用来调节音频的特性，如图 6.1.31 所示。

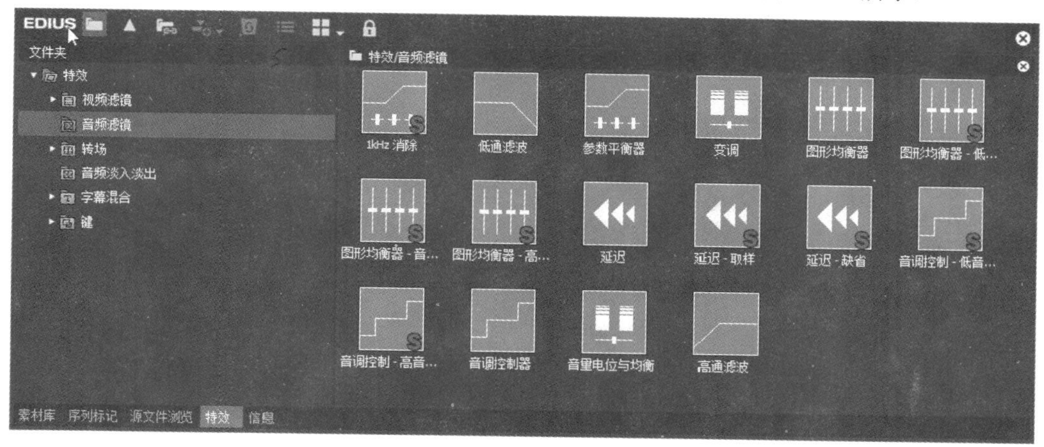

图 6.1.31　音频滤镜

低通滤波：可以有效传输低于某一范围以下频率的信号，高于此频率的信号将衰减。

变调：主要是转换音频的音调，转换时保持速度。

延迟：通过调整参数可以达到一种回音效果，感觉像在山谷里呐喊一样，给人一种声音空间感。

音量电位与均衡：主要设置左右声道和各声道音频音量的大小。

6.1.3　混合滤镜和手绘遮罩

制作混合滤镜和手绘遮罩的操作步骤：

（1）给素材添加“混合滤镜”特效，将“滤镜 1”设置一个“铅笔画”特效，将比率调整至“滤镜 1”位置，设置“铅笔画”特效，如图 6.1.32 所示。

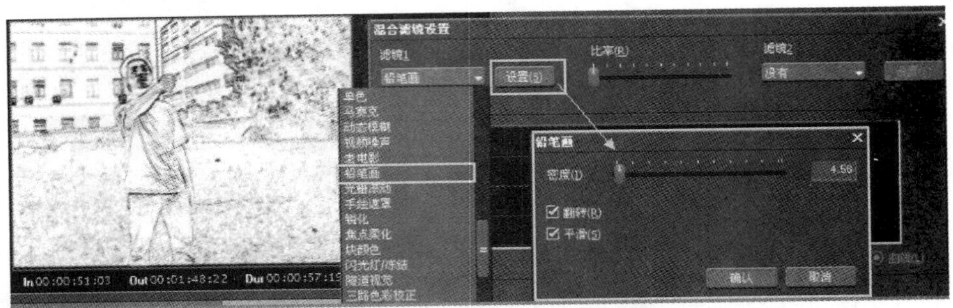

图 6.1.32　添加混合滤镜，设置“滤镜 1”为铅笔画特效

（2）将比率调整至“滤镜 2”位置，给“滤镜 2”设置一个“单色”特效，如图 6.1.33 所示。

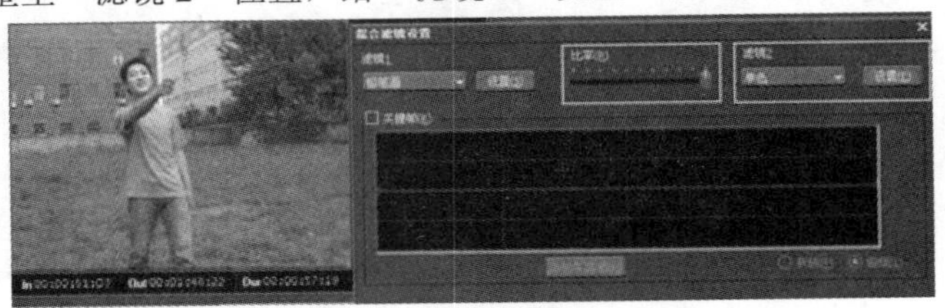

图 6.1.33　设置“滤镜 2”为单色特效

（3）将两个滤镜按中间的比率混合设置动画关键帧，播放素材画面由“铅笔画”特效过渡到“单色”特效，如图 6.1.34 所示。

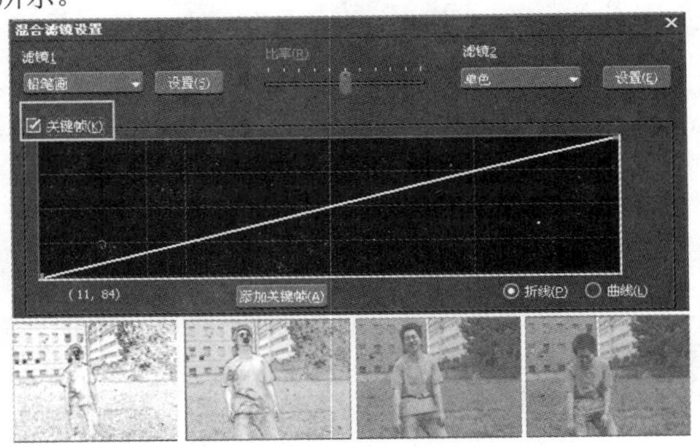

图 6.1.34　设置混合滤镜关键帧

（4）“组合滤镜”是将五个滤镜组合在一起，滤镜间相互层叠摆放，还可以嵌套应用，如图 6.1.35 所示。

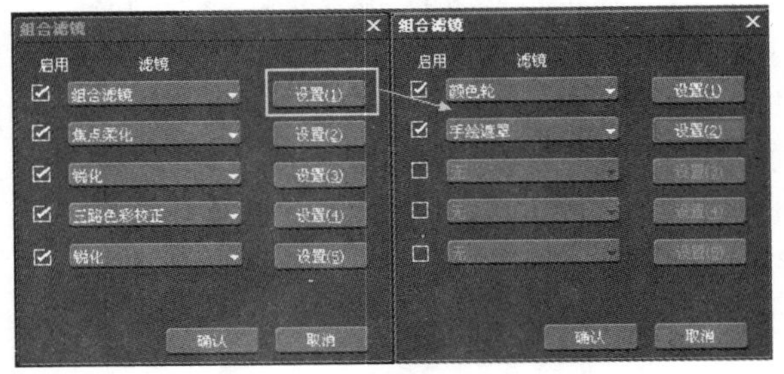

图 6.1.35　“组合滤镜”对话框

（5）“手绘遮罩”工具，可以根据用户的要求自由绘制选区。在“手绘遮罩”面板上点击按钮显示屏幕安全框，点击按钮在屏幕上绘制一个矩形并选取，如图 6.1.36 所示。

图 6.1.36　“手绘遮罩”面板

（6）点击按钮全屏预览，再单击按钮放大视图，可以用按钮平移并查看视图，如图 6.1.37 所示。

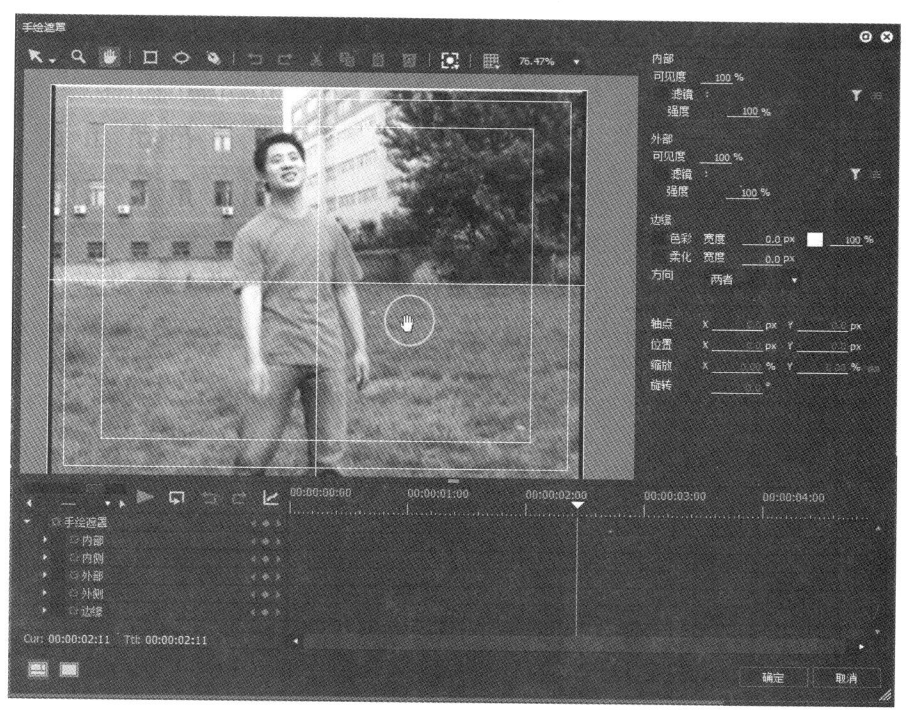

图 6.1.37　“手绘遮罩”面板介绍

（7）点击标准视图按钮（），点击按钮选择一个“铅笔画”滤镜，点击属性按钮（）设置滤镜，调整矩形选框大小时点击长度固定比例按钮（），可以解除矩形框的长宽比例，如图 6.1.38 所示。

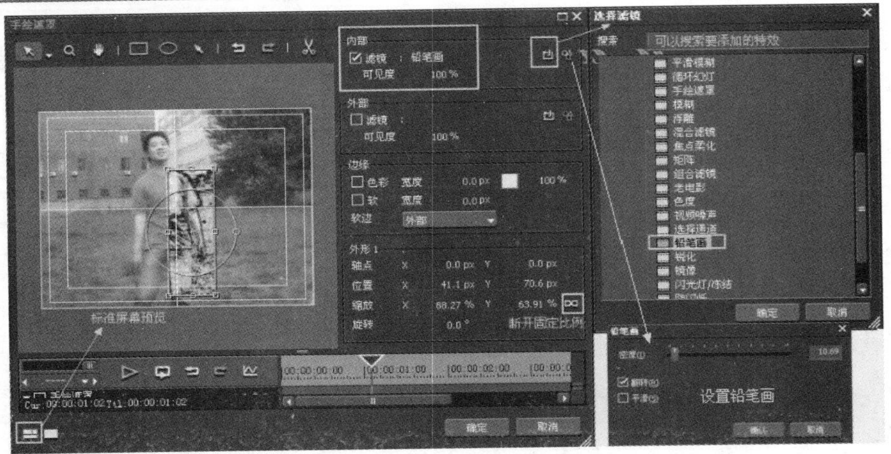

图 6.1.38 设置内部滤镜“铅笔画”效果

（8）给矩形遮罩设置动画关键帧，让铅笔画从屏幕左面向右移动，完成最终制作，如图 6.1.39 所示。

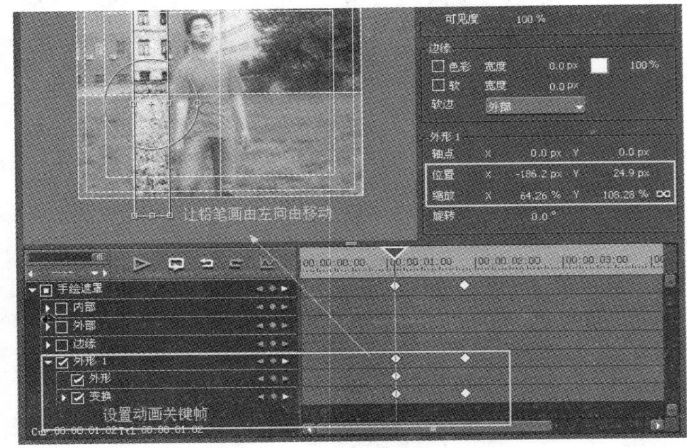

图 6.1.39 设置遮罩动画关键帧

利用手绘遮罩制作视频片头的操作步骤：

（1）再次导入“小孩”素材，在需要画面静止的地方冻结指针后的关键帧，添加“手绘遮罩”滤镜，顺着人物边缘用钢笔工具（ ）绘制遮罩，如图 6.1.40 所示。

图 6.1.40 绘制人物边缘遮罩

（2）点击抓手工具按钮（）或者按 H 键平移视图，再次点击按钮接着绘制，在屏幕上直接点击绘制角点，同时拖曳鼠标绘制“贝塞尔曲线”，可以通过两个手柄调整，如图 6.1.41 所示。

图 6.1.41　绘制“贝塞尔曲线”

（3）单击按钮选择“增加/删除顶点”选项，在需要添加/删除节点的地方单击可以增加/删除节点，点击“编辑控制点”选项，通过控制手柄来调整曲线，如图 6.1.42 所示。

图 6.1.42　编辑绘制的顶点

（4）将“外部可见度”调整为 0%，把边缘设置得柔和一点，如图 6.1.43 所示。

图 6.1.43　设置外部透明度和边缘

（5）在下轨道添加背景素材并适当调整，利用“视频布局”给“小孩”素材添加一个位移关键帧动画。然后将轨道复制两个以后，再次利用“视频布局”适当旋转小女孩并降低源素材可见度数值，如图 6.1.44 所示。

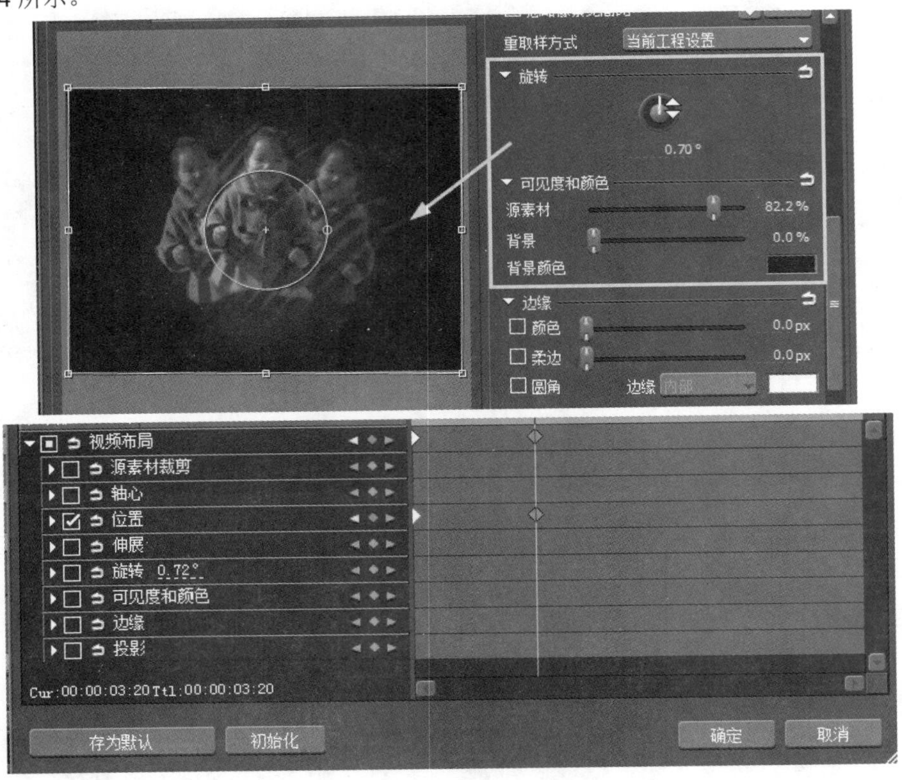

图 6.1.44　设置位移动画、添加背景素材

（6）添加一张 PSD 格式花素材，添加“手绘遮罩”滤镜制作花生长动画，添加带透明通道的素材才能透到下面轨道的画面上，如图 6.1.45 所示。

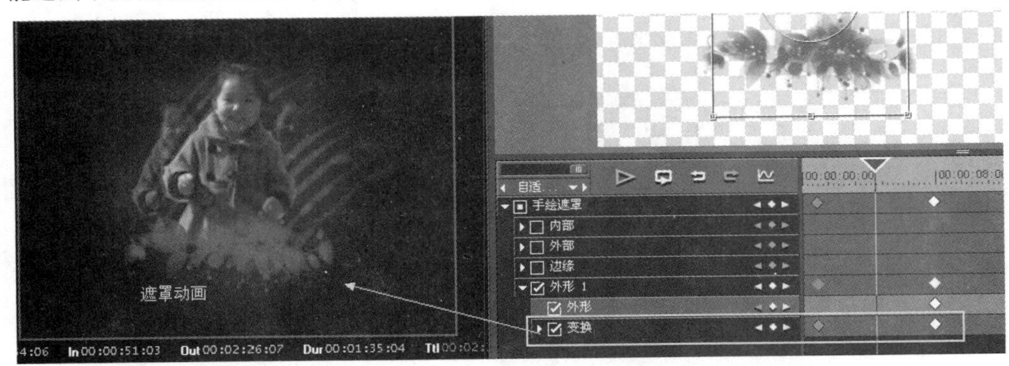

图 6.1.45　设置遮罩动画关键帧

（7）添加一个“火环爆发”素材，发现素材背景是黑色的透不到下面素材，再给该素材添加“相加模式”，如图 6.1.46 所示。

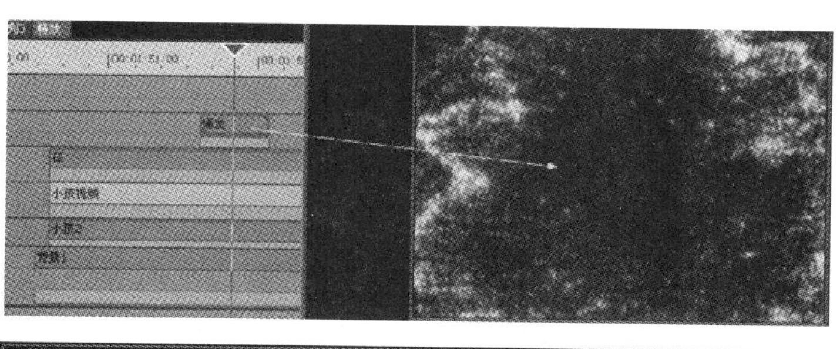

图 6.1.46　添加“火环爆发”素材

（8）利用同样的方法给背景添加“漂浮物”按钮，导入文字并添加动画，如图 6.1.47 所示。

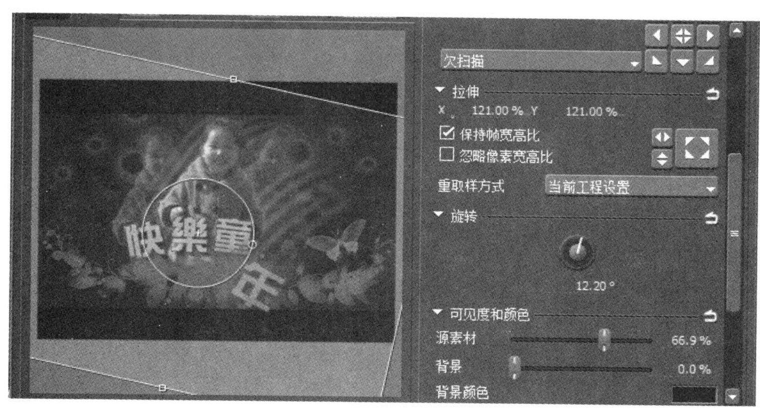

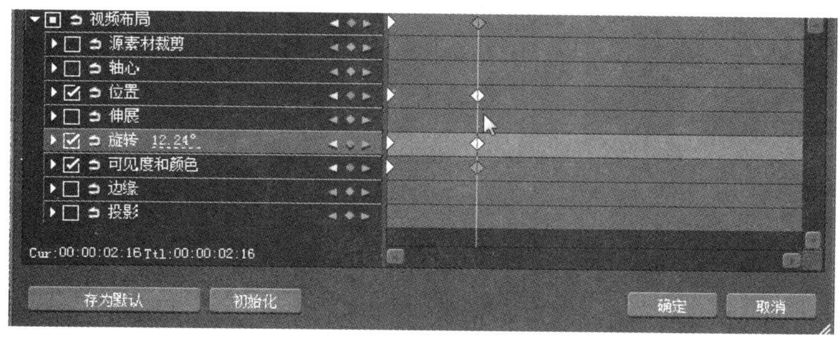

图 6.1.47　制作文字动画

（9）复制“小孩”素材后添加“手绘遮罩”滤镜，绘制矩形遮罩后移动遮罩轴心点至屏幕左侧，并制作遮罩位移动画。给蝴蝶添加位移动画，如图 6.1.48 所示。

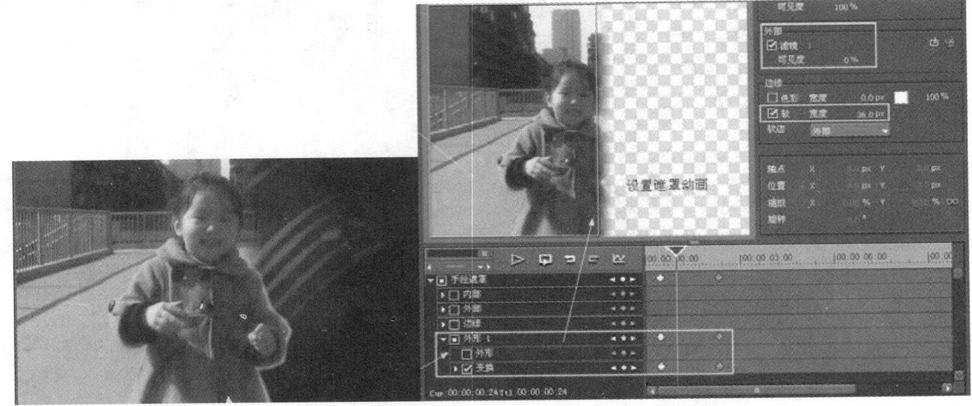

图 6.1.48　制作“背景擦除”动画

（10）调整动画先后顺序，这个简单的片头就制作好了。小孩由远处跑到镜头跟前擦除背景，人物移到画面中间的同时火环爆发，再到花草生长、蝴蝶飞舞，背景飘浮的气泡飞散，“快樂童年”四个字飞入，最终效果如图 6.1.49 所示。

图 6.1.49　最终效果图

6.1.4　色度键

很多影视作品都是把摄影棚中所拍摄的内容以提取通道的方式叠加在背景素材上，创建出更加精彩的画面效果的，这种方式叫作抠像。

在摄影棚中拍摄经常在演员或者拍摄物背后放一块纯色背景布，最常用的是蓝色背景和绿色背景。蓝屏抠像在影视领域中应用得非常广泛，经常用于虚拟背景的合成画面和电视台虚拟演播室等。

抠像操作步骤：

（1）导入拍摄的一段素材，这段素材是人物在蓝布上曳着某个东西来回翻滚，草地背景是在公园拍摄的动态草地。目的是抠像后的人物素材和草地背景叠加，感觉是人在草地上被某个东西拖动并来回翻滚，如图 6.1.50 所示。

图 6.1.50　蓝屏素材和背景素材

（2）将蓝屏素材添加到时间线并把草地背景放入下轨道，给蓝屏素材添加“键/色度键”特效，如图 6.1.51 所示。

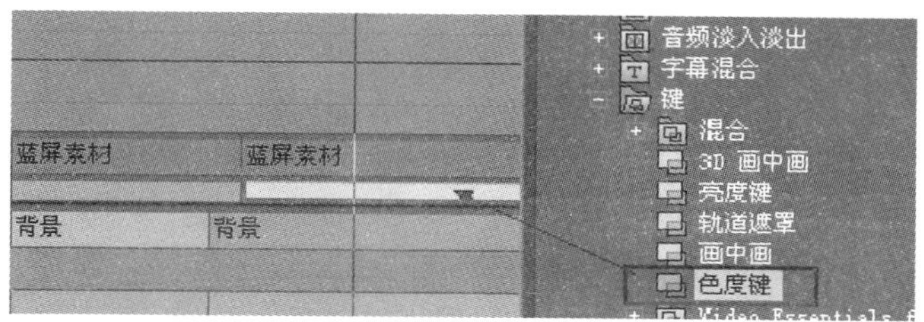

图 6.1.51　添加“色度键”特效

（3）点击按钮吸取蓝颜色，勾选键显示调整色度范围，白色区域为保留部分，黑色区域为抠除部分，如图 6.1.52 所示。

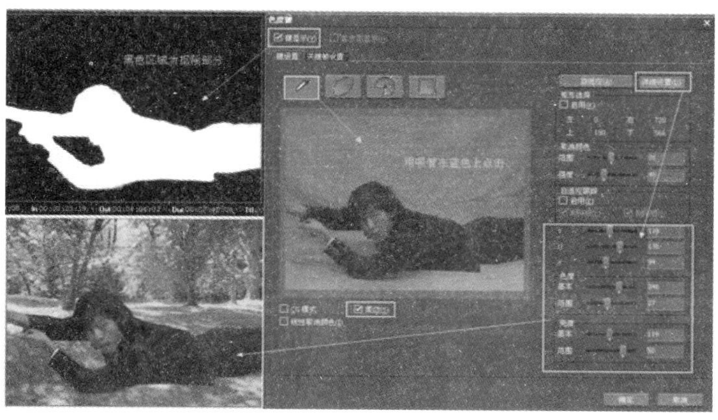

图 6.1.52　选择要抠除的颜色范围

（4）蓝色背景被抠除了，最终效果如图 6.1.53 所示。

图 6.1.53　最终效果图

6.2 视频的其他特效

6.2.1 抖动稳定器的使用

抖动稳定器是 EDIUS Pro 9 新增的一个工具，可以快速地对拍摄时的抖动镜头进行稳定处理，并可以对大幅度的晃动画面进行手动调整，以便达到理想的防抖稳定效果。具体操作步骤如下：

（1）导入“爱情故事”的一段抖动很严重的素材并添加到时间线轨道，如图 6.2.1 所示。

图 6.2.1 导入“爱情故事”素材并添加到时间线轨道

（2）在特效面板将“稳定器”效果添加到“爱情故事”素材，如图 6.2.2 所示。

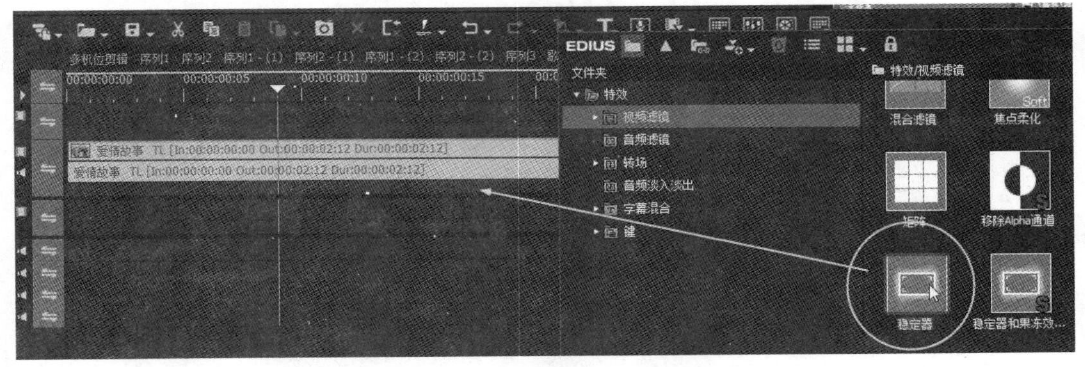

图 6.2.2 添加“稳定器”效果

（3）在信息面板选择“稳定器”并双击鼠标左键打开“视频稳定器”面板，如图 6.2.3 所示。

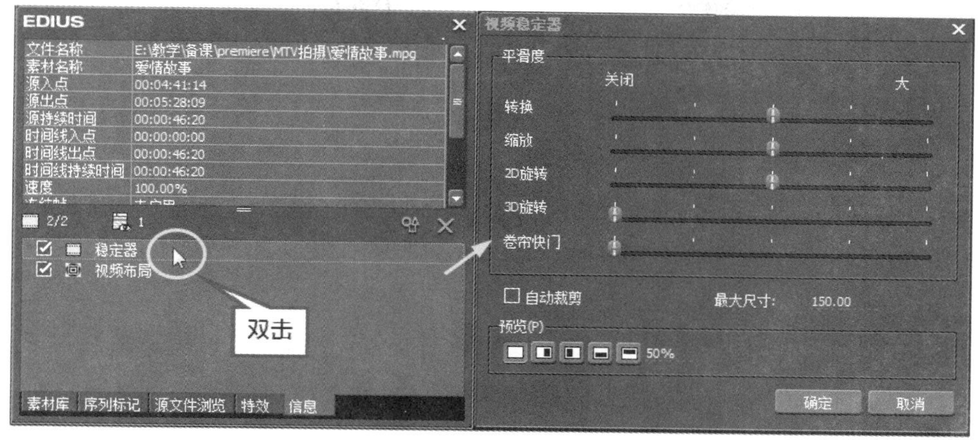

图 6.2.3　打开“视频稳定器”面板

（4）　在“视频稳定器”面板通过调整“转换”“缩放”和“2D 旋转”等数值对大幅度晃动的画面进行手动调整，并勾选“自动裁剪”选项，如图 6.2.4 所示。

图 6.2.4　勾选“自动裁剪”选项

（5）　单击 确定 按钮完成整个视频抖动稳定的调整。

6.2.2　3D 立体视频编辑

EDIUS Pro 9 除了具有实时多格式、顺畅混合编辑等优点之外还新增了立体 3D 编辑，可满足越来越多的用户对立体 3D、多格式和高清实时编辑的各种全新需求。3D 立体视频编辑具体操作步骤如下：

（1）　单击菜单执行“文件”→“新建”　→“工程”命令，或者按“Ctrl+N”键新建一个工程文件，如图 6.2.5 所示。

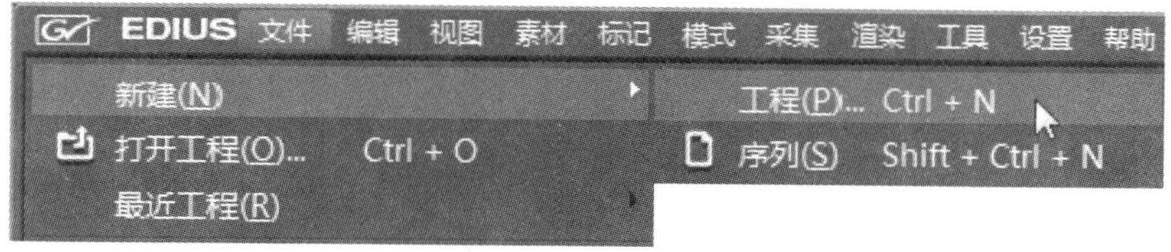

图 6.2.5　新建工程文件

（2）在弹出的“工程设置”对话框里设置工程文件名称和文件夹，并勾选“自定义”选项，如图 6.2.6 所示。

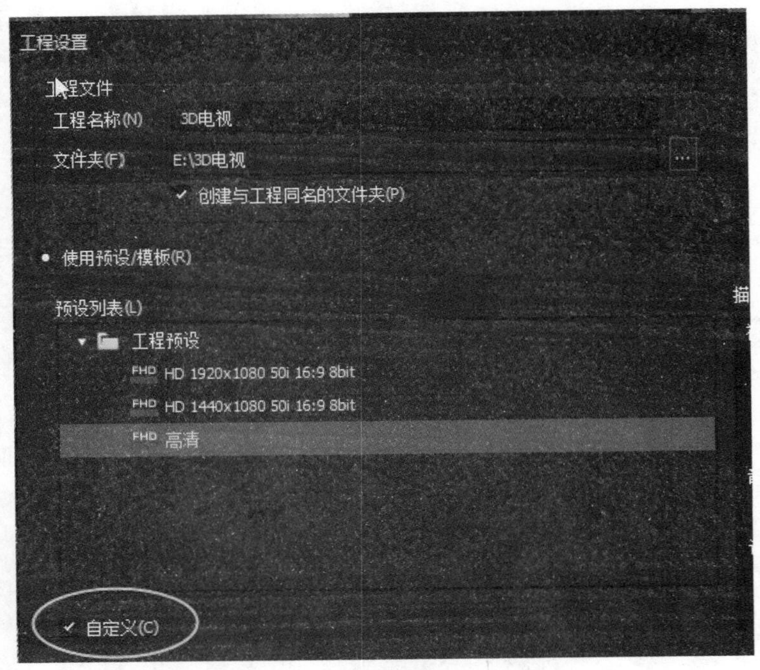

图 6.2.6　设置工程文件名称和文件夹

（3）在“工程设置”对话框里启用“立体编辑”模式，如图 6.2.7 所示。

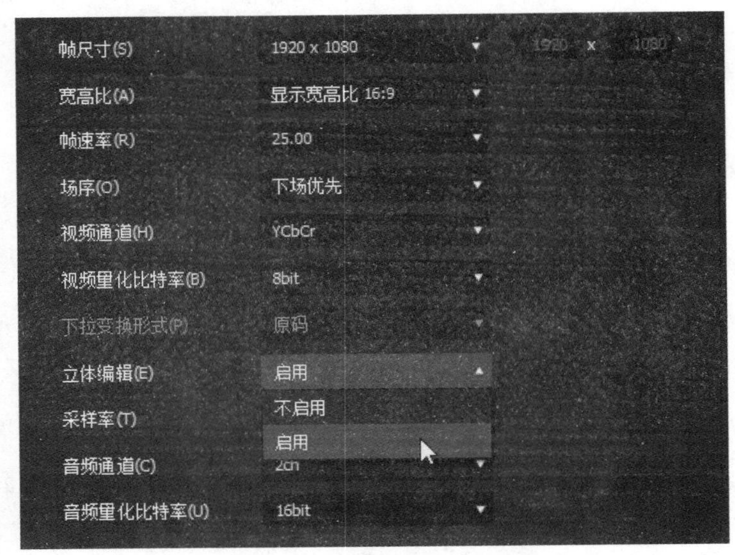

图 6.2.7　启用“立体编辑”模式

（4）在素材库打开“鱼（左眼）”和“鱼（右眼）”素材，如图 6.2.8 所示。

图 6.2.8　打开 3D 立体“鱼（左眼）”和“鱼（右眼）”素材

（5）按 Ctrl 键，并在素材库面板同时选择“鱼（左眼）”和“鱼（右眼）”素材，单击鼠标右键，在弹出的菜单中选择“设为立体组”选项，如图 6.2.9 所示。

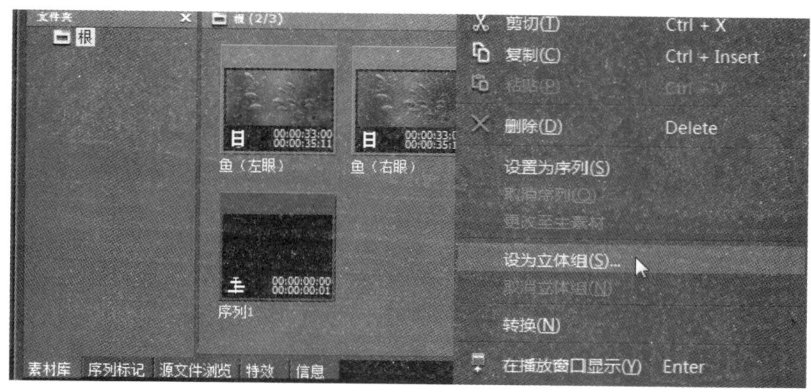

图 6.2.9　选择“设为立体组”选项

（6）在弹出的“立体设置”对话框里选择“入点帧”同步模式，如图 6.2.10 所示。

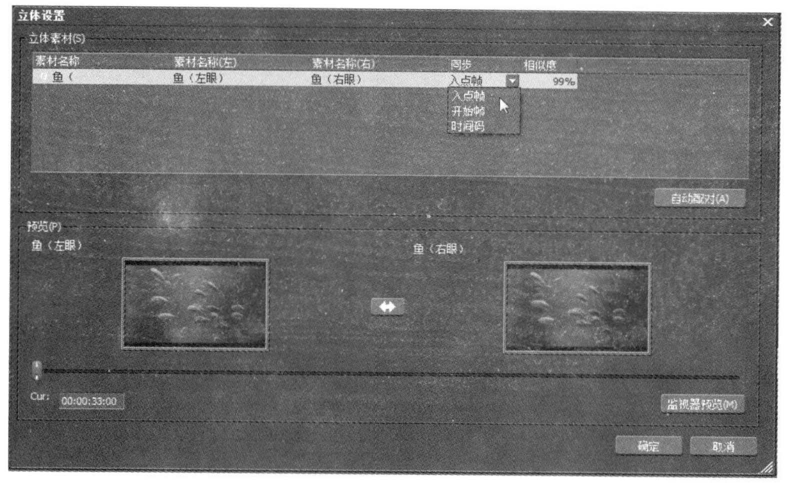

图 6.2.10　选择“入点帧”同步模式

（7）将“鱼”的立体素材添加到时间线轨道，如图 6.2.11 所示。

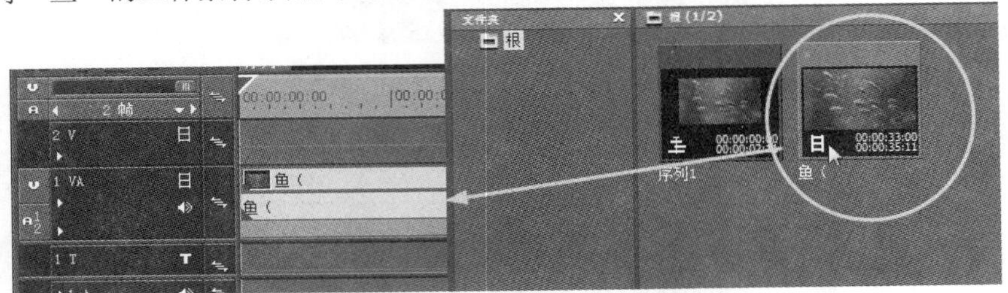

图 6.2.11　将立体素材添加到时间线轨道

（8）给“鱼”立体素材添加“立体调整”滤镜，并设置素材“横向”的远近数值，如图 6.2.12 所示。

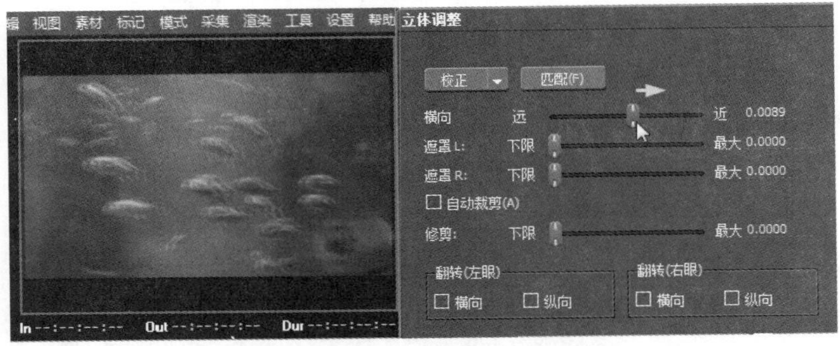

图 6.2.12　设置“立体调整”数值

（9）单击菜单执行“视图”→“立体模式”→“左右并列”命令，设置 3D 立体素材的预览模式，如图 6.2.13 所示。

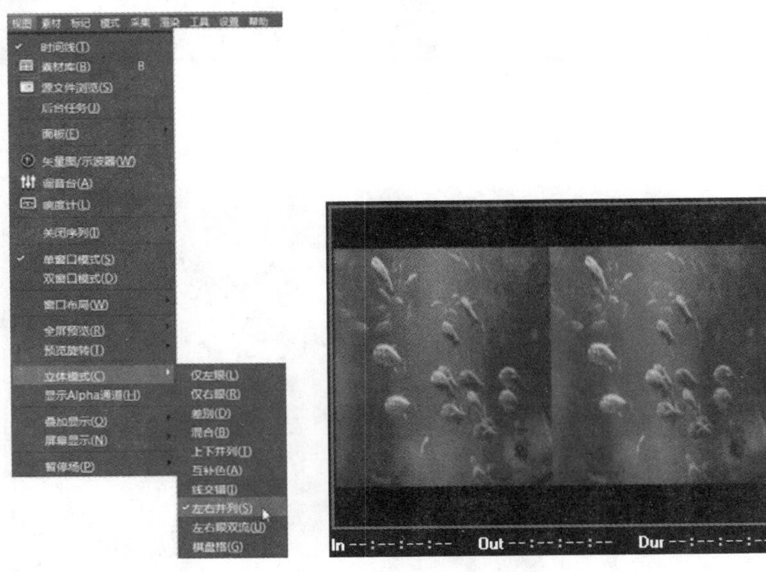

图 6.2.13　设置 3D 立体素材的预览模式

（10）给 3D 立体素材添加“色彩平衡”滤镜，在信息面板通过选择“L”和“R”选项，可以分别对 3D 立体左、右眼素材进行单独校色，如图 6.2.14 所示。

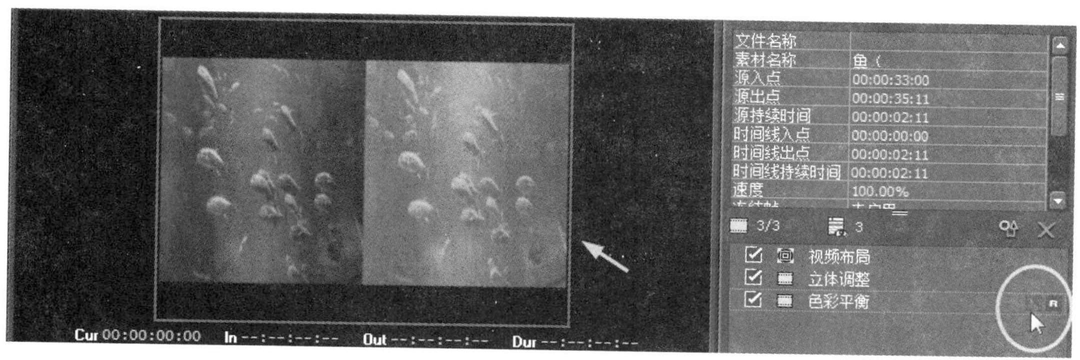

图 6.2.14　单独调整左右眼素材颜色

（11）单击菜单执行“文件”→“输出”→“输出到文件”命令，或者按 F11 键，如图 6.2.15 所示。

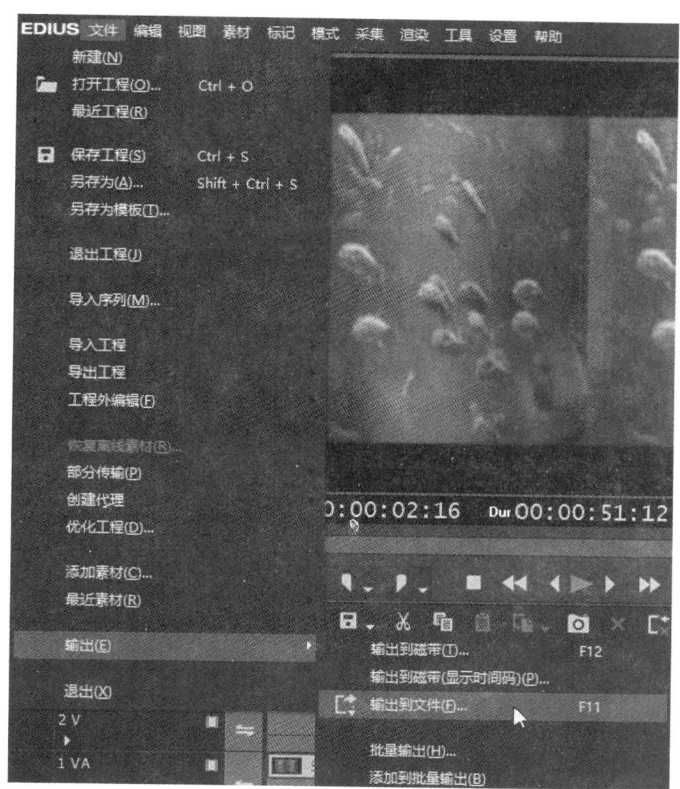

图 6.2.15　输出到文件

（12）在弹出的“输出到文件”对话框里设置“立体处理”为“左右并列”选项，并单击 输出 按钮将 3D 立体素材输出到文件，如图 6.2.16 所示。

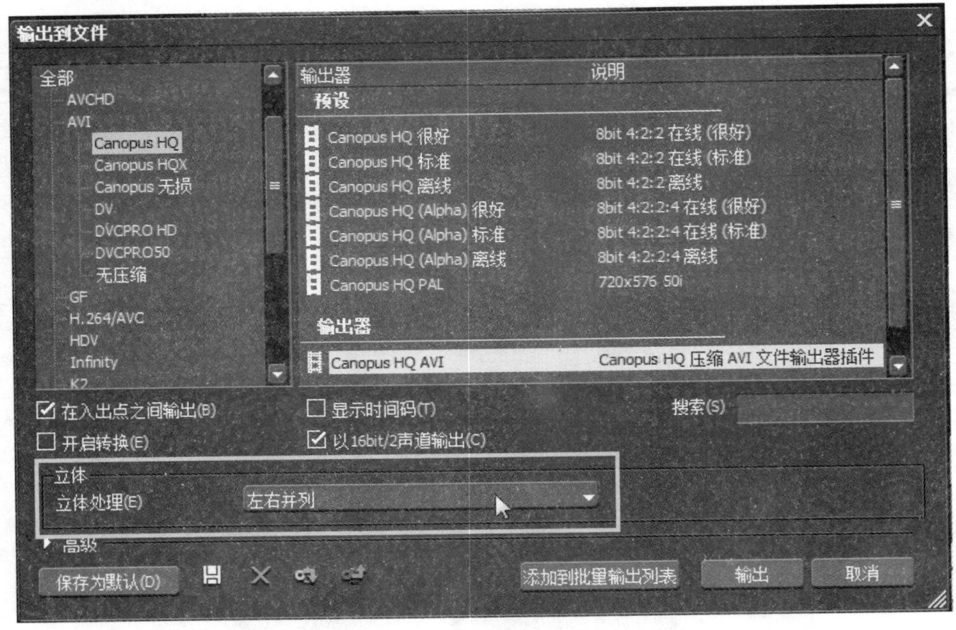

图 6.2.16 “输出到文件”对话框

6.3 课 堂 实 战

图像的颜色校正

本例主要运用视频“三路色彩校正”特效对一幅严重偏色的图像进行快速色彩校正。

操作步骤：

（1）启动 EDIUS Pro 9 软件以后，单击菜单执行“文件”→“新建” → “序列”命令，或者按“Ctrl+Shift+N”键新建序列文件，如图 6.3.1 所示。

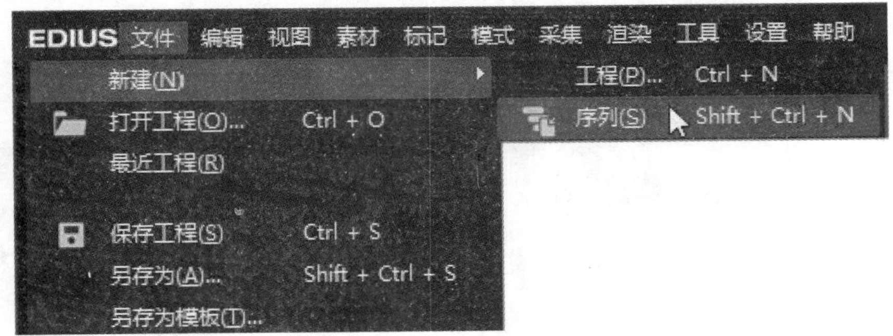

图 6.3.1 新建序列文件

（2）单击菜单执行“设置”→“序列设置”命令，在弹出的“序列设置”对话框里设置序列名称为“图像的颜色校正”，如图 6.3.2 所示。

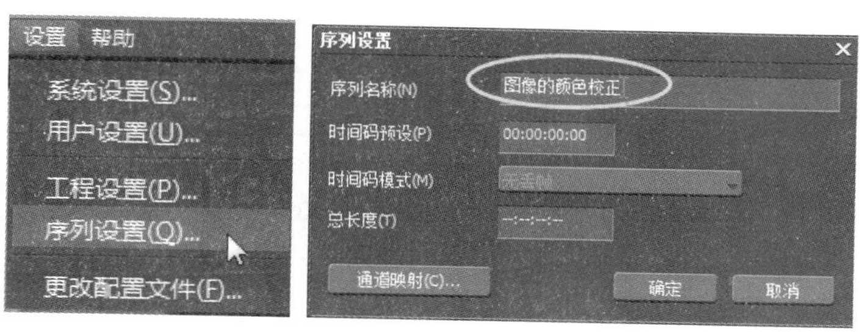

图 6.3.2　序列设置

（3）在素材库面板空白处双击鼠标左键打开文件对话框，选择所需的“猫”素材文件以后单击 打开(O) 按钮，如图 6.3.3 所示。

图 6.3.3　打开“猫”素材

（4）导入“猫”素材文件并添加到时间线 1VA 轨道，如图 6.3.4 所示。

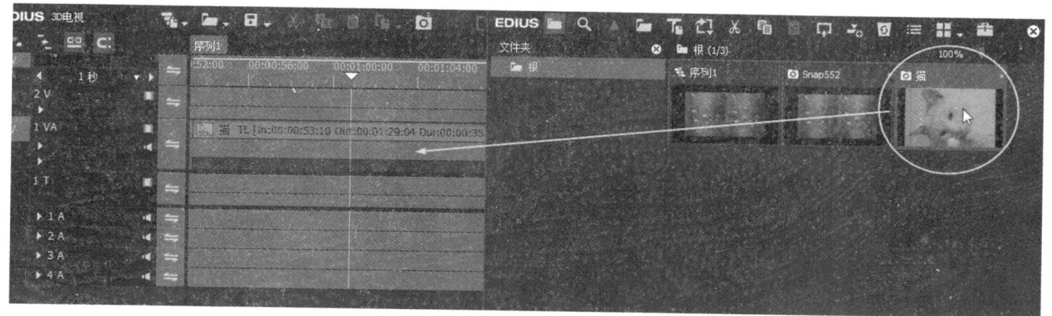

图 6.3.4　添加“猫”素材到时间线轨道

（5）在“特效”面板中添加“三路色材校正”滤镜到“猫”素材上，如图 6.3.5 所示。

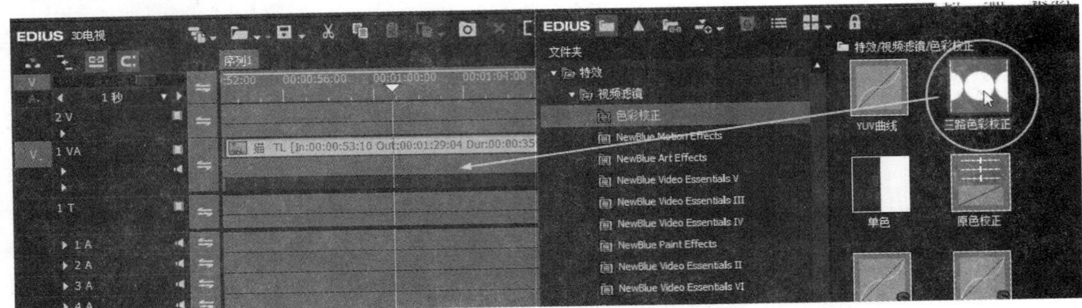

图 6.3.5 添加“三路色彩校正”滤镜

（6）在“信息”面板上双击打开“三路色彩校正”滤镜设置面板，如图 6.3.6 所示。

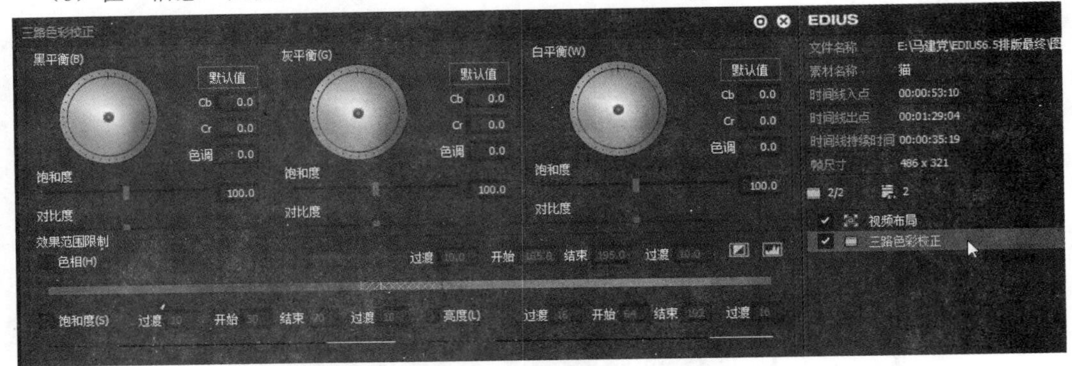

图 6.3.6 打开“三路色彩校正”滤镜设置面板

（7）在“三路色彩校正”面板上单击选择“自动”取色器，如图 6.3.7 所示。

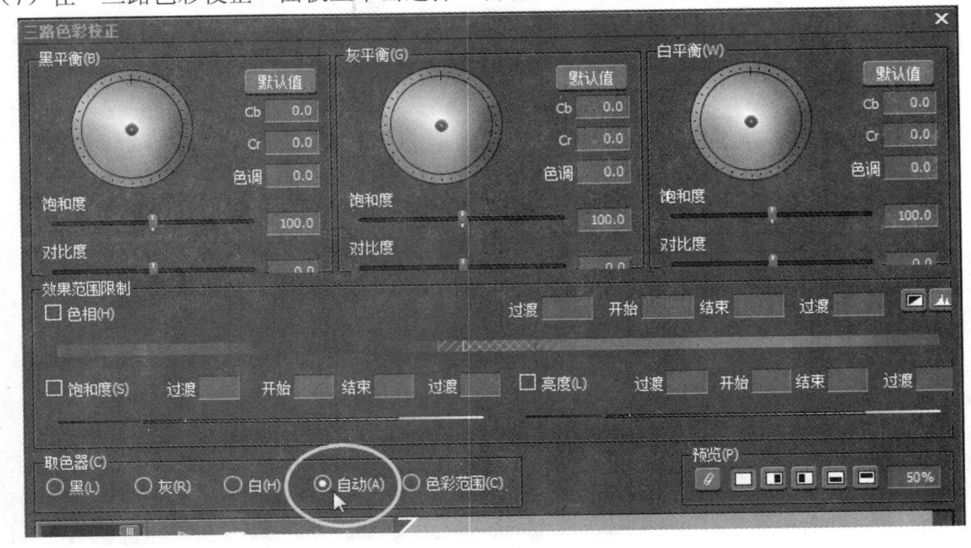

图 6.3.7 单击选择“自动”取色器

（8）在“猫”图像的暗部和亮部区域分别单击一下，如图 6.3.8 所示。

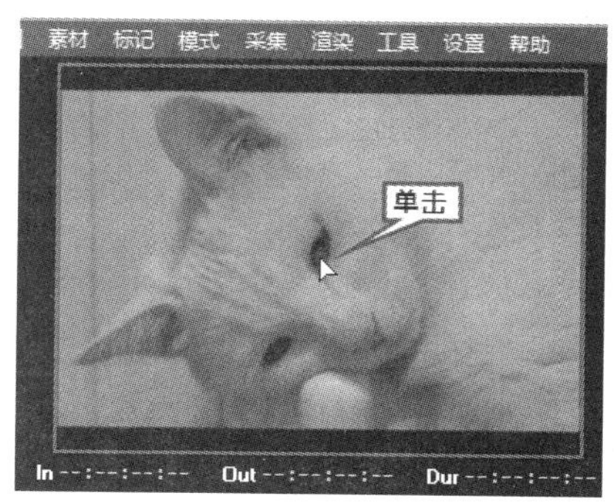

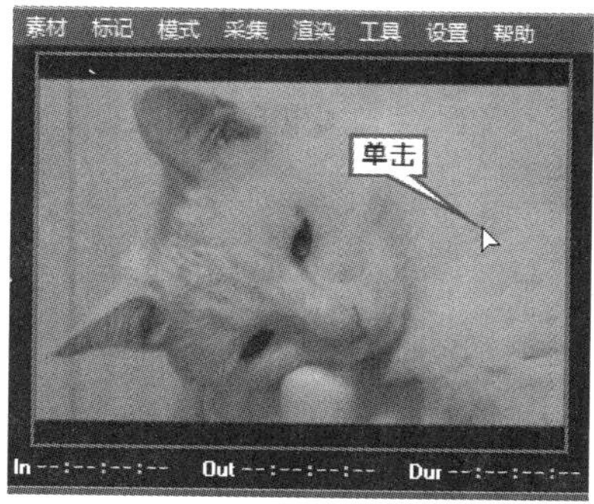

图 6.3.8　在“猫”素材上单击

（9）最后适当调整图像的饱和度和对比度数值，如图 6.3.9 所示。

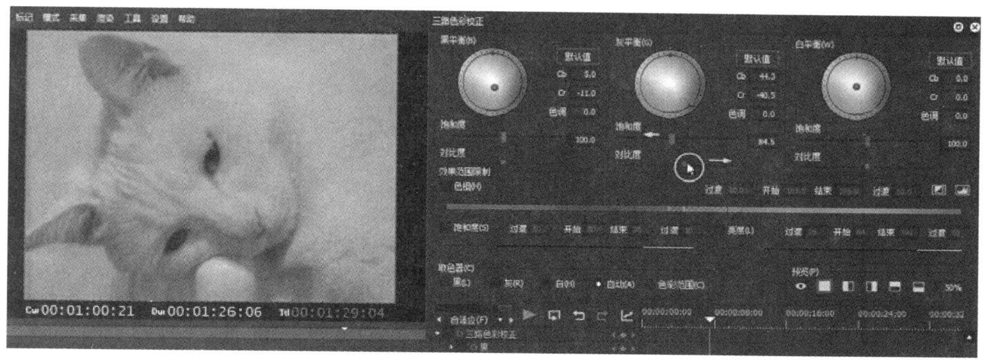

图 6.3.9　调整图像的饱和度和对比度数值

（10）完成整个图像的颜色校正操作，最终效果如图 6.3.10 所示。

图 6.3.10　最终效果图

本 章 小 结

本章主要介绍了 EDIUS Pro 9 软件几组常用滤镜的使用方法和技巧，包括视频的色彩校正、老电影效果、混合滤镜、手绘遮罩以及视频的抖动稳定器的使用和 3D 视频的编辑等技术的详细介绍。通过课堂实例“图像的颜色较正”效果的制作对所学的知识进行复习和巩固。通过对本章的学习，要求读者完全掌握常用滤镜的使用方法和技巧，能够合理地运用各种视频滤镜创作出更精美的作品。

操 作 练 习

一、填空题

1．特效是视频处理特殊效果里一个很强大的工具，EDIUS Pro 9 提供了________的视频特效，利用特效不但可以将图像进行各种美轮美奂的________效果，还可以对图像进行各种艺术处理。

2．在制作过程中，利用________作为校色和调色的依据。

3．示波器分为________和________，最左面是信息区，点击▣按钮显示矢量示波器，点击▤按钮显示波形示波器。

4．抖动稳定器是 EDIUS Pro 9 新增的一个工具，可以快速地对拍摄时的________进行稳定处理，并可以对大幅度的晃动画面进行手动调整，以便达到理想的防抖稳定效果。

5．很多影视作品都是把摄影棚中所拍摄的内容以________方式叠加在背景素材上，创建出更加精彩的画面效果的，我们把这种方式叫作抠像。

二、选择题

1．变调主要是转换音频的（　），转换时保持速度。

（A）音调　　（B）音质

（C）响度　　（D）音量

2．矢量示波器主要用于检测视频当前画面的（　）。

（A）亮度　　（B）色彩偏向

（C）音频的波形　　（D）色彩饱和度

3．矢量示波器以坐标的方式显示视频的色度信息，离圆心越远颜色值越高，离圆心越近则（　）。

（A）没变化　　（B）颜色值就越低

（C）颜色值就越高

4．在“范围效果限制里”勾选色相和饱和度，适当调整范围，单击◪按钮和▣按钮，其中（　）区域为选择区域。

（A）黑色　　（B）灰色

（C）白色　　（D）都不对

三、简答题

1．如何使用视频抖动稳定？

2．如何利用“三路色彩校正”和“色度”特效给视频人物更换衣服颜色？

3．如何使用“色彩平衡”处理偏色视频？

四、上机操作题

1．练习利用“三路色彩校正”滤镜校正图像颜色。

2．通过操作练习轨道遮罩、组合滤镜和手绘遮罩特效。

第 7 章　神奇的字幕

字幕在影视作品中不仅起到了对画面的解释作用，还可以对画面进行美化和点缀。本章将主要介绍 EDIUS Pro 9 的两款非常强大的字幕软件 Quick Titler 和 Title Motion Pro，通过制作几个案例来贯穿整个字幕软件，让读者在操作中领悟该工具的强大之处。

知识要点

- 使用 Quick Titler 制作静态字幕
- 制作滚屏字幕
- 制作“游飞”字幕
- 使用 Title Motion Pro 制作动画字幕
- 制作三维动画字幕
- 制作逐字旋转掉落文字效果
- 字幕模板的介绍

7.1　Quick Titler 字幕

字幕是影视后期制作中不可缺少的一部分，如片头、片尾及解说字幕等，在影视广告中字幕也是随处可见。在过去的影视节目制作中，字幕是通过字幕机来完成的，而在非线性编辑中只需要把文字制作成字幕叠加在影视节目中。

EDIUS 有 Quick Titler 和 Title Motion Pro 两款非常强大的字幕软件，不但可以制作静态字幕，还可以制作出动画和三维立体字幕效果。

7.1.1　制作静态字幕

选择 T1 轨道，将播放头放在要添加字幕的位置，在时间线工具栏上字幕工具按钮（T）下选择“Quick Titler”选项，如图 7.1.1 所示。

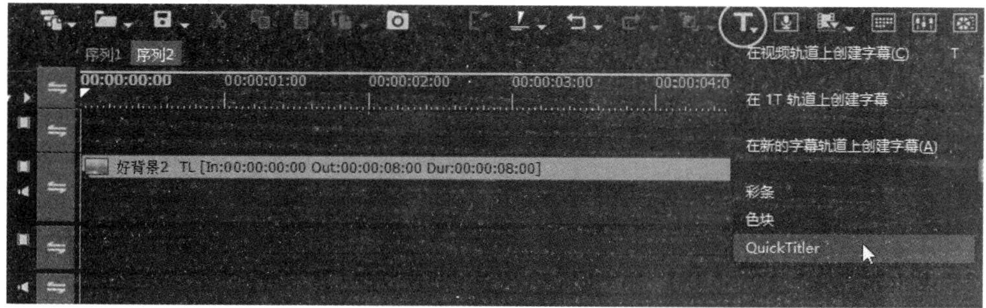

图 7.1.1　新建 Quick Titler 字幕

执行菜单“设置”→“用户设置”→“其他”命令，将 Quick Titler 字幕设置成软件默认字幕，如图 7.1.2 所示。

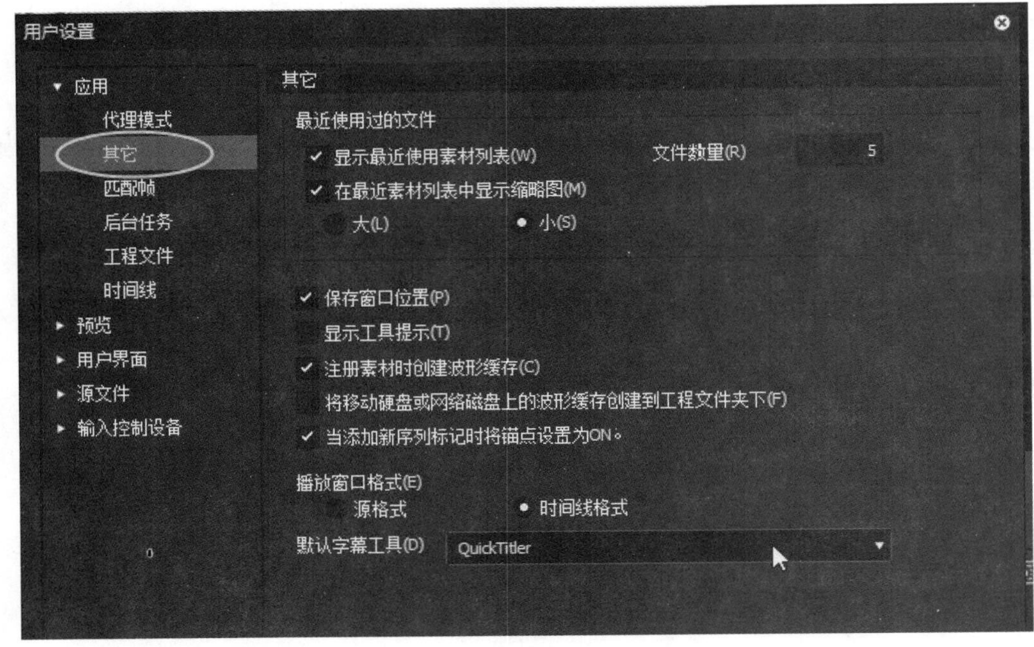

图 7.1.2 “用户设置”对话框

选择 T1 轨道，在时间线工具栏下单击**T**按钮选择“在新的字幕轨道上创建字幕”选项，在创建字幕的同时添加一个新的字幕轨道，如图 7.1.3 所示。

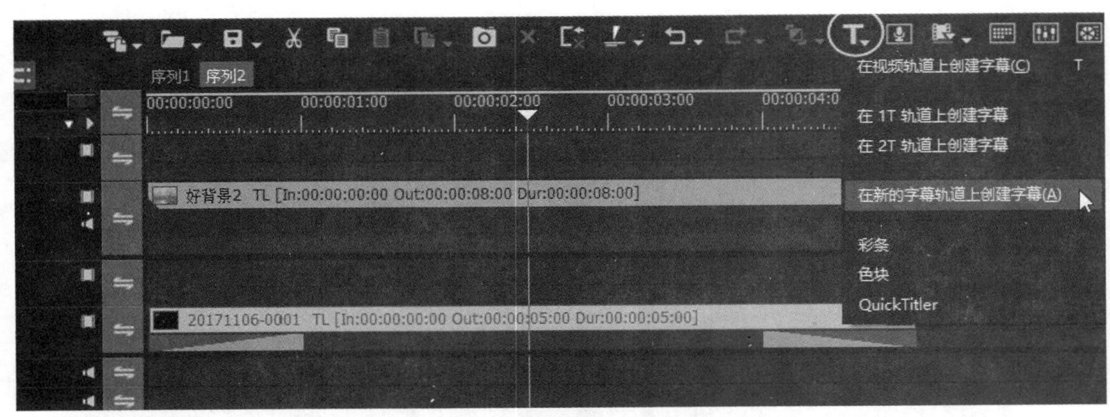

图 7.1.3 在新的字幕轨道上创建字幕

在时间线上双击打开字幕设置，Quick Titler 字幕由菜单、工具栏、状态栏、文本输入栏、对象属性栏、对象样式栏和对象布局栏等部分组成。在“视图”菜单下根据需要可以显示和隐藏各个面板，如图 7.1.4 所示。

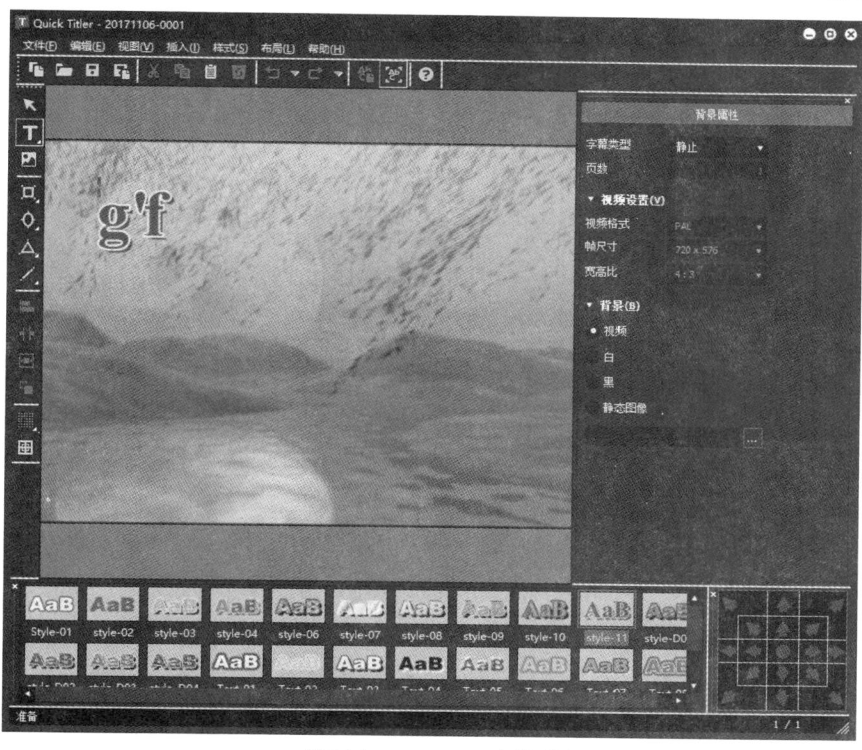

图 7.1.4 Quick Titler 字幕面板

制作静态字幕的操作步骤：

（1）选择文本工具，在屏幕上单击，随意输入文本“西安磨岩后期影视”，单击按钮显示安全框，在文本属性栏设置字体和大小，如图 7.1.5 所示。

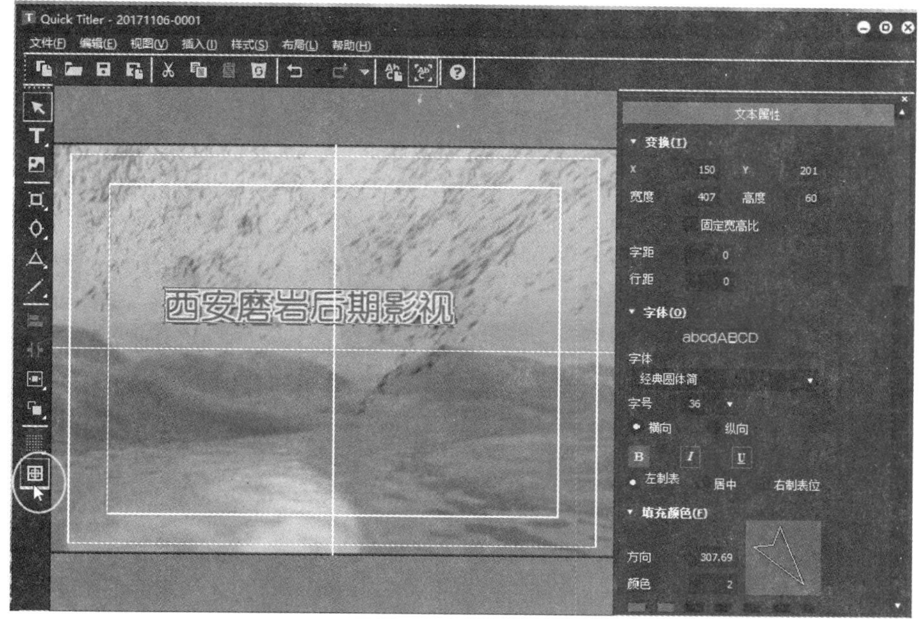

图 7.1.5 输入文本

（2）设置文字的字体填充颜色和描边颜色，如图 7.1.6 所示。

图 7.1.6 设置文字的颜色

（3）设置文字的浮雕效果数值，如图 7.1.7 所示。

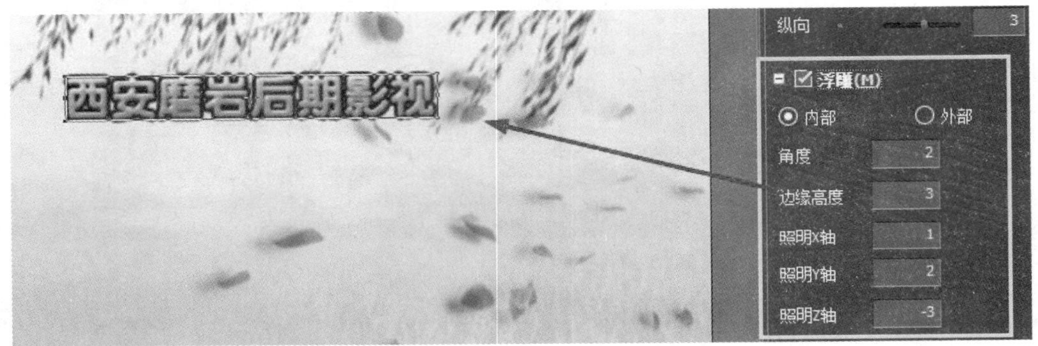

图 7.1.7 设置文字的浮雕效果

（4）在工具栏里单击按钮，将鼠标放在文字上可以移动文字位置，放在文字边缘可以放大/缩小文字，如图 7.1.8 所示。

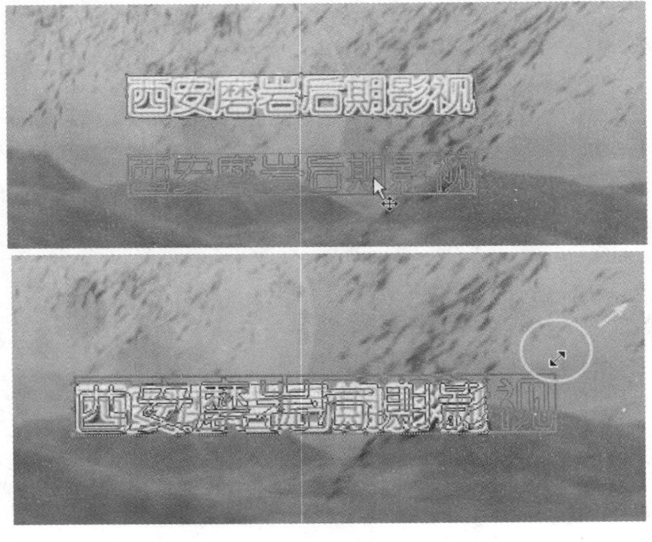

图 7.1.8 设置文字的大小和位置

提示：单击“水平居中”和“垂直居中”按钮可以排列文字位置，如图 7.1.9 所示。

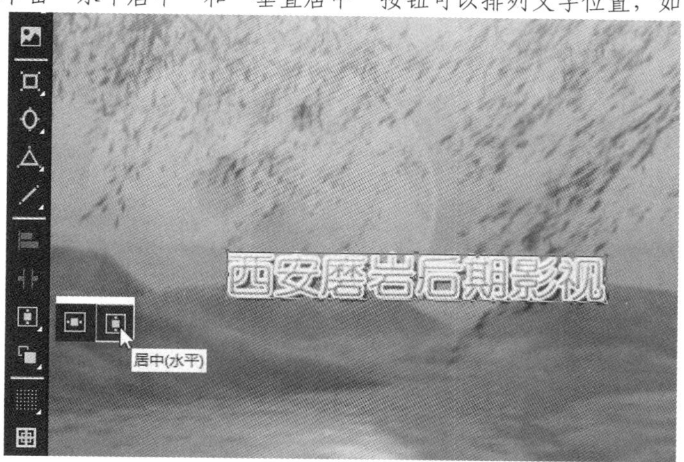

图 7.1.9　设置文字的居中位置

（5）单击新样式按钮（）将设置好的文字保存成文字样式，以备下次直接使用，如图 7.1.10 所示。

图 7.1.10　保存文字样式

（6）执行菜单“文件”→“保存”命令，保存字幕到指定字幕文件夹下，如图 7.1.11 所示。

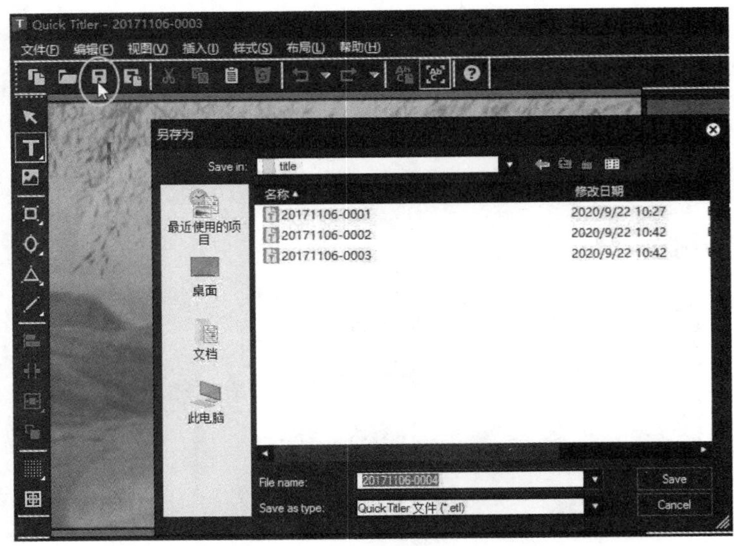

图 7.1.11 保存文字

（7）给字幕添加“右面激光”和“向左软划像”字幕混合效果。在默认情况下，新建的字幕入点和出点为“淡入淡出”字幕混合效果，如图 7.1.12 所示。

图 7.1.12 添加字幕混合效果

（8）用鼠标拖动字幕混合并适当调整长度，完成整个制作，如图 7.1.13 所示。

图 7.1.13　调整字幕混合的长度

7.1.2　制作滚屏字幕

制作滚屏字母操作步骤：

（1）选择 T1 轨道，输入文本或者粘贴写字板中的文本，如图 7.1.14 所示。

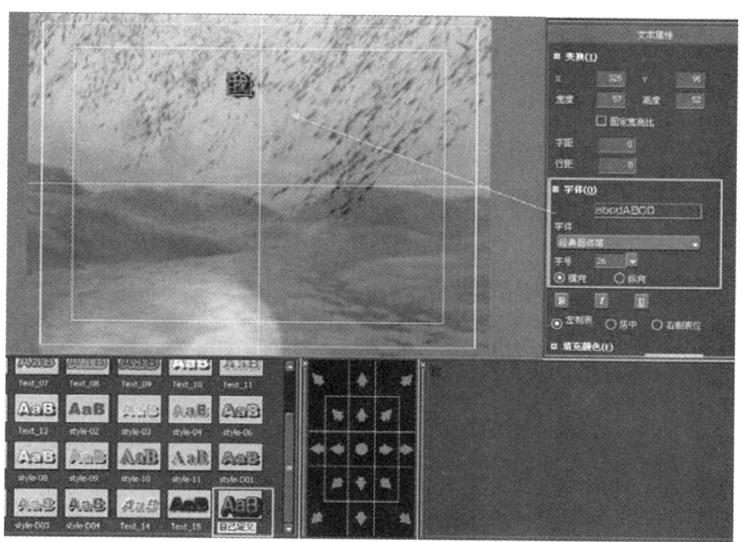

图 7.1.14　创建字幕

（2）在屏幕背景上单击鼠标，在字幕类型里选择“滚动（从下）”选项，如图 7.1.15 所示。

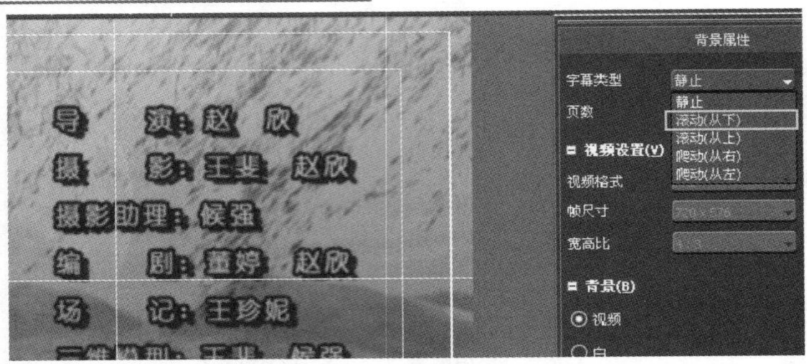

图 7.1.15　设置“字幕类型”

（3）调整文字的行间距和字间距，单击按钮预览效果，如图 7.1.16 所示。

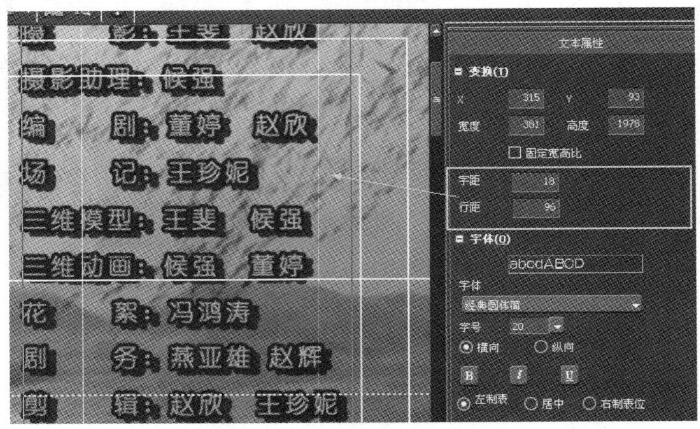

图 7.1.16　设置文字字间距和行间距

（4）单击按钮后选择一种图像样式，在屏幕上需要添加图像的地方拖曳鼠标，如图 7.1.17 所示。

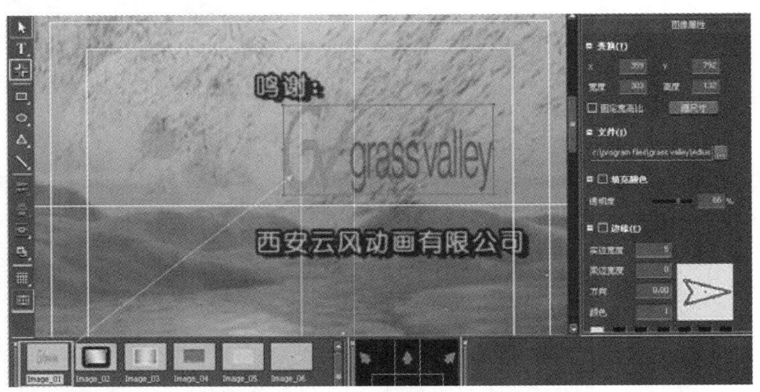

图 7.1.17　创建图像

（5）在图像属性栏里导入要添加的标志，文字和标志一起向上滚动，如图 7.1.18 所示。

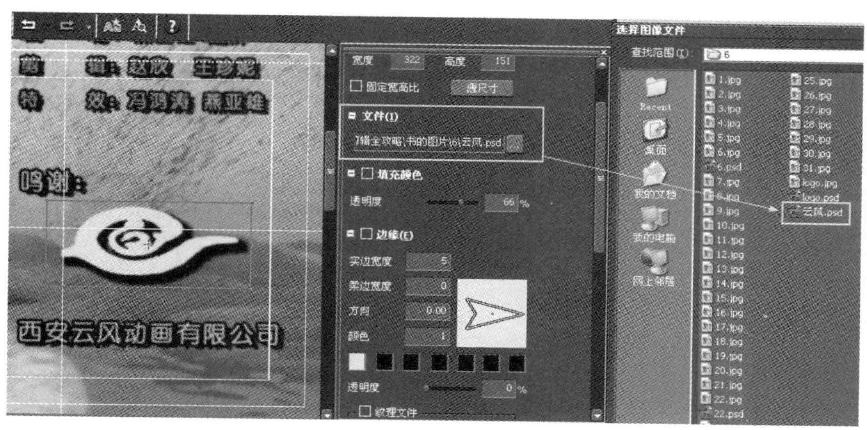

图 7.1.18　添加图像文件

（6）单击按钮完成制作。接着再做一个滚屏的末屏停留效果，制作一个静态字幕，如图 7.1.19 所示。

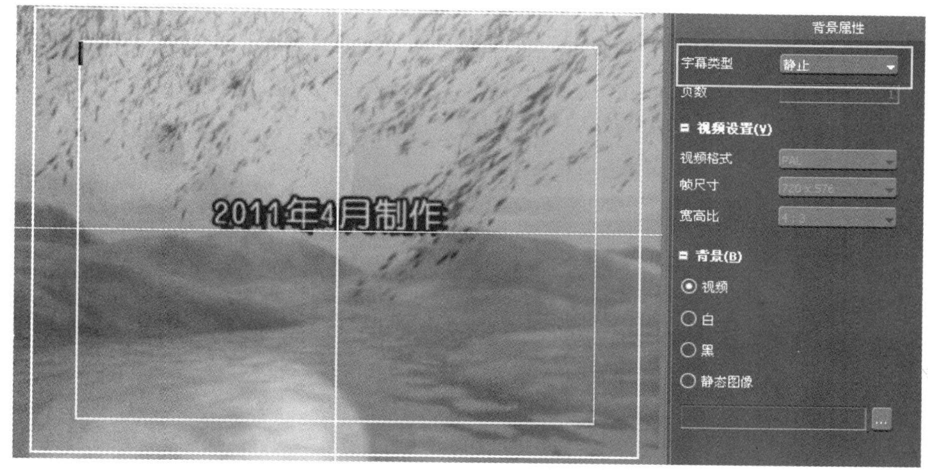

图 7.1.19　创建静态字幕

（7）将静态字幕保存为末屏字幕，添加“向上飞入”字幕混合效果，文字上滚到屏幕指定位置就会停留在此，如图 7.1.20 所示。

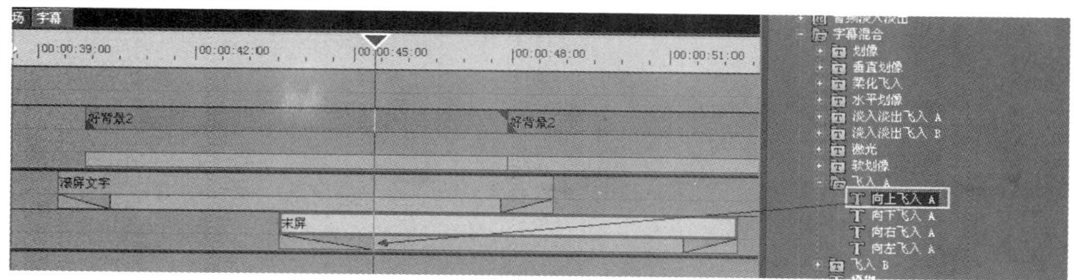

图 7.1.20　添加字幕混合效果

（8）用鼠标拖曳字幕混合的长度，保持向上滚动的速度和滚屏速度相同，完成整个制作，如图 7.1.21 所示。

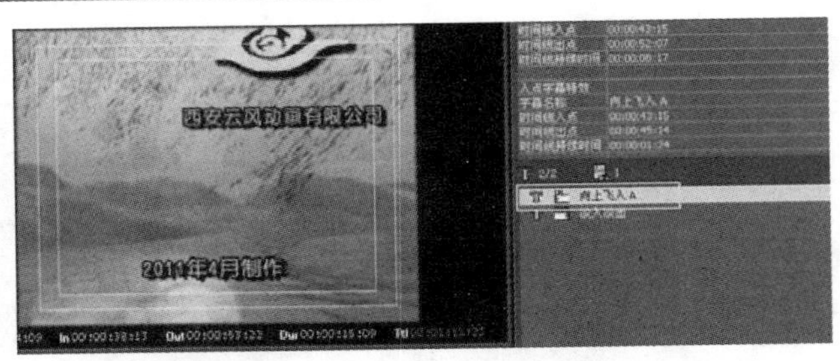

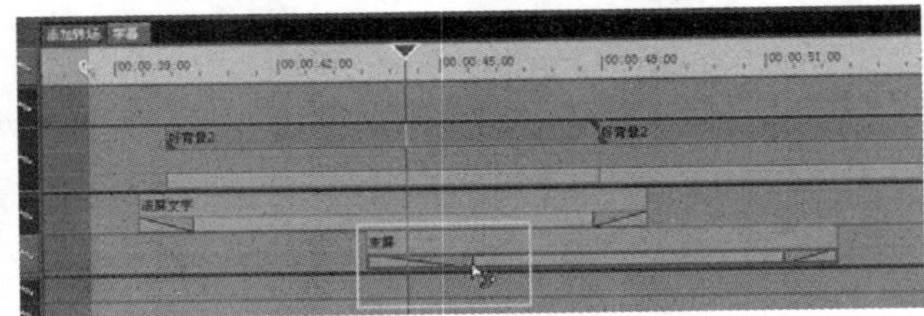

图 7.1.21　调整"字幕混合长度"

7.1.3　制作游飞左滚字幕

利用 Quick Titler 字幕软件制作游飞字幕的操作步骤：

（1）选择 T1 轨道，创建 Quick Titler 字幕，随意输入一个文本，设定文字的字体、颜色和大小，如图 7.1.22 所示。

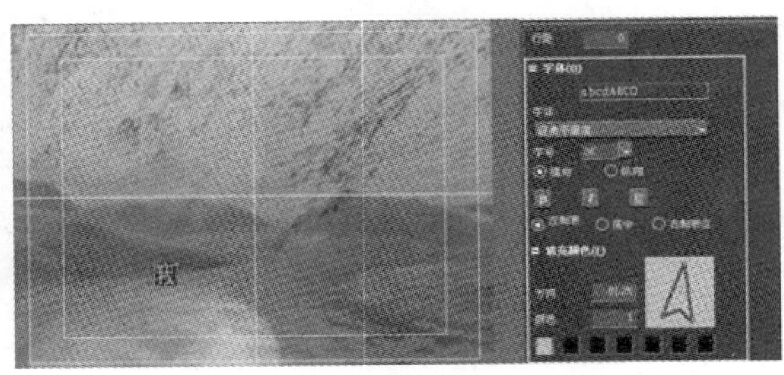

图 7.1.22　创建文字文本

（2）设置字幕动画为"爬动（从右）"类型，如图 7.1.23 所示。

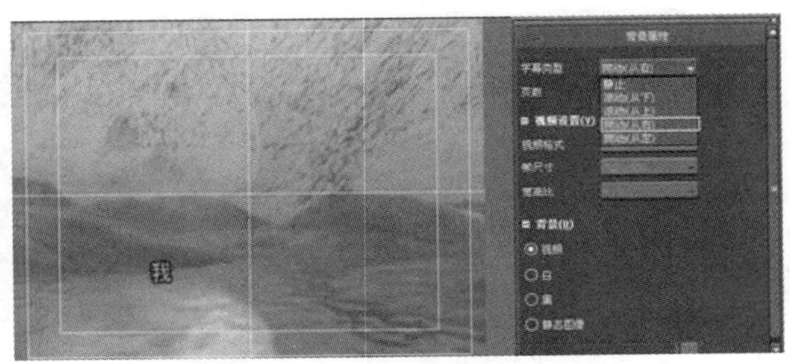

图 7.1.23　设置字幕动画类型

（3）输入文字或者直接粘贴写字板文档内容文字，如图 7.1.24 所示。

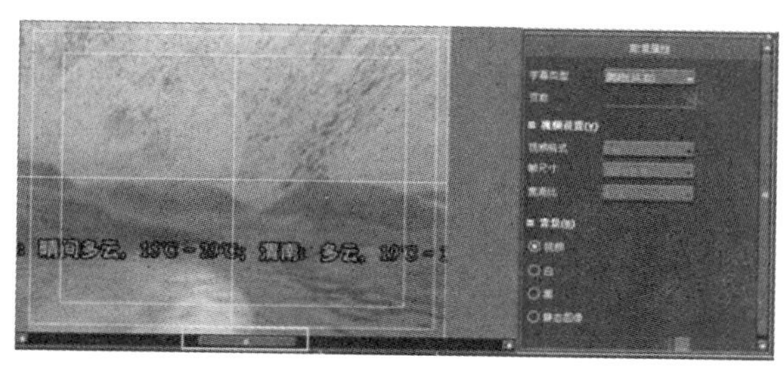

图 7.1.24 输入文字

（4）将文字放在适当位置，拖动下面的滑块观看效果，如图 7.1.25 所示。

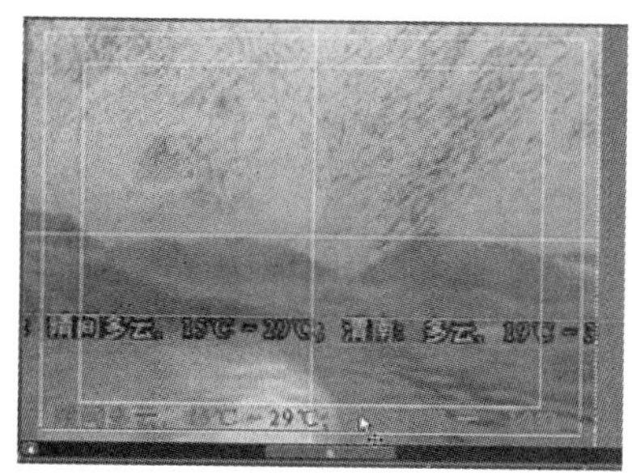

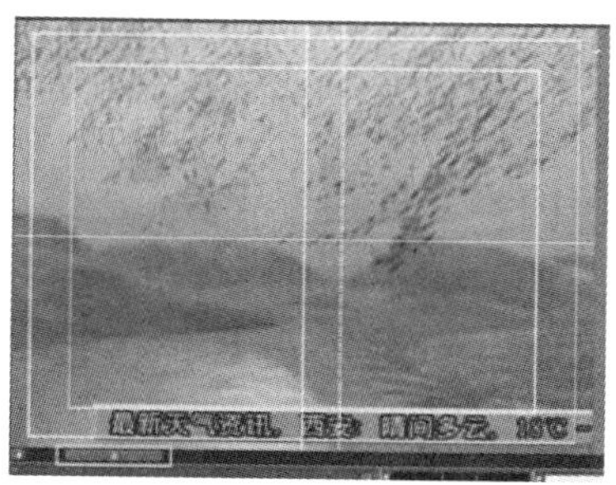

图 7.1.25 调整文字的位置

（5）游飞左滚字幕基本上制作完成了，最后再给游飞左滚字幕制作一个字幕衬底。单击按钮在屏幕上绘制一个和游飞字幕大小相等的一个矩形，如图 7.1.26 所示。

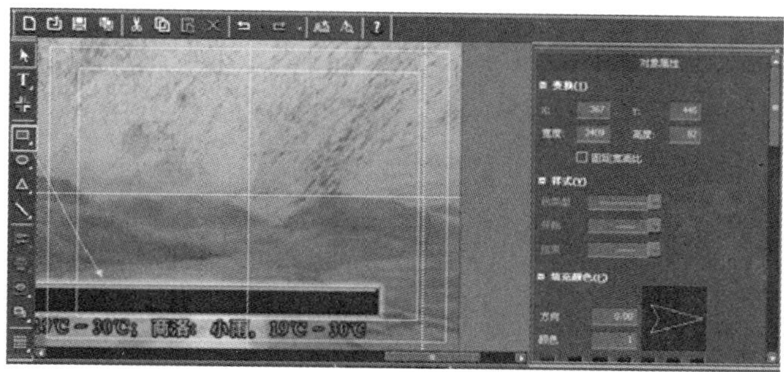

图 7.1.26 创建矩形图形

（6）设置文字衬底的颜色和位置，如图 7.1.27 所示。

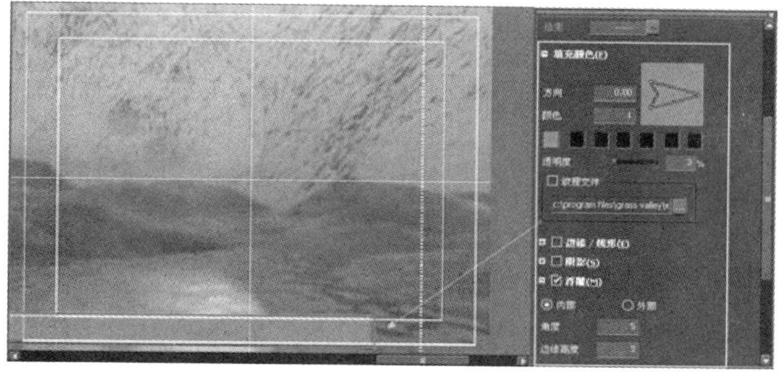

图 7.1.27 设置矩形的颜色和位置

（7）选择矩形，并单击按钮将文字衬底置于文字下方，单击按钮保存，如图 7.1.28 所示。

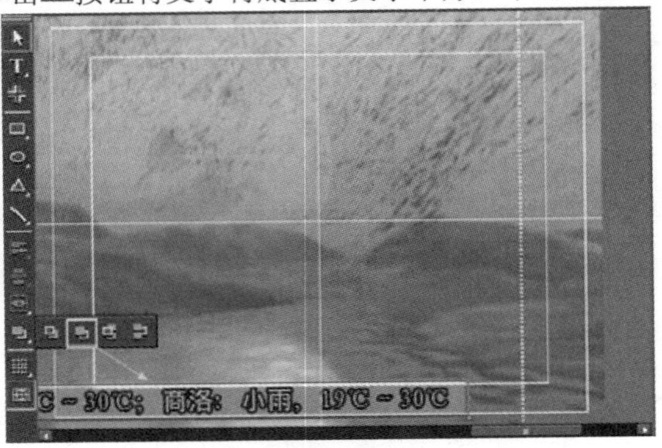

图 7.1.28　将矩形置于文字下方

（8）同时选择游飞字幕和文字衬底，单击水平居中按钮（）和垂直居中按钮（）对齐文字和字幕衬底，如图 7.1.29 所示。

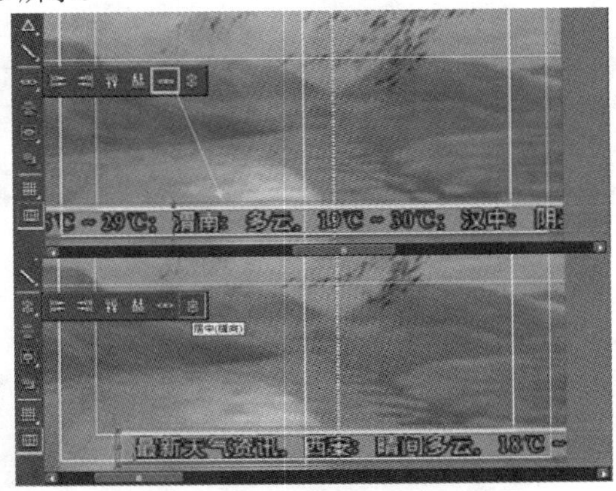

图 7.1.29　调整字幕和衬底的位置

（9）在字幕的尾部拖动鼠标，适当调整游飞的速度，字幕越长，左滚速度越慢，相反字幕越短，左滚速度越快，如图 7.1.30 所示。

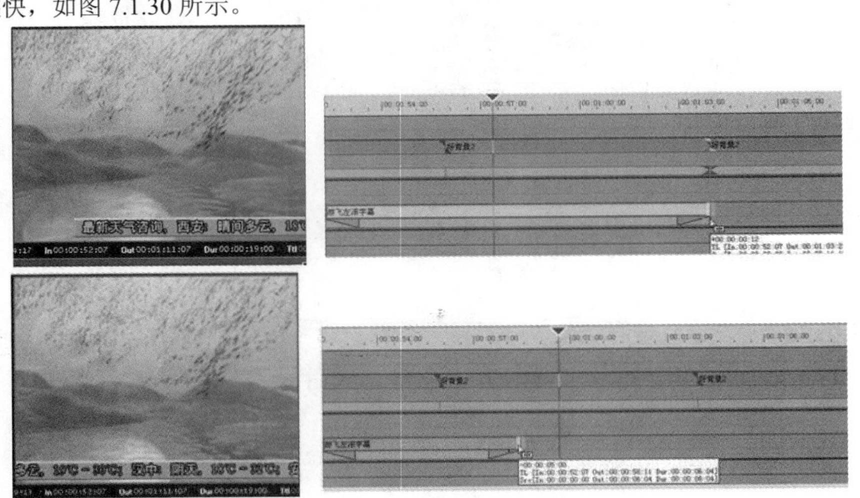

图 7.1.30　调整字幕的滚动速度

7.2　Title Motion Pro 字幕

7.2.1　制作静态字幕和动画字幕

Title Motion Pro 字幕主要在 EDIUS 6 版本以前使用，字幕可分为字幕、动画和图标合成三大部分。首先制作一个静态字幕，选定字幕轨道，在时间线工具栏单击T按钮，选择“Title Motion Pro”选项，创建 Title Motion Pro 字幕，如图 7.2.1 所示。

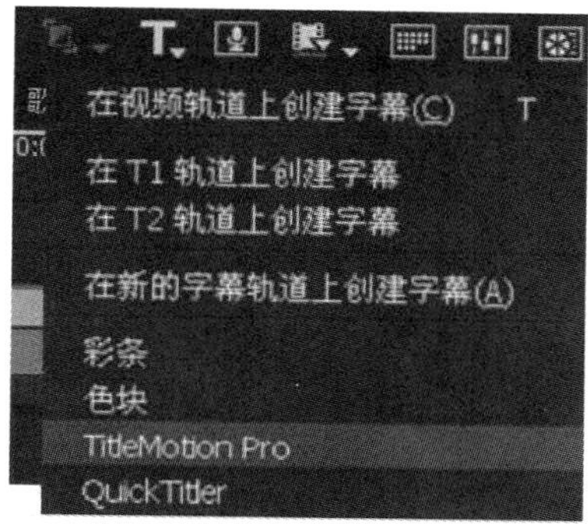

图 7.2.1　创建 Title Motion Pro 字幕

使用 Title Motion Pro 制作静态字幕和动画字幕操作步骤：

（1）在“视图”选项卡里显示屏幕安全框和中心线，单击A按钮在屏幕上拖出文本区域输入文本，如图 7.2.2 所示。

图 7.2.2　输入文本

（2）在“尺寸/属性”选项卡里设置字体和文字大小，如图 7.2.3 所示。

图 7.2.3　设置文字的字体和大小

（3）在“颜色/纹理”选项卡里设置文字的填充颜色和描边颜色，如图 7.2.4 所示；继续设置文字的阴影，如图 7.2.5 所示。

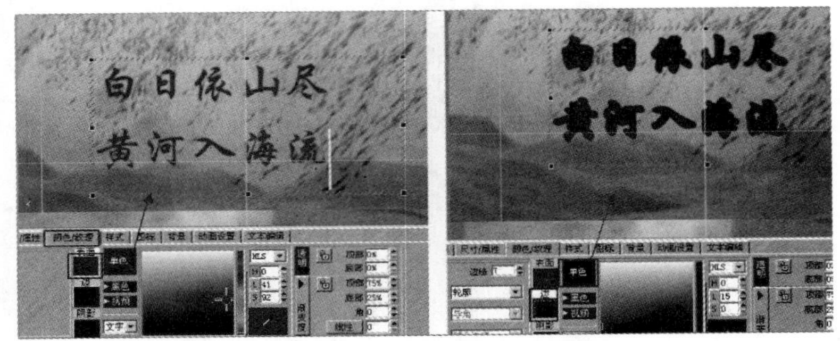

图 7.2.4　设置文字的填充颜色和描边颜色

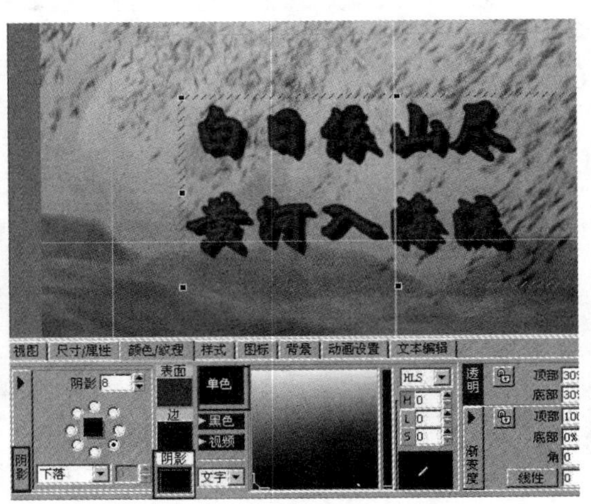

图 7.2.5　设置文字的阴影

（4）单击按钮调整文字的位置和大小。将鼠标放在文字上可以移动文字的位置，放在边缘处可以缩放和旋转文字，如图 7.2.6 所示。在屏幕上单击鼠标右键，选择“水平居中”和“居中对齐”选项对齐文字，如图 7.2.7 所示。

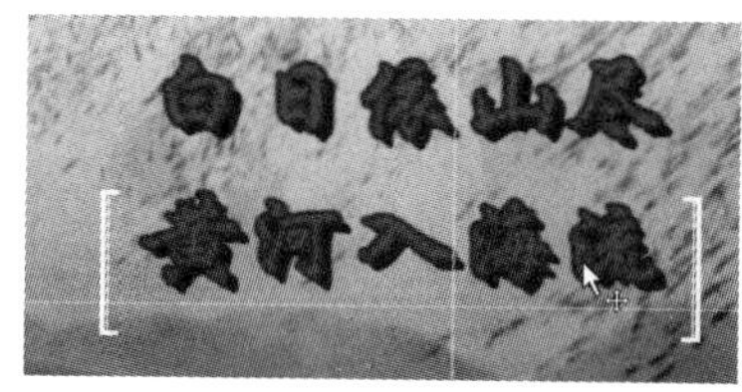

移动文字

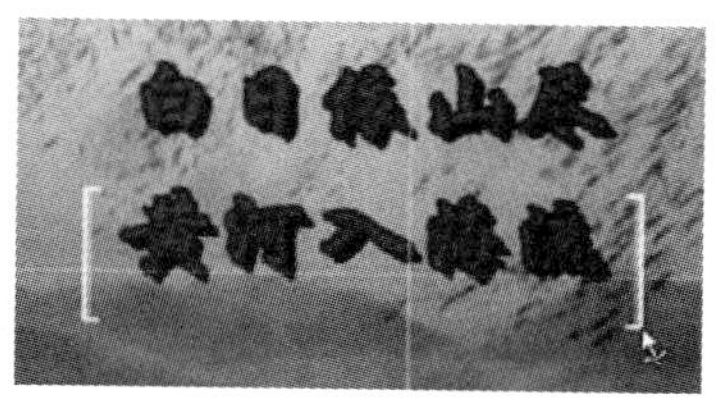

旋转文字

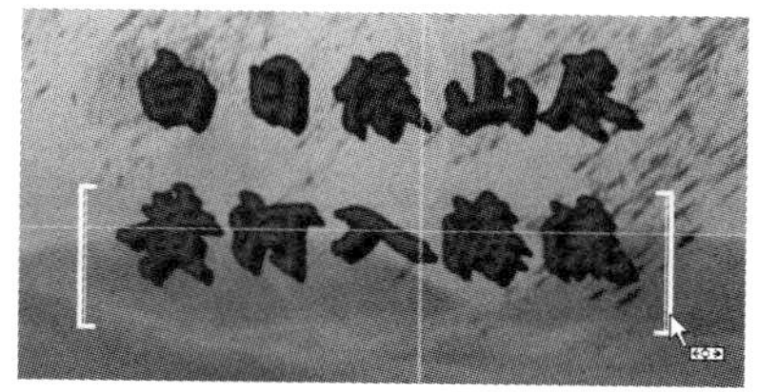

缩放文字

图 7.2.6 调整文字的位置和大小

图 7.2.7 调整文字的居中位置

（5）单击按钮，保存到指定字幕文件夹下，加入字幕混合效果并适当调整长度，完成静态字幕制作，如图 7.2.8 所示。

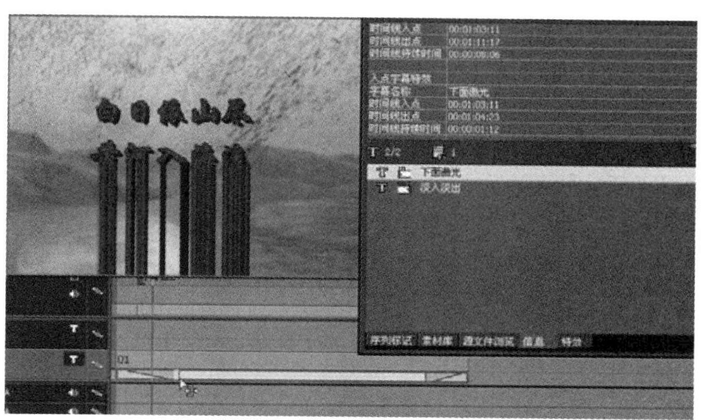

图 7.2.8 添加字幕混合效果

（6）在时间线上双击打开字幕设置，将字幕类型设置为动画字幕，单击文本动画设置按钮（）并选中“导出一层作为一个对象”单选按钮，如图 7.2.9 所示。

图 7.2.9　文字“动画设置”对话框

（7）单击按钮切换到动画模式，在“三维特效”选项里双击要应用动画的特效，单击“在屏预览”选项预览动画，如图 7.2.10 所示。

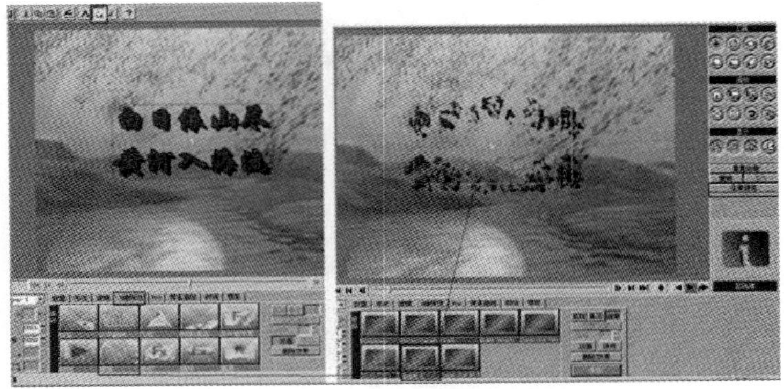

图 7.2.10　预览“动画文字”效果

（8）在“时间”选项卡里用鼠标拖动动画关键帧，设置动画的时间，单击按钮保存，如图 7.2.11 所示。

图 7.2.11　设置动画时间

7.2.2　制作 3D 动画字幕

Title Motion Pro 字幕工具可以制作三维立体文字，省去了在三维软件里制作三维文字的麻烦。

制作 3D 动画字幕的操作步骤：

（1）在时间线上选定字幕轨道，按 T 键创建 Title Motion Pro 字幕，随意输入文字后选择“3D 文本”风格类型，如图 7.2.12 所示。

图 7.2.12　创建 3D 文本

（2）将鼠标放在文字上，调整文字的大小和位置，如图 7.2.13 所示。

移动文字

缩放文字

图 7.2.13　调整文字的位置

（3）设置文字的颜色、倒角和拉伸，如图 7.2.14 所示。

图 7.2.14　设置 3D 文本的颜色、倒角和拉伸

（4）单击Edit Text按钮编辑文本，如图 7.2.15 所示。

图 7.2.15 编辑文本

（5）将设置好的样式存入样式库，便于以后直接使用，如图 7.2.16 所示。

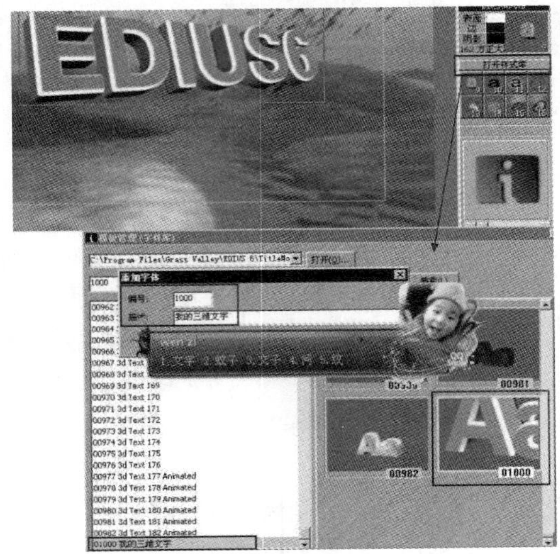

图 7.2.16 将文本存入样式库

（6）3D 字幕制作好了，我们接着制作动画效果。将字幕类型设置为“动画”选项，单击按钮设置为“按字符导出文本”，如图 7.2.17 所示。

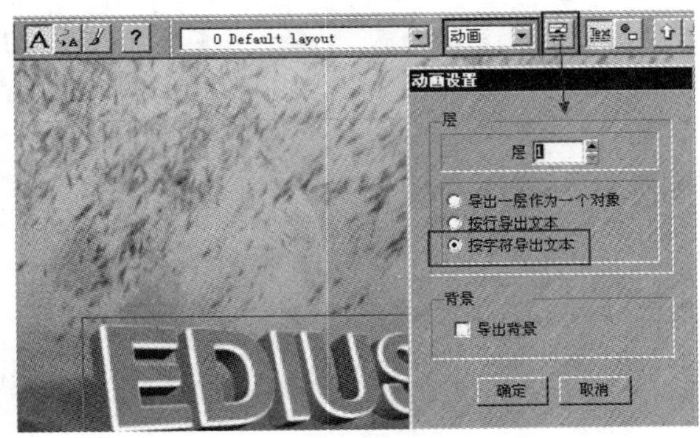

图 7.2.17 设置文字动画属性

（7）单击按钮切换到动画模式，在“模板”选项里应用软件自带的动画模板。单击“在屏预览”按钮预览动画效果，如图 7.2.18 所示。

图 7.2.18　预览文字动画

（8）在“时间”选项卡里设置动画的持续时间和静止时间。单击按钮完成整个动画制作，如图 7.2.19 所示。

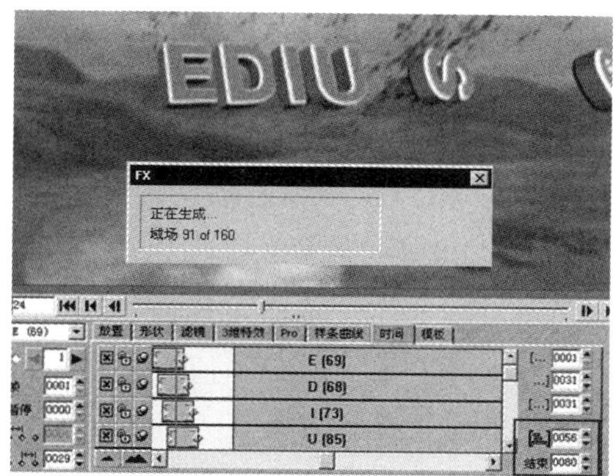

图 7.2.19　生成动画文字

7.2.3　制作逐字旋转掉落文字效果

制作逐字旋转掉落文字效果的操作步骤：

（1）直接利用前面的 3D 文本修改文字内容，如图 7.2.20 所示。

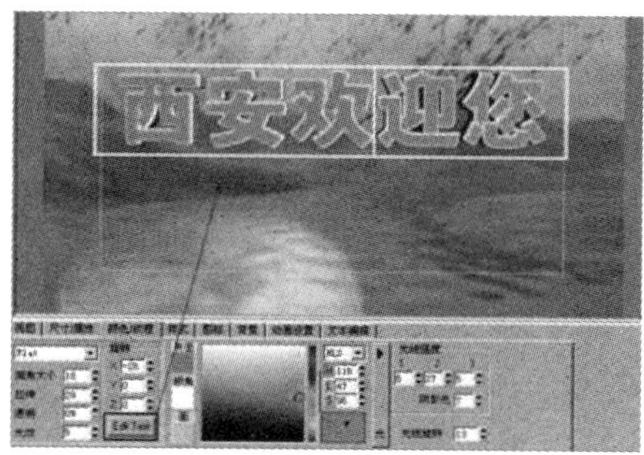

图 7.2.20　编辑文本

（2）单击文本动画设计按钮设置“按字符导出文本”选项，单击按钮进入动画模式，删除模板动画，如图 7.2.21 所示。

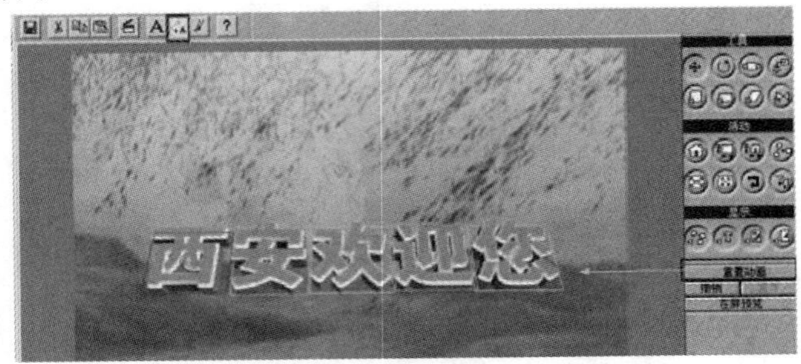

图 7.2.21　重置动画

（3）选择第一个文字，在屏幕上单击鼠标右键，选择“插入关键帧”选项，如图 7.2.22 所示。

图 7.2.22　插入关键帧

（4）单击按钮时间同步到关键帧，单击按钮到上一关键帧，单击按钮将第一个文字移出屏幕，如图 7.2.23 所示。

图 7.2.23　设置文字的位置动画

（5）单击按钮到下一关键帧，单击按钮让文字旋转，如图 7.2.24 所示。

图 7.2.24　设置文字的旋转动画

（6）单击在屏预览按钮预览动画效果，如图 7.2.25 所示。

图 7.2.25　预览文字动画效果

（7）将设置好的动画添加到模板，如图 7.2.26 和图 7.2.27 所示。

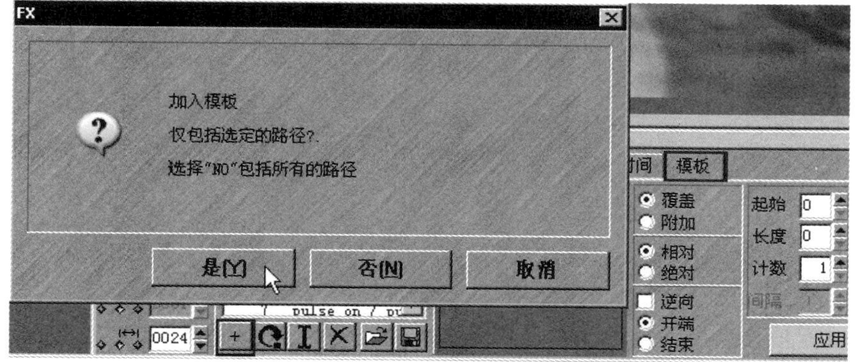

图 7.2.26　添加到模板

图 7.2.27　输入模板名称

（8）重置文字动画，应用刚才添加的模板动画，如图 7.2.28 所示。

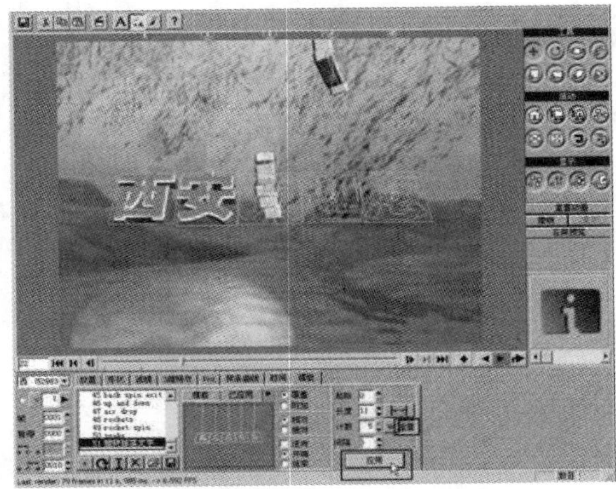

图 7.2.28　应用模板动画

（9）调整动画持续时间，预览动画完成整个制作，如图 7.2.29 所示。

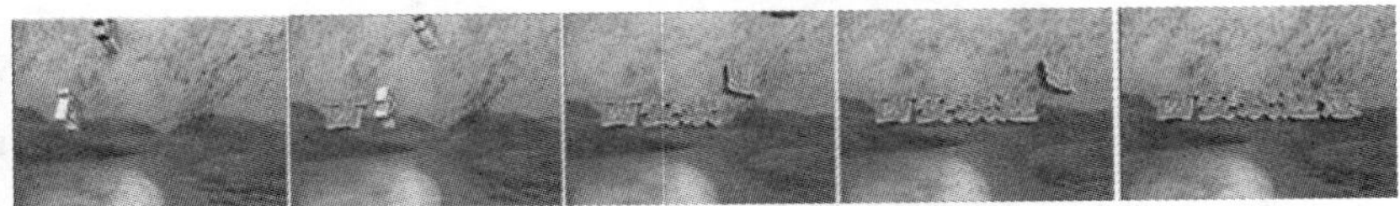

图 7.2.29　预览动画

7.3 课 堂 实 战

设定字幕模板

本例主要利用图标的制作、魔棒工具的使用等知识制作一个字幕模板。

操作步骤：

（1）选定轨道创建 Title Motion Pro 字幕，创建 3D 文本添加到剪贴板，如图 7.3.1 所示。

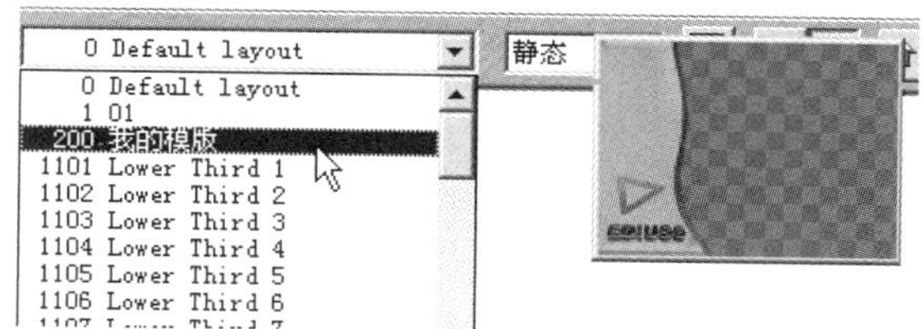

图 7.3.1　字幕模板应用的最终效果

（2）单击按钮切换到图标模式，在剪贴板单击鼠标右键选择“使用”选项，如图 7.3.2 所示。

图 7.3.2　图标模式面板

（3）选择图标导出为 LOGO，如图 7.3.3 所示。

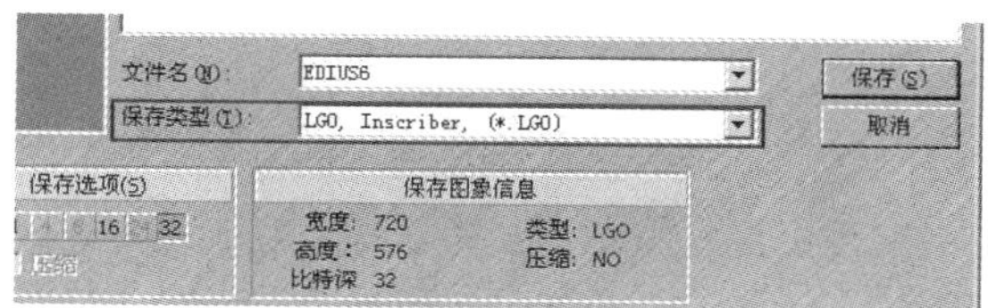

图 7.3.3　导出图标

（4）继续导入图像，选择按钮或按 Alt 键的同时单击图像，缩放视图，如图 7.3.4 所示。

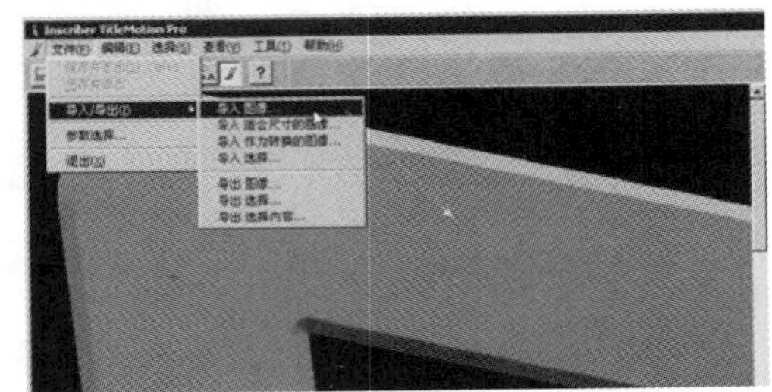

导入图像

放大视图　　　　缩小视图

图 7.3.4　导入图像，缩放视图

（5）单击魔棒工具按钮，选择黑色背景，单击按钮填充，如图 7.3.5 所示。

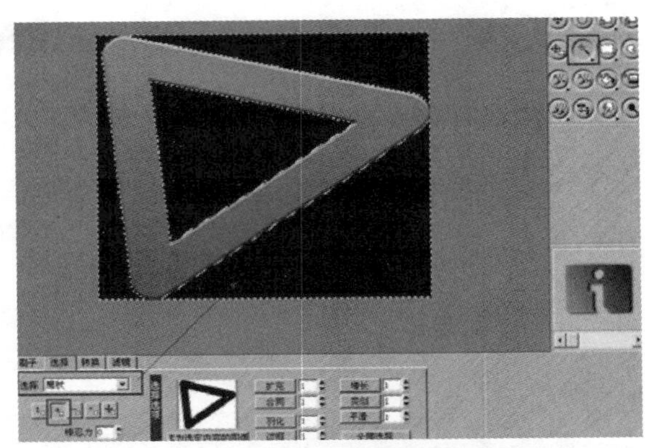

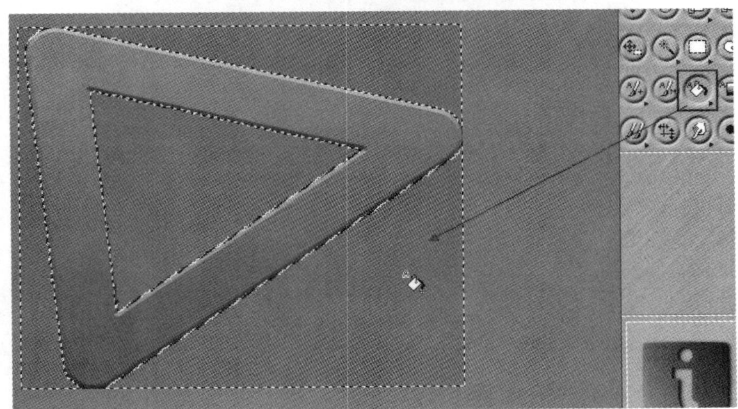

图 7.3.5　编辑图标

（6）导出图标为 LOGO 完成图标制作。单击按钮切换到字幕模式，单击按钮切换到图形模式，如图 7.3.6 所示。

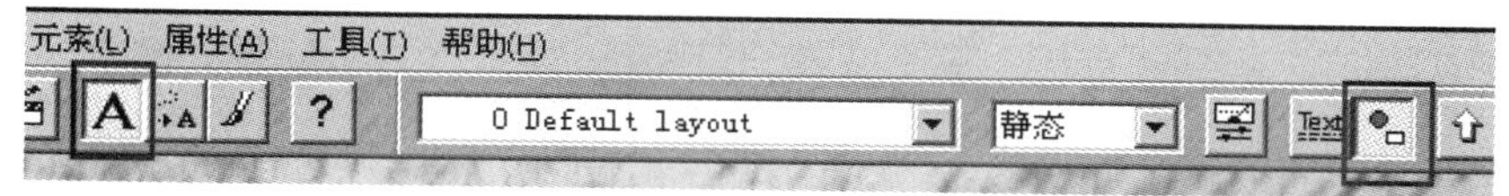

图 7.3.6　切换到“图形模式”

（7）在屏幕上单击鼠标右键“层控制/层列表”选项，选择曲线工具（）在层 1 绘制图形，如图 7.3.7 所示。

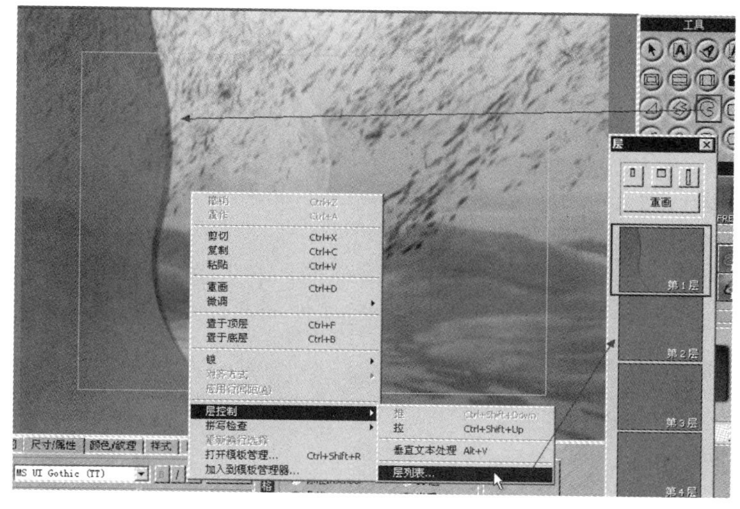

图 7.3.7　层列表面板

（8）选择工具调整形状，按空格键添加控制点，选择控制点，按“←”键删除，如图 7.3.8 所示。

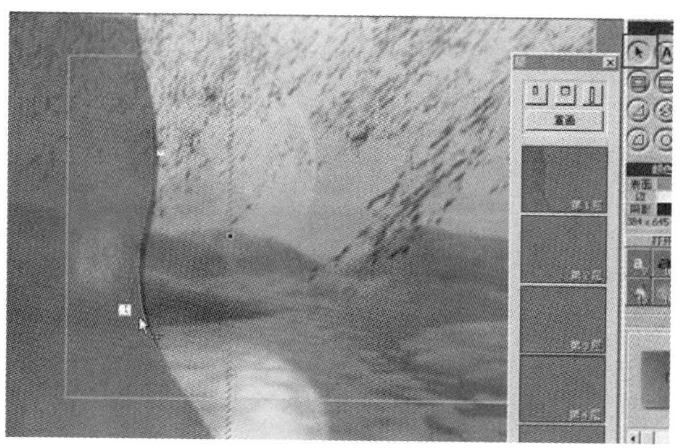

图 7.3.8　调整图形形状

（9）将层 1 的图像复制并粘贴到层 2，单击选择层 2 图形，在“颜色/纹理”选项卡里选择一张图片贴图并适当降低透明度，如图 7.3.9 所示。

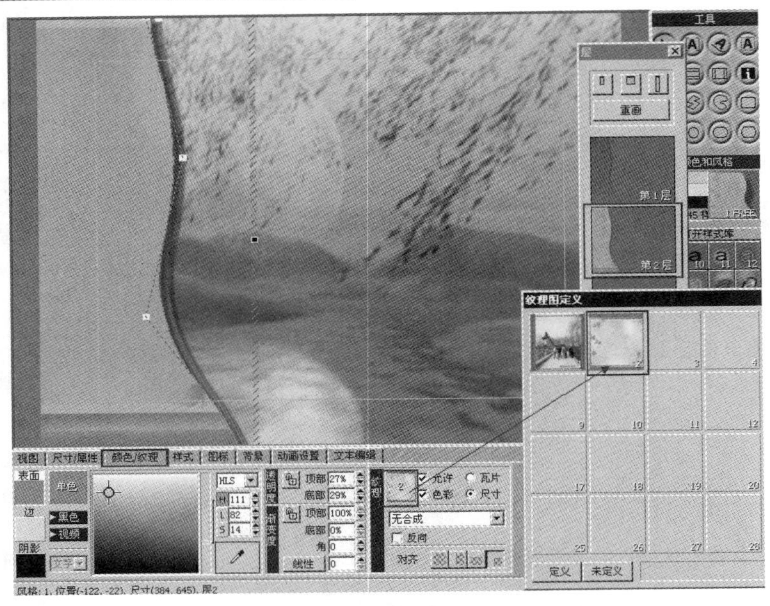

图 7.3.9　定义纹理图

（10）单击图标按钮（）在屏幕上拖曳，在“图标”选项卡里单击鼠标右键，添加前面导出的 LOGO 图标，如图 7.3.10 所示。

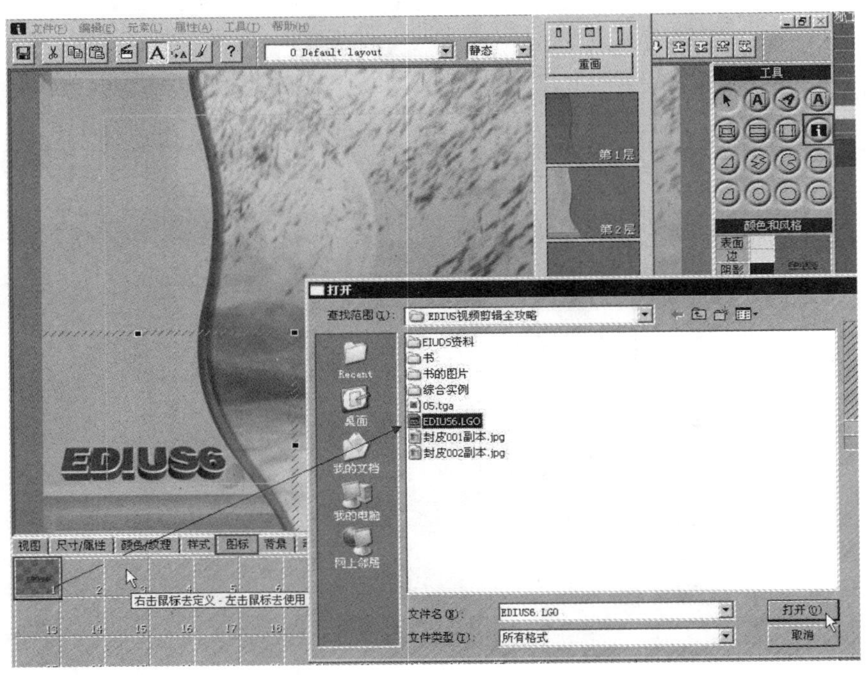

图 7.3.10　定义图标图像

（11）给图标添加阴影，利用同样的方法添加另外一个图标。在屏幕上单击鼠标右键，选择“加入到模板管理器”选项，如图 7.3.11 所示。

图 7.3.11　加入到模板管理器

（12）在预设模板里添加我们的模板完成制作，最终效果如图 7.3.12 所示。

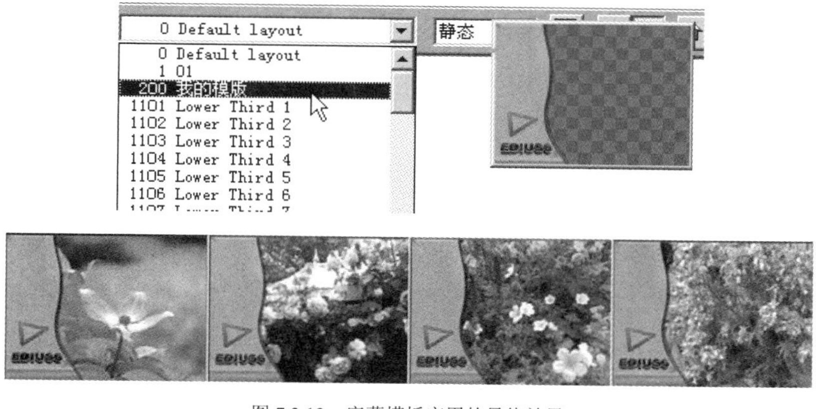

图 7.3.12　字幕模板应用的最终效果

本 章 小 结

本章主要介绍了 Quick Titler 和 Title Motion Pro 两款强大的字幕软件，并通过实例讲解了滚屏字幕、“游飞”字幕等动画字幕的制作方法。通过对本章的学习，读者应熟练掌握各种视频文字的制作方法，并灵活运用字幕模板。

操 作 练 习

一、填空题

1．EDIUS 有__________和__________两款非常强大的字幕软件，不但可以制作静态字幕，还可以制作出__________字幕效果。

2．在菜单选择“设置→用户设置→其他”选项，将 Quick Titler 字幕设置成__________。

3．在时间线上双击打开字幕设置，Quick Titler 字幕由__________、__________、__________、__________、__________、__________和__________等部分组成。

4．单击按钮将设置好的文字保存成__________，以备下次直接使用。

二、选择题

1．同时选择“游飞”字幕和文字衬底，单击按钮为（　）。

（A）垂直居中　　（B）水平居中

（C）居左　　（D）居右

2．在字幕的尾部拖动鼠标适当调整游飞字幕的速度，字幕越长左滚速度（　）。

（A）不变　　（B）越快

（C）越慢

3．单击按钮切换到（　）模式。

（A）字幕　　（B）图标合成

（C）动画

4．在默认情况下，新建字幕的入点和出点为（　）字幕混合效果。

（A）右面激光　　（B）淡入淡出

（C）向下划像　　（D）向左软划像

三、简答题

1．“按字符导出文本”是什么意思？

2．如何制作滚屏字幕和末屏停留字幕效果？

3．如何制作 3D 动画字幕效果？

4．用鼠标单击工具选择“在新的字幕轨道上创建字幕”选项是什么意思？

四、上机操作题

1．利用 Quick Titler 字幕软件制作静态字幕、滚屏字幕以及“游飞”字幕。

2．利用 Title Motion Pro 字幕软件制作三维动画字幕、逐字旋转掉落文字效果。

第 8 章 雷 特 字 幕

雷特字幕是由北京雷特世创科技有限公司开发的一款全新的字幕软件。该软件在保证强大的稳定性和实时性的同时，提供了更加丰富的字幕动画，有滚屏、扫光、粒子等效果，并且提供了上百种字幕模板供用户选择使用。

知识要点

- 制作标题动画字幕
- 应用雷特字幕模板
- 制作“手写文字”
- 制作 2D 手绘线动画
- 制作视频歌词字幕
- 制作卡拉 OK 字幕

8.1 雷特字幕的应用

雷特字幕与 EDIUS 软件无缝集成结合，不仅功能强大、实时性强，而且软件自身提供了专业的上百种字幕模板，因其具有强大的着色模式、GPU 实时动态纹理和灵活多样的操作方式等，被广泛应用于电视台、影视公司、动画公司和婚庆公司等。

8.1.1 制作标题动画字幕

利用雷特字幕制作一段电视新闻标题动画字幕的操作方法：

（1）导入“丰收”素材，在时间线工具栏单击 T 图标下的“雷特字幕”选项，即可新建雷特字幕文件，如图 8.1.1 所示。

（2）进入雷特字幕软件界面以后，可以看到软件界面由菜单、版面列表、编辑预览窗口、时间线窗口及字幕属性设置面板等组成，如图 8.1.2 所示。

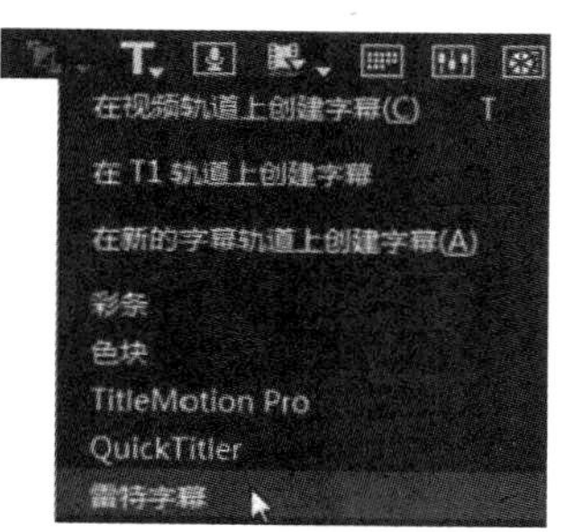

图 8.1.1 导入“丰收”素材并新建“雷特字幕”

图 8.1.2 雷特字幕的界面组成

（3）在菜单区单击选择“图元”选项，并单击按钮绘制圆角矩形，如图 8.1.3 所示。

图 8.1.3 绘制圆角矩形

（4）选择圆角矩形，然后在属性设置面板单击按钮，将圆角矩形的颜色设置为“渐变”，如图 8.1.4 所示。

图 8.1.4 设置圆角矩形的颜色

（5）利用 T 工具创建“我县农业喜获丰收”文字，如图 8.1.5 所示。

图 8.1.5 创建水平文字

（6）在属性面板设置文字的“边”和“影”数值，如图 8.1.6 所示。

图 8.1.6 设置文字的属性

（7）继续利用工具绘制圆角矩形，如图 8.1.7 所示。

图 8.1.7 绘制圆角矩形

（8）设置圆角矩形的颜色为“圆形”渐变，如图 8.1.8 所示。

图 8.1.8　设置圆角矩形的颜色

（9）单击按钮，或者按“Ctrl+Tab”键将时间线切换至模板库，在模板库选择相对应的“地球”动画，并双击鼠标左键应用该动画，如图 8.1.9 所示。

图 8.1.9　选择动画模板

（10）利用工具调整“地球”动画的位置和大小，如图 8.1.10 所示。

图 8.1.10　调整“地球”动画的大小和位置

（11）配合 Ctrl 键选择圆角矩形和水平文字，并单击鼠标右键选择“编组”选项，或者按“Ctrl+G”键设置编组，如图 8.1.11 所示。

图 8.1.11　设置编组

（12）选择“图元组”，向上适当调整其位置，如图 8.1.12 所示。

图 8.1.12　调整图元组的位置

（13）利用■工具绘制矩形形状，如图 8.1.13 所示。

图 8.1.13　绘制矩形形状

（14）设置矩形形状的颜色，如图 8.1.14 所示。

图 8.1.14 设置矩形形状的颜色

（15）利用 T 工具创建“晚间新闻”文字，并设置文字的字体、大小属性，如图 8.1.15 所示。

图 8.1.15 创建水平文字

（16）同样将矩形形状和“晚间新闻”文字编组，如图 8.1.16 所示。

图 8.1.16 设置编组

（17）分别将三个图元组进行重命名，如图 8.1.17 所示。

图 8.1.17 重命名图元组

（18）选择"地球"图元组，在属性面板单击 按钮，设置"地球"图元组的位移关键帧动画，如图 8.1.18 所示。

图 8.1.18　设置"地球"图元组的位移属性

（19）在时间线第 10 帧位置设置"地球"图元组的数值，让"地球"图元组从开始到第 10 帧的位置由下向上进入屏幕，如图 8.1.19 所示。

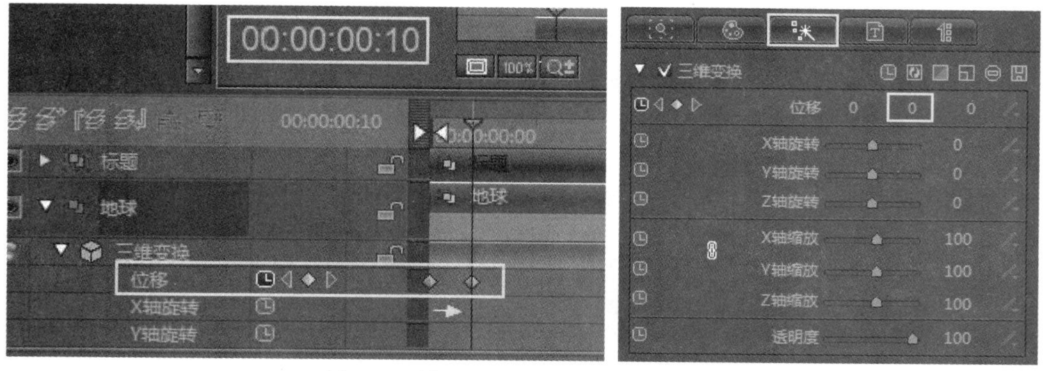

图 8.1.19　设置"地球"图元组的关键帧动画

（20）用同样的方法再为其他两个图元组依次设置位移关键帧动画，最后将字幕"动态保存"，如图 8.1.20 所示。

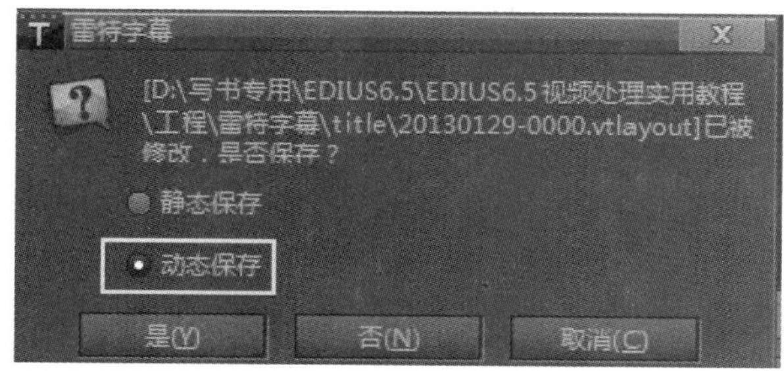

图 8.1.20　动态保存字幕

（21）完成整个电视新闻标题动画字幕的制作，预览最终动画效果如图 8.1.21 所示。

图 8.1.21　最终效果图

8.1.2　雷特字幕模板的应用

雷特字幕软件自带了上百种字幕模板供用户选择使用，而且每一种字幕模板都可以根据用户的需要更改其内容和属性设置。

雷特字幕模板使用的操作步骤：

（1）单击菜单“工具”→“EDIUS 字幕模板库”选项，或者按“Ctrl+F12”键打开字幕模板库，如图 8.1.22 所示。

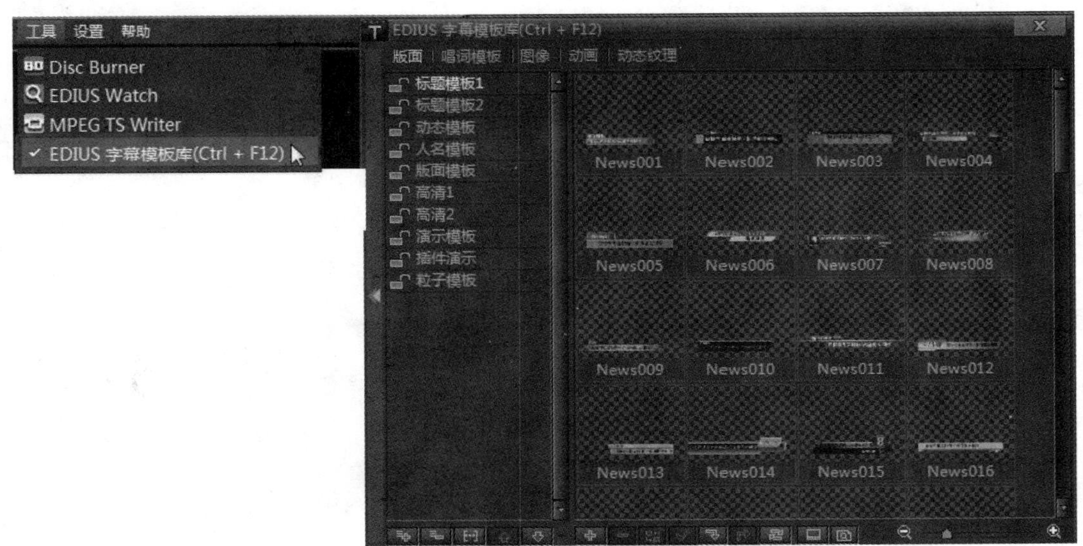

图 8.1.22　打开字幕模板库

（2）选择模板库相对应的字幕模板并用鼠标拖曳至时间线，如图 8.1.23 所示。

图 8.1.23　添加字幕模板到时间线

（3）在时间线上双击字幕，并打开“EDIUS 字幕编辑”面板，如图 8.1.24 所示。

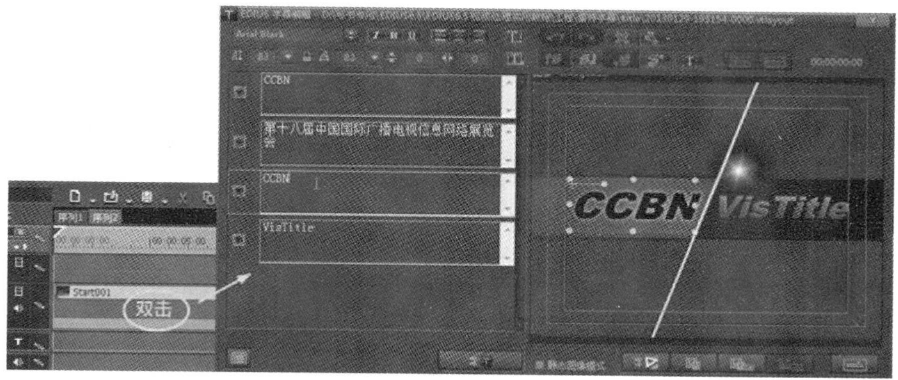

图 8.1.24　打开“EDIUS 字幕编辑”面板

（4）在“EDIUS 字幕编辑”面板中更改文字内容，如图 8.1.25 所示。

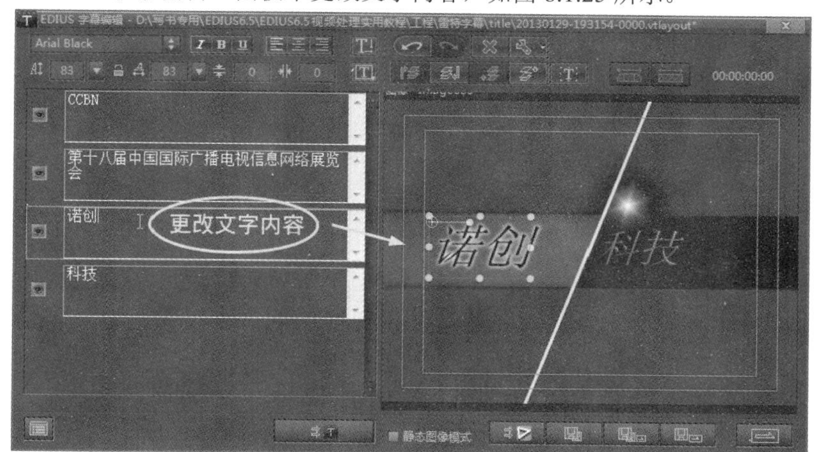

图 8.1.25　更改文字内容

（5）设置文字的字体、大小及属性，如图 8.1.26 所示。

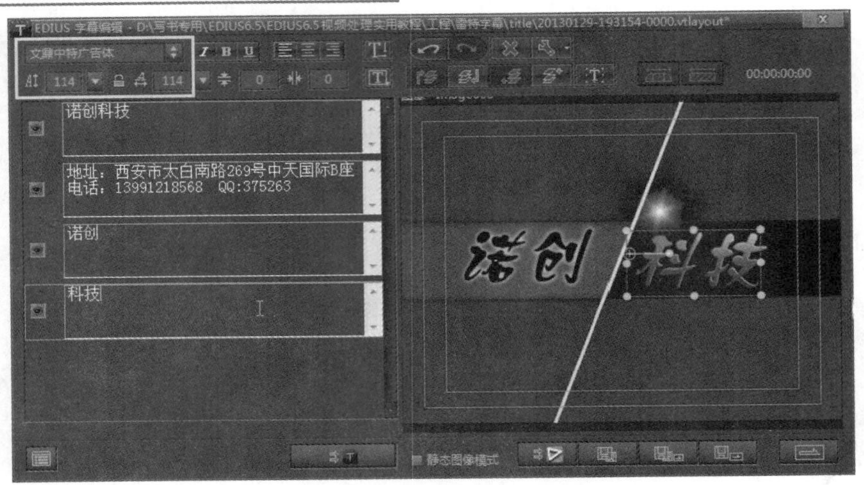

图 8.1.26　设置文字的字体、大小及属性

（6）单击　按钮，进入字幕主程序，设置文字的颜色，如图 8.1.27 所示。

图 8.1.27　设置文字的颜色

（7）用同样的方法修改其他文字的颜色，预览最终动画效果，如图 8.1.28 所示。

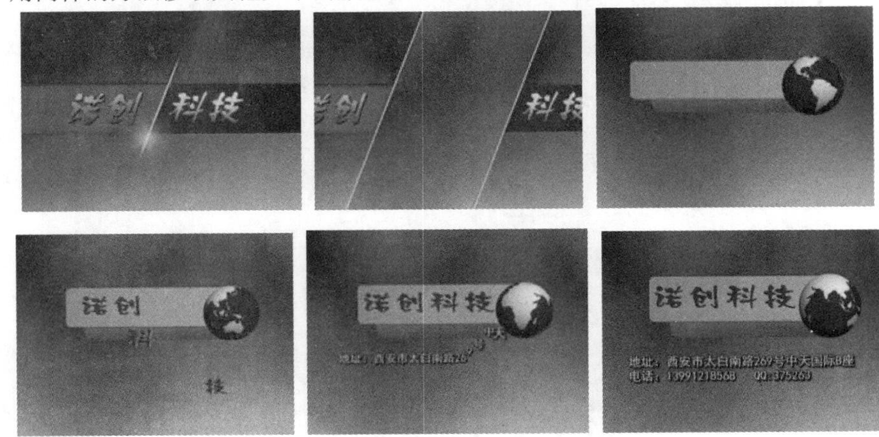

图 8.1.28　最终效果图

8.1.3　“手写文字”的制作

利用雷特字幕的手写体插件制作“手写文字”动画的操作步骤：

（1）导入“山水”素材，在时间线工具栏单击 T 图标，选择“雷特字幕”选项，即可新建雷特字幕文件，如图 8.1.29 所示。

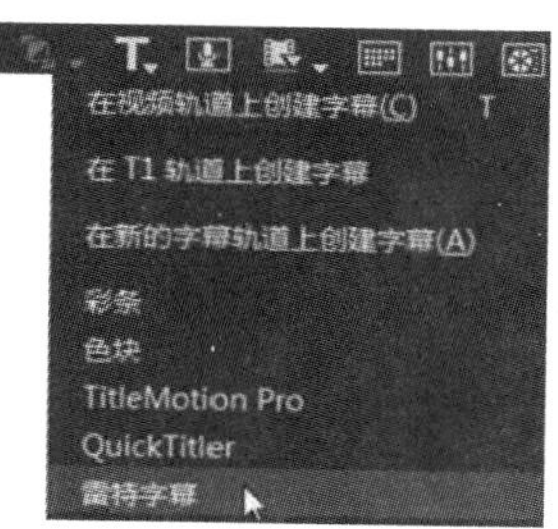

图 8.1.29　导入“山水”素材并创建“雷特字幕”

（2）单击 T 按钮创建文字“风”，并设置文字的字体、大小等属性，如图 8.1.30 所示。

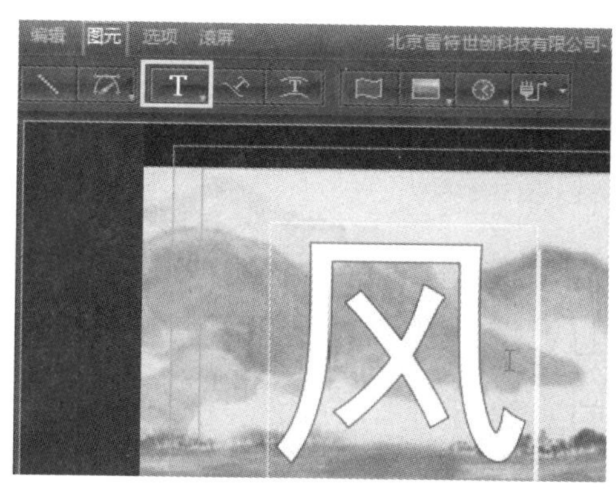

图 8.1.30　创建文字“风”并设置其属性

（3）选择文字“风”并单击字幕插件按钮（），在弹出的下拉菜单里选择“手写体”选项，如图 8.1.31 所示。

（4）利用绘制骨架线工具（）绘制出文字“风”的第一笔画，如图 8.1.32 所示。

（5）单击编辑贝塞尔曲线工具（），适当地调整文字第一笔画骨架线的位置，如图 8.1.33 所示。

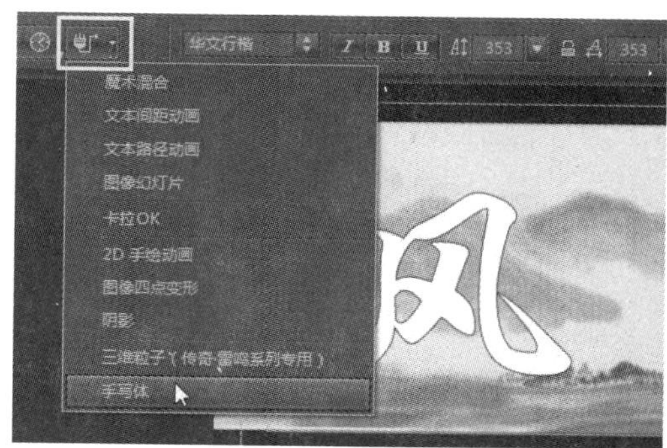

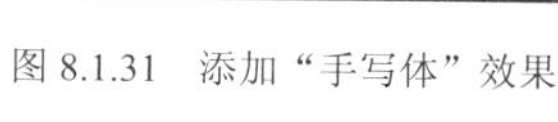

图 8.1.31　添加“手写体”效果

图 8.1.32　绘制文字第一笔画骨架线

（6）单击绘制轮廓线工具（![]）绘制出文字“风”的第一笔画轮廓线，如图 8.1.34 所示。

图 8.1.33　调整第一笔画骨架线的位置

图 8.1.34　绘制文字第一笔画轮廓线

（7）利用编辑贝塞尔曲线工具（![]）调整文字的第一笔画轮廓线位置，如图 8.1.35 所示。

（8）单击![]按钮，在文字第一笔画骨架线起始位置单击鼠标右键，选择“启动半径动画”选项，如图 8.1.36 所示。

（9）调整画笔的属性颜色，用鼠标拖曳着半径工具顺着文字第一笔画骨架线移动，并根据文字笔画的粗细来适当调整半径工具的半径大小，如图 8.1.37 所示。

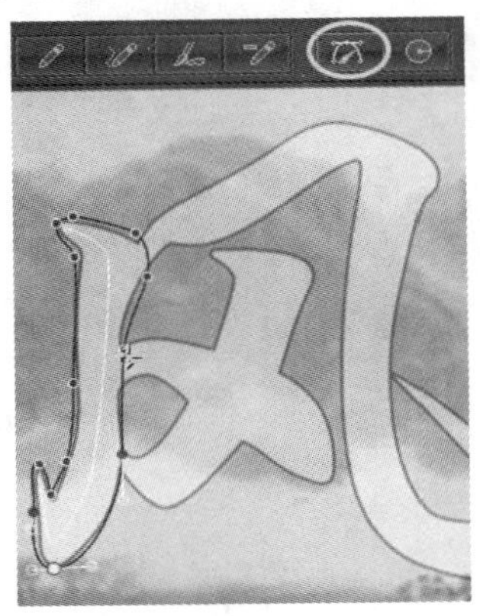

图 8.1.35　调整文字轮廓线位置

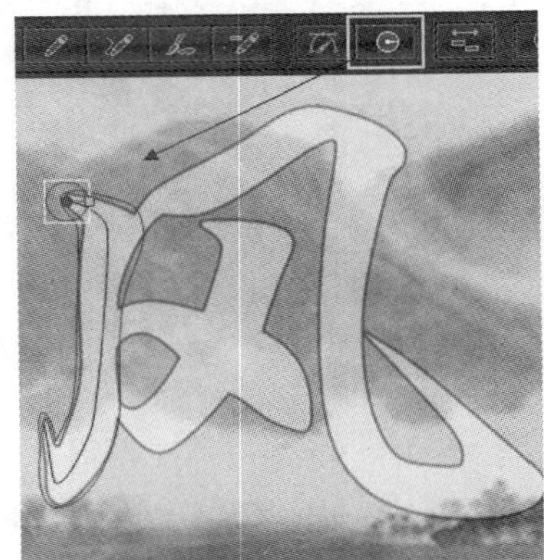

图 8.1.36　启动半径工具

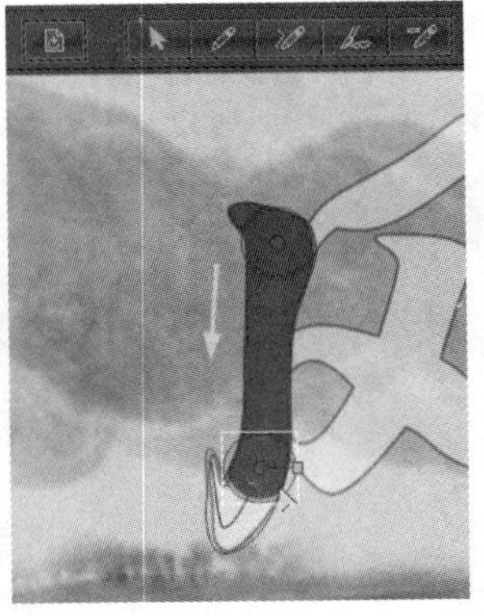

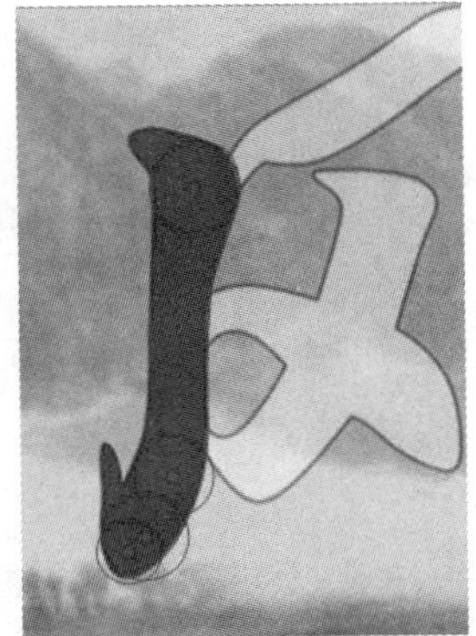

图 8.1.37　设置画笔的颜色并绘制文字

（10）在文字的第一笔画绘制完成以后，在笔画列表面板单击增加笔画按钮（　）增加第二笔画，并按照前面的方法绘制第二笔画骨架线，如图 8.1.38 所示。

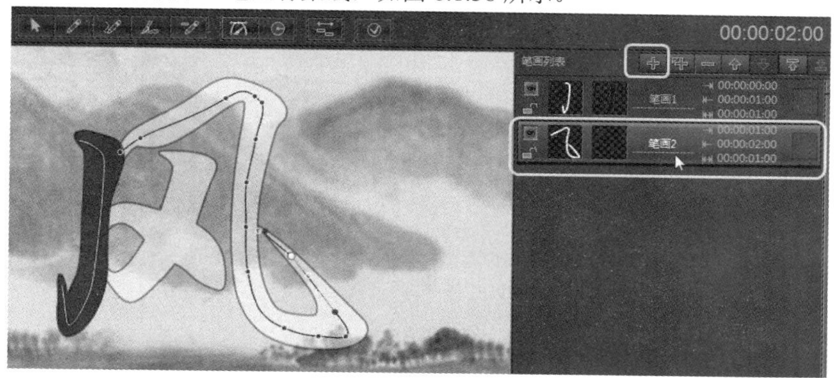

图 8.1.38　绘制文字第二笔画骨架线

（11）单击　按钮并调整文字的第二笔画轮廓线位置，按照前面的方法利用　工具绘制文字的第二笔画，如图 8.1.39 所示。

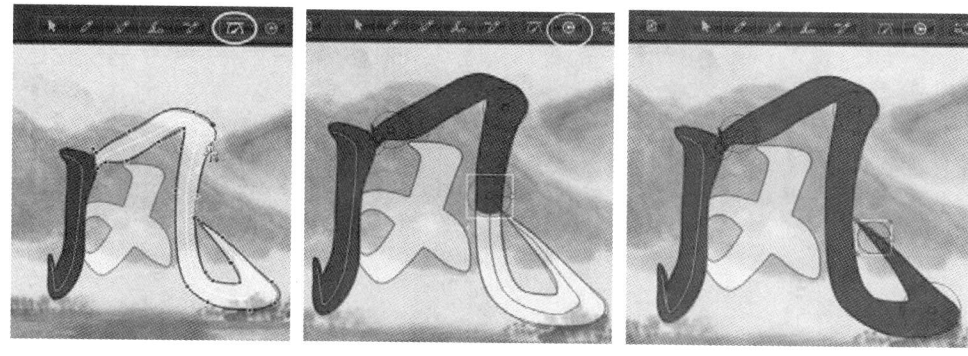

图 8.1.39　调整文字第二笔画轮廓线并绘制文字

（12）按照同样的方法绘制出文字的第三、四笔画，如图 8.1.40 所示。

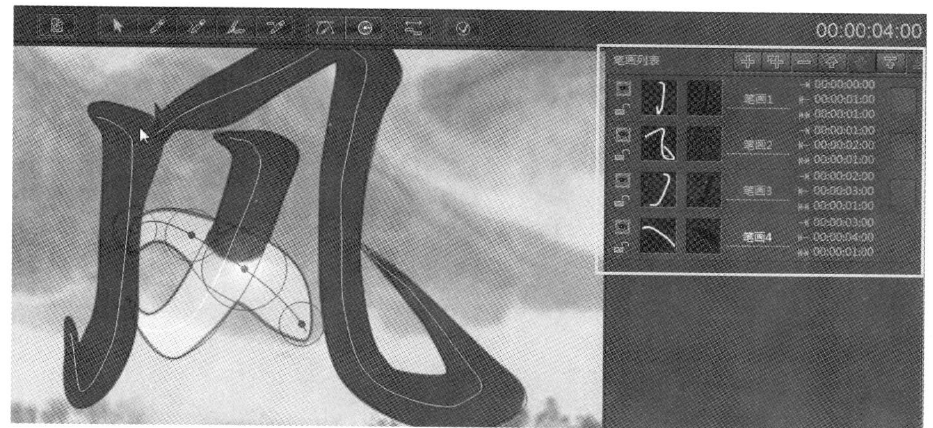

图 8.1.40　绘制文字的第三、四笔画

（13）设置文字的颜色，并勾选“原始透明度”选项，如图 8.1.41 所示。

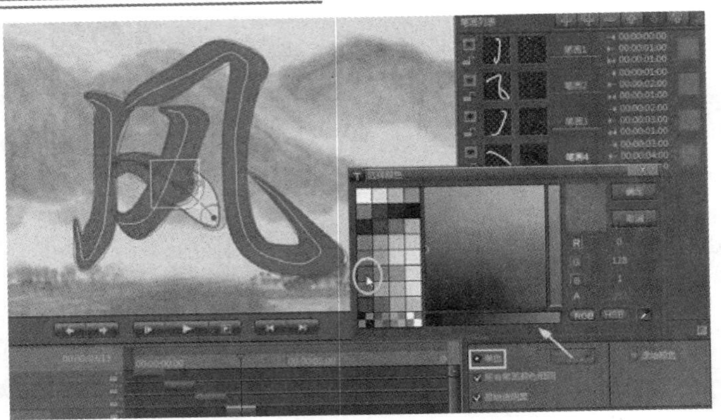

图 8.1.41 设置文字的颜色并使用原始透明度

（14）利用工具绘制出文字的停留时间骨架线，如图 8.1.42 所示。

图 8.1.42 绘制文字停留时间骨架线

（15）在时间线面板设置文字停留的时间长度，如图 8.1.43 所示。

图 8.1.43 设置文字的停留时间

（16）完成整个手写文字的制作，预览最终效果，如图 8.1.44 所示。

图 8.1.44 最终效果

8.1.4　2D 手绘线动画制作

利用雷特字幕的 2D 手绘动画插件制作“手写文字”动画效果的操作步骤：

（1）导入“信纸”素材，在时间线工具栏单击 T 图标，并选择“雷特字幕”选项，即可新建雷特字幕文件，如图 8.1.45 所示。

图 8.1.45　导入“信纸”素材并创建“雷特字幕”

（2）单击 按钮，在弹出的下拉菜单里选择“2D 手绘动画”选项，利用 工具绘制“节日快乐”曲线，如图 8.1.46 所示。

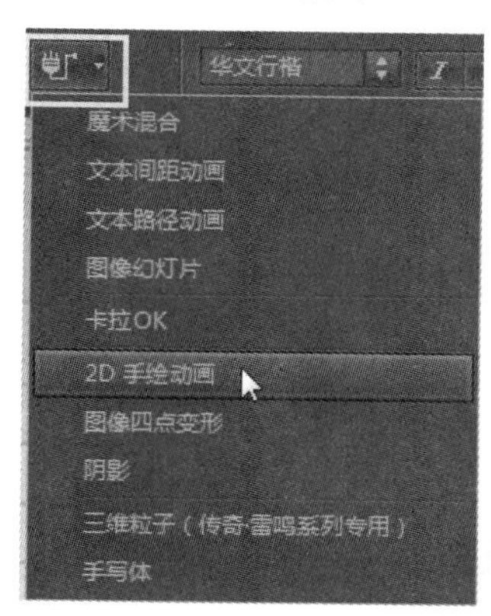

图 8.1.46　添加 2D 手绘动画并绘制曲线

（3）单击 按钮，适当调整曲线位置，效果如图 8.1.47 所示。

图 8.1.47　调整曲线位置

（4）更改曲线的描边颜色，如图 8.1.48 所示。

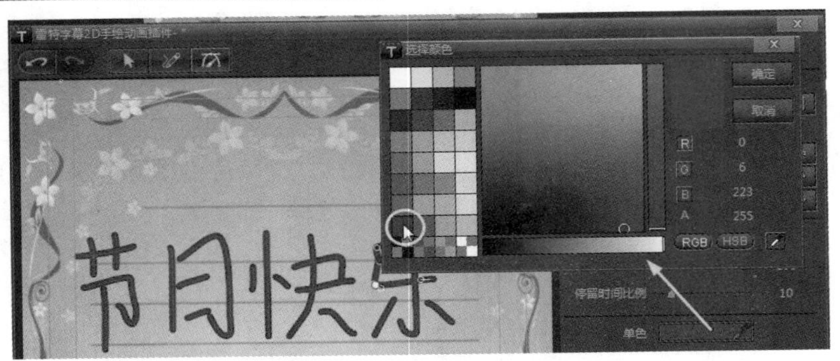

图 8.1.48　设置曲线的描边颜色

（5）单击图形标识按钮（　），勾选“插入跟踪图标”选项，并单击　按钮添加跟踪图标，如图 8.1.49 所示。

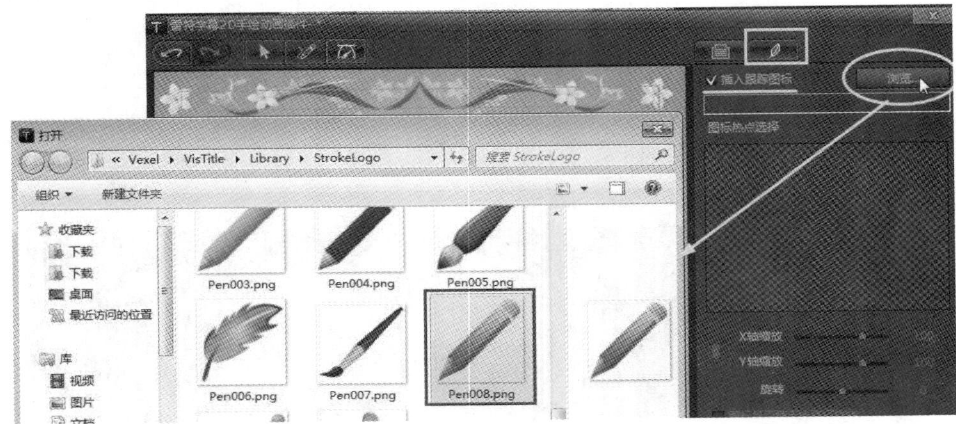

图 8.1.49　添加跟踪图标

（6）调整跟踪图标的位置跟踪点，如图 8.1.50 所示。

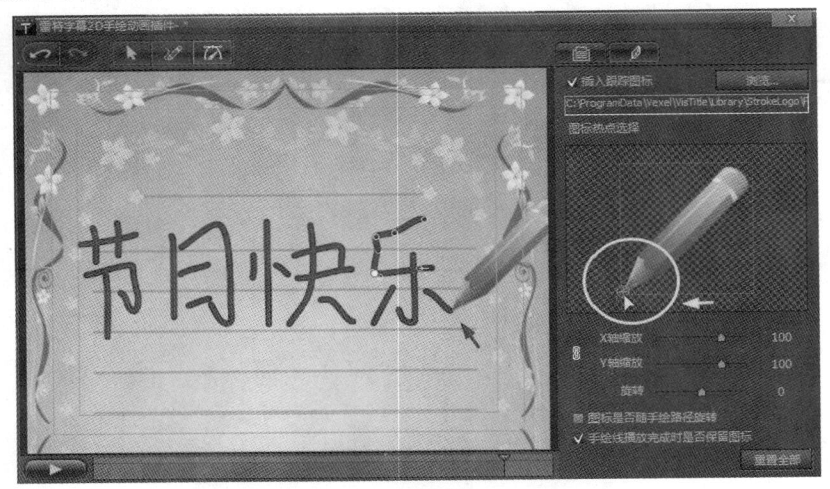

图 8.1.50　调整跟踪图标的位置跟踪点

（7）完成整个“手写文字”的动画效果，预览最终动画效果，如图 8.1.51 所示。

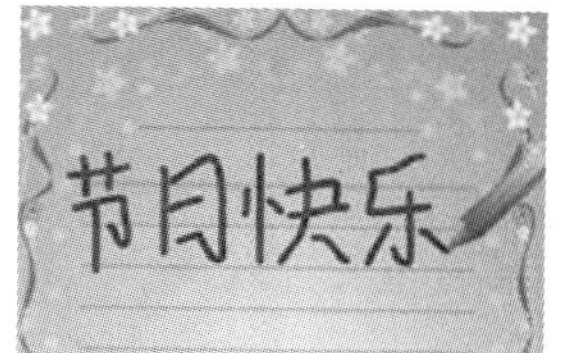

图 8.1.51　最终效果

8.1.5　特效文字动画

利用雷特字幕的动画模板和文字特效，制作“火焰扫光”文字效果的操作步骤：

（1）单击 T 工具，创建“特效文字效果”文字，并设置文字的字体、大小等属性，如图 8.1.52 所示。

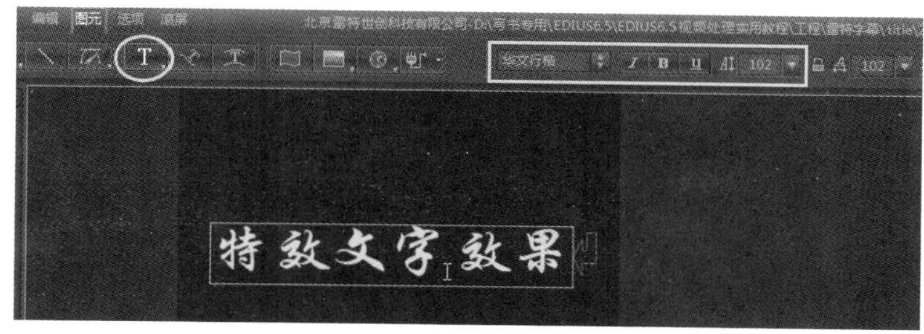

图 8.1.52　创建水平文字并设置其属性

（2）单击按钮，或者按“Ctrl+Tab”键将时间线切换至模板库，在模板库选择相对应的“火焰”动画并双击鼠标左键应用该动画，如图 8.1.53 所示。

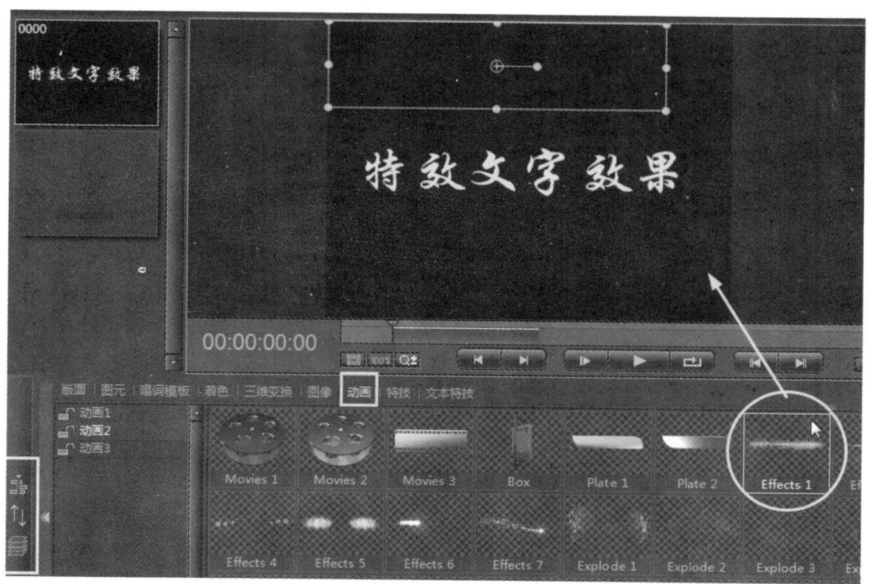

图 8.1.53　应用“火焰”动画

（3）单击[按钮图标]按钮切换至三维空间预览整个火焰文字效果，并适当调整火焰的位置，如图 8.1.54 所示。

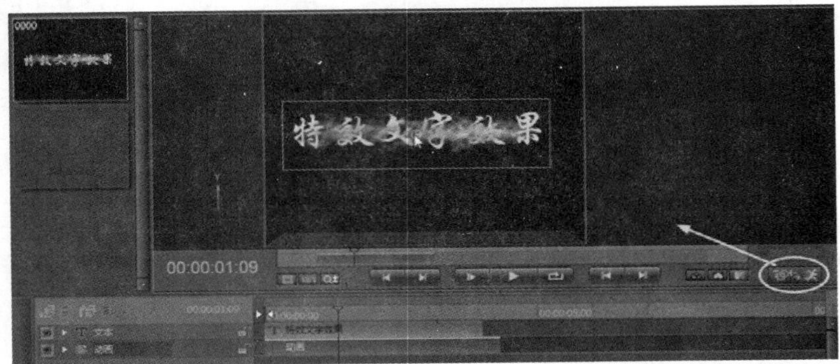

图 8.1.54　切换至三维空间调整火焰的位置

（4）单击[工具图标]工具调整火焰动画的大小，如图 8.1.55 所示。

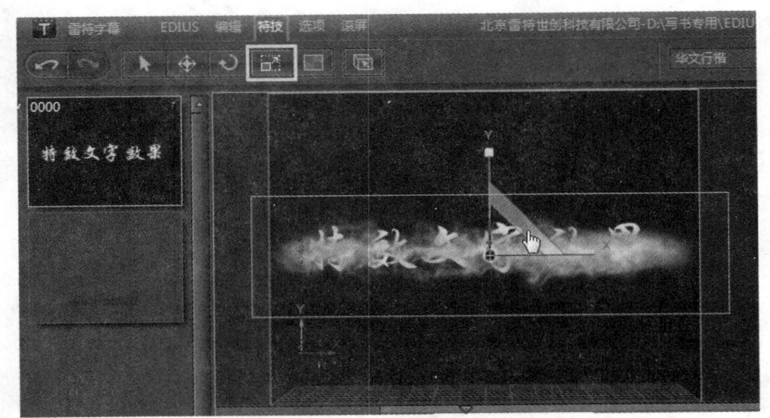

图 8.1.55　调整火焰动画的大小

（5）给文字的切入动画位置添加“左右划像”效果，如图 8.1.56 所示。

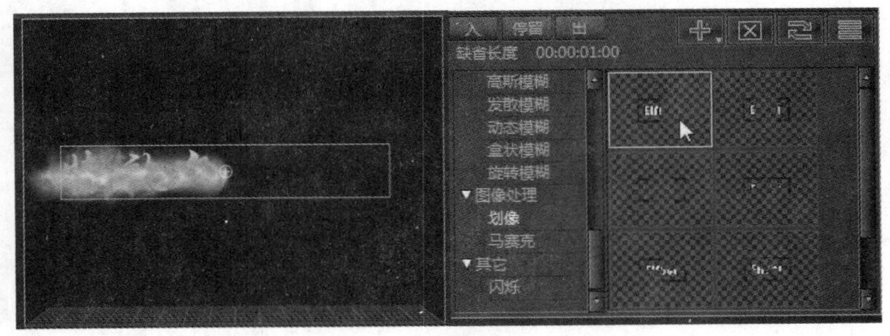

图 8.1.56　给文字添加“左右划像”效果

（6）在时间线面板根据“火焰”的动画效果适当调整“划像”的进度关键帧位置，如图 8.1.57 所示。

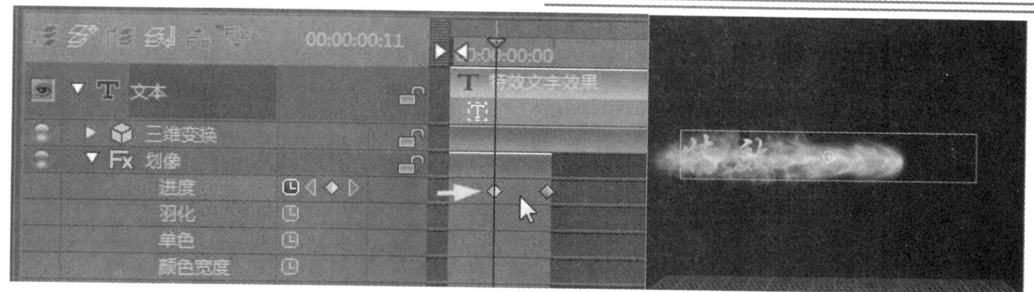

图 8.1.57　调整“划像”的进度关键帧

（7）给文字的停留动画位置添加“扫光”效果，如图 8.1.58 所示。

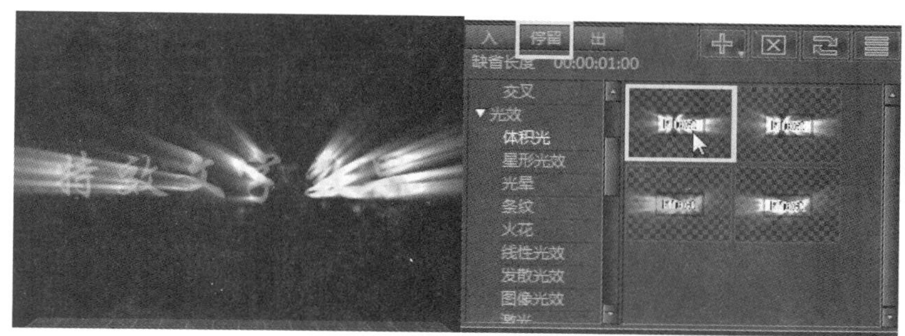

图 8.1.58　添加文字“扫光”效果

（8）在时间线面板调整文字“扫光”特效的关键帧位置，如图 8.1.59 所示。

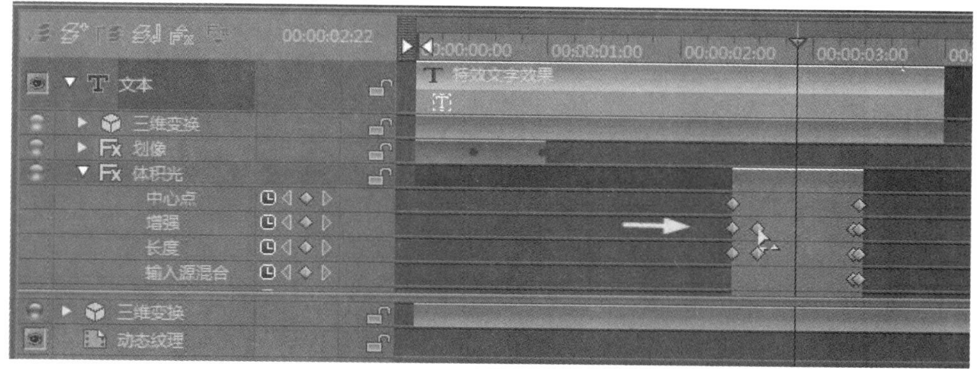

图 8.1.59　调整文字“扫光”特效的关键帧位置

（9）在属性面板降低扫光特效的“增强”数值，如图 8.1.60 所示。

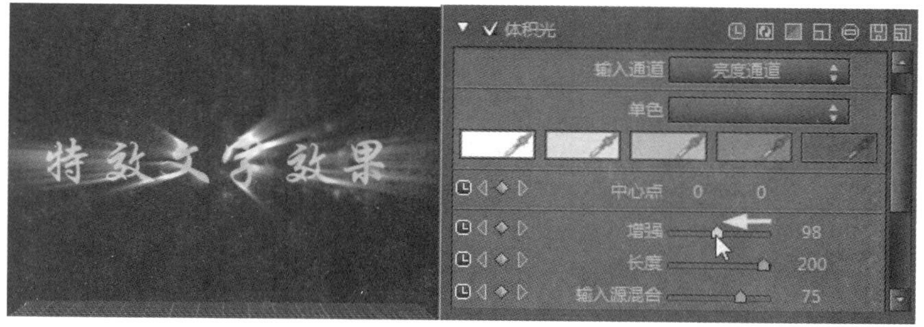

图 8.1.60　调整“扫光”特效的属性数值

（10）完成“火焰扫光”文字特效的制作，预览最终效果，如图 8.1.61 所示。

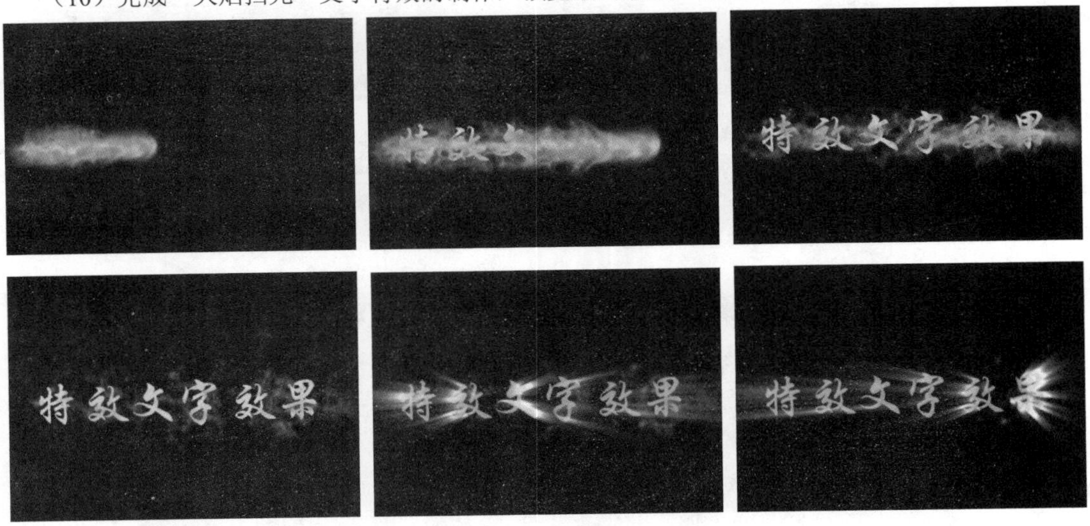

图 8.1.61　最终效果图

8.2　课 堂 实 战

制作视频解说字幕

本例综合利用雷特字幕的字幕唱词编辑来制作一段视频解说字幕。

操作步骤：

（1）导入素材“风随心动”，在时间线工具栏单击图标，选择“雷特字幕”选项，即可新建雷特字幕文件，如图 8.2.1 所示。

图 8.2.1　导入“风随心动”素材并创建雷特字幕

（2）单击工具创建“唱词模板”文字，并设置文字的字体、大小等属性，如图 8.2.2 所示。

图 8.2.2　创建文字并设置其属性

（3）单击按钮，或者按“Ctrl+Tab”键将时间线切换至模板库，在模板库选择“唱词模板”选项，并单击按钮，将新建立的唱词模板添加到唱词模板库，如图 8.2.3 所示。

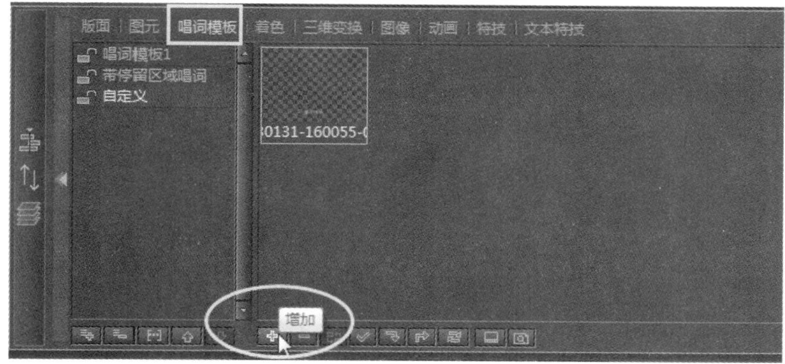

图 8.2.3　将新唱词添加到唱词模板库

（4）单击菜单打开“工具”→“EDIUS 字幕模板库”选项，如图 8.2.4 所示。

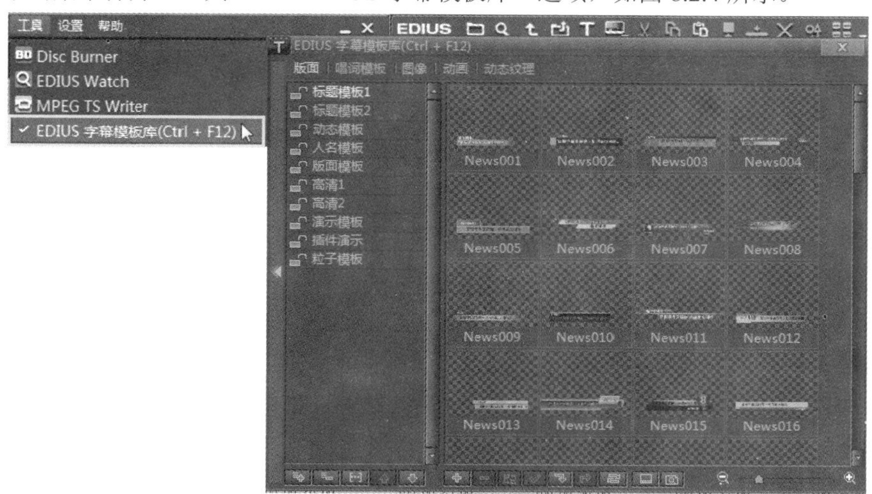

图 8.2.4　打开 EDIUS 字幕模板库

（5）在字幕模板库将刚添加的字幕唱词模板用鼠标拖曳到时间线 2V 轨道，如图 8.2.5 所示。

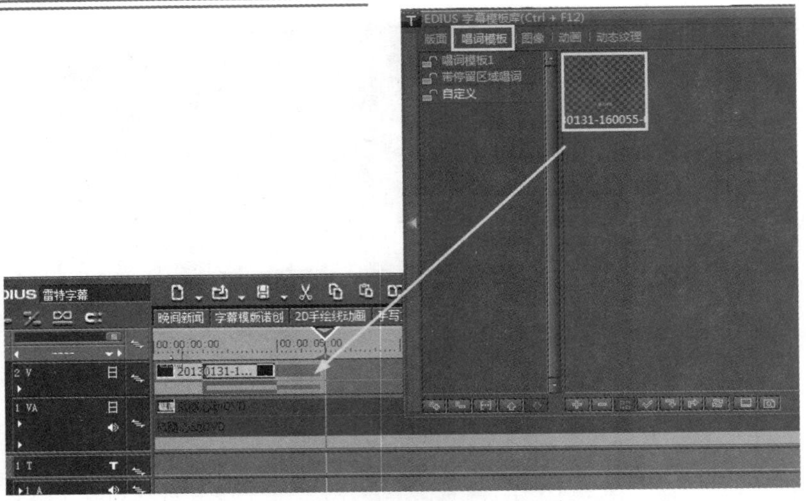

图 8.2.5　添加唱词模板到时间线轨道

（6）设置唱词模板的持续时间和素材持续时间相等，如图 8.2.6 所示。

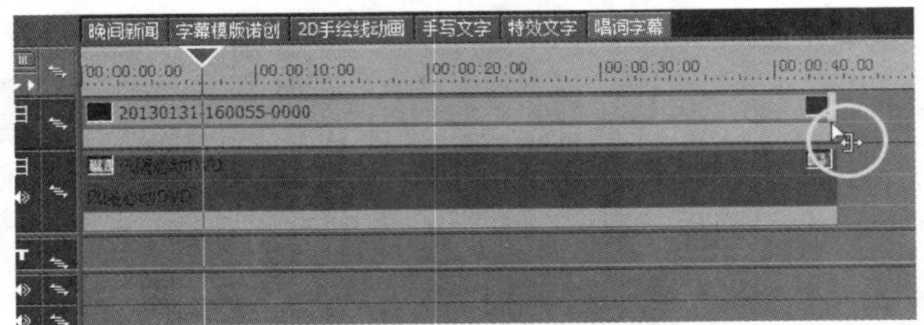

图 8.2.6　设置唱词模板的持续时间

（7）在时间线上选择字幕唱词模板后，双击鼠标左键并打开唱词字幕，接下来单击按钮选择“打开单行文本文件”选项，在弹出的“打开”对话框里选择“风随心动.txt”文件，如图 8.2.7 所示。

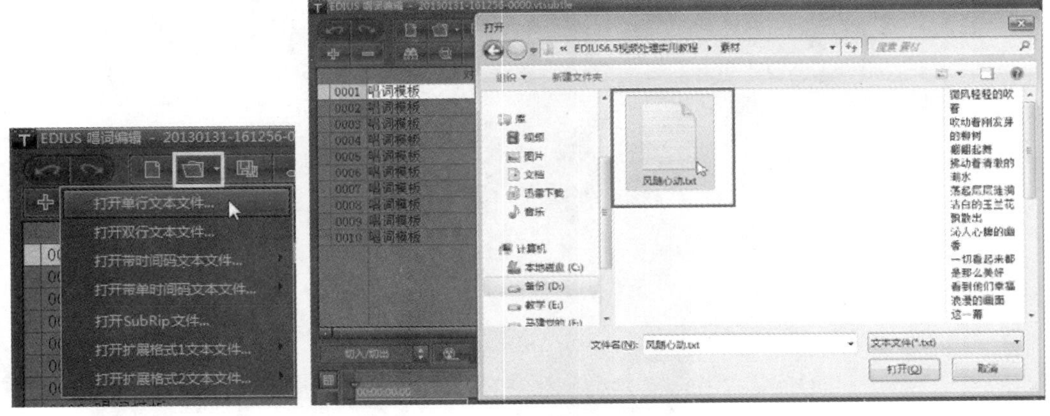

图 8.2.7　打开字幕唱词模板

（8）单击按钮，打开“风随心动.txt”文件，如图 8.2.8 所示。

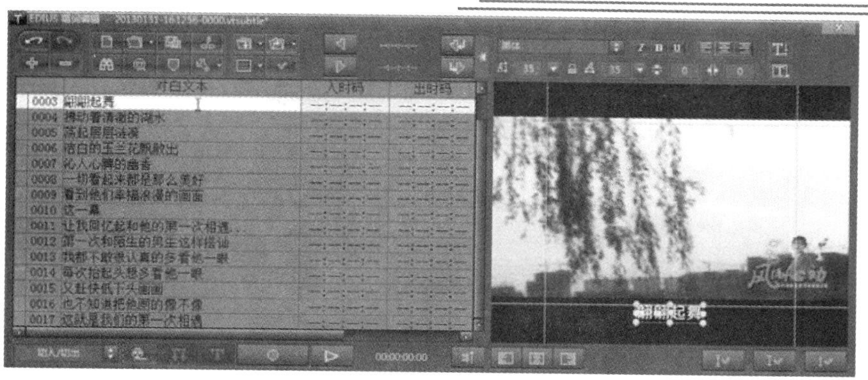

图 8.2.8　打开“风随心动.txt”文件

（9）单击按钮开始录制唱词，根据配音解说按空格键录制整行唱词字幕并继续进入下一屏录制；按 K 键暂停或继续录制唱词字幕；按 Esc 键退出录制唱词字幕，如图 8.2.9 所示。

图 8.2.9　录制唱词文件

（10）录制完唱词字幕以后，单击按钮显示唱词字幕时间线，再根据配音解说的出入点时间来详细调整字幕出、入点的位置，如图 8.2.10 所示。

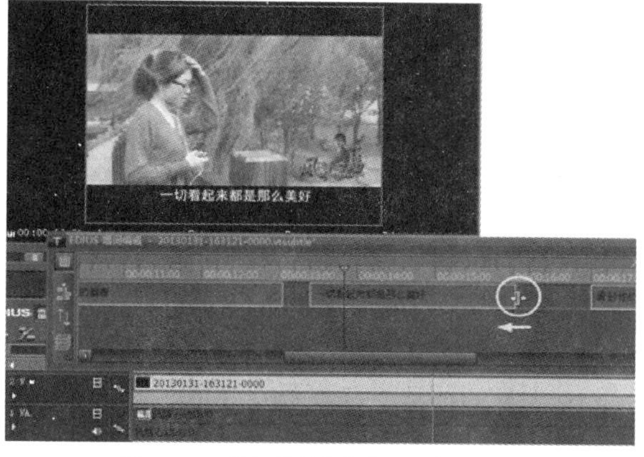

图 8.2.10　详细调整字幕出、入点的位置

（11）完成整个视频解说字幕的制作，预览最终效果，如图 8.2.11 所示。

图 8.2.11　最终效果图

8.3　课 堂 实 战

制作卡拉 OK 字幕

本例综合利用雷特字幕卡拉 OK 插件来制作卡拉 OK 字幕效果。

操作步骤：

（1）导入“山水风景”素材，在时间线工具栏单击图标，选择“雷特字幕”选项，即可新建雷特字幕文件，如图 8.2.12 所示。

图 8.2.12　导入素材并创建雷特字幕

（2）单击按钮，在弹出的下拉菜单里选择“卡拉 OK”选项，如图 8.2.13 所示。

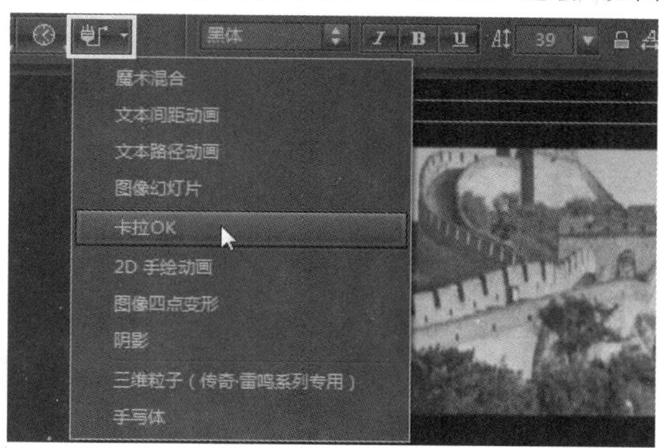

图 8.2.13　打开“卡拉 OK”字幕

（3）单击按钮导入“我的中国心.txt”文件，并单击打开(O)按钮，如图 8.2.14 所示。

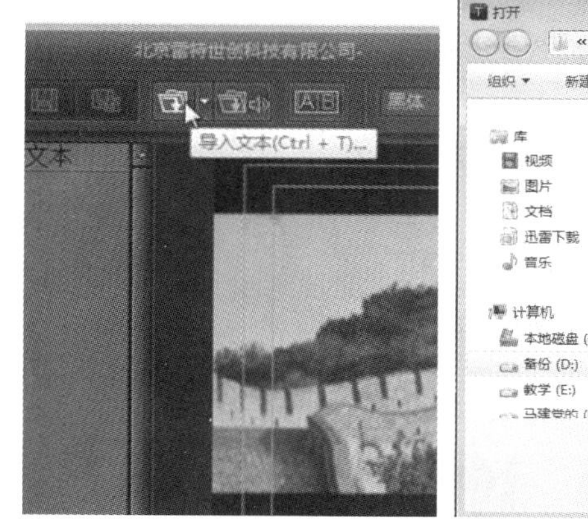

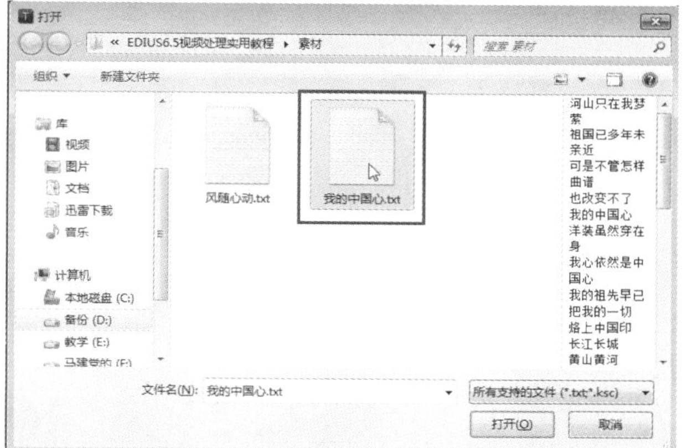

图 8.2.14　导入“我的中国心.txt”文件

（4）单击按钮导入“音乐.mp3”文件，如图 8.2.15 所示。

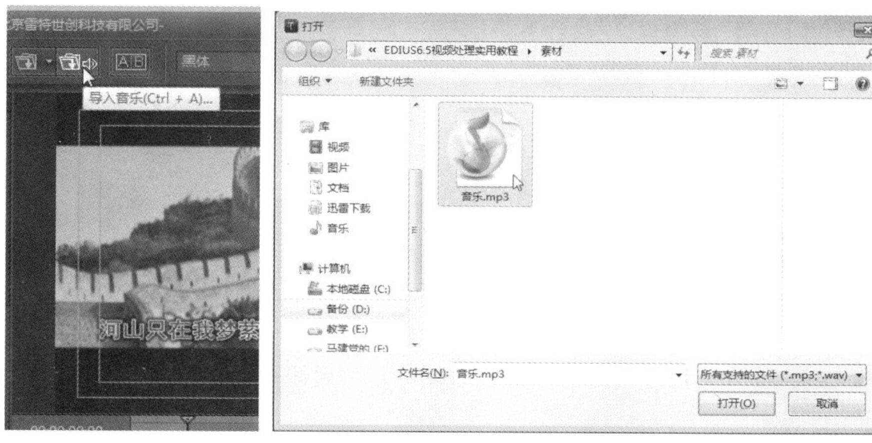

图 8.2.15　导入“音乐.mp3”文件

（5）在文本列表选择第一行“河山只在我梦萦”歌词，并调整音量大小，如图 8.2.16 所示。

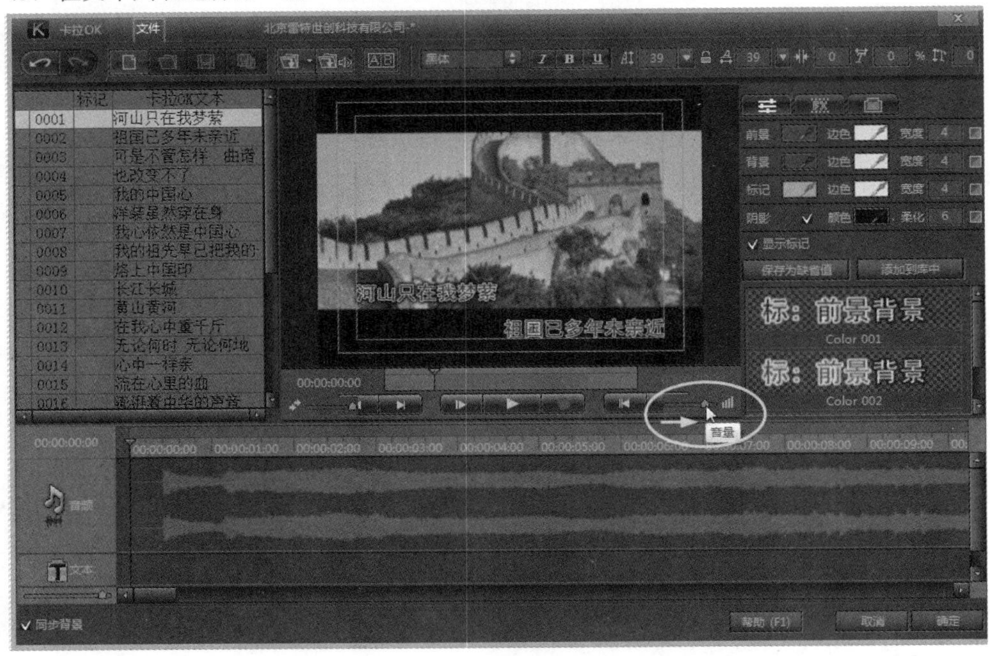

图 8.2.16　调整音量大小

（6）单击自动填满字间间断按钮（ ）以后，单击 按钮开始录制唱词；根据音乐的唱词进度来按键盘空格键拍打唱词字幕；再次单击 按钮停止录制唱词字幕；按 Esc 键退出唱词字幕的录制，如图 8.2.17 所示。

图 8.2.17　录制唱词字幕

（7）录制完唱词字幕以后，调整字幕的字体、大小等属性，并设置字幕的前景和背景颜色，如图 8.2.18 所示。

图 8.2.18　设置字幕的字体、大小和颜色

（8）在属性面板单击 按钮，在字幕开始动画图标上双击鼠标左键应用该动画，如图 8.2.19 所示。

图 8.2.19　应用字幕开始动画

（9）在字幕属性面板单击 按钮，调整双行文字在屏幕的位置，如图 8.2.20 所示。

图 8.2.20　调整双行文字的位置

（10）完成整个卡拉 OK 字幕的制作，最终效果如图 8.2.21 所示。

图 8.2.21　最终效果图

本 章 小 结

本章主要介绍了利用雷特字幕制作电视新闻标题字幕、应用字幕模板制作、手写文字、制作 2D 手绘线动画、制作特效文字和制作卡拉 OK 字幕。通过对本章的学习，读者能够完全了解雷特字幕的强大功能和应用，能够对软件进行最基本的设置和运用等。

操 作 练 习

一、填空题

1．雷特字幕与________软件无缝集成结合，不仅功能强大、________，而且软件自身有强大的着色模式、GPU 实时________和灵活多样的操作方式等。

2．雷特字幕软件自带了上百种________供用户选择使用，而且每一种字幕模板都可以根据用户的需要________和属性设置。

3．单击编辑半径工具按钮，在文字第一笔画骨架线起始位置单击鼠标右键，选择____________选项。

4．利用雷特字幕的________插件可制作一段“手写文字”动画。

二、选择题

1．单击按钮，或者按（　）键将时间线切换至模板库。

（A）Shift+ TAB　　（B）Ctrl+Tab

（C）Tab　　（D）Alt+Tab

2．单击按钮开始录制唱词，根据配音解说按（　）键录制整行唱词字幕并继续进入下一屏录制。

（A）Enter　　（B）Del

（C）空格　　（D）Ctrl+ Enter

3．录制字幕唱词时，按（　）键暂停或继续录制唱词字幕，按 Esc 键退出录制唱词字幕。

（A）K　　（B）L

（C）空格　　（D）Enter

4．录制完唱词字幕以后单击（　）按钮至显示唱词字幕时间线，再根据配音解说的出入点时间来详细调整字幕的出、入点的位置。

（A）仅显示时间线　　（B）缩放时间线

（C）关闭时间线　　（D）前面答案都不对

5．在雷特字幕面板上单击按钮是（　）。

（A）打开电源　　（B）打开字幕插件

（C）关闭电源

三、简答题

1．简述雷特字幕的特点。

2．简述电视新闻标题字幕的制作方法。

3．如何应用雷特字幕模板库？

四、上机操作题

1．反复练习“手写文字”字幕效果、2D 手绘线动画和特效文字的制作。

2．练习卡拉 OK 字幕和视频解说字幕的制作。

第 9 章　综合应用实例

本章是对前面所学知识进行的综合练习，通过练习，在每一步操作中发现自己的问题，通过解决问题巩固所学的知识，并增长新的知识。

知识要点

- 视频背景的颜色校正
- 手绘遮罩和视频布局的应用
- 视频叠加模式、三维动画字幕
- 逐字进入字幕动画、轨道遮罩的应用
- 视频的输出及刻录视频光盘

9.1　电视广告的制作

9.1.1　制作前的准备

学习完了 EDIUS Pro 9 的一些应用方法和剪辑技巧以后，现在我们就利用 EDIUS Pro 9 来制作一段电视广告。

在拿到广告文字稿以后先不要着急去做，先要对文字稿进行分析，按制作分成分镜头脚本，构思出画面的构图和主体颜色，见表 9.1.1。

表 9.1.1　西安数字工程学院广告制作分镜头脚本

镜头	时间	字幕	画面	画面解释
1	5 秒	西安数字工程学院		学校门头前一群白鸽起飞，火环爆发的同时，三维文字“数字工程学院”逐字进入
2	7 秒	动画人才的摇篮 高薪就业的保证	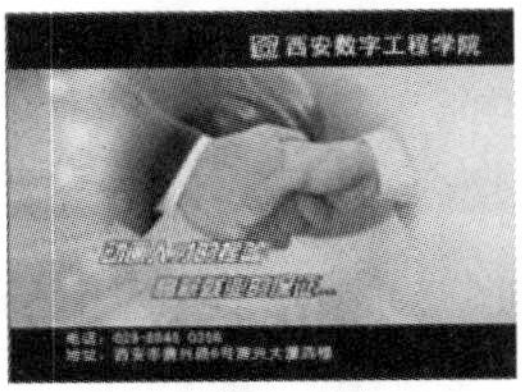	成功人士握手、招手、跳跃等，飞入文字

续表

镜头	时间	字幕	画面	画面解释
3	8 秒	常年开设： 角色模型班、三维动画班、灯光材质班、影视后期班		从背景中擦除笔刷画面，四个专业文字飞入
4	10 秒	数字工程学院 地址：西安市唐兴路唐兴大厦 电话：029-8845 0356		三维文字逐字进入，地址和电话文字由上划下

分镜头脚本经客户确认后，就可以查找相关素材，开始制作了。

9.1.2　制作第一镜头

首先，找到第一镜头里所需要的学校门头和鸽子素材，将素材复制到相对应的文件夹里面。做视频一定要养成管理文件的良好习惯，如图 9.1.1 所示。

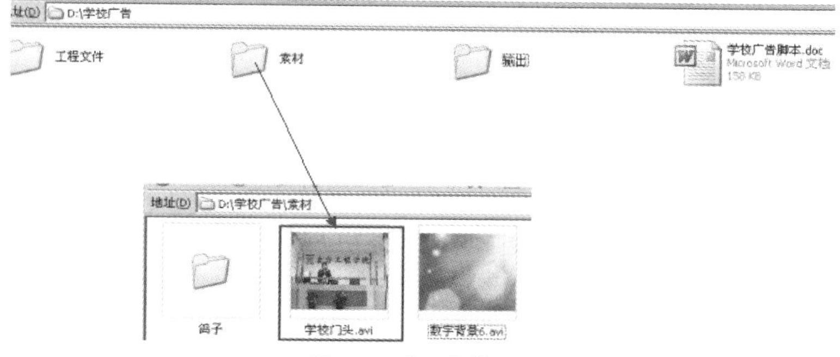

图 9.1.1　管理素材文件

操作步骤：

（1）打开 EDIUS Pro 9 新建一个工程文件，首先添加背景素材，如图 9.1.2 所示。

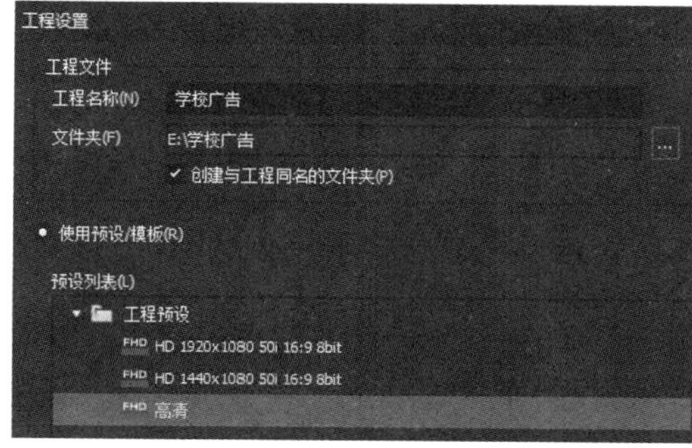

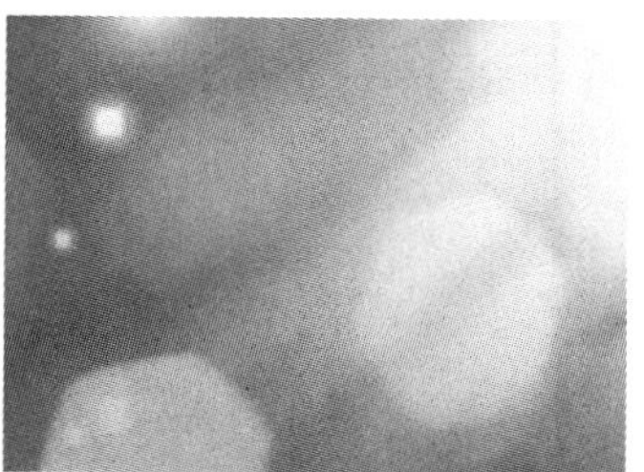

图 9.1.2　新建工程文件

（2）给背景素材添加“三路色彩校正”特效，调整背景参数，如图 9.1.3 所示。

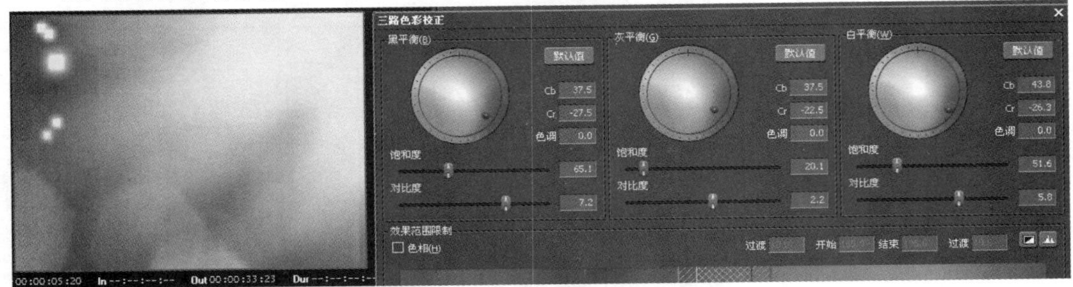

图 9.1.3 校正素材颜色

（3）在 1VA 轨道复制背景素材，在 2V 轨道添加一个由深蓝色到浅蓝色渐变的色块，添加滤色模式和下轨画面叠加，如图 9.1.4 所示。

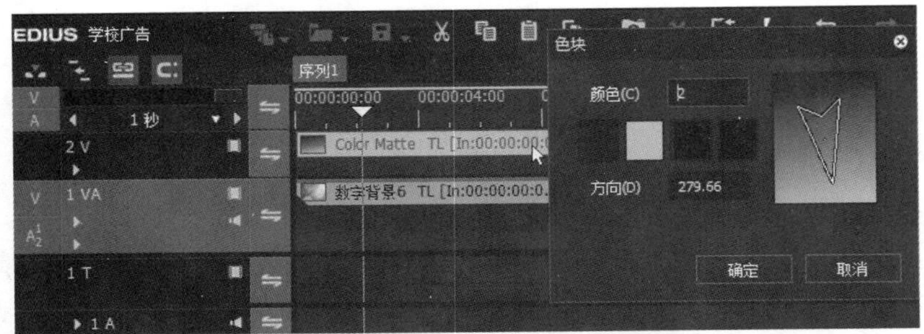

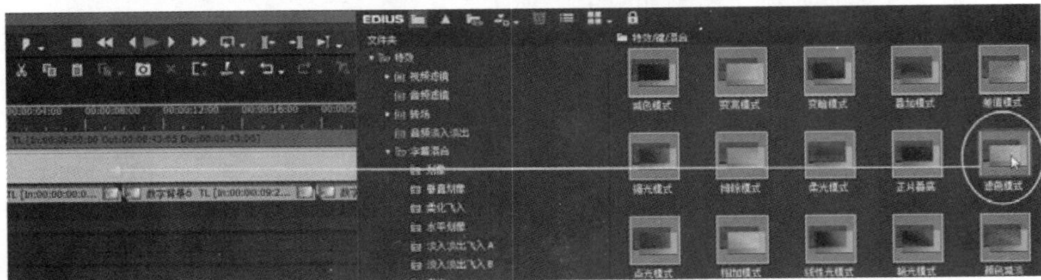

图 9.1.4 添加混合模式

（4）添加 3V 轨道，导入“学校门头”素材并添加“手绘遮罩”特效，将外部的透明度设置为 0%，调整软边缘的宽度，如图 9.1.5 所示。

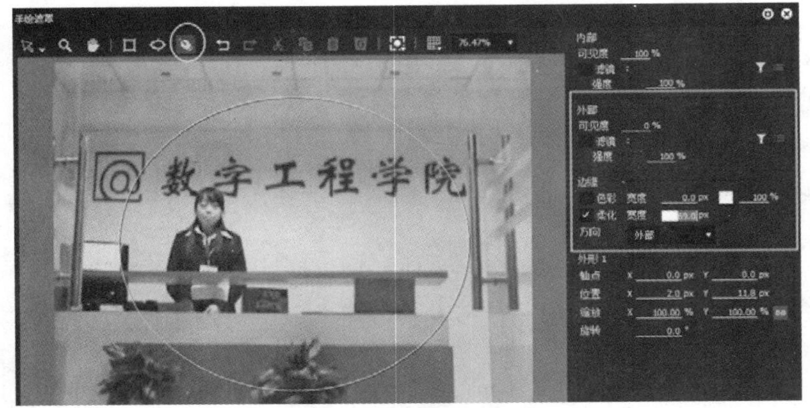

图 9.1.5 “手绘遮罩”面板

（5）“学校门头”素材颜色严重偏红，添加“三路色彩校正”特效校正颜色和背景颜色相溶，如图 9.1.6 所示。

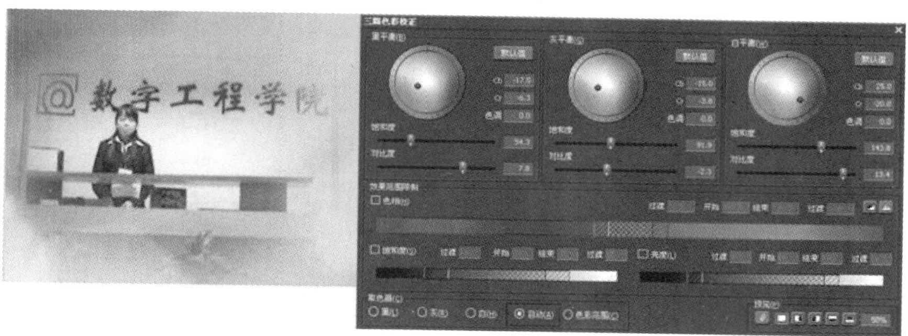

图 9.1.6　三路色彩校正素材颜色

（6）利用视频布局制作出一个学校门头由远拉近的效果，如图 9.1.7 所示。

图 9.1.7　视频布局面板

（7）添加 4V 轨道并导入“光芒”素材，添加叠加模式，如图 9.1.8 所示。

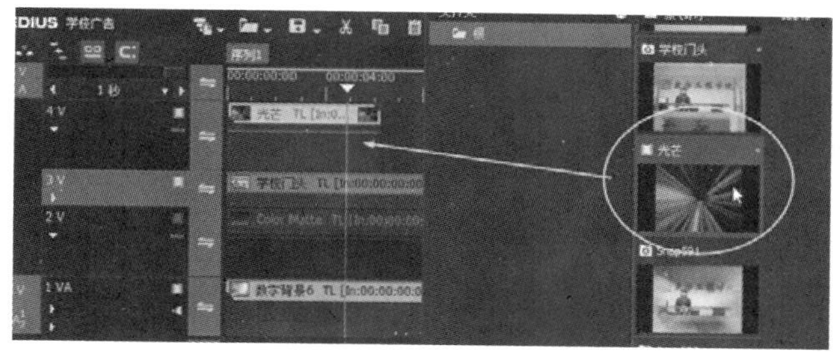

图 9.1.8　添加叠加模式

（8）背景制作完成后再新建一个序列命名为“镜头 1”，拖入刚做好的“背景”序列，在 2V 轨道添加在 Photoshop 软件里做好的视频遮幅，如图 9.1.9 所示。遮幅完全可以在 EDIUS Pro 9 里去做，在这里就不详细介绍了。

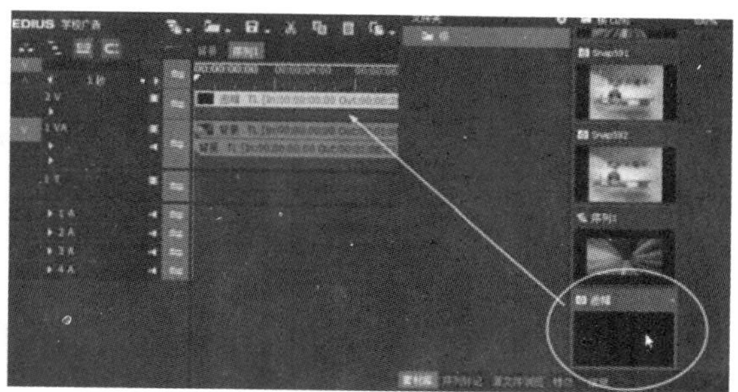

图 9.1.9　添加“遮幅”序列

（9）给 2V 轨道添加一个下轨道，导入素材“鸽子”序列图片和“爆炸火环”素材，添加“相加模式”，如图 9.1.10 所示。

图 9.1.10　添加“鸽子序列”素材和“火环”素材

（10）在 T1 轨道添加 3D 文本，设置颜色为黄色，如图 9.1.11 所示。再单击按钮设置为“按行导出文本”。

图 9.1.11　创建 3D 文本

（11）单击按钮切换到动画模式，在“模板”里选择“文字砸入画面”动画模板。在“时间”选项卡里调整动画持续时间，如图 9.1.12 所示。

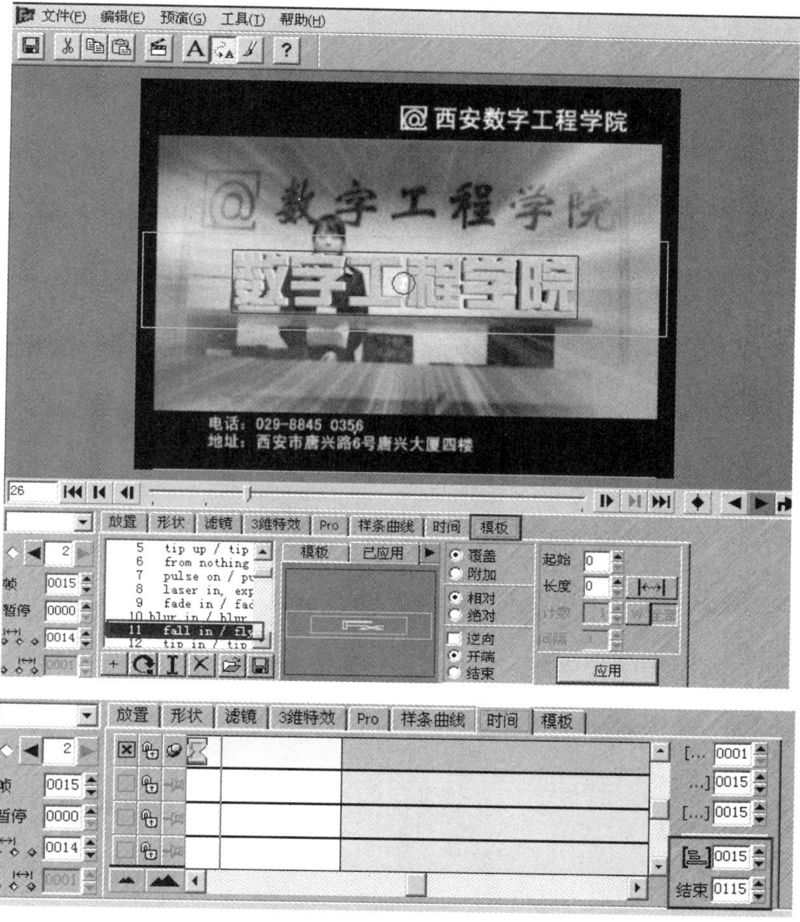

图 9.1.12　设置文字动画

（12）调整动画顺序，鸽子在学校门头前起飞→三维文字飞入→火环爆发。有一个细节要注意，在文字飞到屏幕上后，给背景素材添加“模糊”特效，让背景虚化，尽量突出三维文字。镜头制作完成，如图 9.1.13 所示。

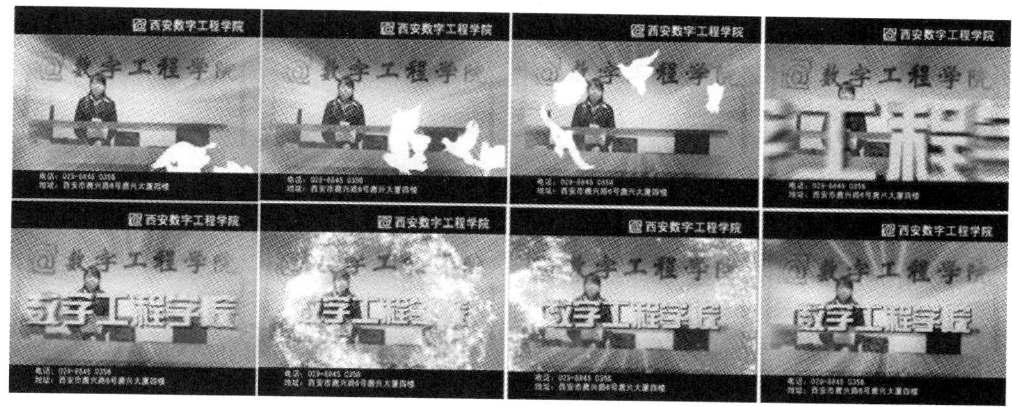

图 9.1.13　预览镜头 1 效果

9.1.3 制作第二、三、四镜头

制作后面三个镜头的操作步骤：

（1）新建序列命名为“背景 2”，将‘背景’序列里的素材选中，复制到“背景 2”序列里，删除“学校门头”素材所在的轨道，如图 9.1.14 所示。

图 9.1.14 调整镜头 2 的背景

（2）新建序列命名为“镜头 2”，给 1VA 轨道导入“握手”和“成功”等素材，适当校色和背景颜色一定要相溶。将“背景 2”序列添加到 2V 轨道，3V 轨道添加遮幅，如图 9.1.15 所示。

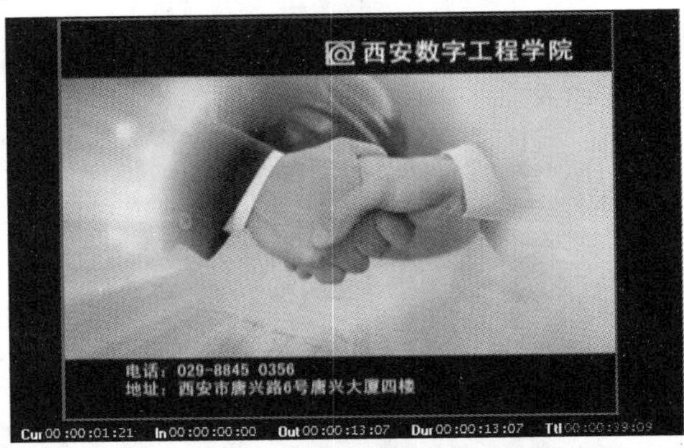

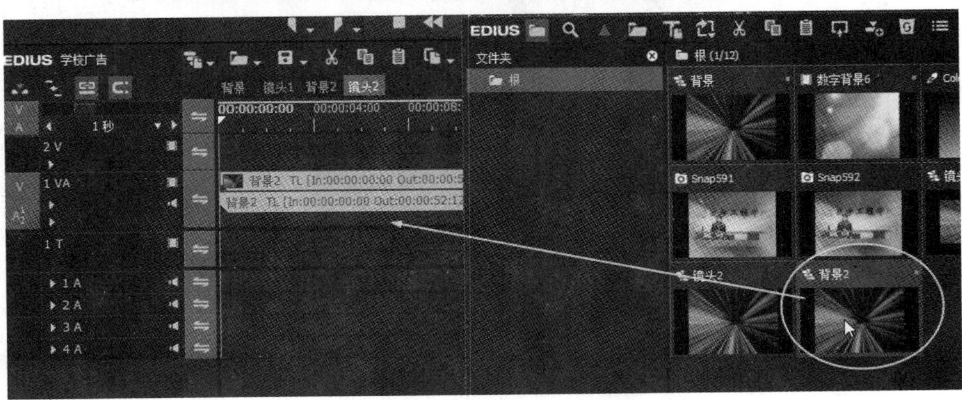

图 9.1.15 添加背景 2 序列

（3）在 T1 轨道输入文字“动画人才的摇篮”，设置为动画文字，单击按钮设置为“按字符导出文本”选项，如图 9.1.16 所示。

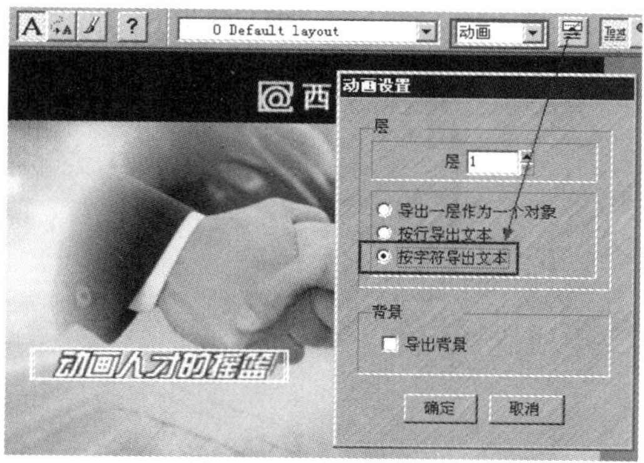

图 9.1.16　输入动画文字

（4）单击按钮进入动画模式，单击鼠标右键添加关键帧，选择第一个文字并在第一帧处设置文字的缩放和透明度，如图 9.1.17 所示。

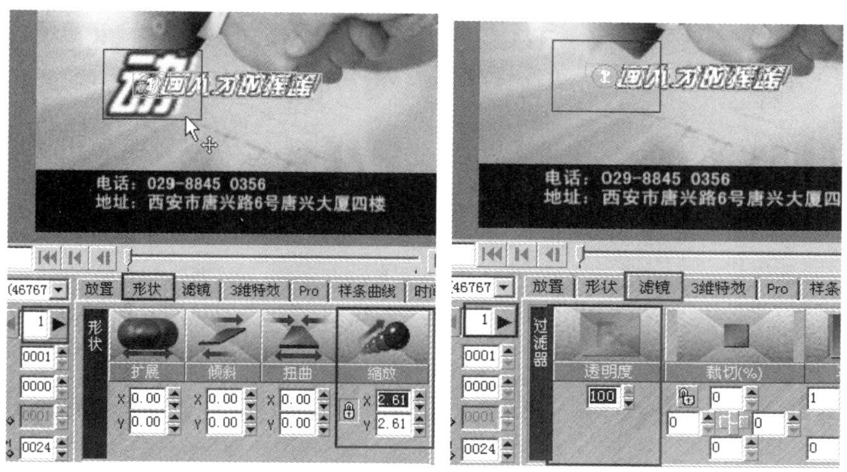

图 9.1.17　设置文字动画

（5）单击在屏预览按钮，在预览动画后添加到模板，如图 9.1.18 所示。

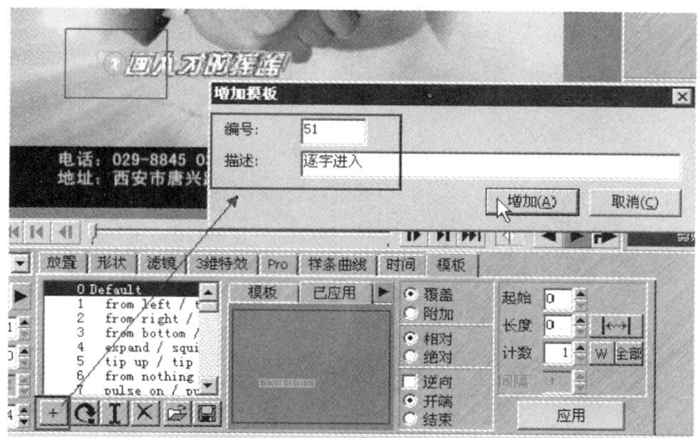

图 9.1.18　添加到模板

（6）单击 重置动画 按钮，应用自己定义的“逐字进入”动画模板，如图 9.1.19 所示。

图 9.1.19　预览文字动画

（7）由于只打了第一行文字忘记打第二行了，单击 A 按钮返回字幕模式修改文字，如图 9.1.20 所示。

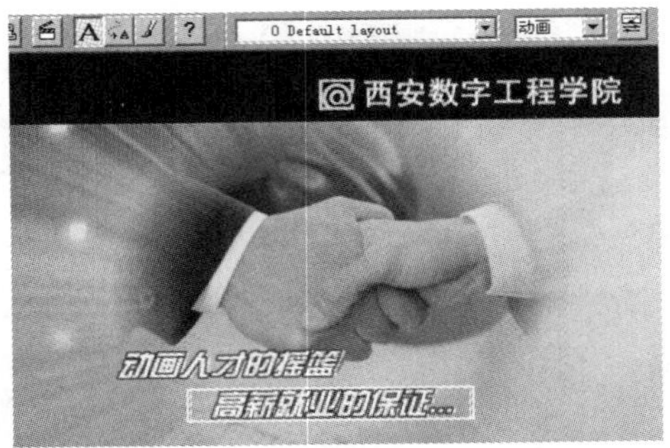

图 9.1.20　修改文字

（8）单击 按钮切换到动画模式，重置动画后应用“逐字进入”模板，完成镜头 2 的制作，如图 9.1.21 所示。

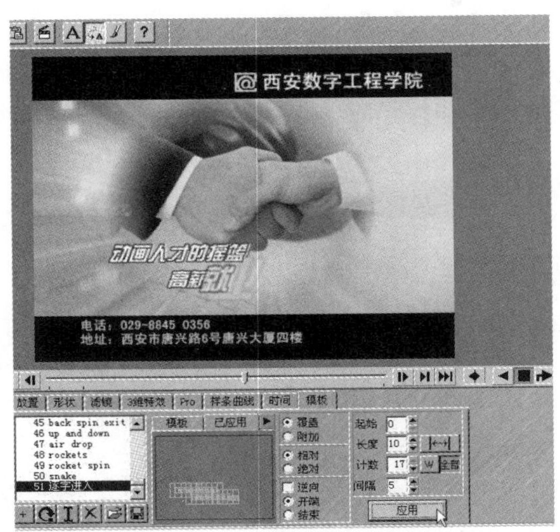

图 9.1.21　应用文字模板

（9）新建一个序列命名为“镜头 3”，添加“背景”序列到 1VA 轨道，添加“遮幅”到 2A 轨道，如图 9.1.22 所示。

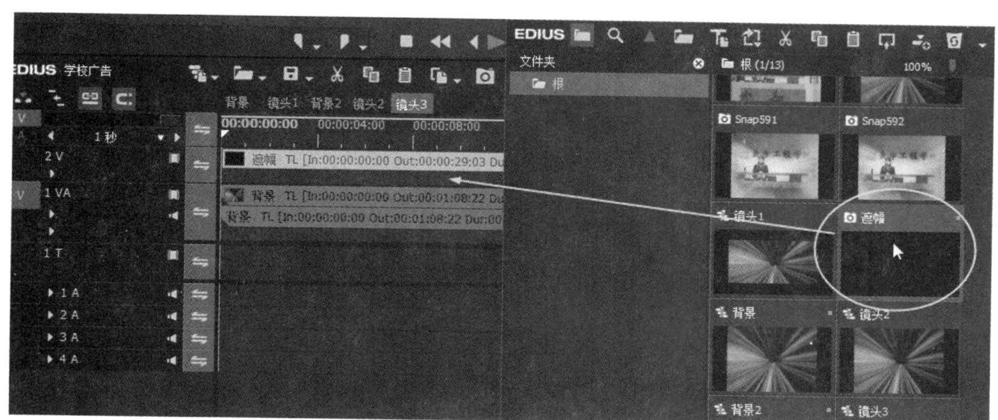

图 9.1.22 添加镜头 3 背景

（10）在 1VA 轨道上添加一个 V 轨道，导入在 Photoshop 软件里制作好的“笔刷”素材，如图 9.1.23 所示。

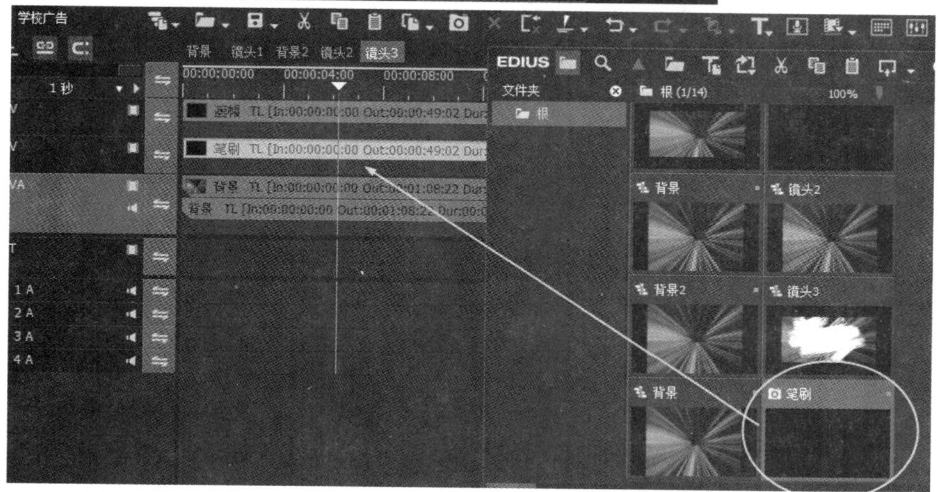

图 9.1.23 添加“笔刷”素材

（11）在 2V 轨道再次添加一个 V 轨道，导入学校“专业”素材并添加“轨道遮罩”特效，如图 9.1.24 所示。

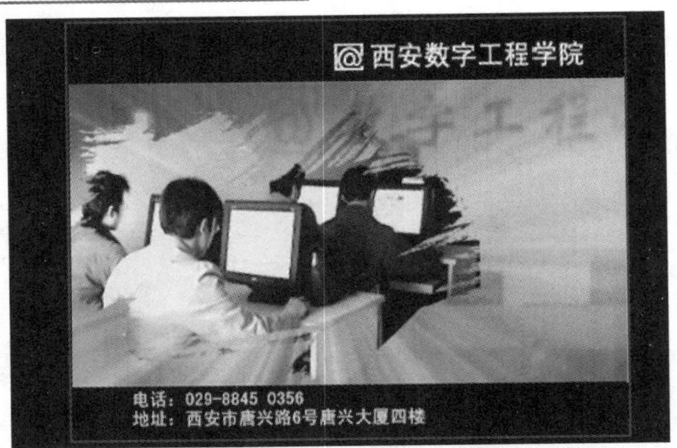

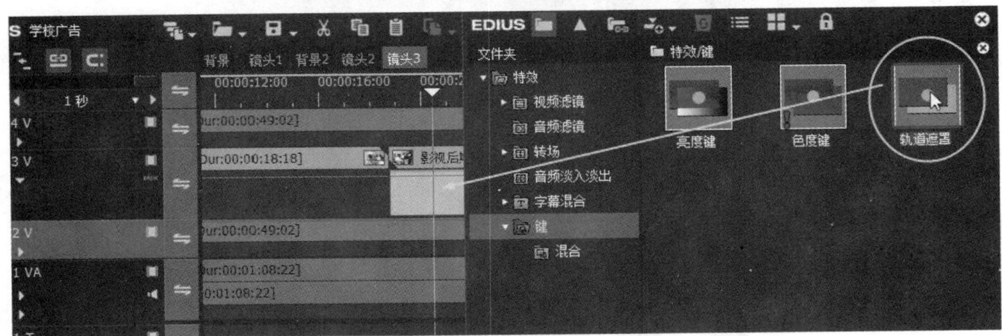

图 9.1.24　添加“轨道遮罩”特效

（12）在 T1 轨道添加文字“角色模型班”，设置字体和颜色，如图 9.1.25 所示。

图 9.1.25　创建字幕

（13）给字幕添加“向左飞入”字幕混合特效，让字幕从屏幕右面向左面飞入，如图 9.1.26 所示。

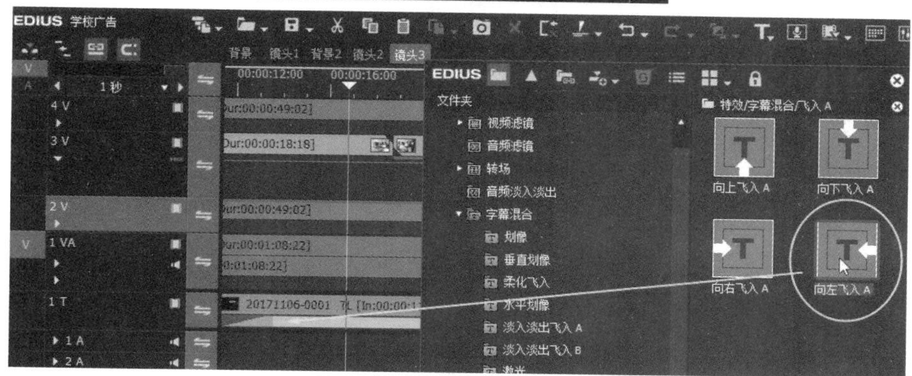

图 9.1.26　添加“字幕混合”特效

（14）复制 T1 轨道，将 T2 轨道文字更改成“三维动画班”并调整位置，一定要另存为一个单独的字幕文件。直接单击保存的话会覆盖原来复制的字幕，造成两个字幕内容相同。复制字幕轨道的效果如图 9.1.27 所示。

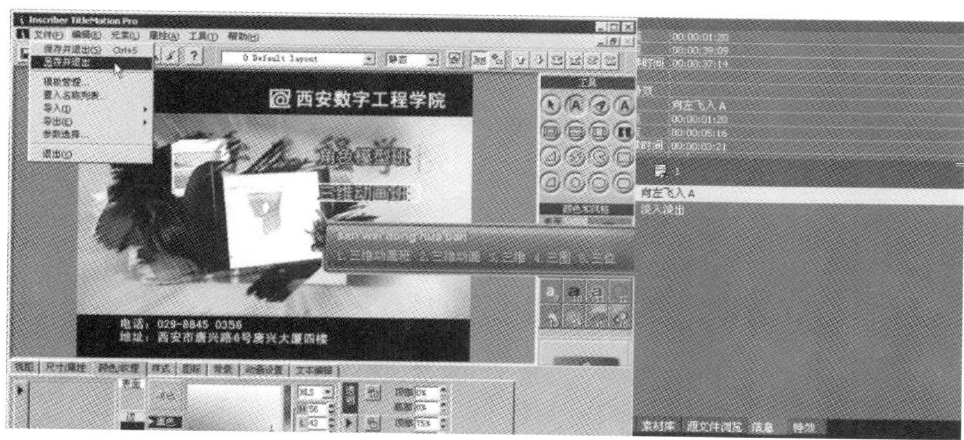

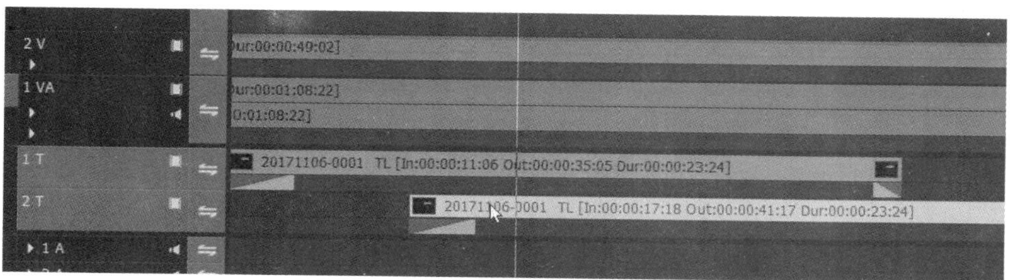

图 9.1.27　复制字幕轨道

（15）利用同样的方法制作其余的字幕，并调整字幕的位置，完成镜头 3 的制作，如图 9.1.28 所示。

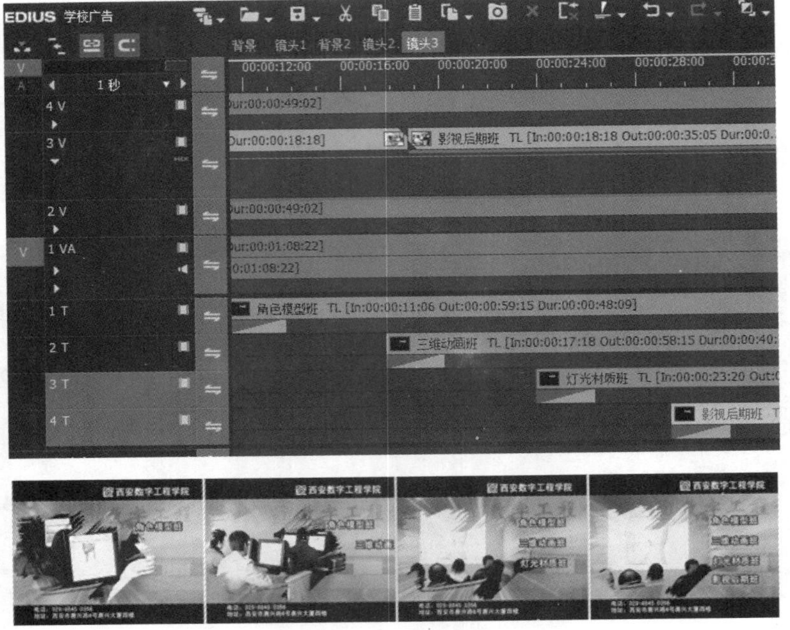

图 9.1.28　预览镜头 3 效果

（16）新建一个序列命名为“镜头 4”，添加“背景”序列到 1VA 轨道，在 2V 轨道加上黑色遮幅。将以前在镜头 1 里做好的 3D 文本添加到 T1 轨道，设置 3D 字幕的逐字进入动画。在 T2 轨道输入地址和电话并添加“向下软划像”字幕混合特效，完成镜头 4 的制作，如图 9.1.29 所示。

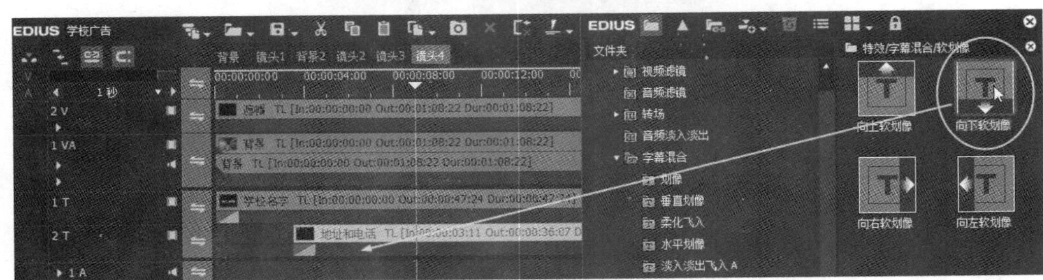

图 9.1.29　制作镜头 4

（17）新建一个序列命名为“最终合成”，将 4 个镜头的序列导入 1VA 轨道，在 1A 轨道添加专业配音公司的解说音。按照解说音将声音和画面对齐，在 2A 轨道添加广告的背景音乐，适当降低背景音

乐的音量，使之不要大于解说音，在 3A 轨道添加特效音，完成整个广告的制作，如图 9.1.30 所示。

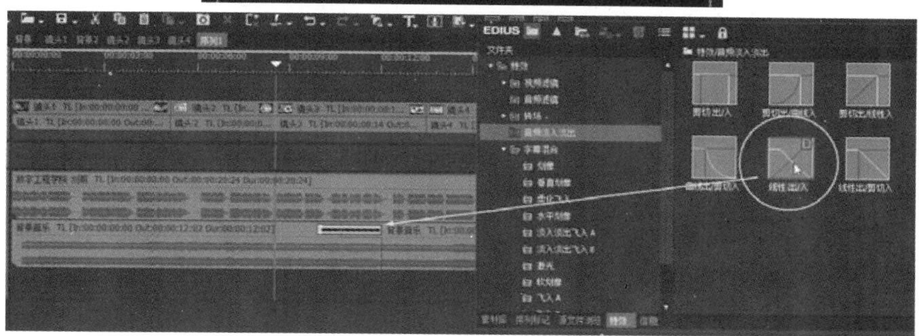

图 9.1.30　完成广告制作

9.2　输 出 成 片

9.2.1　输出 AVI 和批量输出

将做好的电视广告输出成 AVI 视频文件的操作步骤：

（1）在时间线上设置入点和出点，单击监视器工具栏上的按钮，选择“输出到文件”选项，或按快捷键 F11 键，还可以采用单击菜单“文件”→“输出”→“输出到文件”选项，如图 9.2.1 所示。

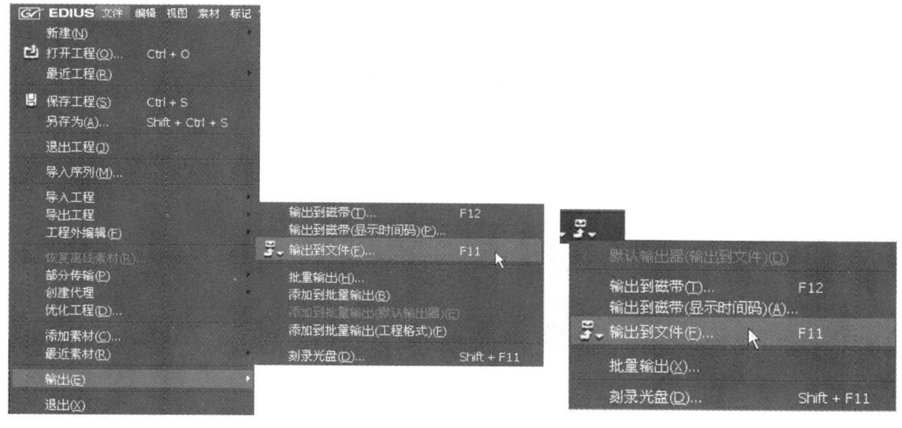

图 9.2.1　输出到文件

（2）在弹出的“输出到文件”对话框中选择“无压缩”→“无压缩 RGB AVI”选项，勾选“在入出点之间输出”选项，如图 9.2.2 所示。

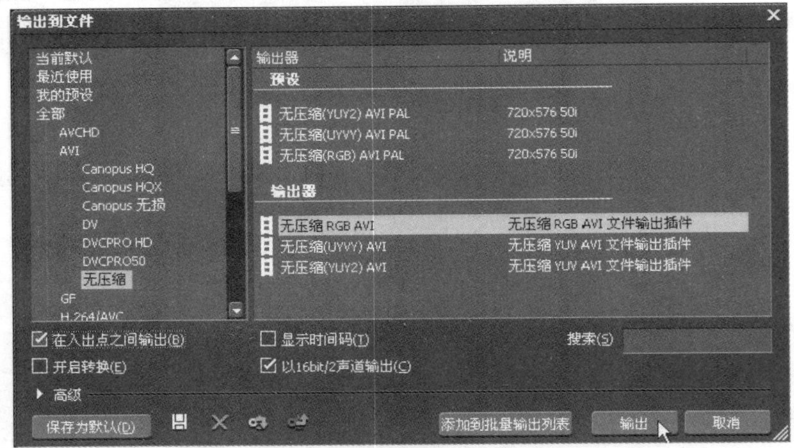

图 9.2.2　“输出到文件”对话框

（3）在“输出到文件”对话框中单击按钮，对预设进行保存，下一次我们再输出视频的时候只需要在“我的预设”选项里找到相对应的预设就可以直接输出，对不需要的预设单击按钮进行删除，如图 9.2.3 所示。

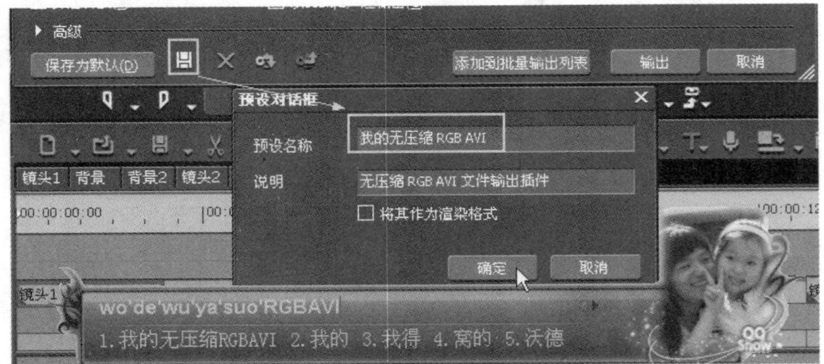

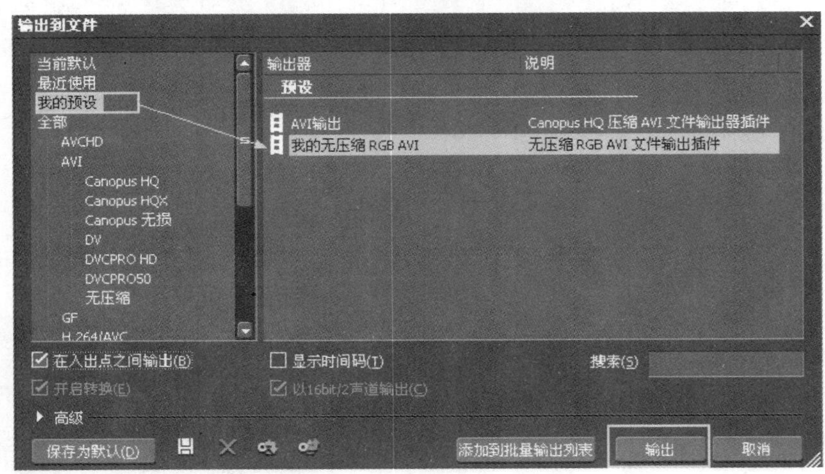

图 9.2.3　保存“输出预设”

（4）在“输出到文件”对话框中单击“输出”按钮，选择要输出的文件夹位置，如图 9.2.4 所示。

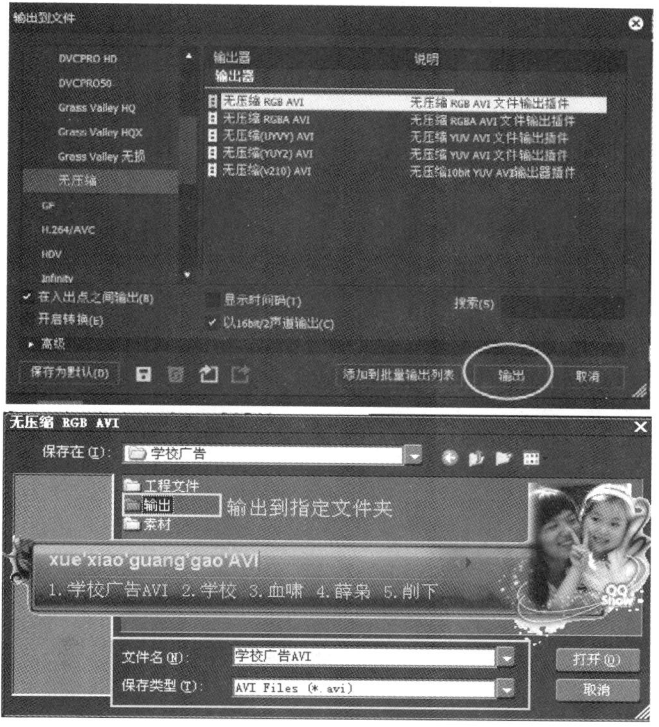

图 9.2.4　输出文件设置

（5）在面板上单击“打开”选项开始输出，在指定的输出文件夹下可以检查播放输出视频，如图 9.2.5 所示。

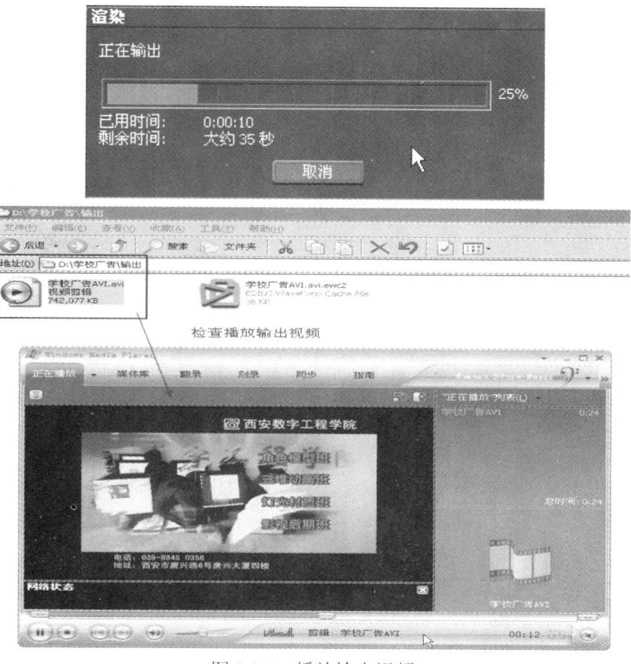

图 9.2.5　播放输出视频

在面板上单击“显示时间码”选项，输出的视频上面就会出现时间码，如图 9.2.6 所示。

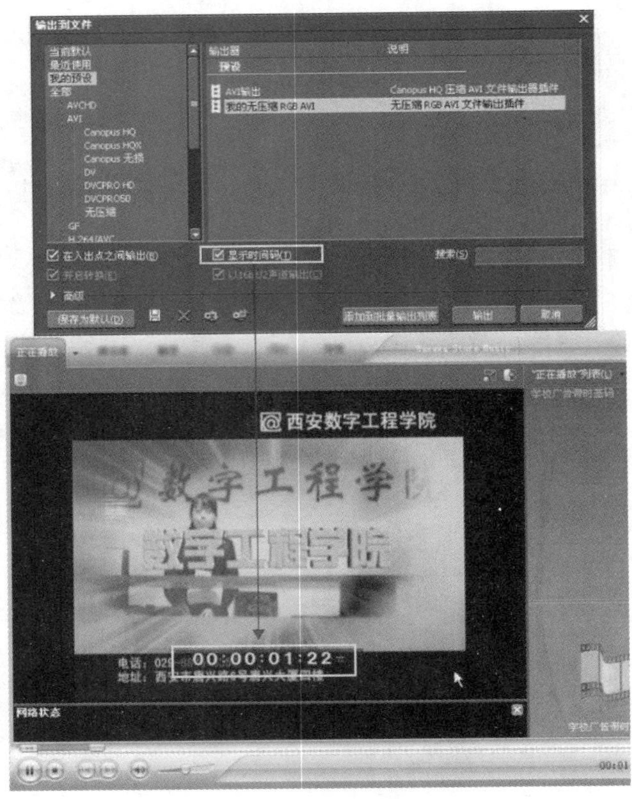

图 9.2.6　显示时间码

（6）可以把时间线上的每个序列单独批量输出，在时间线上单击“镜头 1”序列标签，按 F11 键，选择“输出到文件”→“添加到批量输出列表”选项，如图 9.2.7 所示。

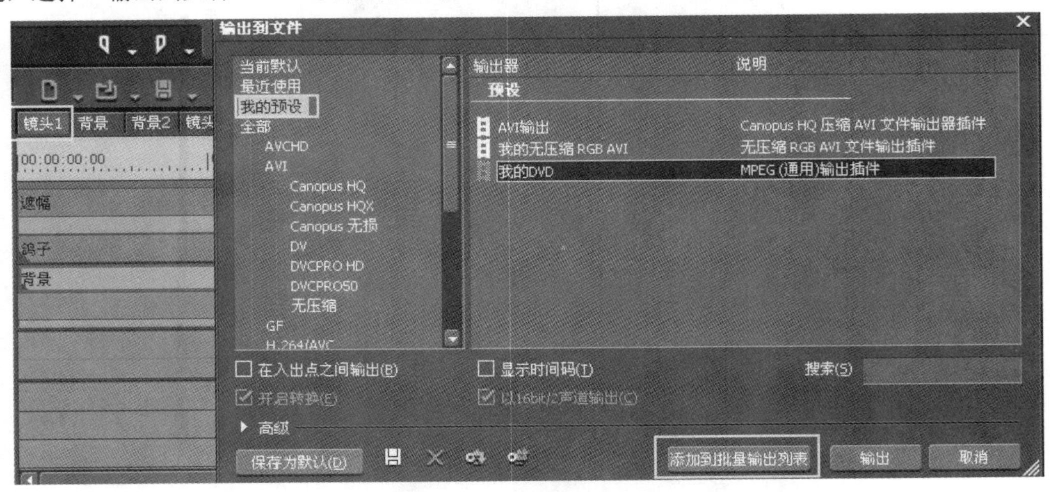

图 9.2.7　将镜头 1 添加到批量输出列表

（7）在时间线上单击“镜头 2”序列标签，按 F11 键，选择“输出到文件”→“添加到批量输出列表”选项，如图 9.2.8 所示。

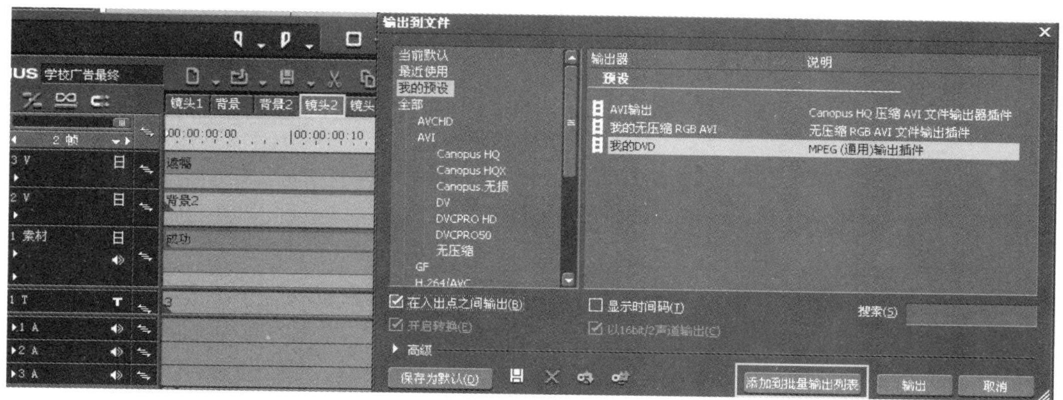

图 9.2.8　将“镜头 2”添加到“批量输出列表”

（8）将其他的几个序列也依次添加到批量输出列表里，单击按钮选择“批量输出”选项，如图 9.2.9 所示。

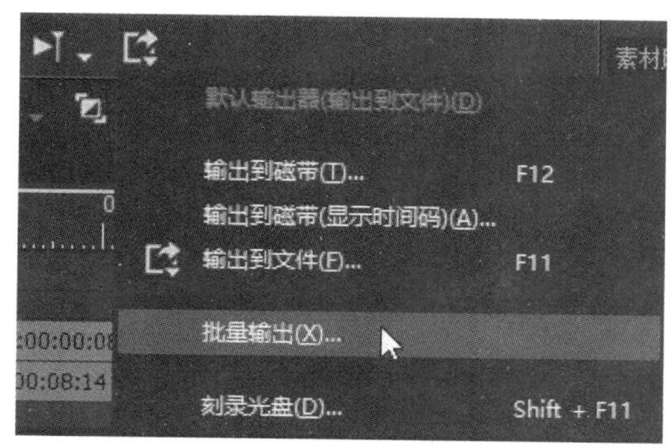

图 9.2.9　“批量输出”对话框

（9）单击按钮开始将四个镜头输出，如图 9.2.10 所示。

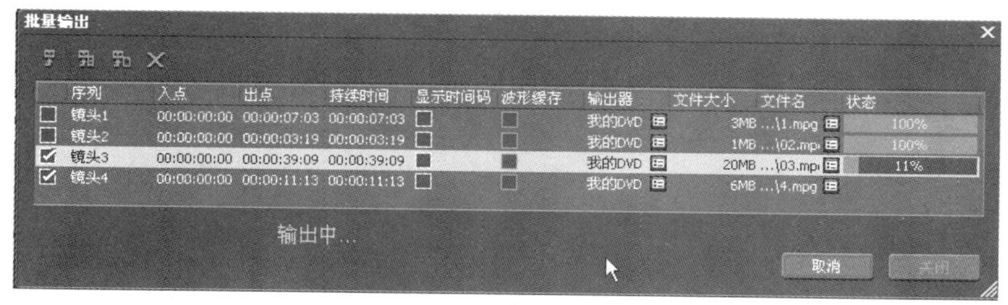

图 9.2.10　进行批量输出

9.2.2　刻录 DVD 视频光盘

可以把时间线上编辑的内容和外部视频文件刻录成 DVD 视频光盘，具体步骤如下：

（1）在时间线上单击“镜头 1”序列标签，单击菜单“文件”→“输出”→“刻录光盘”命令选项或按快捷键“Shift+F11”，也可以单击监视器工具栏上的按钮，选择“刻录光盘”选项，如图 9.2.11 所示。

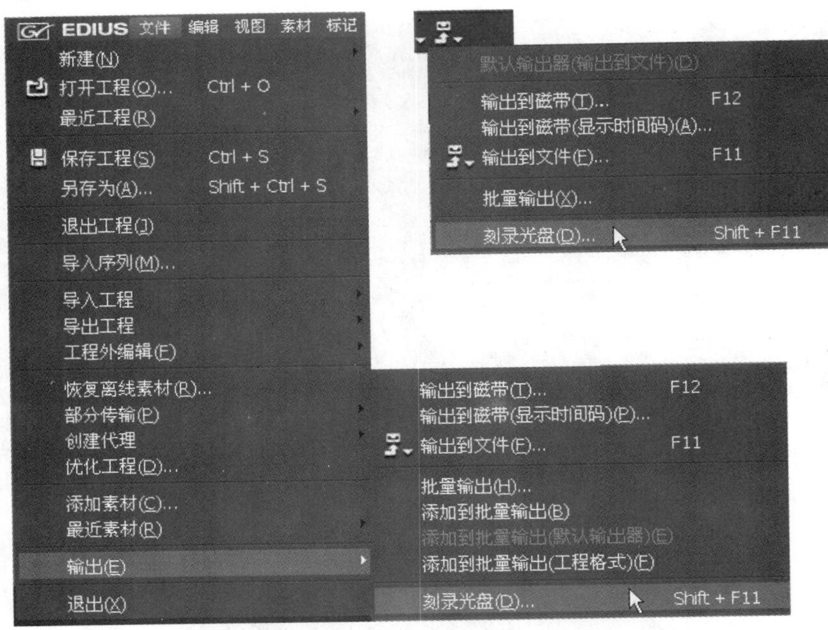

图 9.2.11 刻录光盘

（2）在“刻录光盘”面板上单击添加序列按钮，将“镜头 2”也添加进来，单击添加文件按钮添加视频文件。对于不需要刻录的文件和序列，单击删除按钮将其删除，单击向上按钮和向下按钮可以调整文件的顺序，如图 9.2.12 所示。

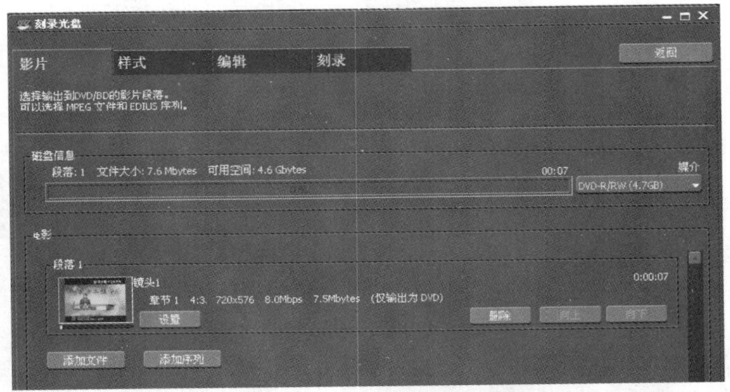

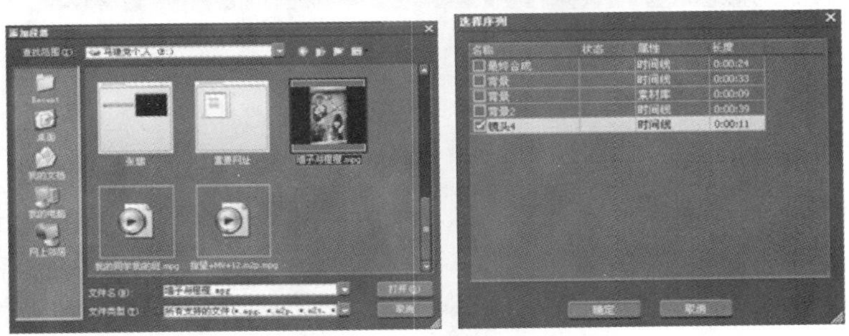

图 9.2.12 添加序列和素材

（3）单击“样式”面板选择一种布局样式，如图 9.2.13 所示。

图 9.2.13　选择布局样式

（4）单击“编辑”面板设置页签，如图 9.2.14 所示。

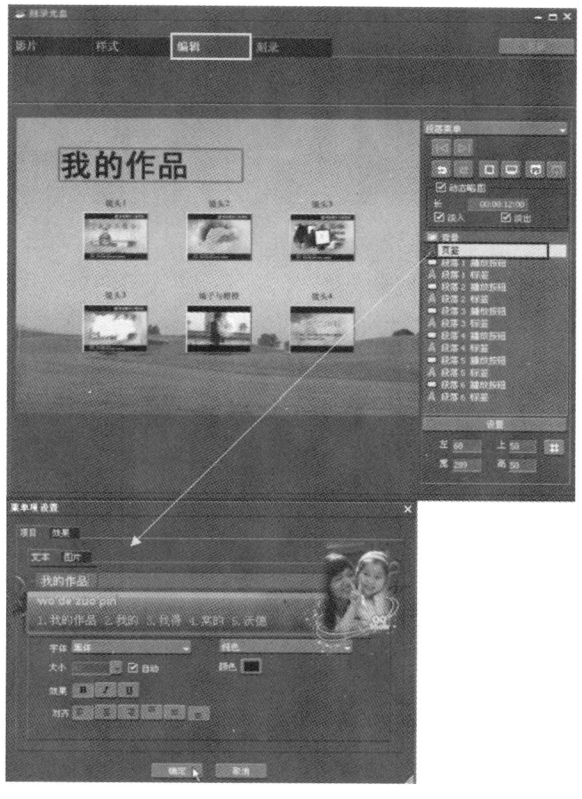

图 9.2.14　设置页签

（5）单击“编辑”面板设置背景图像和段落标签，如图 9.2.15 所示。

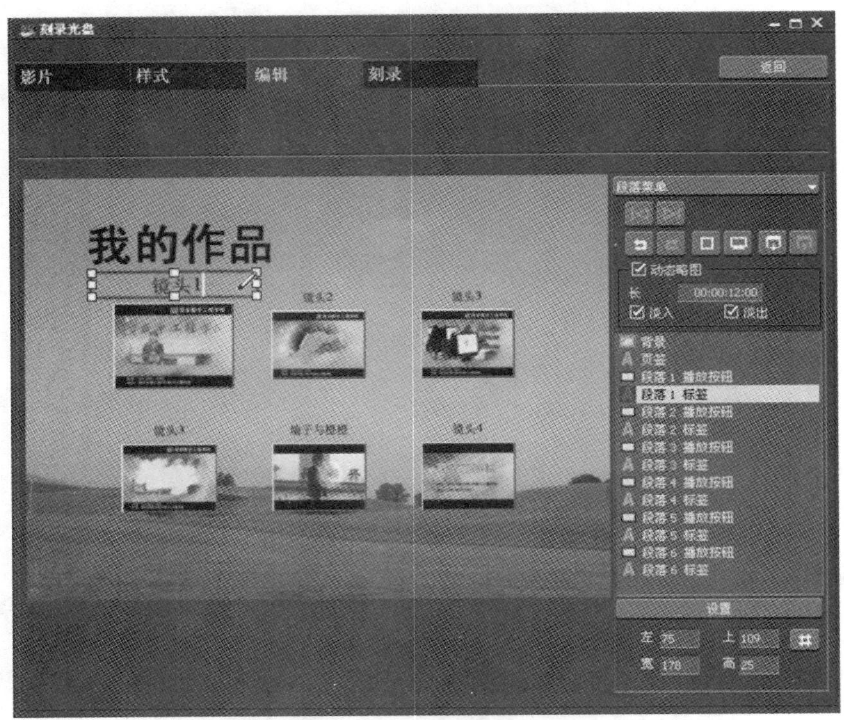

图 9.2.15　设置背景图像和段落标签

（6）单击按钮在电视视图模式下预览，单击按钮显示网格，如图 9.2.16 所示。

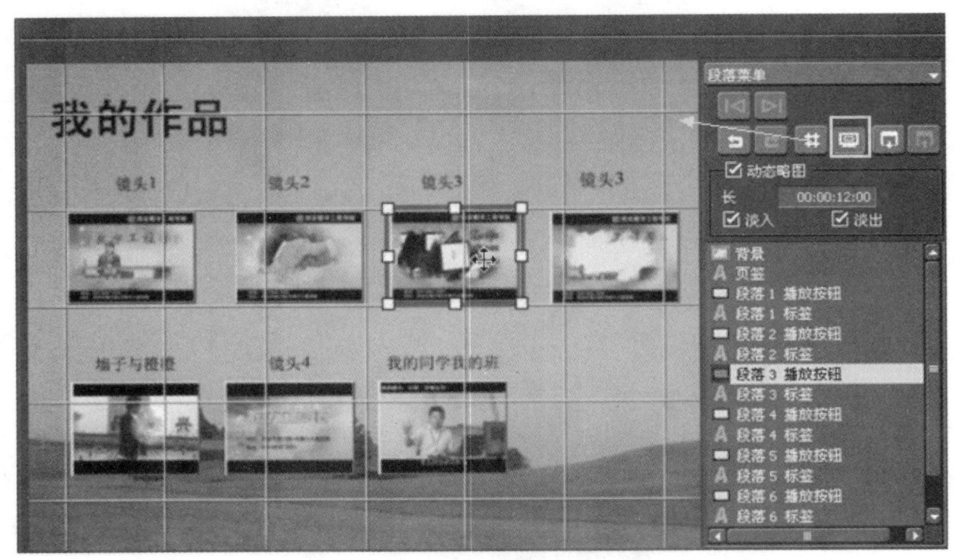

图 9.2.16　显示网格

（7）在刻录光驱中放入空白光盘，单击“刻录”面板设置要刻录光盘的数量和速度，如图 9.2.17 所示。

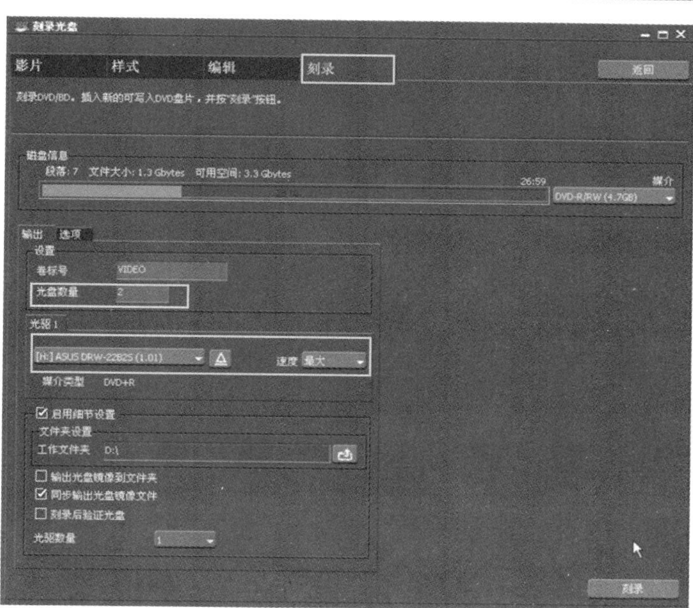

图 9.2.17　设置刻录光盘的数量和速度

（8）单击刻录按钮开始输出文件和刻录光盘，如图 9.2.18 所示。

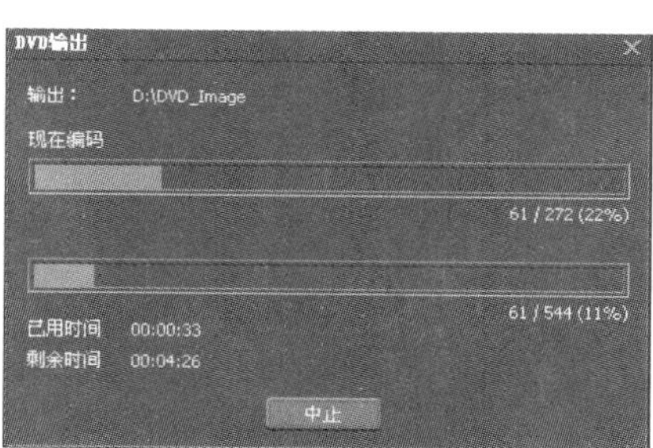

图 9.2.18　进行 DVD 输出

（9）开始将数据写入光盘，如图 9.2.19 所示。

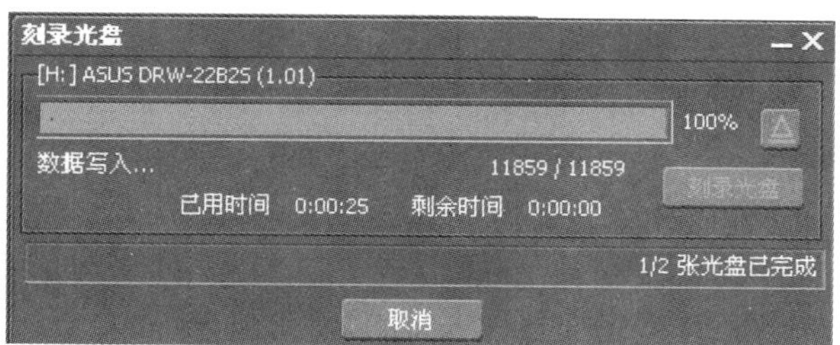

图 9.2.19　开始刻录光盘

（10）刻录完成后播放 DVD 光盘，观看最终效果，如图 9.2.20 所示。

图 9.2.20　播放刻录的 DVD 光盘

本 章 小 结

本章通过制作一段“学校招生电视广告”视频对前面所学的知识进行了综合性的复习和巩固，并且介绍了广告成片的输出和光盘刻录。通过对本章的学习，读者能够灵活地运用视频颜色的校正、手绘遮罩的应用、视频布局、视频间的叠加模式、3D 动画字幕的制作和轨道遮罩等操作技巧。

第 10 章　上机小实验

本章通过几个上机小实验对前面所学的一些基础知识进行巩固，重点培养用户的实际操作能力，达到学以致用的目的。

知识要点

- 铅笔画跟踪效果的制作
- 新闻记录片引子部分的制作
- 片尾的制作

10.1　制作铅笔画跟踪效果

本例主要运用到素材的导入、添加到时间线轨道、手绘遮罩和动画关键帧的添加等知识。

操作步骤：

（1）单击菜单执行“文件”→“新建”→“序列”命令，或者按“Ctrl+Shift+N”键新建序列文件，如图 10.1.1 所示。

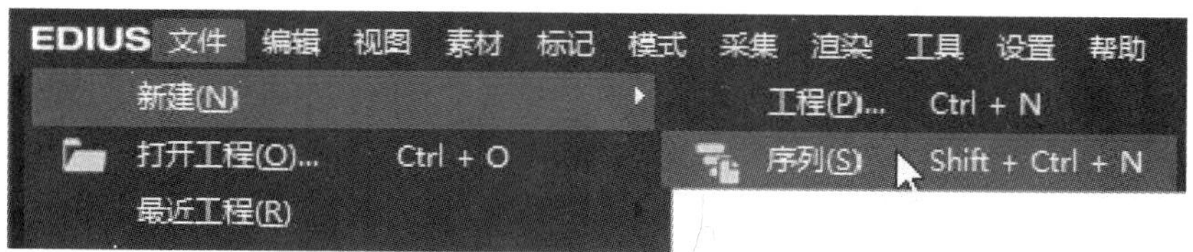

图 10.1.1　新建序列文件

（2）单击菜单执行“设置”→“序列设置”命令选项，在弹出的“序列设置”对话框里设置序列名称为“铅笔画跟踪”，如图 10.1.2 所示。

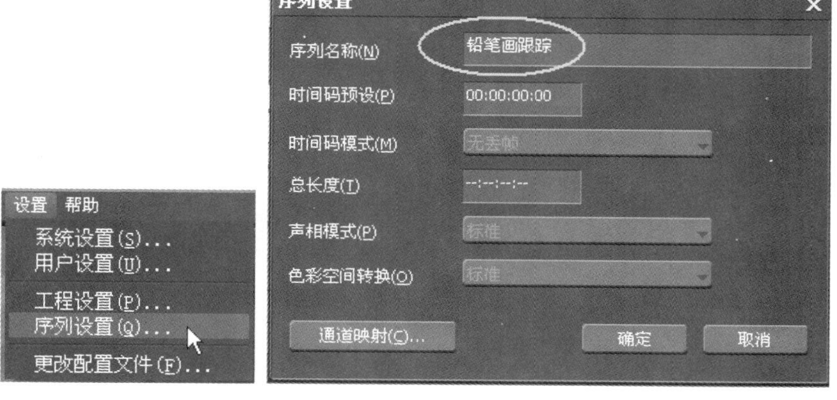

图 10.1.2　设置序列名称

（3）在素材库面板导入“骏马奔跑”素材并添加到时间线轨道，如图 10.1.3 所示。

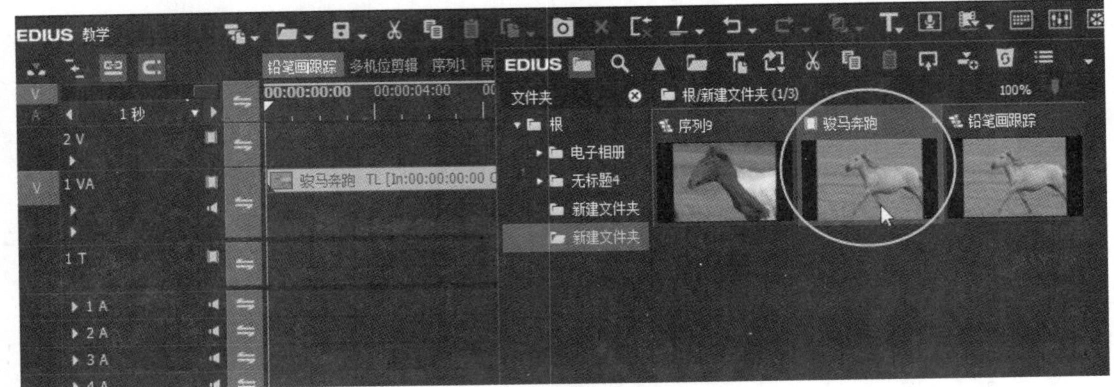

图 10.1.3　导入并添加“骏马奔跑”素材到时间线轨道

（4）在信息面板给“骏马奔跑”素材添加“手绘遮罩”视频滤镜，如图 10.1.4 所示。

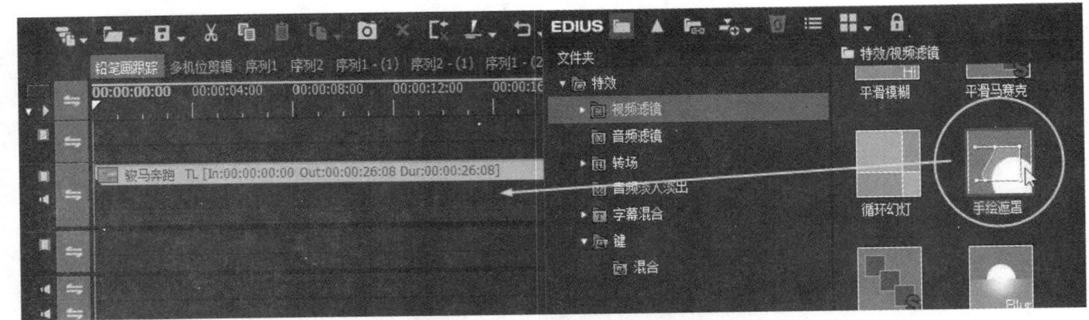

图 10.1.4 添加“手绘遮罩”视频滤镜

（5）在信息面板打开“手绘遮罩”的设置面板，单击按钮绘制骏马的轮廓，如图 10.1.5 所示。

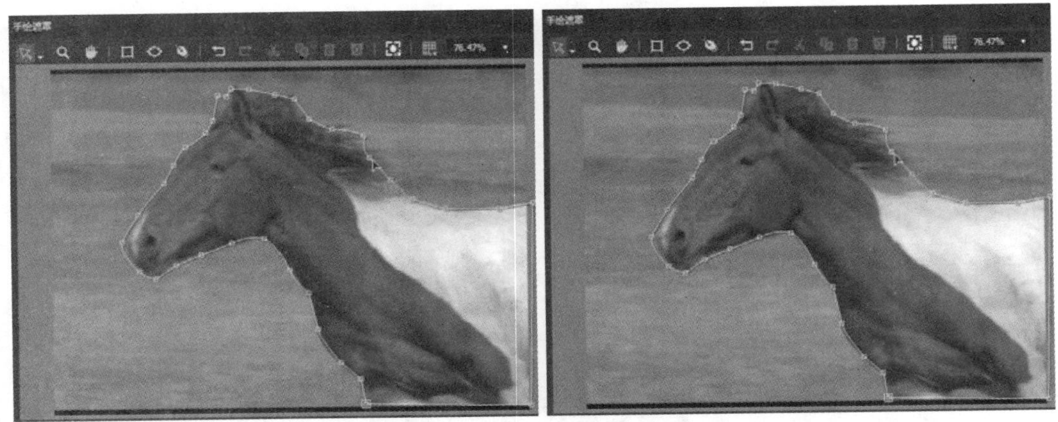

图 10.1.5　绘制轮廓路径

（6）在“手绘遮罩”设置面板单击按钮，在弹出的“选择滤镜”对话框里选择“铅笔画”视频滤镜，如图 10.1.6 所示。

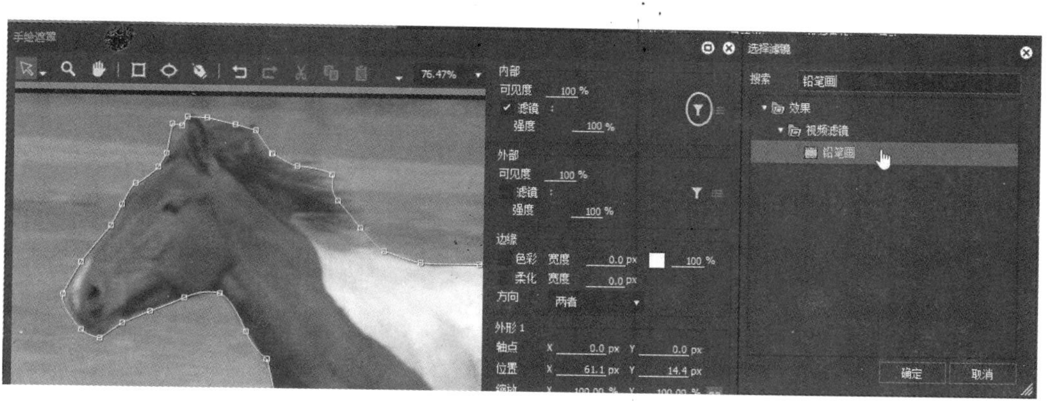

图 10.1.6　添加“铅笔画”视频滤镜

（7）在“手绘遮罩”设置面板单击▤按钮，在弹出的“铅笔画”面板里调整铅笔画的“密度”数值，并勾选“平滑”选项，如图 10.1.7 所示。

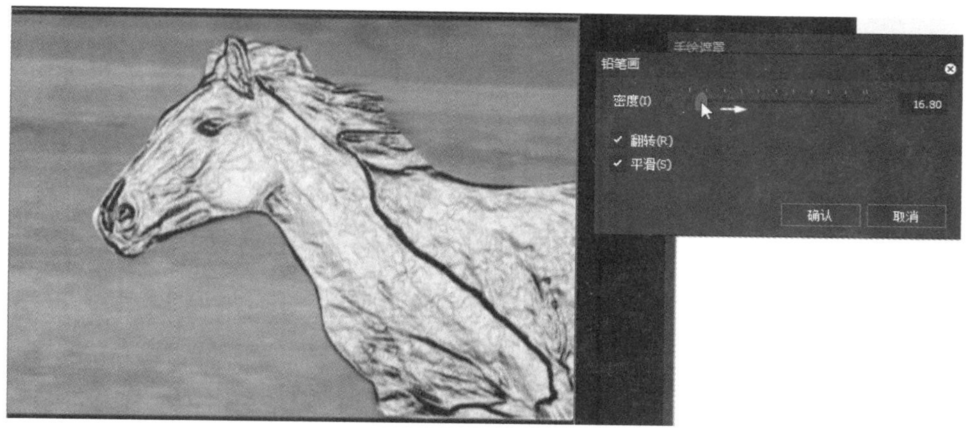

图 10.1.7　设置“铅笔画”属性

（8）在手绘遮罩时间线面板设置遮罩“外形”关键帧动画，并单击跟踪按钮▣，如图 10.1.8 所示。

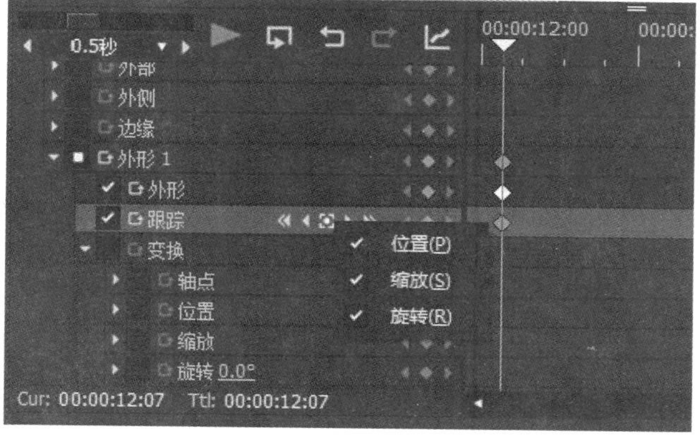

图 10.1.8　设置遮罩“外形”关键帧动画

（9）向后移动播放头指针，利用工具调整遮罩外形轮廓，如图 10.1.9 所示。

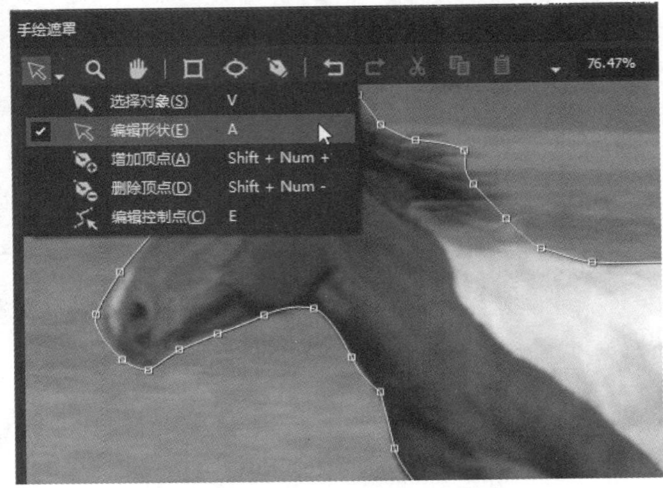

图 10.1.9　调整遮罩外形轮廓

（10）单击跟踪里的前进按钮（），遮罩自动跟踪马的轮廓并添加关键帧动画，如图 10.1.10 所示。

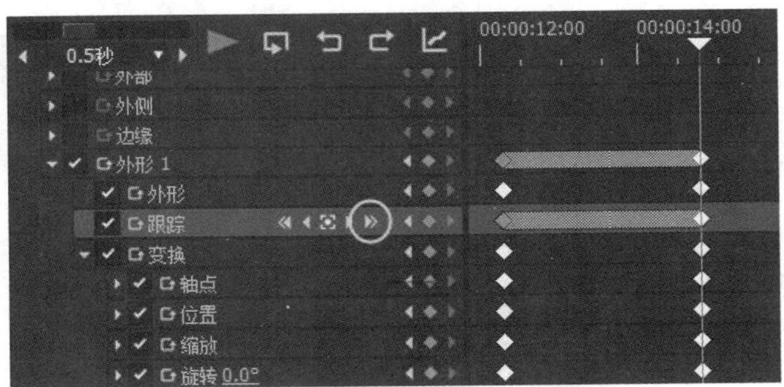

图 10.1.10　设置遮罩“外形”关键帧动画

（11）在“手绘遮罩”设置面板设置“软边缘”的宽度数值，如图 10.1.11 所示。

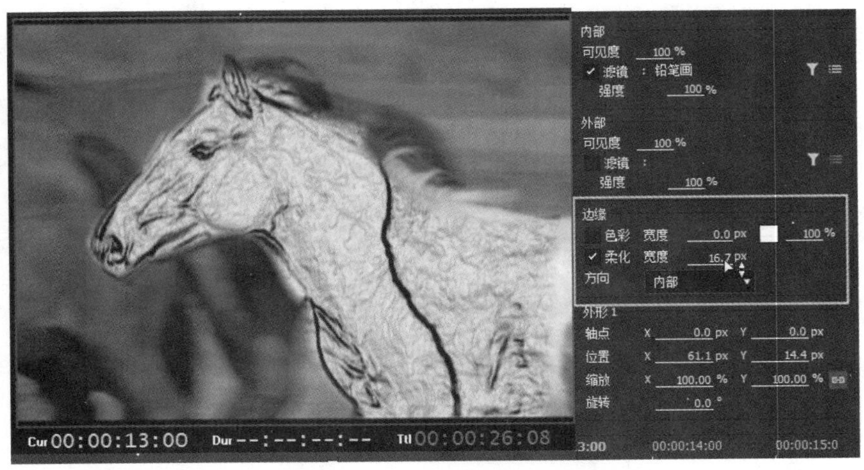

图 10.1.11　设置“软边缘”的宽度

（12）拖动播放头指针预览整个铅笔画跟踪动画效果，如图 10.1.12 所示。

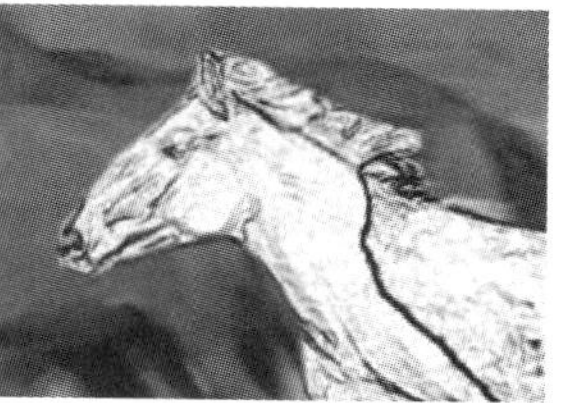

图 10.1.12 最终效果图

10.2 新闻纪录片引子部分制作

本例主要运用到视频布局、视频画中画关键帧动画的制作和时间线序列嵌套等知识。

操作步骤：

（1）单击菜单执行“文件”→“新建”→“序列”命令选项，或者按“Ctrl+Shift+N”新建序列文件，如图 10.2.1 所示。

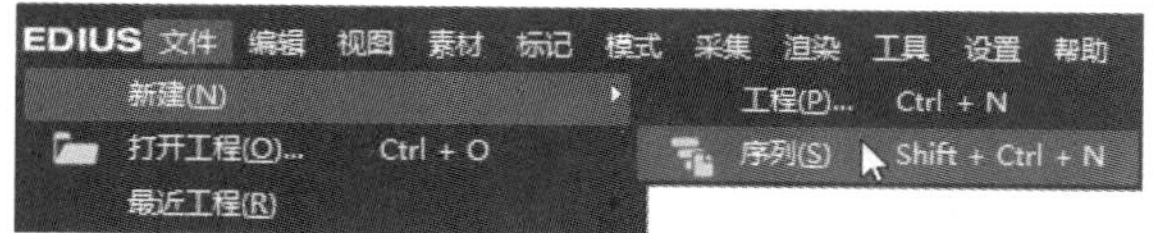

图 10.2.1 新建序列文件

（2）单击菜单执行“设置”→“序列设置”命令选项，在弹出的“序列设置”对话框里设置序列名称为“新闻纪录片引子部分”，如图 10.2.2 所示。

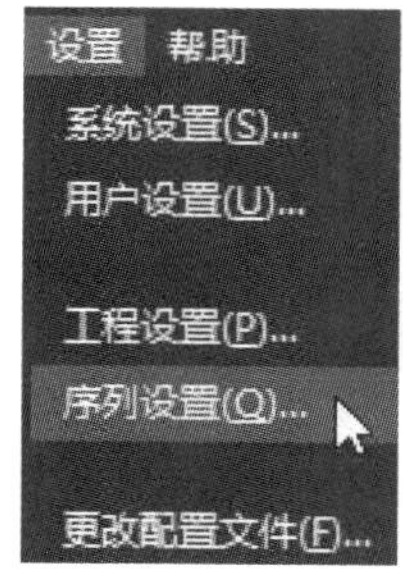

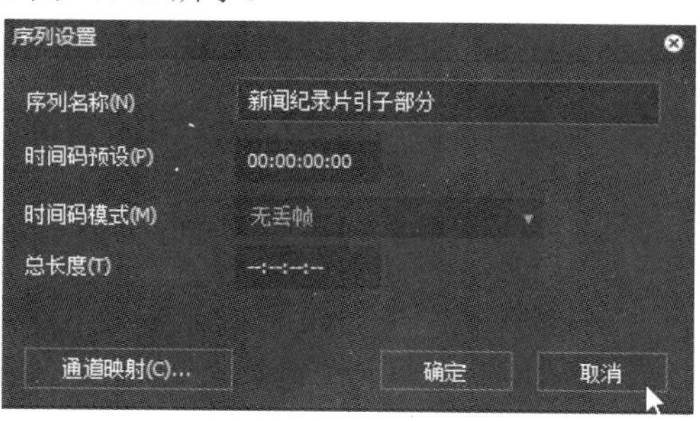

图 10.2.2 设置序列名称

（3）在时间线轨道单击鼠标右键新建一个序列，命名为“背景”，如图 10.2.3 所示。

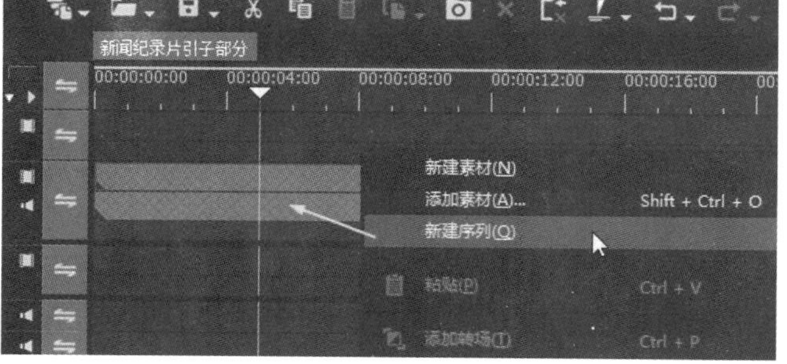

图 10.2.3 时间线轨道新建“背景”序列

（4）在“背景”序列导入“网页图片”素材，如图 10.2.4 所示。

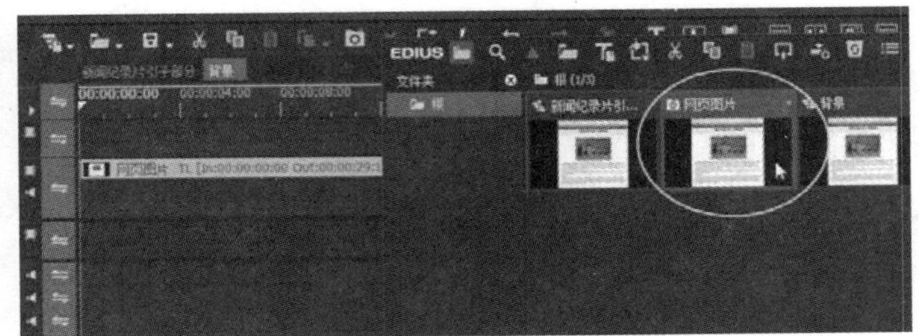

图 10.2.4 导入“网页图片”素材

（5）在时间线轨道选择“网页图片”素材，并按 F7 键打开视频布局面板，设置“网页图片”素材的“拉伸”数值，如图 10.2.5 所示。

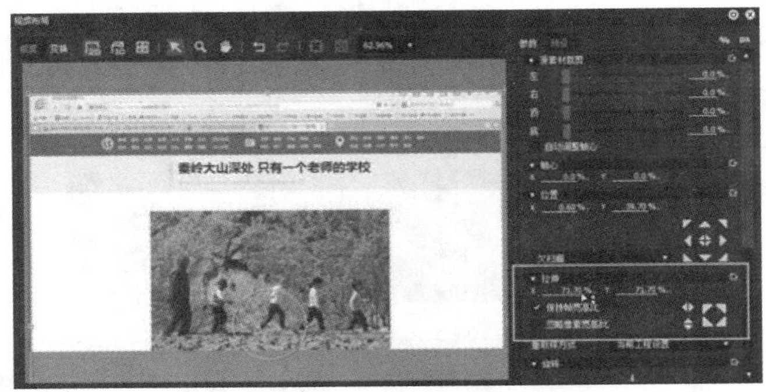

图 10.2.5 设置素材的“拉伸”数值

（6）在视频布局面板给“网页图片”素材添加从上到下位移关键帧动画，如图 10.2.6 所示。

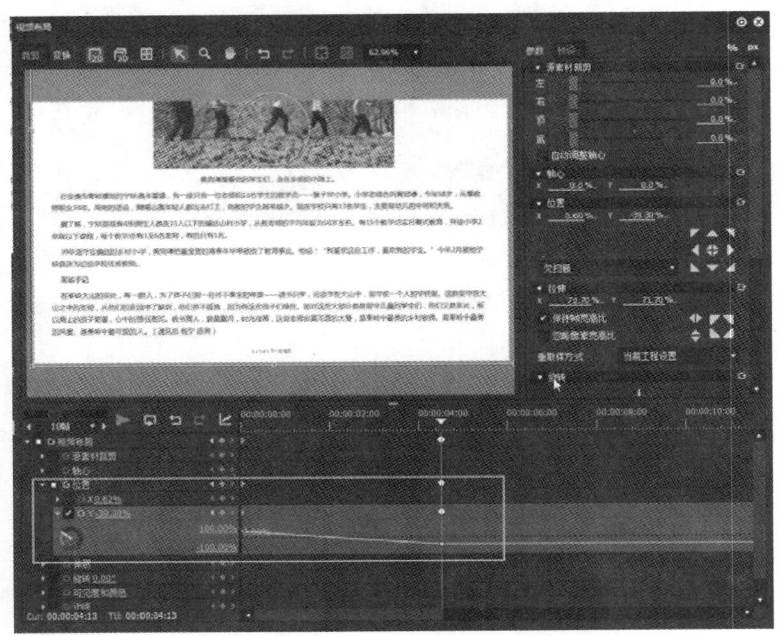

图 10.2.6 给“网页图片”素材添加从上到下位移关键帧动画

（7）在时间线轨道 2V，单击鼠标右键新建一个“色块”，如图 10.2.7 所示。

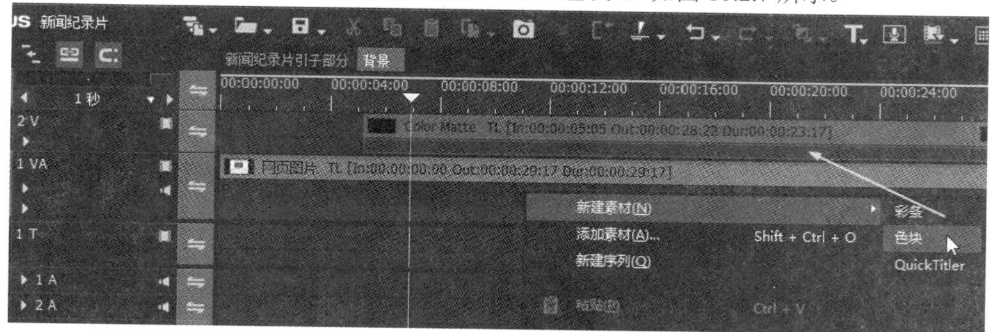

图 10.2.7　新建“色块”素材

（8）给“色块”素材添加手绘遮罩，并设置遮罩内部的可见度为 0，设置边缘柔化值为 55.9，如图 10.2.8 所示。

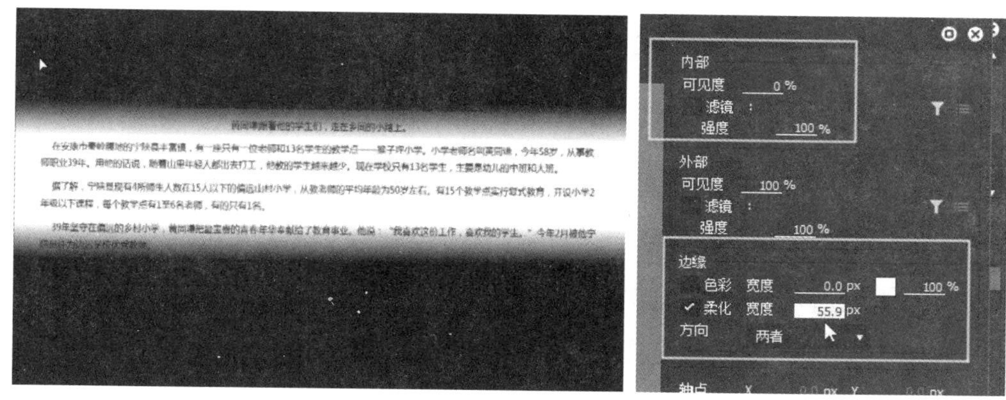

图 10.2.8　给“色块”素材添加“手绘遮罩”并进行设置

（9）在 T1 轨道创建字幕，在字幕面板利用工具绘制矩形，并设置矩形的透明度和边缘属性，如图 10.2.9 所示。

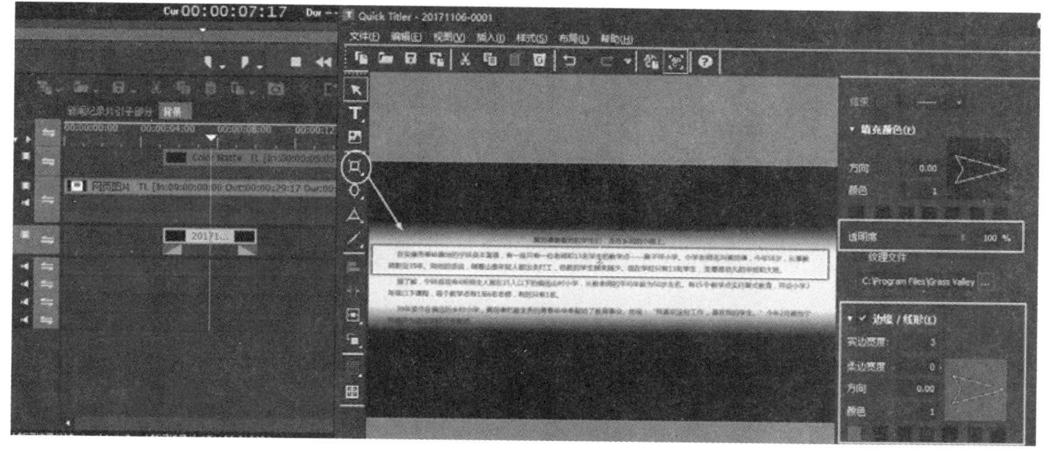

图 10.2.9　在字幕面板设置“矩形”的属性

（10）在时间线面板给“色块”素材添加“淡入”转场，并调整转场的长度，如图 10.2.10 所示。

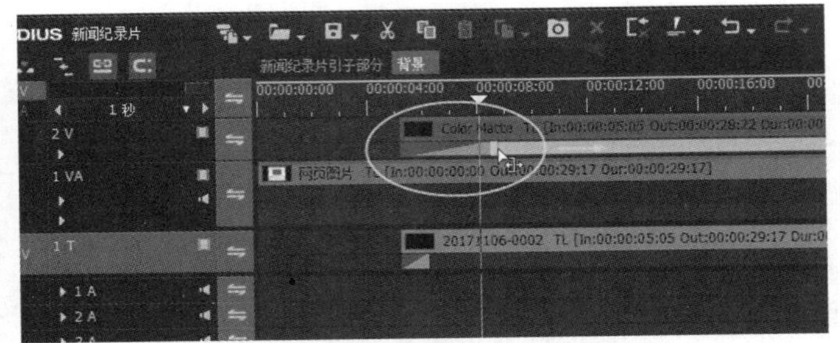

图 10.2.10　设置“淡入”转场的长度

（11）再次新建一个序列命名为“照片”，如图 10.2.11 所示。

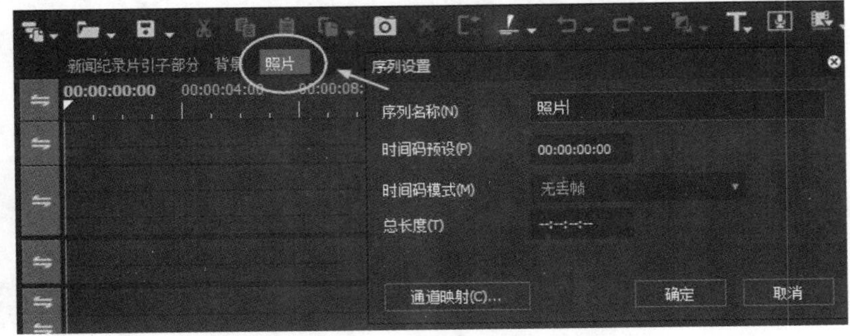

图 10.2.11　新建“照片”序列

（12）在素材库导入“照片”素材并添加到时间线 1VA 轨道，如图 10.2.12 所示。

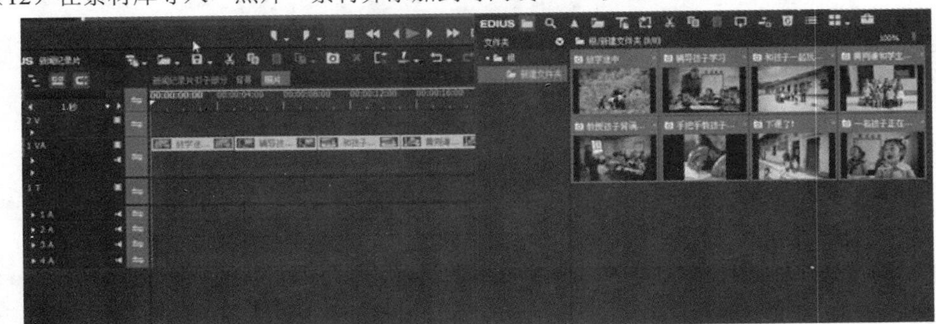

图 10.2.12　导入“照片”素材并添加到时间线轨道

（13）在时间线 1VA 轨道上设置“照片”素材的宽高比为 16∶9，如图 10.2.13 所示。

图 10.2.13　设置“照片”素材的宽高比

（14）在视频布局里给每张“照片”素材添加伸展动画关键帧，如图 10.2.14 所示。

图 10.2.14　给每张“照片”素材添加伸展动画关键帧

（15）在 1VA 轨道上给每张“照片”素材添加“飞出”转场，如图 10.2.15 所示。

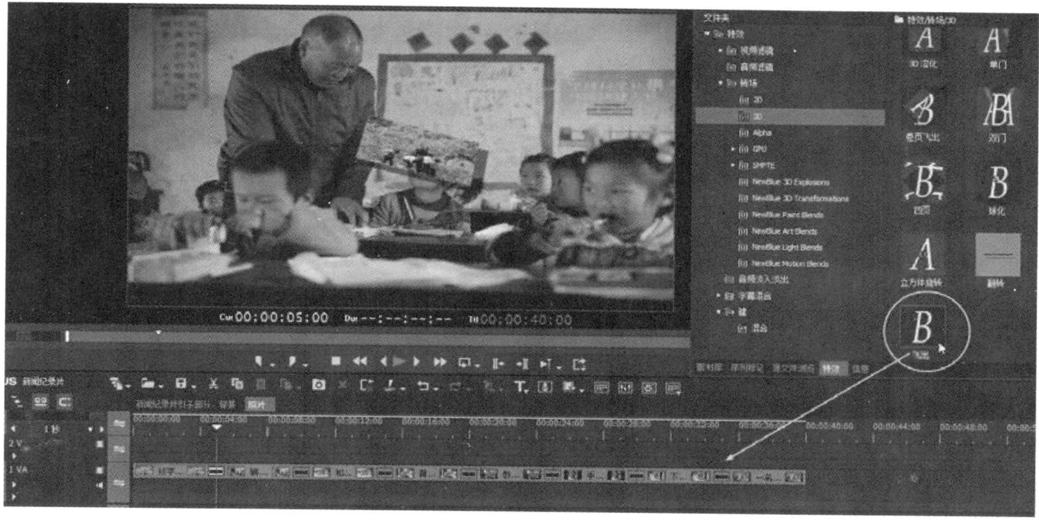

图 10.2.15　给每张“照片”素材添加“飞出”转场

（16）返回“新闻纪录片引子部分”序列，将“照片”序列添加到 2V 轨道，如图 10.2.16 所示。

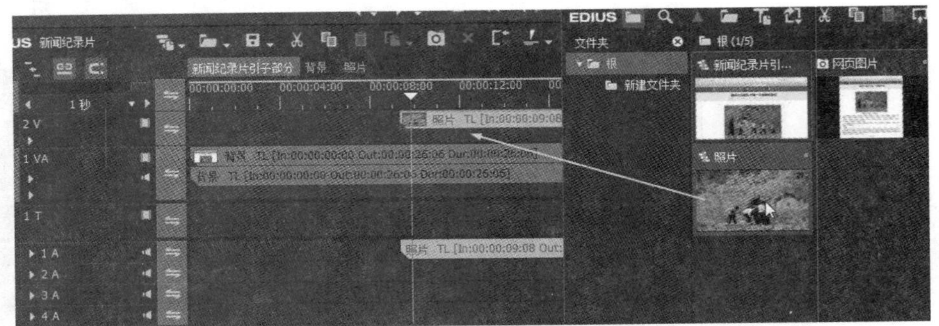

图 10.2.16　将“照片”序列添加到 2V 轨道

（17）最后在视频布局里调整“照片”序列的拉伸和边缘数值，如图 10.2.17 所示。

图 10.2.17　调整“照片”序列的拉伸和边缘数值

（18）完成整个新闻纪录片引子部分的制作，最终效果如图 10.2.18 所示。

图 10.2.18　最终效果图

10.3　片尾制作

本例主要运用了视频布局对画面的裁切、序列的嵌套、滚屏字幕的制作和关键帧动画等知识。

操作步骤：

（1）单击菜单执行“文件”→“新建”→“序列”命令，或者按“Ctrl+N”新建序列文件，在弹出的“新建序列”对话框里设置序列名称为“片尾制作”，如图 10.3.1 所示。

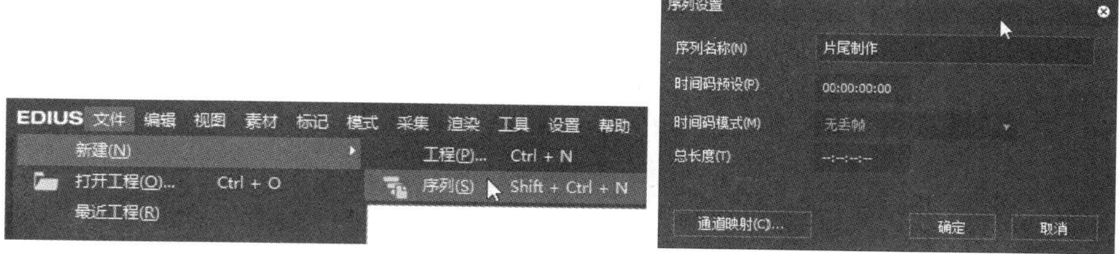

图 10.3.1　新建序列文件并设置序列名称

（2）导入“滚屏背景”素材并添加到视频 1VA 轨道，如图 10.3.2 所示。

图 10.3.2　添加“滚屏背景”素材到时间线轨道

（3）在 2V 轨道添加“全家福”照片，并在视频布局面板里设置“源素材裁剪”的关键帧动画，如图 10.3.3 所示。

图 10.3.3　设置“全家福”照片素材的裁剪关键帧动画

（4）在视频布局面板的时间线面板将“源素材裁剪”的第一帧动画关键帧复制到第三帧位置，如图 10.3.4 所示。

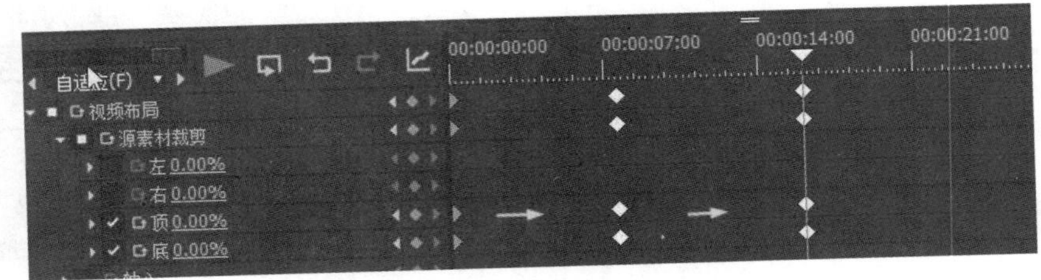

图 10.3.4 设置“源素材裁剪”的动画关键帧

（5）给“全家福”照片素材继续添加“位置”和“伸展”关键帧动画，让“全家福”照片素材从大变小到屏幕左下角，如图 10.3.5 所示。

图 10.3.5 给“全家福”照片素材添加“位置”和“伸展”关键帧动画

（6）最后在视频布局面板里，给“全家福”照片添加“边缘”效果，如图 10.3.6 所示。

图 10.3.6 给“全家福”照片添加“边缘”效果

（7）在时间线轨道新建 3V 轨道并添加“遮幅”素材，如图 10.3.7 所示。

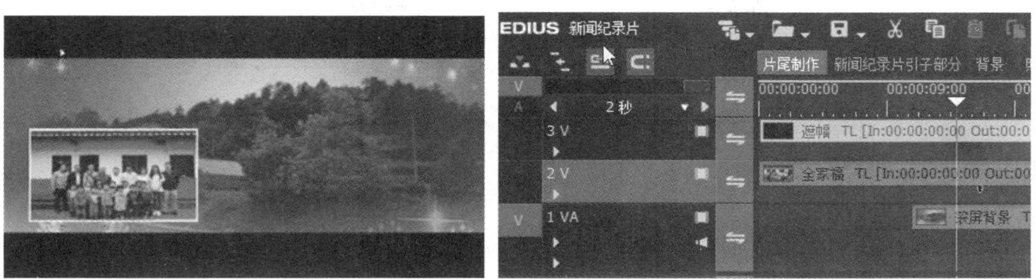

图 10.3.7　添加“遮幅”素材

（8）在时间线选择 T1 轨道，单击 T 按钮，并选择在 T1 轨道上创建字幕，如图 10.3.8 所示。

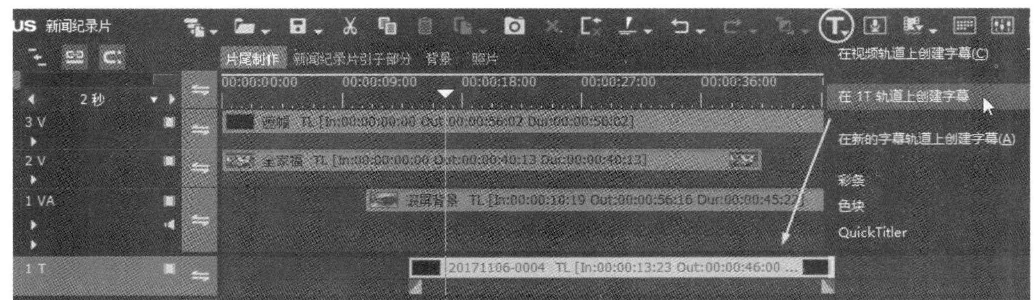

图 10.3.8　创建滚动字幕

（9）在字幕面板输入滚屏字幕文字的内容，并设置字幕的属性，如图 10.3.9 所示。

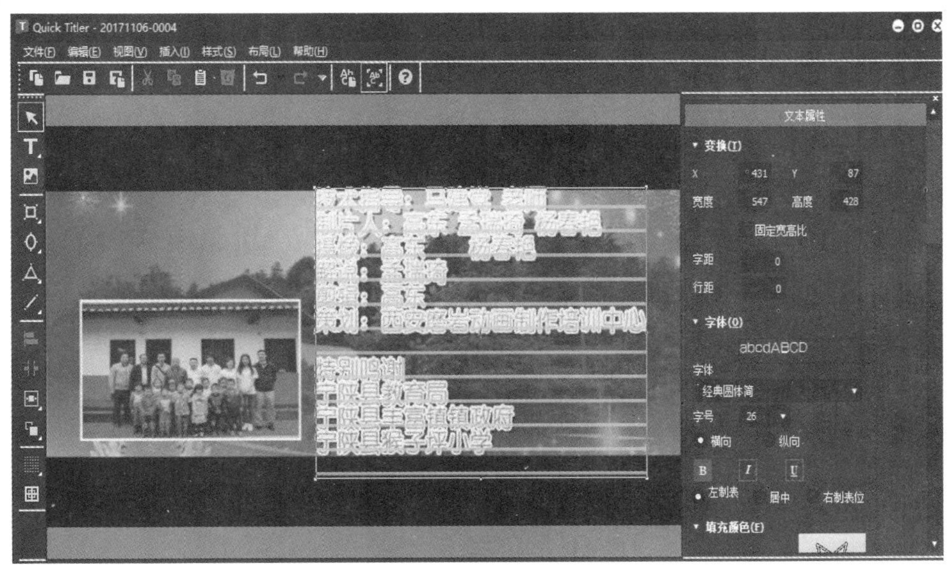

图 10.3.9　输入滚屏文字的内容并设置属性

（10）在字幕面板里设置滚屏文字的行距、字体和字号大小，如图 10.3.10 所示。

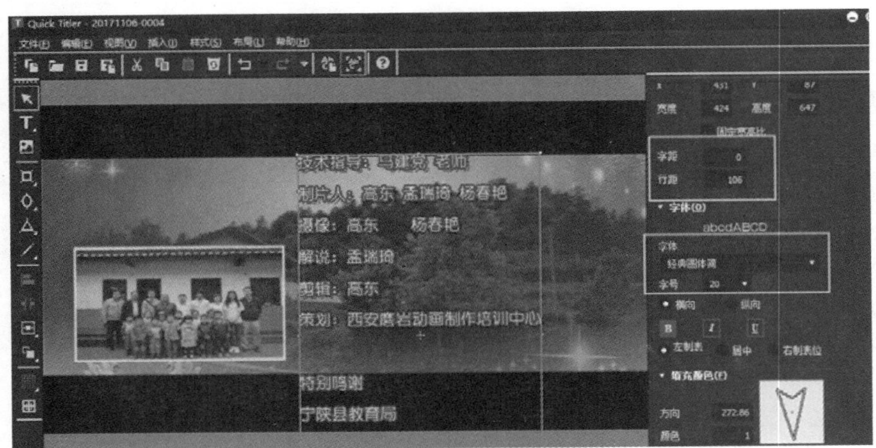

图 10.3.10　设置滚屏文字的行距、字体和字号大小

（11）设置字幕的类型为“滚动（从下）”，如图 10.3.11 所示。

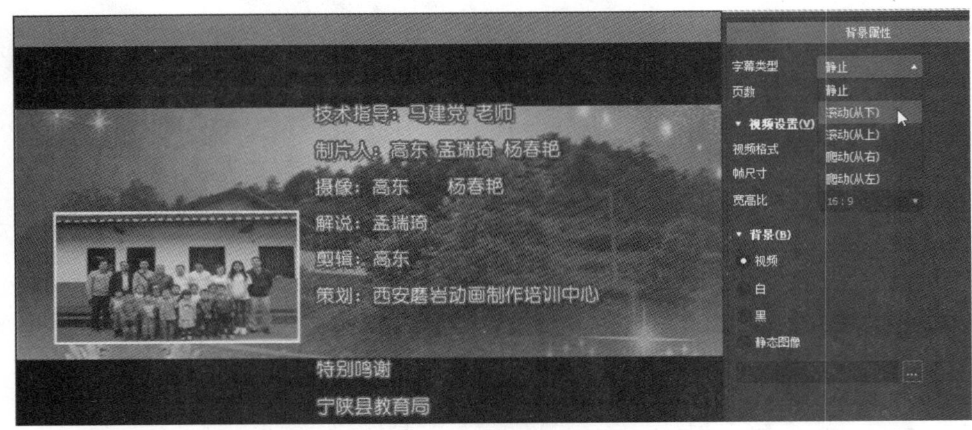

图 10.3.11　设置字幕的类型

（12）当末屏字幕上来的时候，“全家福”素材应该淡化下去，因此，给“全家福”素材添加“淡出”转场，如图 10.3.12 所示。

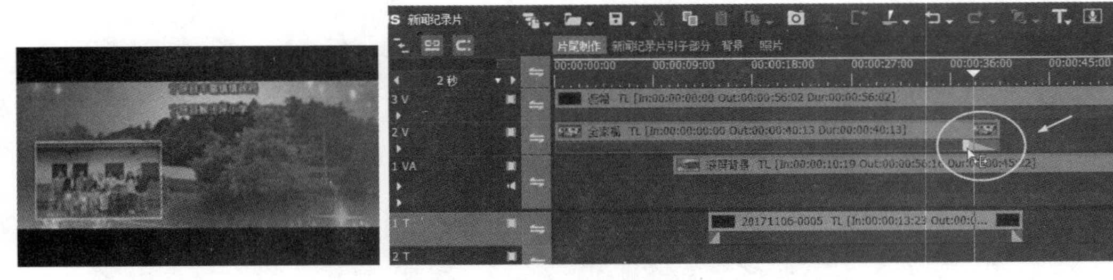

图 10.3.12　给“全家福”素材添加“淡出”转场

（13）继续创建“末屏停留”字幕，输入文字“西安磨岩动画制作培训中心，QQ：779227973”，并设置字幕类型为“静止”，如图 10.3.13 所示。

图 10.3.13 创建“末屏停留”字幕

（14）给“末屏停留”字幕添加“向上飞入”字幕混合效果，如图 10.3.14 所示。

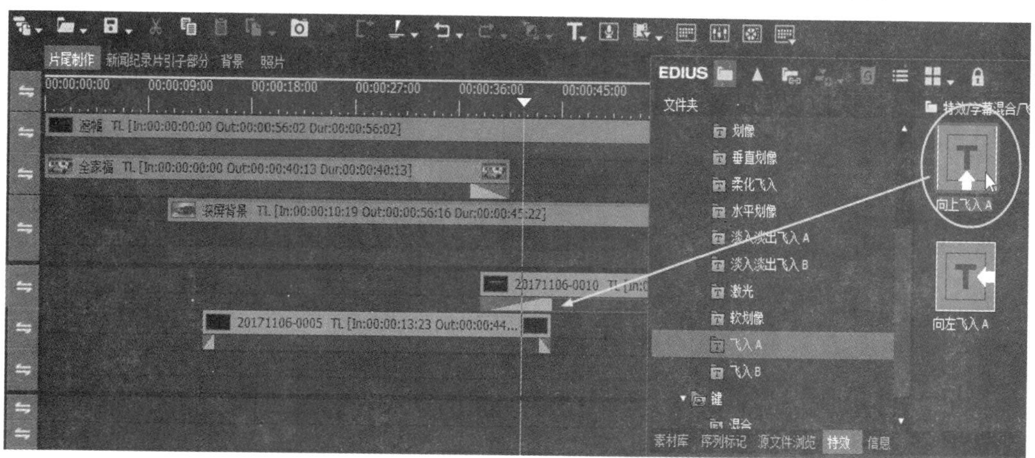

图 10.3.14 添加“向上飞入”字幕混合效果

（15）在时间线轨道上调整“末屏停留”字幕混合的长度，如图 10.3.15 所示。

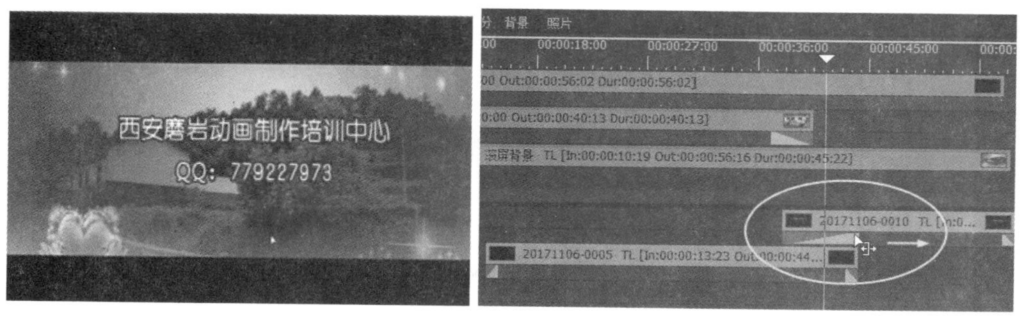

图 10.3.15 设置“末屏停留”字幕混合的长度

（16）完成整个片尾的制作，最终效果如图 10.3.16 所示。

图 10.3.16　片尾制作最终效果

本 章 小 结

本章主要利用“制作铅笔画跟踪效果”“新闻纪录片引子部分制作”和“片尾制作”三个实例对前面所学的知识进行综合练习。通过对本章的学习，要求读者完全掌握视频布局对画面的裁切、序列的嵌套、滚屏字幕的制作和关键帧动画等知识的应用，能够合理地运用前面所学的知识创作出更精彩的视频作品。